U0408674

"十四五"时期
国家重点出版物出版专项规划项目·重大出版工程

空间科学与技术研究丛书

微波光子通信卫星有效载荷技术

MICROWAVE PHOTONIC COMMUNICATION SATELLITE PAYLOAD TECHNOLOGY

谭庆贵 张 武 邵 斌 郑 伟 邓向科 孙树风 编著

北京理工大学出版社
BEIJING INSTITUTE OF TECHNOLOGY PRESS

图书在版编目(CIP)数据

微波光子通信卫星有效载荷技术 / 谭庆贵等编著

. -- 北京 : 北京理工大学出版社, 2023.2

ISBN 978-7-5763-2269-9

Ⅰ. ①微… Ⅱ. ①谭… Ⅲ. ①卫星通信系统-微波通信系统-有效载荷-研究 Ⅳ. ①TN925

中国国家版本馆 CIP 数据核字(2023)第 073868 号

责任编辑: 徐　宁　　文案编辑: 国　珊
责任校对: 周瑞红　　责任印制: 李志强

出版发行 / 北京理工大学出版社有限责任公司
社　　址 / 北京市丰台区四合庄路 6 号
邮　　编 / 100070
电　　话 / (010) 68944439 (学术售后服务热线)
网　　址 / http://www.bitpress.com.cn

版 印 次 / 2023 年 2 月第 1 版第 1 次印刷
印　　刷 / 三河市华骏印务包装有限公司
开　　本 / 710 mm×1000 mm　1/16
印　　张 / 23.5
彩　　插 / 3
字　　数 / 378 千字
定　　价 / 116.00 元

前　言

超宽带、高灵活、抗干扰和一体化是新一代宽带通信卫星的重要发展方向。受电子学器件色散效应影响，现有微波通信卫星载荷主要工作于单频段，在超宽带、跨频段和一体化等方面存在诸多技术瓶颈。微波光子技术把微波信号搬移到光域，实现对宽带微波信号的光域窄带处理，充分发挥光域信号处理的宽带优势，为新一代宽带卫星通信提供新技术支撑。20 余年来，我国微波光子技术在芯片、器件和系统应用等层面快速发展，已达国际先进水平。目前，微波光子技术已广泛应用于陆、海、空等领域，充分展现出其在宽带模拟传输、稳相传输以及宽带信道化等方面的独特优势。随着微波光子器件和光电集成封测技术的不断进步，微波光子技术将在宽带通信卫星系统中发挥重要作用，助力我国宽带通信卫星实现跨越发展。

本书基于编者研究团队近 20 年研究成果编写而成。从 S 频段光纤光控相控阵到 Ka 频段芯片化光控相控阵，从分立器件微波光子变频器到光电混合集成阵列化变频器，从微波光子技术攻关到微波光子星载系统应用，研究团队在星载微波光子技术领域开展了诸多卓有成效的技术攻关和应用探索。本书从系统化、全面化视角，深入探讨了星载微波光子技术的应用现状与未来发展趋势、微波光子理论及系统组成、星载微波光子载荷及其工程实现等内容。全书共 8 章，第 1 章为绪论，介绍了宽带通信卫星及其发展动态，讨论了微波光子技术优势，分析了微波光子宽带通信卫星工作原理及微波光子载荷发展动态。第 2 章为微波光子基本原理与核心器件，内容包括微波光子系统基本组成与原理，以及激光器、调制器和探测器的工作机理、特性与关键参数分析。第 3 章为微波光子变频器，主要介绍了变频器主要参数，研究了多种微波光子变频的实现方式，讨论了不同微波光子变频器的特点。第 4 章为微波光子信道化接收机，主要内容包括信道化接收机结构、技术指标，以及各类微波光子信道化接收机的原理和优缺点。第 5 章为微波光子本振信号源，介绍了本振信号性能参数，分析了光域直接生成方法及微波辅助本振信号生成方法的原理与性能。第 6 章为微波光子交换技术，主要介绍了光交换技术的发展动态与主要性能，详细讨论了 MEMES 光交换、直接光束偏转光交换、硅基波导光交换技术。第 7 章为光控相控阵天线，介绍了光控相控阵特点、光控相控阵原理、组成及方案设计，以及光控相控阵工程设计案例与发展趋势。第 8 章为星载功放器件，主要包括射频低噪声放大器、高功率放大器工作原理，主要参数及发展动态；以及光纤放大器、半导体光放大器工作原理及发展现状。

本书主要由谭庆贵、张武、邵斌、郑伟、邓向科和孙树风编著，全书由谭庆贵和邵斌统稿。第 1 章由谭庆贵负责编写，第 2 章由邵斌负责编写，第 3 章由张武负责编写，第 4 章由张武和谭庆贵负责编写，第 5 章由孙树风和张武负责编写，第 6 章由谭庆贵和孙树风负责编写，第 7 章由郑伟负责编写，第 8 章由邓向科和邵斌负责编写。

本书在编写过程中，得到了中国空间技术研究院西安分院各级领导和专家的关心与支持。崔万照研究员、蒋炜研究员、梁栋博士、康博超博士和惠金鑫提供了宝贵意见，张羽博士对第 5 章光电振荡器相关内容给予了大力支持。本书也得到了北京理工大学出版社编辑们的悉心指导和精细审校。在此一并表示感谢。

本书既可作为光子专业研究生教材，也可作为从事微波光子技术研究的科研人员参考用书。限于作者水平，难免存在不足之处，敬请各位专家和广大读者指正。

目　录

第1章 绪 论

1.1 宽带通信卫星及发展动态

1.1.1 概况

宽带通信卫星系统不断向高吞吐量方向发展。高通量通信卫星（High Throughput Satellite，HTS），也称高吞吐量通信卫星，是宽带通信卫星发展的重要方向。相对于传统通信卫星，高通量通信卫星主要包括多点波束、频率复用、高波束增益等技术特征。美国航天咨询公司北方天空研究所（NSR）最先提出高通量通信卫星概念，将其定义为采用多点波束和频率复用技术、在同样频谱资源的条件下，整星通量是传统固定通信卫星（FSS）数倍的卫星。高通量通信卫星由宽带通信卫星演化而来，但宽带通信卫星和高通量通信卫星存在很大的区别。宽带通信卫星大多运行在Ku/Ka频段，以提供宽带互联网接入为特点，开辟了卫星互联网接入的新业务，具有大容量特性，因此称为“宽带”。高通量通信卫星是以点波束和频率复用为标志，可以运行在任何频段，通量有大有小，取决于分配的频谱和频率复用次数，可以提供固定、广播和移动等各类商业卫星通信服务的卫星通信系统。

自2015年起，地球同步轨道高通量通信卫星（GEO－HTS）发射数量从每年的2～3颗增加至近10颗。但随着GEO通信卫星发射数量的下滑，从2019年起 HTS 年发射数量有所下降。图 1－1 为全球 2004—2020 年 GEO－HTS 发射数量统计。

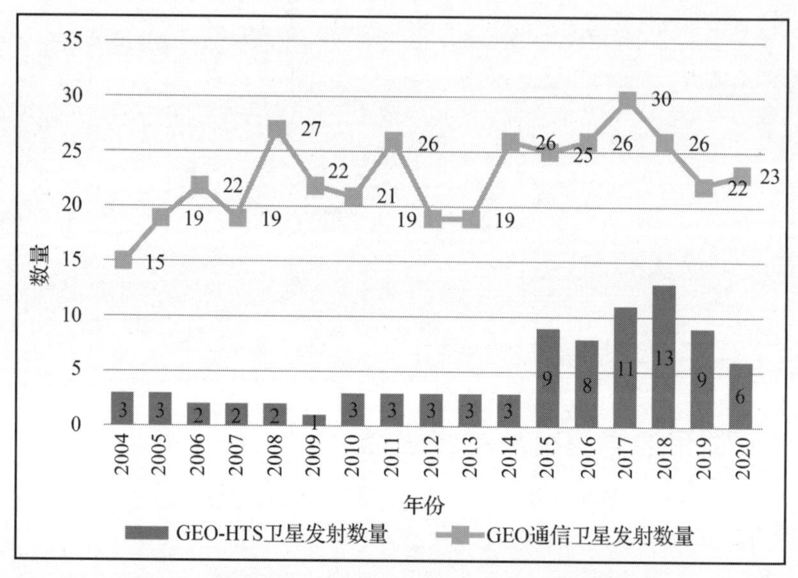

图 1－1 全球 2004—2020 年 GEO－HTS 发射数量统计

国际上高通量通信卫星主要有国际通信卫星（Intelsat）有限公司的“史诗”系列卫星（Intelsat EPIC 卫星）、美国卫讯（ViaSat）公司的 ViaSat 卫星和欧洲通信卫星公司的“KA－SAT”卫星，下面分别介绍这些卫星的发展概况及载荷性能，为微波光子通信卫星方案设计和技术发展提供研究思路。

1.1.2 Intelsat EPIC 卫星

1. Intelsat EPIC 卫星概况

国际通信卫星有限公司是全球最大的卫星运营商之一。为应对全球 Ka 频段 HTS 的迅猛发展，国际通信卫星有限公司提出了“史诗”系列卫星发展计划。史诗（EPIC）卫星平台能够实现大容量、高效率、高吞吐量、多频段、弹性与安全、开放平台、后向兼容、灵活性、互补覆盖和全区域覆盖等能力，具有更低的费用。截至 2016 年 8 月，已发射 Intelsat－29e 和 Intelsat－33e 两颗卫星。

Intelsat EPIC 系列卫星的第一颗高通量卫星是 Intelsat－29e 卫星，该卫星搭载 C 频段、Ku 频段和 Ka 频段转发器，单星吞吐量为 25～60 Gbps。Intelsat－29e

卫星的突出特点是采用数字有效载荷，具备一定星上处理能力，支持波束间信号交换，能够实现卫星资源的灵活分配，实现C频段到Ku频段服务的铰链，可支持星状网、栅格网以及同一个用户波束内信号回送业务。

Intelsat－33e是EPIC的第二颗HTS，该卫星装备了先进的数字载荷，结合了宽波束与点波束，并使用了频率复用技术。Intelsat－33e和Intelsat EPIC体系是完全后向兼容与互操作的，服务于固定与移动网络运营商和广播应用。

2. 有效载荷技术

Intelsat EPIC采用了独特的数字载荷方案，引入信道化技术，数字载荷具有无缝接入能力。尤其是Intelsat－29e引入多点波束、模数转换器以及数字载荷三项新技术。在点波束设计上，EPIC点波束覆盖由星上标准多阵列天线塑造实现，波束带宽范围是62.5~500 MHz，波束极化通过波束的馈入方向调节，频率范围由上行链路与下行链路的波束滤波器隔离。更窄波束的好处是高的指向性与返回增益，发射一个RF（射频）信号的功率更小，能使用更小的天线闭环链路。

在所有EPIC信号处理上，通过对所有输入信号提供路由与增益控制，数字载荷能提供任何波束到任何波束的连接，接收端口接收下L频段下变频（1.4~1.9 GHz）信号，子信道为2.6 MHz。对于EPIC信道化信号处理，具有以下三方面特点。

（1）每一个接收和发送端口有192个子信道（频率增量2.6 MHz，192×2.6=499.2 MHz），单个或连续子信道块结合满足大于2.6 MHz的服务。

（2）任何波束的可用带宽由子信道的数目决定，已在数字载荷上分配。其可用带宽由物理硬件决定。

（3）EPIC数字载荷能够建立四种不同的波束间连接。标准的路由包括一个或一组子信道，用于下行链路。数字载荷也能执行“扇出”，即将一个上行链路子信道复制到一个或多个下行链路子信道。与此相反，一个或多个上行链路子信道能够结合为一个下行链路子信道，创造一个“扇入”路由。“扇出”和“扇入”能够实现有机结合。

Intelsat－32e是Intelsat EPIC下一代HTS，覆盖了加勒比海和大西洋区域，实现了Ku频段点波束和一个跨大西洋的Ku频段宽波束的组合，满足客机、巡游船等的商业类广播服务需求。Intelsat－32e靠近首颗Intelsat EPIC卫星

Intelsat－29e 的区域 Ku 频段服务，能够增强 Intelsat 的商业类广播服务。除了 Intelsat EPIC 系列的 7 颗卫星外，Intelsat 公司还与日本 SKY Perfect JSAT 公司合作，基于 Intelsat EPIC 高通量卫星平台，发射新的高吞吐量通信卫星 Horizons－3e，以满足亚太地区不断增长的移动和宽带业务需求。

1.1.3 ViaSat 卫星

1. ViaSat 卫星概况

ViaSat 系列通信卫星是美国卫讯公司发展的高通量通信卫星系列。ViaSat 公司于 2011 年 10 月发射了 ViaSat－1 宽带通信卫星，构建了第一个 ViaSat 宽带卫星系统，该系统主要由 ViaSat－1 卫星和 SurfBeam 2（“冲浪波束 2”）地面系统组成。ViaSat－1 宽带通信卫星采用 Loral 公司 1300 型卫星平台，发射质量 6.2 t，定点于西经 115°，设计寿命为 15 年。由于采用 Ka 波段点波束技术，覆盖范围内共有 18 个信关站与互联网相连，用户可以采用很小口径天线或“动中通”天线，通过 Ka 波段卫星接入互联网，下载速率可达 12 Mbit/s。其总容量高达 140 Gbit/s，可满足 200 多万用户通过卫星接入互联网的需要。用户的服务费价格与地面数字用户线（DSL）及 3G 手机相当。此外，ExeDe 还推出多种专业应用，如 SNG（卫星新闻采集）及 HDTV（高清晰度电视）直播，可为飞机上的乘客提供无线宽带连接服务等。到 2014 年 4 月为止，北美洲已有多条航线、500 架以上的民航客机采用它作为客舱互联网连接服务。

继 2011 年成功发射首颗卫星 ViaSat－1 之后，美国卫讯公司在短短数年间先后提出了发展 ViaSat－2 卫星和 ViaSat－3 卫星的计划，每项计划均在上一个计划基础上实现了大幅跨越。ViaSat－1 卫星单星吞吐量 140 Gbit/s，ViaSat－2 卫星单星吞吐量 260 Gbit/s，2023 年 4 月 30 日发射的 ViaSat－3 卫星单星吞吐量超过 1 000 Gbit/s。ViaSat－3 卫星不仅实现美国卫讯公司从美国到区域再到全球的扩展，而且大幅提升用户链路速率：家庭用户互联网接入 100 Mbit/s 以上、飞行中连接（IFC）数百 Mbit/s、海事和油气平台用户接入接近 1 Gbit/s。

ViaSat－2 卫星于 2017 年 6 月发射升空，定点 69.9°W，设计寿命 15 年，采用 BSS－702HP 平台，搭载 Ka 频段有效载荷，发射质量为 6 418 kg，其带宽约为 ViaSat－1 卫星的 2 倍，卫星容量相当于 ViaSat－1 卫星容量（140 Gbit/s）的 2

倍，其覆盖区域涵盖北美洲、中美洲、加勒比地区、南美洲北部一小部分，以及美国东海岸沿海商业航线以及欧洲与北美洲之间大西洋主要的航空和海上航线，是 ViaSat－1 卫星覆盖区域（美国西海岸和得克萨斯州东部狭长地带等区域以及加拿大部分区域）的 7 倍。另外，ViaSat－2 卫星系统把机载应用作为一个重要方向，使用了增强的 ViaSat SurfBeam 网络技术，可为用户提供与高速光纤节点网络（FTTN）水平相当的多种网络带宽，其宽带互联网服务下载速度可从现在的 12 Mbit/s 提升到 25 Mbit/s，从而满足需求更快数据传输的客户要求。

2016 年，ViaSat 公司宣布携手波音公司建造 3 颗性能更强的 ViaSat－3 卫星，为偏远地区提供更高速的互联网接入，每一颗 ViaSat－3 卫星的总带宽都达到了 1 Tbit/s，是 ViaSat－2 的 3 倍，能够为个人用户提供 100 Mbit/s 的接入服务，为飞行的飞机和高价值政府用户提供数百 Mbit/s 传输服务，为海上用户提供 1 Gbit/s 的传输服务。第三颗卫星布置在亚太地区，3 颗卫星完成全球服务覆盖。

2. 有效载荷技术

ViaSat－1 卫星采用 Ka 频段，共有 72 个点波束。其中 63 个点波束覆盖美国东部、西部、夏威夷、阿拉斯加，为 ViaSat 子公司 WildBlue 宽带通信公司提供宽带互联网接入服务；9 个点波束覆盖加拿大，由卫星运营商 Telesat 所有，出租给 Xplornet 网络运营商用于为加拿大农村地区提供宽带服务。ViaSat－1 采用了“冲浪波束”、Ka 频段卫星室外单元、数字视频广播 SkyPhy 芯片和网络应用加速软件等创新技术。

ViaSat－1 卫星频率复用因子为 18，总容量为 140 Gbit/s，超过了当时覆盖北美地区所有 C、Ku、Ka 频段在轨通信卫星容量的总和，是 2005 年发射的 iPStar－1 宽带卫星容量（40 Gbit/s）的 3 倍以上、2007 年发射的 Spaceway－3 卫星容量（10 Gbit/s）的 10 倍以上、2010 年发射的 KA－SAT 卫星容量（70 Gbit/s）的 2 倍。ViaSat－1 使用数据服务接口标准（Data－Over－Cable Service Interface Specification，DOCSIS）网络技术，降低了成本。其终端包括卫星调制解调器和 Ka 频段转发器。卫讯系统通过上行链路的功率控制和自适应的数据编码技术可以自动地对雨衰做出响应。

ViaSat－1 卫星应用系统采用了美国 ViaSat 公司的新一代 SurfBeam 2 网络系统。SurfBeam 2 系统是一个双向宽带卫星通信系统，支持基于 IP 地址（网际协议地址）的应用，可为居民、小型企业用户提供高速互联网接入和宽带多媒体通信业务，该系统由一个主站（或称信关站）和成千上万分布在各地的用户终端组成。主站由射频子系统、基带/中频处理子系统、信关站管理系统和网控中心组成。

SurfBeam 系统将有线电视宽带接入 DOCSIS 和最新的卫星通信技术结合在一起，这使 SurfBeam 系统与其他系统相比有 3 个优势：①可利用现成的有线电视调制解调芯片；②可利用现有的运营商级的终端设备；③可采用第三方的产品、网管、运营支撑系统（OSS）应用及在有线电视网数以百万计用户中广泛应用的业务。SurfBeam 系统的主要特点如下。

（1）高度的可靠性和灵活性。SurfBeam 系统采用了大型网络的设计理念，着眼于上百万用户的容量进行网络架构设计，可根据运营商业务增长情况提供经济、灵活的解决方案。通过 SurfBeam 系统在世界各地大型网络的成功案例可以看出，无论是几千用户的中小型网络还是几十万用户的大型网络，该系统都可以胜任。

（2）操作运营简便、成本低。SurfBeam 系统针对运营成本的最小化进行了优化设计。通过系统自带的运营支撑系统和商务支撑系统（BSS），运营商可以实现用户和业务的自动配置。通过一系列针对大型系统的网络、业务、用户管理工具，可实现对虚拟网络运营商（VNO）的支持，并有计费、故障诊断等可选项。

（3）出色的用户体验。美国卫讯公司将 DOCSIS 和若干新技术相结合来改善用户使用体验，如 AceleNet 压缩技术大大提高与增强了网页浏览及其他一些 Web 应用的速度和性能。对于常见的宽带应用，从互联网接入到 VoIP（基于 IP 的语音传输），再到 IP 视频，SurfBeam 系统都提供了优越的性能保障。

（4）丰富的 QoS（服务质量）保障机制。丰富的 QoS 策略可对各种宽带应用及业务提供良好支持，对于每一种典型应用，SurfBeam2 系统都为其制定了相应的带宽和 QoS 需求。

ViaSat - 3 卫星由波音公司基于其成熟 BSS - 702HP 平台开发，设计寿命 15 年，其有效载荷由 ViaSat 公司自主研制。整个系统采用“大卫星 + 小口径地面站”体系架构，在地面部署了数百个配备小口径天线的地面站。ViaSat - 3 的第一颗卫星在西经79.3°轨道上，覆盖美国本土、加拿大和墨西哥。该卫星采用弯管式透明转发体制，其前向链路（从地面站到用户）为一个TDM 500 MHz的宽载波（416.67 Msym/s），反向链路采用MF－TDMA体制，支持多种不同的带宽和数据速率。整个系统使用自适应编码调制技术来抵抗雨衰。前向链路的可选调制方案包括16APSK、8PSK和QPSK等，而反向链路的可选调制方案包括8PSK、QPSK和BPSK。

在卫星波束覆盖方面，ViaSat－3共有92个点波束，其中20个A型波束主要用于连接地面互联网和PSTN节点，并提供TT&C和其他系统运行的功能保障；剩余的72个B型波束主要服务于用户终端。A型波束的下行链路EIRP（有效全向辐射功率）峰值为56.9～62.2 dBW，G/T值峰值为17.1～21.9 dB/K；B型波束的下行链路EIRP峰值为62.7～67.0 dBW，G/T值峰值为18.2～22.7 dB/K。

1.1.4 KA－SAT卫星

1. KA－SAT卫星概况

欧洲通信卫星公司的KA－SAT卫星（Ka频段卫星）是欧洲第一颗全Ka波段高功率大容量宽带通信卫星。卫星采用EADS Astrium公司的“欧洲卫星”(Eurostar) E3000型卫星平台。该卫星于2010年12月底发射，卫星的上行链路和下行链路频段分别是27.5～30 GHz和17.7～20.2 GHz，系统的数据吞吐总量达到70 Gbit/s，是标准Ku波段通信卫星的38倍，是大容量的Ka频段宽带卫星。它采用美国卫讯公司“冲浪波束2”系统来支持欧洲通信卫星公司的“双向”宽带服务。其最高可达10 Mbit/s的下载速率和4 Mbit/s的上传速率，容量可达到现行服务的3～4倍。该卫星配置了82个Ka波段237 MHz的宽带转发器，即82个点波束，每个点波束容量为900 Mbit/s。这些点波束与10个网关地面站连接，以此作为“双向”服务的一部分来提供用户宽带服务。

KA－SAT卫星的大容量全Ka波段系统把卫星和地面基础设施结合在一起，开始了卫星IP服务市场的新纪元，这种功能强大的新平台适合向没有地面网络覆盖的用户提供高速宽带服务。KA－SAT卫星装有4副反馈展开天线和1个高精确的指示系统，不相邻单元频率可以重复使用并且不发生干涉。其中，多点波束技术、大量频率复用和极高精确度的指向系统是获得70 Gbit/s的超大容量的关键。

"冲浪波束"系统是一种基于卫星的、特别为宽带网络设计的全新的系统。美国卫讯公司成功地将基于有线电视网络的数据服务接口标准的有线工业技术及最先进和成熟的卫星技术集成运用于"冲浪波束"系统之上。"冲浪波束"既可以工作于新的 Ka 频段点波束卫星转发器上，提供支持数百万用户的超大网络容量，也可以工作于传统的 Ku 频段卫星。

2. 有效载荷技术

KA－SAT 卫星使用行波管辐射收集器，增强南北热管耦合的高有效性，降低南北墙板的热辐射范围，同时能满足多种运载火箭的要求。在距天线发射端最短距离的位置安装行波管辐射收集器，使有效全向辐射功率性能最优化。采用了新一代的双轴天线部署和调整机械装置，在一个嵌套构造中可容纳 4 副收拢状态的大型反射面天线。双轴天线部署和调整机械装置是一个小型设计，用来支持双配置链，并保留了机械模块和技术很强的继承性。天线馈源组件安装在上层的水平高度上，以最大限度提高增益噪声比。多波束天线使用每个波束单反射器天线配有单反馈的传统概念。"Ka 频段卫星"具有高等级的频率复用。它配备四重反馈可展开天线，以及增强的指示精准的高效中继器。其范围覆盖欧洲、非洲中东和北部部分地区。有效的频率复用使系统获得的容量超过 70 Gbit/s。使用 Ka 频段，意味着波束更窄。在前向链路可以使卫星功率更有效地用在有限的区域，给予用户必需的有效各向同性辐射功率。

1.1.5 高通量卫星及有效载荷技术发展趋势

随着用户数据量和数据速率的大幅提升，2020 年前后，全球 HTS 通信服务需求超过 1.6 Tbit/s，在市场发展与技术进步的双重驱动下，HTS 将呈现出新的多样化的发展态势：一是透明转发体制和星上处理体制将长期并存，以满足不同应用场景的通信需求；二是 Ku、Ka 频段并存，并逐步向更高频段方向发展，特别是 Q/V 频段在关口站馈电链路的应用将会更加成熟和广泛；三是高轨卫星与中低轨卫星将长期并存且一体化融合。高轨卫星的广域覆盖与中低轨卫星的低时延可实现优势互补，分别满足广域常态覆盖与局域热点覆盖需求，具有巨大的发展前景。此外，空中交换、高阶编码调制、移动波束等高效的频率资源利用技术也将是未来高通量卫星的重要发展方向。

1. 高轨卫星与中低轨卫星将长期并存且一体化融合

未来 GEO - HTS 系统的发展趋势将是多颗卫星组网，中低轨 HTS 系统共存；高轨卫星的广域覆盖与中低轨卫星的低时延可实现优势互补，分别满足广域常态覆盖与局域热点覆盖需求，GEO + LEO（地球同步轨道 + 低地球轨道）的多轨道结合系统具有巨大的发展前景。

2. 透明转发体制和星上处理体制将长期并存

从前面介绍的国外高通量通信卫星的有效载荷情况可以看到，目前，透明转发体制和星上处理体制将长期并存，以满足不同应用场景的通信需求。卫星采用透明转发器，用户间的通信需要经过地面信关站中转，这会造成不小的时延。随着对通信要求的不断提升，有效载荷将向星上处理方向发展，用户间的通信将不再需要地面信关站中转，如 O3b 卫星采用处理类有效载荷等。

3. 工作频段正向 Q/V 频段等更高频段发展

丰富的频率资源使得 Ka 频段成为目前高通量卫星的主要选择，Ka 频段是目前高通量卫星通信的主流频段。提供高通量卫星通信服务的卫星多数都采用 Ka 频段，只有少数还采用 Ku 频段，Ka 频段具有更宽的带宽，能提供更大的通信容量，技术成熟，并且用户终端的天线尺寸可以更小，便于终端的小型化和便携化。Q/V 频段是未来高通量通信卫星和超高通量通信卫星馈电链路使用频段，当信关站使用 Q/V 频段时，用户链路可独占 Ka 频段 2. 5 GHz 带宽，获得更多频率资源。Q/V 载荷系列产品除用作卫星信关之外，未来 5G（第五代移动通信）标准规划频率亦在毫米波频段，Q/V 频段产品后续将有更加广阔的未来。

4. 点波束和频率多重复用技术将得到进一步应用

采用点波束技术不但能对卫星容量进行动态分配，而且能灵活地调整各个波束的功率，调配覆盖区域内的等效全向辐射功率值，点波束技术将是宽带通信卫星不可缺少的技术。另外，随着对卫星容量要求的不断提高，只是依靠提升频段的带宽已无法满足要求，频率多重复用技术已成为最现实的解决方案，点波束和频率多重复用技术将得到不断发展。

5. 光子技术助推高通量通信卫星发展

从系统服务能力来看，国外主流卫星运营商无不以更高的通量为发展目标，已经出现了以 ViaSat - 3 为代表的超高通量卫星（VHTS），单星通量超过 1Tbit/s。

面向卫星载荷高通量和灵活性发展需求，现有通信频段难以满足微信载荷发展需求，光子技术具有带宽和大规模灵活交换转发技术优势，可以大幅提升高通量通信卫星的通信容量并满足灵活性发展需求，推动高通量通信卫星向阵列化、集成化、轻量化、低功耗和高通量方向发展。随着卫星激光通信技术的不断成熟，高通量卫星通信工作频段可能向激光方向发展。

1.2 微波光子技术

微波光子学是一门微波技术和光子学相融合的新兴学科，主要研究如何利用光学手段来解决微波问题，具体研究如何设计光学系统，通过光学方法来生成、传输和处理微波信号。微波光子学可克服传统微波技术在处理速度和传输带宽等方面的电子瓶颈，相较于传统电子系统，微波光子技术在如下方面具有明显的技术优势。

1. 工作频段广

微波光子系统的工作带宽主要受限于电光/光电转换所需的电光调制器/光电探测器的工作带宽。目前商用成熟的电光调制器和光电探测器的响应带宽均已达到 DC－100 GHz，即微波光子系统的工作频段可达到 DC－100 GHz。

2. 瞬时带宽大

相对带宽（瞬时带宽/载波频率）越大越难以处理，无论是在光域还是在电域，都遵循这个规律。微波光子系统易于处理大瞬时带宽的微波信号，是因为大瞬时带宽的微波信号在进行电光转换时会历经一个“窄带化”的过程，经过电光转换后其载频会大幅提高，导致其相对带宽大幅减小。一方面，微波光子系统在 1 550 nm 波长处有 4 THz 以上的可用带宽，微波光子系统几乎不受光链路带宽的限制。另一方面，结合波分复用技术，微波光子系统还可实现阵列化宽带处理。

3. 传输损耗小

微波光子系统采用光纤进行微波信号的传输，相较于电缆线高达几分贝/米的传输损耗，商用成熟的单模光纤在 1 550 nm 波长处的损耗仅为 0.2 dB/km，远小于电缆线的传输损耗。

4. 无电磁干扰

在微波光子系统中，微波信号经过电光转换后，以光信号的形式传输和处理。作为一种玻色子，光子具有无质量、不带电的特性。因此，在对其处理过程中，既不会产生电磁辐射，也不会受到电磁干扰。

5. 体积小，质量轻

相对于质量为几百千克/千米的电缆线，带有保护层的光缆的质量仅为几千克/千米，不带保护层的裸光纤的质量仅为几十克/千米。无论是光缆还是光纤，质量均远低于电缆线。此外，单模光纤的直径仅为125 μm，一般光缆的外径为3～5 mm，均小于外径为十几毫米的电缆线。

由于微波光子学具有以上显著技术优势，因此，近年来，微波光子学逐渐受到国内外学者的广泛研究。微波光子学的研究内容主要包括微波光子信号生成、微波光子信号传输和微波光子信号处理，各部分的具体研究内容如下。

（1）微波光子信号生成。其主要研究微波光子本振信号生成、光频梳（OFC）信号生成、相位编码信号生成、线性调频信号生成、任意波形信号生成、超宽带（UWB）信号生成与矢量信号生成等。

（2）微波光子信号传输。其主要研究微波光子本振/时钟信号馈送、高线性光载射频（RoF）链路、多通道射频信号传输、可抑制功率周期性衰落的RoF链路、高谱效率的RoF链路、自相干探测的RoF链路与兼容无源光网络的RoF双工链路等。

（3）微波光子信号处理。其主要研究微波光子变频、微波光子移相、微波光子信道化接收、微波光子延时、微波光子通道交换、微波光子A/D转换与D/A转换、微波光子测频、微波光子测角与测向、微波光子多普勒频率测量、微波光子频谱分析与相位噪声测量等。

微波光子学除研究以上各技术点外，还研究如何对这些技术点进行组合，以满足不同功能的需求。如本书研究的微波光子高通量卫星有效载荷技术是将微波光子本振信号生成、光频梳信号生成、微波光子信道化接收、微波光子变频、微波光子交换等技术点结合起来，以实现对通信信号的交换转发，如图1－2所示。

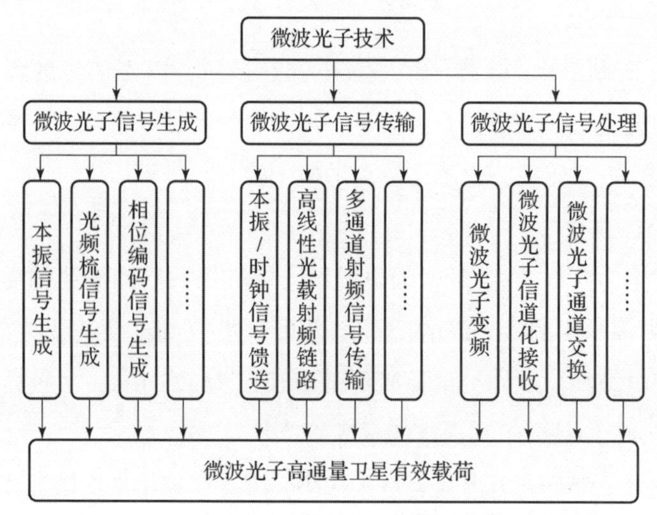

图 1-2 微波光子宽带通信卫星有效载荷技术构成

1.3 微波光子宽带通信卫星

1.3.1 微波光子宽带通信卫星有效载荷系统组成

微波光子宽带通信卫星载荷包括光控相控阵与微波光子通信转发系统两部分：光控相控阵分为接收与发射两个单元，分别作为多波束信号的接收与发射桥梁。微波光子通信转发系统通过整合微波光子变频、微波光子信道化接收、微波光子本振信号生成以及光交换等单元，在光域实现多路微波信号的处理与转发。

微波光子宽带通信卫星载荷原理框图如图 1-3 所示。光控相控阵单元将接收到的多路宽带微波信号调制到光域，利用微波光子变频实现波信号的频率变换，利用光交换实现波束间的大容量交换，然后经光控相控阵发射单元进行转发。

当需要进行宽带信号的信道划分时，再利用微波光子信道化接收实现宽带信号的信道划分与同中频变频、利用数字柔性转发实现子信道内部的交链后，经过微波光子变频实现波信号的频率变换，最后经光控相控阵发射单元进行转发。

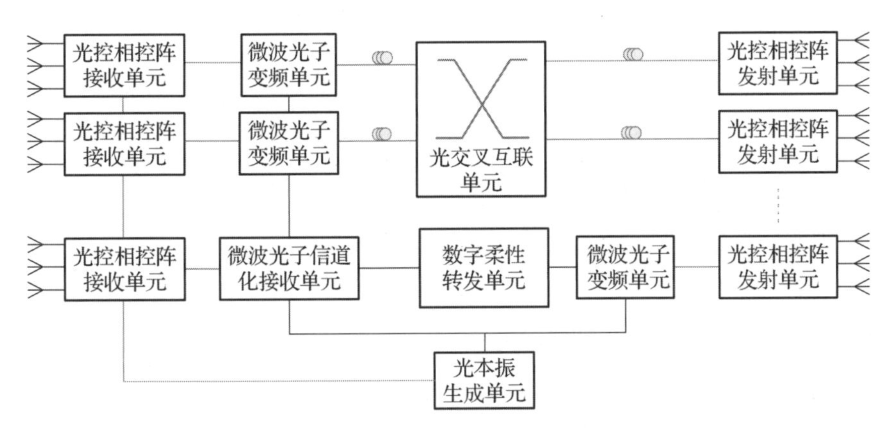

图1-3　微波光子宽带通信卫星载荷原理框图

除数字柔性转发外，星上微波光子处理转发系统主要由以下单元构成：微波光子变频单元、微波光子信道化接收单元、光交叉互联单元、光本振生成单元。各单元之间通过光纤通道紧密相连，实现宽带射频信号的变频处理、信道划分、交换等功能，共同实现了星载宽带射频信号的微波光子处理转发。

1. 光本振生成单元

作为光源与微波本振源，向微波光子卫星有效载荷各单元及其他设备提供高质量光载波和微波本振信号。光本振生成单元的光载波主要由激光器提供，微波本振可通过光外差探测结合光学锁相环、光学微波信号倍频、激光器注入锁定、光电振荡器等方式来生成。光生微波本振信号的相噪、频率稳定性等性能直接影响微波光子变频单元的性能。

2. 光控相控阵接收/发射单元

作为微波与光信号的转换通道，在光本振的激励下，光控相控阵接收单元利用微波光子延时网络实现多波束微波信号的接收，光控相控阵发射单元实现光电探测、信号滤波和信号放大，并利用微波光子延时网络形成多波束进行发射。

3. 微波光子变频单元

在微波光子卫星有效载荷系统中，微波光子变频单元在光域与微波本振信号一起实现对上行链路射频微波信号变频的功能。其主要功能是在光域通过一次变频方式，将输入射频微波信号直接下变频到光微波中频信号。其主要是利用电光调制器的电光转换，结合后续的光电探测的包络检波来实现变频的功能。

4. 微波光子信道化接收单元

在微波光子卫星有效载荷系统中，微波光子信道化接收单元在光域与微波本振信号一起实现上行链路宽带射频微波信号的信道化接收功能。其主要功能是在光域完成宽带信号的子信道划分，然后利用多通道混频实现同中频下变频，将输入射频微波信号直接下变频到光微波中频信号。

5. 光交叉互联单元

在微波光子卫星有效载荷系统中，光交叉互联单元主要在光域内进行信息（或信号通道）交叉互联，实现信息的转发。对包含微波信号的光通路而言，光交叉互联可通过光通道路由方式实现多路数、多带宽、多格式微波信号的交叉互联，具有完全的电隔离性。其采用的主要器件包括光交叉连接器、光波长选择开关、光复用器、光解复用器等。

除此之外，星上微波光子处理转发系统还应包括各单元间的光纤连接通道。光纤连接通道采用统一的光纤连接端口及连接线，完成各单元之间的光信号传输。

1.3.2 微波光子卫星有效载荷发展概况

针对宽带卫星通信发展需求，欧洲航天局（European Space Agency，ESA）、空客公司等开展了星上微波光子处理转发系统研究及单元技术研究，具体研究内容主要包括星上微波光子处理转发系统、光学微波本振信号产生与馈送、微波光子变频和光域微波信号的交换转发等方面。

1. 欧洲航天局“SAT'N LIGHT”项目

开展星上微波光子处理转发系统研究的主要项目为 ESA 的 SAT'N LIGHT 项目。这也是 ESA 在空间微波光子技术方面的重要研究项目。图 1－4 为微波光子交叉互联与转发系统结构示意图。该结构在采用传统的微波低噪声接收和高功率发射的基础上，在中间部分引入光学技术进行微波本振信号的分配，完成光子微波下变频，并利用光交换实现通道路由。所有的本振信号都是在一个集中单元中的光载波上产生和传输，随后再馈送至电光混频器中。该项目采用光纤馈送本振信号主要是着眼于光纤传输具有损耗低、体积小、质量轻的优势，可大幅缩小和降低卫星平台的体积与质量。

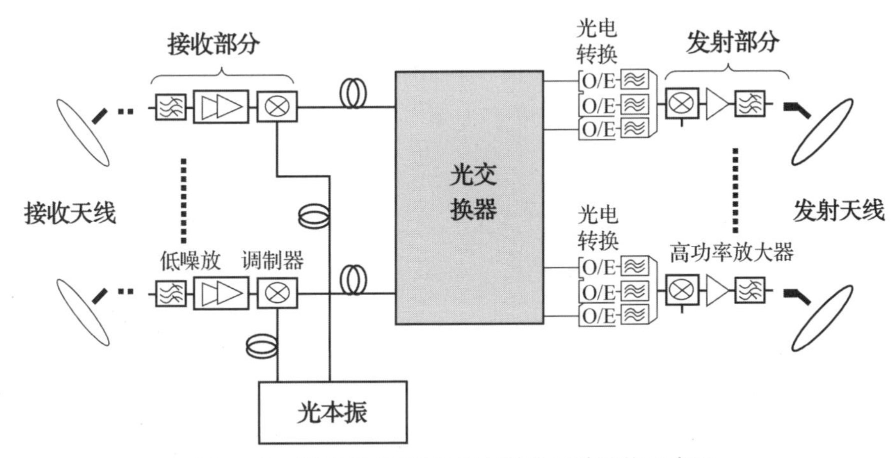

图1-4 微波光子交叉互联与转发系统结构示意图

根据微波光子处理转发系统的概念，ESA的TRP（基础技术研究计划）搭建了微波光子处理转发演示系统，并对该新型微波光子处理转发系统的概念和通道性能进行验证，该新型微波光子处理转发系统设计为将各组成单元安装在试验板上，为典型的端对端光-微波通道的形式。图1-5为微波光子混频演示系统实物，其中各模块分别为：①光本振微波馈送单元；②微波光子变频单元；③光交叉互联单元；④光电探测转换阵列。

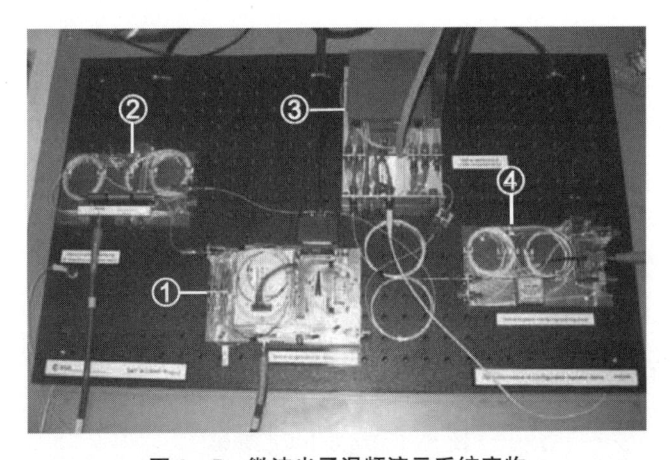

图1-5 微波光子混频演示系统实物

ESA的SAT'N LIGHT项目中开展了光本振微波馈送技术的研究，它由一个波长为1 547 nm的连续波DFB（distributed feedback，分布式反馈）激光器和一个设定用于最小传输偏置的MZM（Mach-Zehnder modulator，马赫-曾德尔调制器）

组成。这种光本振源可发送 20 GHz 以上任意频率的光本振信号，光功率可达 18 dBm，相位噪声低于 -130 dBc/Hz（10 kHz），其载波抑制接近于 20 dB。这种本振信号可通过质量仅有 1 g/m、损耗基本与距离无关的光纤传送至数百个要求低相位噪声的设备。

ESA 的 SAT'N LIGHT 项目中开展了有关微波光子变频技术的研究。以马赫-曾德尔调制器作为电光变频器，结合光纤本振信号馈送技术，在光域实现 Ka 频段信号（28~31 GHz）到 C 波段信号（3~5 GHz）的下变频。同时利用光波分复用技术，实现光域内多频率微波信号变频，变频后残留的 LO 和 RF 信号频率成分经测试分别比 IF 信号低 25 dB 和 30 dB，下变频后输出中频信号的性能与目前的微波射频设备性能一致，同时 RF 输入信号与光本振之间可实现完全的隔离。在光域内实现多频率微波信号变频，下变频后的中频信号可以很好地分开，没有附加的合成信号。该变频技术仅通过单个 MZM 电光调制器即实现了光域射频信号变频，同时具有宽带多频率微波信号的变频能力。信号下变频频谱如图 1-6 所示。

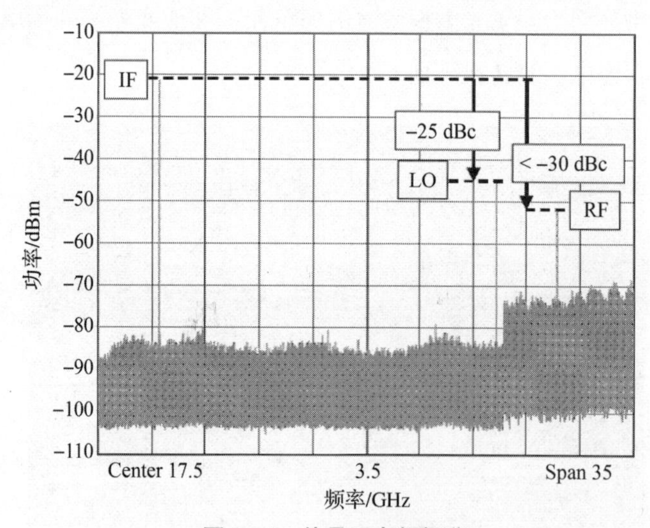

图 1-6 信号下变频频谱

ESA 的 SAT'N LIGHT 项目中，通过 MEMS（微机电系统）开关实现光空间交换，以及信号的分配和路由，其包括：一个输出功率为 +17 dBm、噪声系数（noise figure，NF）为 4.5 dB 的光放大器，一个光分离器及一个 4×4MEMS，光损耗为2 dB，串扰为60 dB，通过移动或改变内置微镜片的角度实现光信号路由。此外，贝尔实验室、朗讯实验室、AT&T（美国国际电话电报公司）等知名机构针对地面光通信网络应用也完成了各类不同的光交换设计。

2. 空客“OPTIMA”项目

由空客公司牵头的OPTIMA项目是欧盟委员会资助的水平线2020项目的一部分，来自欧洲多个专业合作伙伴共同参与，包括西班牙的DAS光子公司、意大利的CORDON电子公司、法国的Sodern公司、英国的Polatis公司和比利时的IMEC公司。空客公司早已经通过最优地平线（OPTIMA Horizon）2020项目验证并证明了卫星光有效载荷技术达到6级技术成熟度，这是制作轨道样机前的最后一个阶段。空客目前已将微光子卫星有效载荷通过被称为“未来卫星”的Eutelsat 7C进行在轨验证。光有效载荷将利用光在整个卫星内传输信号，以取代当前的射频技术，从而开发效率更高、功能更强大的卫星，满足客户日益增长的复杂性和精密性要求。OPTIMA项目也考虑了通信卫星有效载荷和星间链路的未来发展，预计在21世纪20年代使卫星和星间链路进入每秒TB级和数Gb的时代。

图1－7给出了该卫星载荷的结构，与SAT'N LIGHT项目类似，该结构也分为以下四个模块：光本振微波馈送单元，微波光子变频单元，光交叉互联单元，光电探测转换阵列。

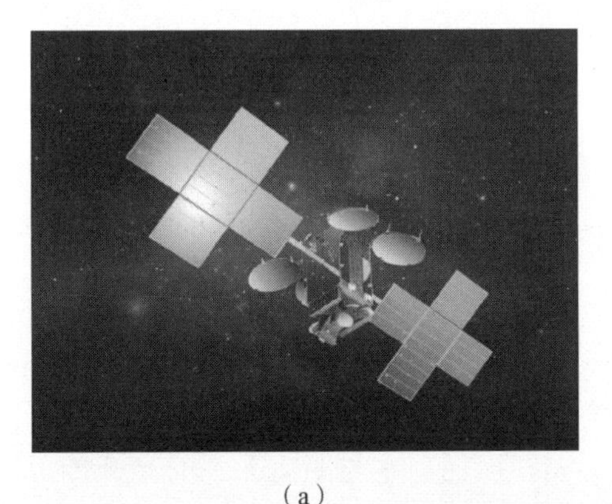

（a）

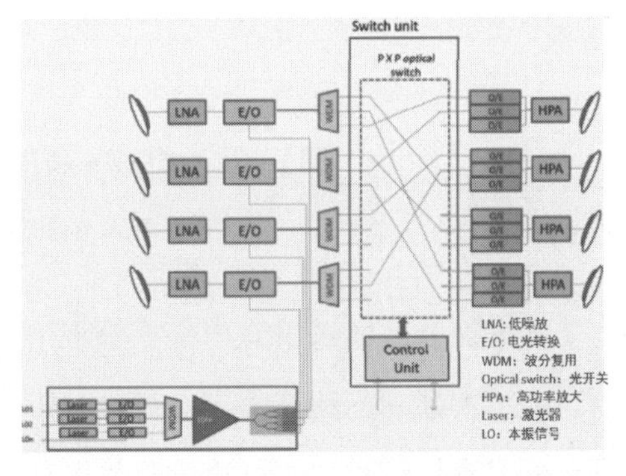

（b）

图1－7 “未来卫星”Eutelsat 7C

（a）卫星渲染；（b）搭载的光子载荷结构

空客的 OPTIMA 项目中西班牙的 DAS 光子公司开展了光本振微波馈送技术的研究，图 1－8 为 OPTIMA 项目除交换单元外的原理结构。从中可以看出，该系统包括光本振微波馈送单元、微波光子变频单元、光电探测转换阵列三部分。

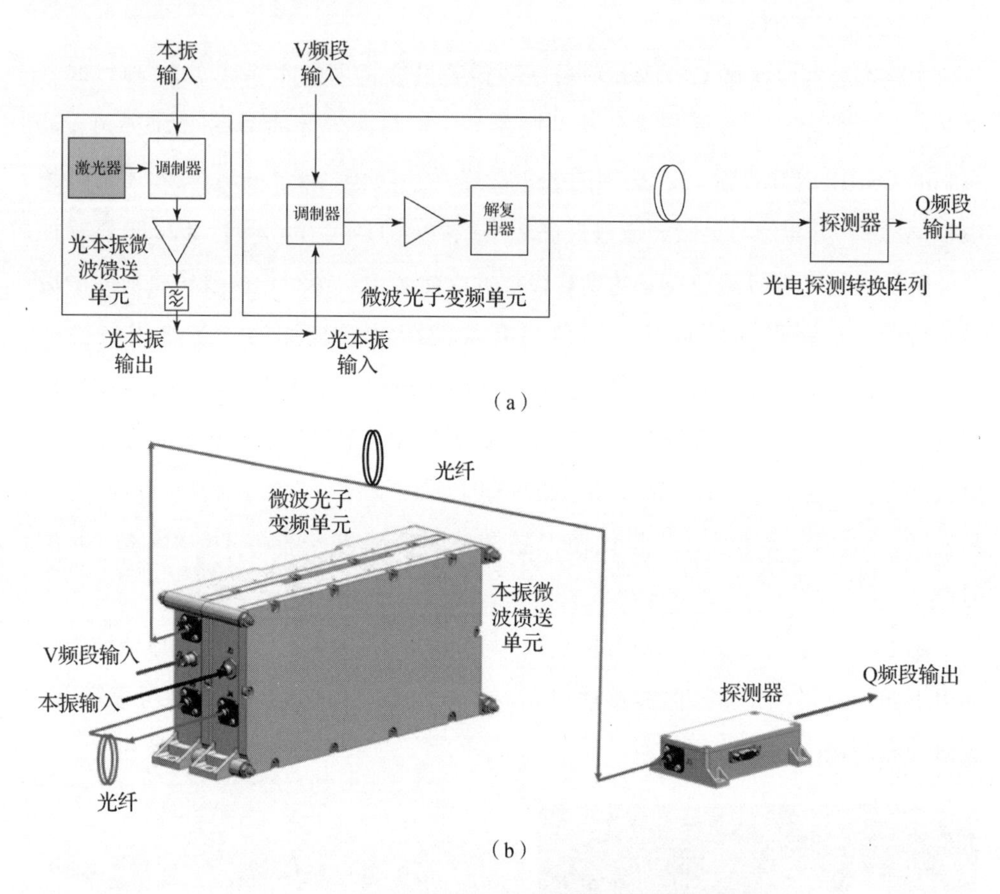

图 1－8　OPTIMA 项目除交换单元外的原理结构

（a）原理结构图；（b）实物结构图

光本振微波馈送单元由一个波长在 C 波段的连续波直调激光器、电光调制器、光放大器和光滤波器（OF）组成。这种光本振源只可发送 9.8、10.2 GHz 频率的光本振信号，并可通过质量仅有 1 g/m、损耗基本与距离无关的光纤传送至多个微波光子混频单元。

在 OPTIMA 项目中，空客以马赫－曾德尔调制器作为电光变频器，结合光纤本振信号馈送技术，在光域实现 Ka 下变频（输入：27.1～31 GHz，输出：17.3～

21.2 GHz）和Q/V频段下变频（输入：47.2~51.4 GHz，输出：37.4~41.6 GHz）。该变频单元在宽频段范围内变频增益为－10 dB、增益波动在2 dB左右，IMD3抑制比可达到60 dBc（图1－9）。微波光子变频器是基于DAS已开发的方案，可实现更高的集成度，预计质量和尺寸降低50%。该组件的设计将旨在实现高度集成，探索针对大量光载波和LO信号的并行设备布置的潜力。

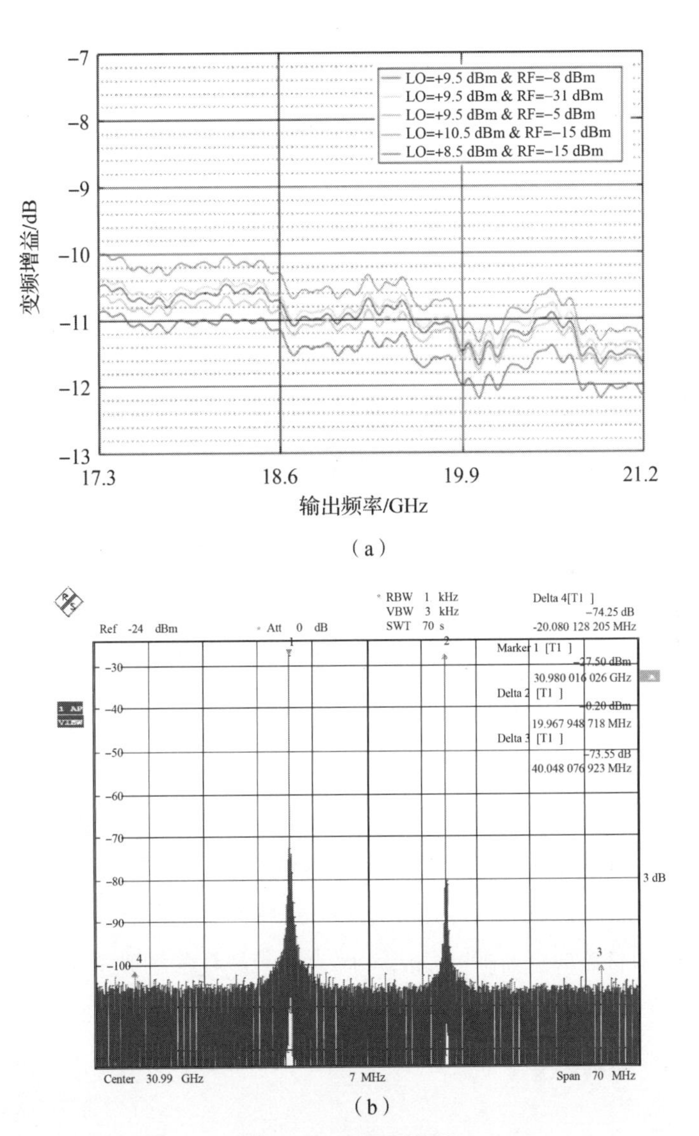

图1－9 PhDOCON

（a）幅频响应曲线；（b）IMD3抑制比

在OPTIMA 项目中，法国的 Sodern 公司和英国的 Polatis 公司提供了 Directllight 开关产品（图1－10)，该产品利用波束旋转技术，每个输入光纤和输出光纤都用一个光学准直器连接，以产生平行光束。输入光束和输出光束的准直器通过2D（二维）压电致动器彼此指向，并使用集成位置传感器的控制闭环来控制方向。当输入准直器和输出准直器彼此面对对齐时，将建立两个端口之间的连接。该技术可实现384×384的大开关矩阵，该光开关矩阵工作波长1.55 μm、插入损耗<最大2.5 dB、交换速度在毫秒级别。最终目标是研制一个空间开关的可扩展架构，在大小、质量、功率和可靠性之间做出最佳选择，同时也要保证在GEO环境中的功能和性能。

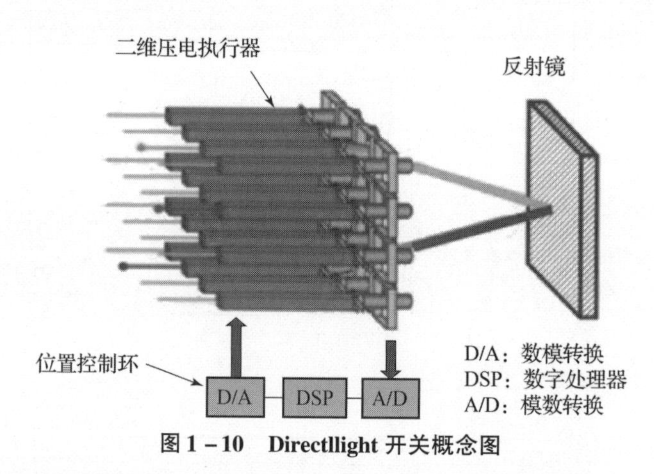

图1－10　Directllight 开关概念图

综合欧洲航天局、空客公司微波光子处理转发技术发展现状看，国外对微波光子处理转发技术研究主要集中在关键技术攻关、关键器件研制及微波光子技术星上应用验证等方面。随着微波光子材料、工艺、结构等研究不断深入，对微波光子信号处理系统的理论模型、物理特征及技术应用的探讨与分析也更加明确。正是对微波光子技术的理论与应用关系等基础性研究的重视，使国外微波光子迅速进入关键技术星载验证阶段，同时开展改善系统性能的光电集成技术。

1.4 本章小结

在空间载荷中采用微波光子技术具有很多技术优势：大的带宽、宽的连通性、灵活的路由能力；器件体积质量小，节省载荷所占空间和质量；结构简单，降低系统复杂度，缩短设计—集成—测试周期；对射频信号传输透明、完全电隔离、电磁兼容、抗电磁干扰等。将光学技术引入星上载荷，与传统的微波技术相结合，成为未来宽带卫星通信的发展趋势。光学技术在星上的应用主要有微波信号的光域传输、处理和路由，即星上微波光子技术应用、背板间高速率光纤互联、星内光无线链路等。此外，光学技术在模数转换中快速采样、天线子系统中信号振幅和相位控制、有源天线中光学波束形成网络等方面也具有广泛的应用潜力。

目前为止，欧洲航天局、空客公司等已先后深入开展了星上微波光子技术应用研究，取得了一系列成果，但还有许多问题和困难需要解决与克服，如应用于空间环境的光电子器件质量标准确定、星上光电子器件在轨工作性能退化规律等。随着各国对星上光学技术应用的深入研究以及研究成果的实用化和工程化，基于光学技术和微波技术相结合的宽带通信卫星载荷将为卫星通信带来实质性的突破。

第 2 章
微波光子基本原理与核心器件

随着新型光电子系统向跨频段、大带宽、高灵敏度、规模化、小型化发展，及其对体积、质量、功耗提出苛刻要求，融合微波学与光电子学的微波光子技术被认为是解决上述难题的关键技术之一。目前，微波光子技术已广泛应用于通信、航空航天、测量传感、生物医学、军事安全等领域。尽管微波光子系统用途各异、功能多样，但其系统组成大致相同，主要包括激光器、调制器、探测器几大核心部分。本章以微波光子系统基本结构为基础，对微波光子核心器件进行介绍、讨论与分析。

2.1　微波光子基本链路结构

微波光子系统以处理微波信号为目的，工作时其首先将微波信号通过电光转换加载到光信号上，随后在光域对微波信号实施处理，最终经光电转换将光信号转换回微波信号。微波光子系统典型结构如图 2-1 所示，分别为直调系统、外调系统。直调系统与外调系统的区别在于电光转换部分，其中直调系统所用激光器（直调激光器）具备光载波生成与光载波调制两个功能，而外调系统中激光器（外调激光器）仅用于光载波的生成，光载波调制在外调制器内完成。

2.1.1　激光器

无论是直调系统还是外调系统，激光器均用于光载波生成。目前，应用最广泛的激光器为分布式反馈直调激光器与分布式反馈外调激光器。与其他类型激光

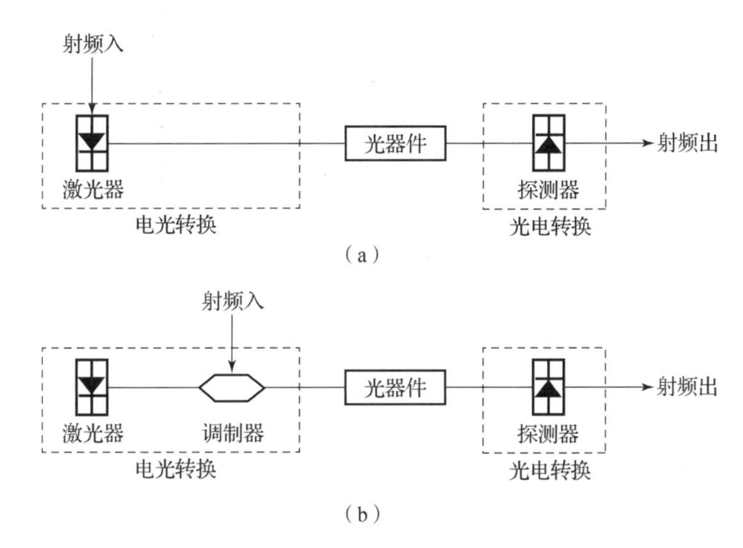

图 2-1　微波光子系统典型结构

(a) 直调式；(b) 外调式

器相比，DFB 激光器阈值电流低、电光转换效率高，能在低电流下工作。工作时，外调激光器注入电流稳定，直调激光器注入电流受输入射频信号调制而变化，所以除强度噪声、线宽、功率等参数外，直调激光器还关注与直调制特性密切相关的斜率效率、调制带宽等参数。

虽然微波光子系统对激光器输出波长并无严苛要求，但大多数光通信系统及组件（特别是光放大器）工作在损耗较低的 C 波段，因此常选用 C 波段激光器作为系统光源。为方便比较，下面对直调激光器与外调制器的调制原理做一介绍。

2.1.2　调制器

要实现电光转换，就要对光载波进行调制，使输出光功率与输入射频信号同步变换。由前述可知，光功率调制可通过两种方式实现：一种是直接调制，通过将射频电流叠加到偏置电流上实现光功率调制，调制时射频输入直接作用于激光器，无须使用外调制器；另一种是外部调制，该方式依赖于外调制器，是微波光子领域最常用的调制方式，其调制带宽大、灵活性高，是本章及后续章节的研究重点。

直接调制原理如图 2-2 所示，激光器输出光功率通过调节驱动电流实现。直接调制要求光源具有高斜率效率（降低电-光转换损耗）、高线性度电流-光功率转换特性（避免非线性失真）、大调制带宽与低噪声系数。其中，斜率效率 η_s 定义为射频电流 I_L 围绕偏置电流 I_B 变化时，输出光功率 P_{out} 的增量斜率：

$$\eta_s = \left.\frac{\mathrm{d}P_{out}}{\mathrm{d}I_L}\right|_{I_L = I_B} \tag{2-1}$$

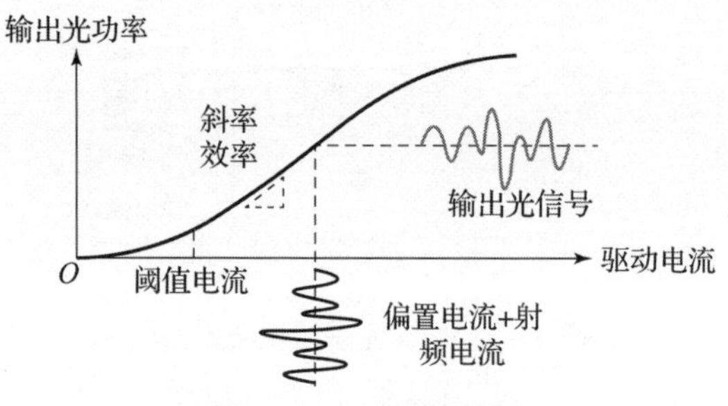

图 2-2　直接调制原理

直调激光器斜率效率与输入射频信号频率相关，由于增益介质中的光子和自由载流子寿命限制，激光器通常表现出低通特性。因此直接调制的主要缺点为调制带宽有限，通常小于 30 GHz。虽然带宽较小，但直调方式简单、成本低廉，至今仍在微波光子领域广泛使用。

外部调制采用电光调制器（electro optical modulator，EOM）调节激光器出光功率。外部调制将光载波生成与调制过程分开，因此调制带宽与激光器特性无关，克服了直接调制系统的主要缺陷，为高频毫米波微波信号（目前聚合物材料的调制带宽已超过 145 GHz）的处理开辟了道路。外调制器可由不同物理机制实现，主要包括电光、电吸收、声光和磁光效应等。微波光子领域目前最常用的外调制器为铌酸锂（lithium niobate，LN，$LiNbO_3$）调制器，调制器输入射频信号利用线性电光效应（Pockels 效应）可对输入光载波的相位进行调制，而进一步利用马赫-曾德尔（Mach-Zehnder，MZ）干涉结构可将相位调制转换为光功率调制。如图 2-3 所示，MZM 外调制器的传输特性可表示为

$$P_{out} = \frac{P_{in}}{2L}\left[1 + \cos\frac{\pi V_{in}(t)}{V_\pi}\right] \tag{2-2}$$

式中，P_{out} 为输出光功率；P_{in} 为进入调制器的输入光功率；$V_{in}(t)$ 为驱动电压

(由直流偏置电压和输入射频信号电压组成)；V_π 为调制器半波电压；L 为调制器损耗。为最大限度减少输出光信号非线性失真，需要在最大传输点、最小传输点之间对调制器进行正交偏置。性能优异的外调制器应当在较大的带宽内具有较低的半波电压，对于常见的行波电极结构，通过增加电极的长度可以很容易地实现较低的 V_π，但其代价是带宽的减少和插入损耗的增加。目前常见 MZM 外调制器产品带宽在 40 GHz 以内，V_π 在 4.5 V 以内。

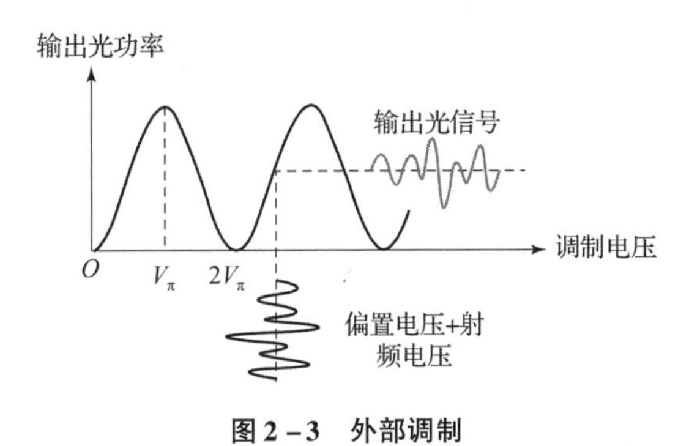

图 2-3 外部调制

2.1.3 探测器

电光调制后，使用各类光学器件在光域对微波信号进行处理，处理完成后再将光信号转换回微波信号。该过程由光电探测器完成，探测器光电特性如图 2-4 所示，工作范围内光电流 $i(t)$ 与输入光功率成正比：

$$i(t) \propto R\ |E(t)|^2 \tag{2-3}$$

式中，R 为探测器响应度；$E(t)$ 为输入光振幅。目前大部分光电探测器为 PIN 光电二极管，其中本征半导体层夹在 P 掺杂层和 N 掺杂层之间，为避免非线性失真，PIN 二极管应该具有高线性度功率－电流特性。此外，理想 PIN 光电探测器应具有高响应度和大带宽，尽管实际上两者难以同时实现。

本节对微波光子系统三大核心器件（激光器、调制器、探测器）进行了简单介绍。为深入了解各器件功能、工作原理、物理特性，下面对各器件进行分析与讨论。

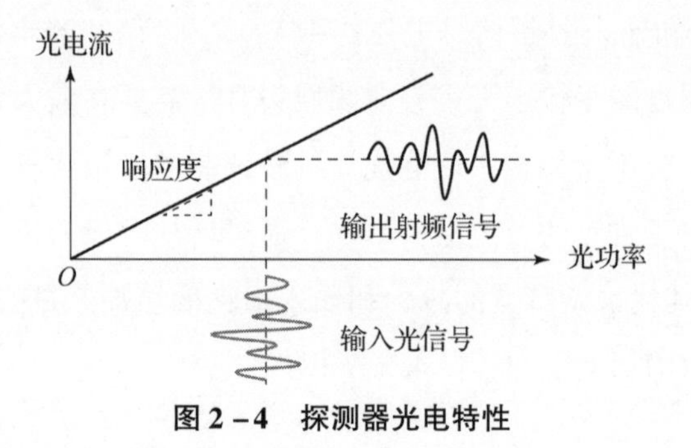

图 2-4 探测器光电特性

2.2 激光器

激光器指能激发激光的装置。激光为受激辐射光放大（light amplification by stimulated emission of radiation，LASER）的缩写，激光的光束发散度小、亮度高、单色性与相干性好。作为微波光子系统核心器件之一，激光器在直调系统中用于光载波输出与光功率调制，在外调系统中用于光载波输出。激光器种类多样，但均由工作介质（受泵浦源激励后产生粒子数反转的材料）、泵浦源（能使增益介质发生粒子数反转的能源）、光学谐振腔（光波能在其中来回反射的空腔）三部分组成。目前，微波光子领域采用最多的激光器为半导体激光器，半导体激光器原理简单，且有关其机理特性的著述较多，因此本节仅对半导体激光器的原理与特性进行扼要介绍。

2.2.1 半导体激光器原理

半导体激光器以半导体材料为工作介质，利用半导体中电子在导带与价带之间的受激辐射跃迁来产生激光。激光产生必须满足两个条件：一是粒子数反转，二是增益阈值条件。粒子数反转通过电泵浦使半导体工作介质的费米能级偏移来实现，增益阈值条件通过使工作介质增益大于激光器内部反射损耗与输出损耗来实现。此外，激光器直出激光包含多种模式，只有经光学谐振腔选模后，才能形成单模激光输出，光学谐振腔种类较多，主要包括 FP(Fabry - Pérot,法布里 - 珀罗)谐振腔、DFB 谐振腔、DBR(distributed bragg reflector,分布式布拉格反射镜)谐振腔、环形谐振腔等。

1. 粒子数反转

粒子数反转是激光器产生激光输出的必要条件。热平衡条件下，半导体材料中不同能带的电子密度由原子能态密度$\rho(E)$与电子分布概率$f(E)$的乘积决定。电子作为费米子，其分布遵守费米－狄拉克（Fermi－Dirac）函数。半导体E能态对应的电子密度可表示为

$$\zeta_{c,v}(E)=\rho_{c,v}(E)f(E)=\underbrace{\frac{\sqrt{E}}{2\pi^2}\left(\frac{2m_{c,v}}{\hbar}\right)^{3/2}}_{\rho_{c,v}(E)}\underbrace{\frac{1}{e^{(E-E_F)/(k_BT)}+1}}_{f(E)} \tag{2-4}$$

式中，$\zeta_c(E)$、$\zeta_v(E)$为导带、价带电子密度；$\rho_c(E)$、$\rho_v(E)$为导带、价带能态密度；m_c、m_v为导带、价带电子有效质量；$\hbar$为约化普朗克常数；E_F为热平衡条件下半导体费米能级；k_B为玻尔兹曼常数；T为绝对温度。热平衡时，半导体导带能级大于费米能级，价带能级低于费米能级，如图2－5（a）所示，图中电子能态沿传播矢量$\boldsymbol{k}$等间隔分布。由于半导体激光器中$|E-E_F|/(k_BT)\gg1$，因此热平衡条件下$\zeta_c(E)\simeq0$，$\zeta_v(E)\simeq\rho_v(E)$，这说明半导体高能级导带内电子数几乎为零，而低能级带价带内电子数非零。因此，本征半导体无法实现粒子数反转，不具备受激辐射条件。

若存在半导体PN结且对其施加电压，此时半导体热平衡受到扰动，式（2－4）中导带、价带费米能级发生改变，费米能级E_F分裂为两条准费米能级：E_{Fc}与E_{Fv}，其中，E_{Fc}上移至导带内，E_{Fv}下移至价带内（能级移动量与载流子浓度相关），如图2－5（b）、图2－5（c）所示，此时

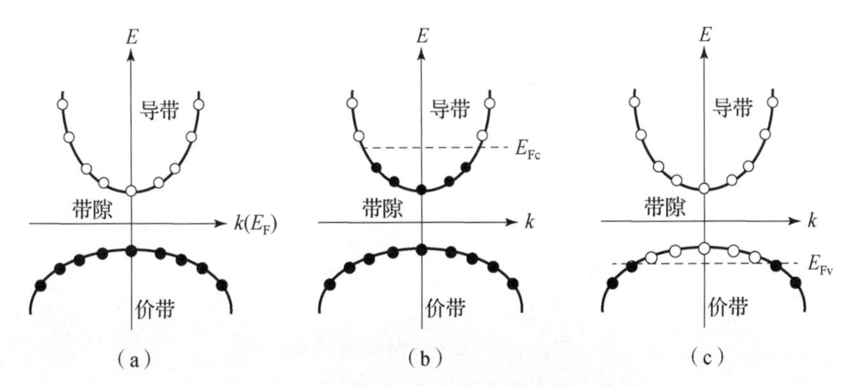

图2－5　直接带隙半导体能带结构示意图

（a）本征型；（b）N型；（c）P型

$$\zeta_{c,v}(E)=\frac{\sqrt{E}}{2\pi^2}\left(\frac{2m_{c,v}}{\hbar}\right)^{3/2}\underbrace{\frac{1}{e^{(E-E_{Fc,v})/(k_BT)}+1}}_{f_{c,v}(E)} \tag{2-5}$$

这说明热平衡受扰后，N 型半导体导带底部电子密度非零，P 型半导体价带顶部电子密度为零。因此，注入半导体导带的电子将填充导带底部，而根据电荷中性原理，价带顶部将由等量空穴填充，使半导体材料具备了受激辐射条件。

此时，导带电子可自发跃迁至价带形成自发辐射，也可在光子激励下产生受激跃迁。受激跃迁分为受激吸收与受激辐射，其物理实质是电子波函数在光子场的作用下与其他能带中的另外一个电子的波函数发生强耦合，且受激辐射速率与受激吸收速率之差满足

$$(\Re_{a\to b}-\Re_{b\to a})\propto f_c(E_a)[1-f_v(E_b)]-f_v(E_b)[1-f_c(E_a)] \tag{2-6}$$

其中，$\Re_{a\to b}$、$\Re_{b\to a}$为受激辐射、受激跃迁速率；$\Re_{a\to b}-\Re_{b\to a}$为净受激辐射速率。光子受激辐射过程如图 2-6 所示。净受激辐射过程对应的单位长度光增益系数等于：

$$g(\lambda)=\frac{\lambda^2}{8\pi^2n^2\tau}\left[\frac{2m_cm_v}{\hbar(m_c+m_v)}\right]^{3/2}\left(\omega-\frac{E_g}{\hbar}\right)^{1/2}[f_c(E_a)-f_v(E_b)] \tag{2-7}$$

式中，n 为半导体折射率；τ 为电子从导带跃迁到价带的弛豫时间。显然，产生受激光放大的条件为 $g(\omega)>0$，此时入射光子频率、半导体带隙、准费米能级之间满足如下关系：

$$E_g<\hbar\omega<(E_{Fc}-E_{Fv}) \tag{2-8}$$

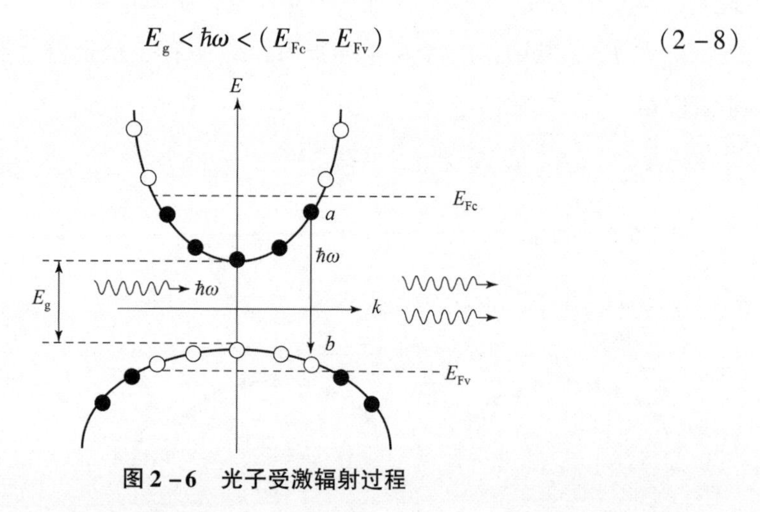

图 2-6 光子受激辐射过程

式（2-8）称为巴索夫-伯纳德-杜拉福格条件，即半导体激光器粒子布居数反转条件，它表明存在非平衡载流子时，半导体材料准费米能级分离程度超

过禁带宽度时，受激辐射功率大于吸收功率。

2. 阈值条件

阈值条件是激光器产生激光输出的充分条件，它指粒子数反转达到一定程度时，激光输出增益大于工作介质内部损耗和输出损耗，恰使激光器产生净增益的条件，该条件为激光器工作的域值条件（又称稳态条件）。阈值条件与增益介质和谐振腔密切相关。无论是 FP、DFB 谐振腔，还是其他类型谐振腔激光器，其阈值振幅条件求导过程类似。单次增益过程如图 2－7 所示。

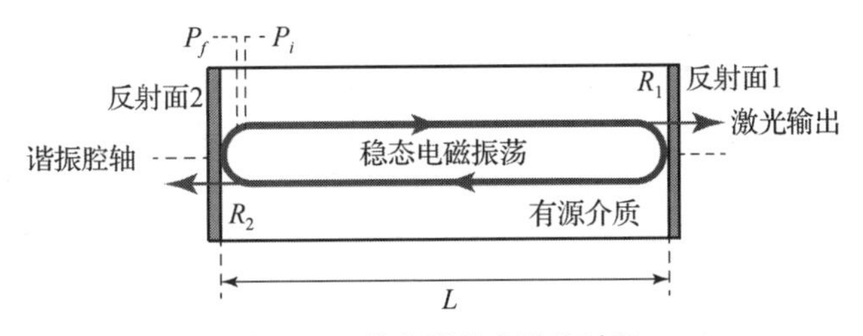

图 2－7　激光器单次增益过程

$$P_f = P_i R_1 R_2 \exp[2Lg_{\text{th}}(\lambda)\Gamma_\alpha]\exp\left\{-2L\left[\alpha_0 + \Gamma_\alpha N\left(\frac{\partial\alpha}{\partial N}\right)\right]\right\} \tag{2-9}$$

式中，P_i 为谐振腔单次增益放大过程对应的初始光强；R_1、R_2 为谐振腔光强反射系数（$R_1 < R_2 \simeq 1$）；L 为谐振腔长度；$g_{\text{th}}(\lambda)$ 为半导体激光器阈值增益系数；Γ_α 为光场限制因子；α_0 为载流子浓度为零时的光损耗；$\partial\alpha/\partial N$ 为光损耗随载流子浓度的变化率。显然，稳定输出激光的阈值光增益满足如下关系：

$$g_{\text{th}}(\lambda)\Gamma_\alpha = \left[\alpha_0 + \Gamma_\alpha N\left(\frac{\partial\alpha}{\partial N}\right)\right] + \frac{1}{2L}\ln\frac{1}{R_1 R_2} \tag{2-10}$$

式（2－10）为半导体激光器阈值条件，阈值条件通常采用阈值电流来表征，一般将阈值增益 $g_{\text{th}}(\lambda)$ 对应的注入电流称为阈值电流 I_{th}。

此外，光束在谐振腔往返一周后只有满足特定相位条件才能产生相干叠加，该条件为谐振腔纵模条件（又称域值相位条件）：

$$2nL = \lambda_i q_i \tag{2-11}$$

式中，q_i 取整数；$\{\lambda_i\}$ 为谐振腔支持的模式集合，调节 L 可改变模式数量。

结合式（2－10）、式（2－11）可知，在整个增益谱 $g(\lambda)$ 范围内存在若干等间隔分布的纵模 λ_i。谐振腔内只有同时满足粒子数反转条件、阈值增益条件，以及谐振腔纵模条件的模式才能得到放大，从而获得稳定激射输出，而其他纵模处于抑制状态。实际上，FP 谐振腔边模输出抑制较差，为获得高边模抑制单模输出，微波光子系统大都采用 DFB、DBR 谐振腔半导体激光器作为光源。DFB、DBR 激光器可以单纵模窄线宽输出，这是由于周期性的光栅相当于多个 FP 腔级联，可对谐振波长进行更精确的选择，在保持单纵模的条件下实现比普通 FP 腔更窄线宽的输出；另外，半导体激光器光栅受外界温度变化影响很小，因此 DFB 激光器与 DBR 激光器能在温度变化的情况下保持稳定波长激光输出。

2.2.2 半导体激光器特性

1. 相对强度噪声

激光器强度噪声主要源于增益介质的自发辐射。对自发辐射为零的绝对理想激光器，其受激辐射输光的频率、相位均稳定，可表示为 $E_{\text{out}}(t)=E_0\exp(\mathrm{j}\omega_0 t)$。然而，实际激光输出总含有光参量随机的无规则自发辐射，自发辐射光子通过耦合会改变受激辐射建立的相干光场，使相干光场的振幅与相位产生扰动，此时，输出光场可表示为 $E_{\text{out}}(t)=E(t)\exp[\mathrm{j}\omega_0 t+\varphi(t)]$，其中，相位波动 $\varphi(t)$ 会引起相位噪声（激光器线宽受相位噪声影响，见下文），时变光场振幅 $E(t)$ 会引起强度噪声。此外，外界环境温度变化、泵浦源电流波动、激光器边模抑制比不足、光子链路折射率不连续等均会使输出光强度发生波动。总的来说，强度噪声表现为激光器输出光功率随时间的随机变化，如图 2-8 所示。

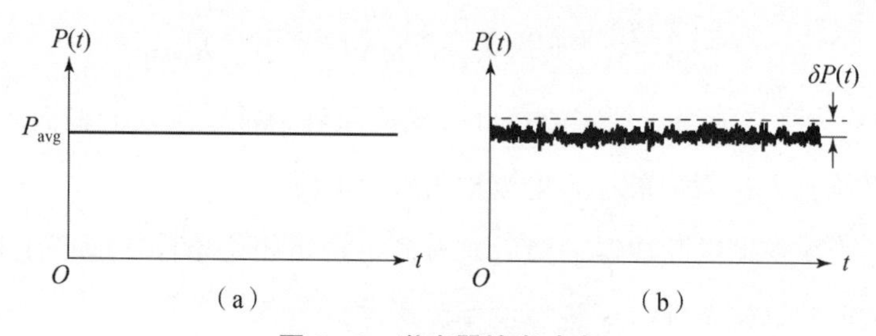

图 2-8 激光器输出功率

（a）理想输出；（b）含强度噪声输出

强度噪声大小通常采用相对强度噪声（relative intensity noise，RIN）描述，RIN 定义为光功率波动的方差除以平均光功率的平方：

$$\mathrm{RIN}=\frac{\langle \delta P(t)^2\rangle}{P_{\mathrm{avg}}{}^2} \tag{2-12}$$

式中，$\delta P(t)$为光功率波动；$\langle \cdot \rangle$为时间均值；P_{avg}为平均光功率。实际激光器强度噪声并非白噪声，此时 RIN 可利用单边带功率密度谱（one - sided power spectral density，one - sided PSD）定义为

$$\mathrm{RIN}=10\log\left\{\frac{2}{P_{\mathrm{avg}}{}^2}\left[\int_{-\infty}^{+\infty}\langle \delta P(t)\delta P(t+\tau)\rangle \mathrm{e}^{-2\pi i f\tau}\mathrm{d}\tau\right]\right\},(0\leqslant f<\infty) \tag{2-13}$$

式中，RIN 单位为 dBc/Hz。

RIN 会影响光链路性能，即便对信噪比要求较低的数字系统，RIN 也会使接收机灵敏度劣化，而对微波光子模拟系统，RIN 对系统的影响更为严重，特别是对噪声较为敏感的应用。例如，高通量通信卫星中，RIN 过大会使微波光子阵列化变频系统的噪声系数增大、动态范围减小。因此，低 RIN 的激光器对高性能微波光子系统十分关键。目前一些商用放大器的 RIN 已接近于热噪声（thermal noise），如由荷兰特温特大学与光子集成电路制造商 LioniX 公司联合设计的自锁模双增益片上激光器，其 RIN 可达 -172 dBc/Hz，但该激光器价格较高。目前，我国上海光学精密机械研究所等单位在低 RIN 激光器领域也取得了较大进展。

2. 线宽

由于自发辐射，输出激光含相位噪声（频率噪声），使激光频谱发生展宽。激光器线宽理论在不断发展中，目前已有较为完善的线宽估计理论。对于固体或气体激光器，其线宽可用肖洛 - 汤斯（Schawlow - Townes）公式描述，但实验测试发现半导体激光器的实际线宽比肖洛 - 汤斯估值大了 50 倍。1982 年，C. H. Henry 指出，自发辐射会随机造成光场相位和强度的改变，为恢复稳态，激光器将经历一段弛豫振荡，从而产生净增益的变化。根据 C. H. Henry 理论，半导体激光器线宽可表示为

$$\Delta\nu=\frac{\Gamma_{\alpha}v_g^2 h\nu n_{\mathrm{sp}}(\alpha_i+\alpha_m)\alpha_m}{8\pi P_0}(1+\alpha^2) \tag{2-14}$$

式中，v_g 为群速度；h 为普朗克常数；n_{sp}为自发辐射因子；α_i 为腔内损耗；α_m 为谐振腔损耗；P_0 为输出光功率；α 为线宽展宽因子。

根据式（2－14）可知，线宽 $\Delta\nu$ 与输出光功率 P_0 成反比，当光功率增加时，自发辐射的比例降低，线宽减小。但当输出功率不断增大时，各类非线性因素导致的模式竞争也会加剧，从而使线宽增大，因此不能通过无限制增加光功率来减小线宽。

减小谐振腔自身损耗以及腔内损耗也可以减小激光器线宽。激光器腔内损耗 α_i 通常为材料吸收、衍射、散射等造成的损耗，一般难以通过 DFB 激光器的结构设计来减小。然而，由式（2－10）可知，谐振腔损耗 α_m 与激光器腔长 L 和腔面反射率 R_1、R_2 满足如下关系：

$$\alpha_m = \frac{1}{2L}\ln\frac{1}{R_1 R_2} \tag{2-15}$$

因此增加激光器腔长可有效降低腔内损耗，从而降低激光器线宽。

减小光场限制因子也可减小激光线宽。研究证明，在工作波长为 1.3 μm 的增益耦合 InGaAsP 多量子阱激光器中通过改变量子阱的层数和 P 型波导层厚度来调节光限制因子 Γ_α，当 Γ_α 减小至 0.4% 时，输出光功率 60 mW 下可获得 74 kHz 的线宽，相应的线宽功率积约 3 MHz · mW，这是目前报道的线宽最窄的 1.3 μm 增益耦合 DFB 激光器。

线宽展宽因子 α 是半导体激光器的特有参数，减小 α 可有效减小线宽。由于 α 与激光器微分增益系数成反比，因此增大微分增益系数可压窄线宽。与传统体材料半导体激光器 $\alpha(5\sim10)$ 相比，多量子阱激光器由于有较大的微分增益，因此 α 较小（2~5）。随着材料生长技术的进步，目前绝大多数窄线宽半导体芯片已采用多量子阱结构材料制作，而多量子阱激光器也已在微波光子领域得到了广泛应用。

目前，通过增加腔长、提高微分增益、减小光限制因子等手段，可以得到具有几十千赫兹量级或者更小线宽的 DFB 激光器。

3. 功率

$P-I$ 特性作为半导体激光器的重要特性之一，用于描述激光输出功率随注入电流的变化情况。半导体激光器净受激辐射输出功率为

$$P_o = \eta_i \frac{I - I_{\mathrm{th}}}{e} hv \frac{1}{2L}\ln\frac{1}{R_1 R_2}\frac{1}{g_{\mathrm{th}}(\lambda)\Gamma_\alpha} \tag{2-16}$$

式中，η_i 为量子效率；v 为光频率。输出光功率部分在谐振腔内耗散，部分从谐振腔透射形成最终激光。若定义外量子效率

$$\eta_e = \frac{\mathrm{d}(P_o/hv)}{\mathrm{d}(I - I_{\mathrm{th}})/e} = \eta_i \frac{1}{2L}\ln\frac{1}{R_1R_2}\frac{1}{g_{\mathrm{th}}(\lambda)\Gamma_\alpha} \tag{2-17}$$

则激光器斜率效率 η_s 与电光转换效率 η_c 可表示为

$$\eta_s = \frac{\mathrm{d}P_o}{\mathrm{d}I} = \eta_e \frac{hv}{e} \tag{2-18}$$

$$\eta_c = \frac{P_o}{VI} = \eta_e \frac{hv}{eV}\frac{I - I_{\mathrm{th}}}{I} \tag{2-19}$$

输出功率一定时，应尽量选择 I_{th} 小、工作区斜率效率大且没有明显转折点的激光器。

4. 调制带宽特性

调制带宽是直调激光器的独有参数，不同于外调激光器，直调激光器能通过改变驱动电流直接进行输出光功率调制。$P-I$ 特性表明，当半导体激光器注入电流大于阈值电流时，激光器输出功率随注入电流线性变化，这是直接调制半导体激光器（directly modulated semiconductor laser，DML）的物理基础。直接调制半导体激光器的工作点由偏置电流决定，输出光功率的频率、幅值由射频电流的频率、幅值决定。微波光子通信变频等应用中电信号频率较高，通常可达数 10 GHz，这要求直调激光器具有大的调制带宽。

直调带宽与半导体激光器速率方程有关，若用 P 表示半导体激光器有源区内光子密度，N 表示注入电子（空穴）密度，忽略自发辐射对光子密度影响（自发辐射功率仅占激光功率的 $\sim 10^{-4}$）时，描述光子密度与载流子密度转换关系的激光器速率方程可表示为

$$\begin{cases} \dfrac{\mathrm{d}N}{\mathrm{d}t} = \dfrac{I}{eV} - \dfrac{N}{\tau} - \dfrac{Bc}{n}(N - N_{\mathrm{tr}})P \\ \dfrac{\mathrm{d}P}{\mathrm{d}t} = \dfrac{Bc}{n}(N - N_{\mathrm{tr}})P\Gamma_\alpha - \dfrac{P}{\tau_p} \end{cases} \tag{2-20}$$

式中，I 为注入电流；V 为有源区体积；τ 为弛豫时间；τ_p 为光子寿命；$Bc/n(N-N_{\mathrm{tr}})P$ 为单位体积内受激反转净速率；N_{tr} 为透明反转密度；B 为与材料相关的增益－载流子密度比常数；Γ_α 为束缚因子。激光器稳态输出时，有 $\mathrm{d}N/\mathrm{d}t = \mathrm{d}P/\mathrm{d}t = 0$。

若令注入电流 I 由直流分量 I_0（偏置电流）与交流分量 $ie^{i\omega_m t}$（射频电流）组成，即 $I = I_0 + ie^{i\omega_m t}$，同时令小信号条件下的调制响应为 $N = N_0 + n_1 e^{i\omega_m t}$，$P = P_0 + p_1 e^{i\omega_m t}$（其中 N_0，P_0 为 $I = I_0$ 的直流解），则小信号条件下速率方程可表示为

$$\begin{cases} -i\omega_m n_1 = -\dfrac{i_1}{eV} + \left(\dfrac{1}{\tau} + \dfrac{Bc}{n}P_0\right)n_1 + \dfrac{p_1}{\Gamma_\alpha \tau_p} \\ -i\omega_m p_1 = \dfrac{Bc}{n}P_0 \Gamma_\alpha n_1 \end{cases} \tag{2-21}$$

求解式（2-21）可得激光器频率响应函数：

$$R(\omega_m) = \frac{1}{eVn}\frac{-BcP_0\Gamma_\alpha}{\omega_m^2 - i\omega_m/\tau_m - i\omega_m BcP_0/n - BcP_0/n\tau_p} \tag{2-22}$$

式（2-22）表明，半导体直调激光器频率响应函数受多参数影响，当激光器材料、结构选定，且注入电流幅值一定时，响应函数为频率 ω_m 的函数。频率连续增大时，响应函数取值逐渐由平坦变化至峰值，随后迅速减小，一般将响应值降低至直流响应值一半时的频率称为直调激光器工作带宽。图 2-9 为 Optilab 公司生产的多量子阱结构 DFB 直调激光器，其模拟带宽为 3 GHz，输出功率为 10 mW，波长范围为 1 529 ~ 1 561 nm。

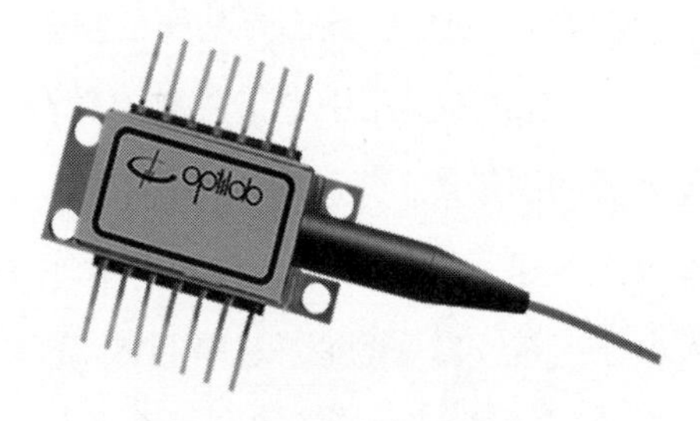

图 2-9 DFB 直调激光器

以上为半导体激光器的 4 个主要参数，由 2.1 节可知，微波光子系统常用半导体激光器为直调、外调激光器。决定直调激光器调制特性的主要参数为斜率效率与调制带宽，两者由 $P-I$ 特性、工作带宽特性决定。

2.3 电光调制机理

直调激光器通过改变注入电流大小调制光功率，而外调激光器需借助外调制

器实现调制。外调制器主要分为电吸收型调制器与折射率改变型调制器两类。电吸收型调制器是借助半导体激子吸收效应制成的调制器，而折射率改变型调制器是利用材料电光、声光或磁光效应等制成的调制器。目前研究最多、应用最广泛且货架产品最齐全的电光调制器为铌酸锂调制器。介绍各类铌酸锂调制器前，首先对其物理机理进行简单分析。

2.3.1　晶体电光效应

铌酸锂是人工合成的各向异性晶体材料，原子结构如图2-10所示，作为三角晶体材料，铌酸锂具有优异的热电、压电以及电光效应，其中铌酸锂调制器基于电光效应制成。本小节将利用折射率椭球对铌酸锂晶体的电光效应进行简要分析。

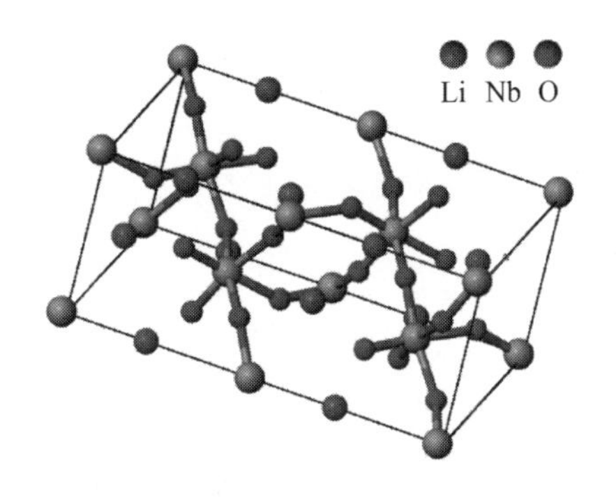

图2-10　LN晶体原子结构

光束通过铌酸锂晶体时，若外电场为零，则晶体内部的光能密度 ω_e 可表示为

$$\omega_e = \frac{1}{2}\boldsymbol{D}\cdot\boldsymbol{E} = \frac{1}{2}\sum_{i=1}^{3}\left(E_i\sum_{j=1}^{3}\varepsilon_{ij}E_j\right) \tag{2-23}$$

式中，下标 i，$j=1$，2，3 为正交坐标；$\{\varepsilon_{ij}\}=\boldsymbol{\varepsilon}$ 为二阶电导率张量（3×3矩阵）；$\boldsymbol{D}$、$\boldsymbol{E}$ 分别为电位移矢量、电场矢量（$\boldsymbol{D}=\boldsymbol{\varepsilon E}$）。由于晶体电导率张量 $\boldsymbol{\varepsilon}$ 为实对称矩阵，对其做主轴变换有

$$\omega_e = \frac{1}{2}\boldsymbol{D}\cdot\boldsymbol{E} = \frac{1}{2}\boldsymbol{E}^{\mathrm{T}}\boldsymbol{\varepsilon}^{\mathrm{T}}\boldsymbol{E} = \frac{1}{2}(\boldsymbol{P}^{\mathrm{T}}\boldsymbol{E})^{\mathrm{T}}(\boldsymbol{P}^{\mathrm{T}}\boldsymbol{\varepsilon}\boldsymbol{P})(\boldsymbol{P}^{\mathrm{T}}\boldsymbol{E}) = \frac{1}{2}(\boldsymbol{E}')^{\mathrm{T}}(\boldsymbol{\varepsilon}')^{\mathrm{T}}\boldsymbol{E}' \tag{2-24}$$

式中，$\boldsymbol{P}$ 为单位正交矩阵（$\boldsymbol{P}^{\mathrm{T}}=\boldsymbol{P}^{-1}$）；$\boldsymbol{\varepsilon}'$为对角化电导率张量。在主轴坐标系中 ω_e 可表示为

$$\omega_e=\frac{1}{2}(\varepsilon_x E_x^2+\varepsilon_y E_y^2+\varepsilon_z E_z^2)=\frac{1}{2}\left(\frac{D_x^2}{\varepsilon_0\varepsilon_x^r}+\frac{D_y^2}{\varepsilon_0\varepsilon_y^r}+\frac{D_z^2}{\varepsilon_0\varepsilon_z^r}\right) \tag{2-25}$$

式中，$\varepsilon_k^r=1/n_k^2$ 为相对介电常数；E_k 为输入电场沿主轴方向的分量（$k=x$，y，z）；ε_0 为真空介电常数。若定义 $\boldsymbol{r}=(x,y,z)=\boldsymbol{D}/(2\omega_e\varepsilon_0)^{1/2}$，式（2－25）可进一步改写为

$$\frac{x^2}{n_x^2}+\frac{y^2}{n_y^2}+\frac{z^2}{n_z^2}=1 \tag{2-26}$$

式（2－26）即外电场为零时 LN 晶体折射率椭球。LN 为负单轴晶体（折射率椭球仅存在一个旋转对称轴，且寻常光折射率大于非常光折射率），若取 z 轴为光轴，则式（2－26）可进一步表示为

$$\frac{x^2}{n_o^2}+\frac{y^2}{n_o^2}+\frac{z^2}{n_e^2}=1 \tag{2-27}$$

式（2－27）说明入射光沿不同方向偏振时感受到的折射率不同，沿 x，y 轴偏振时折射率为 n_o（寻常光折射率），沿 z 轴偏振时折射率为 n_e（非常光折射率）。

若对 LN 施加外界电场，由于线性电光效应（Pockels 效应），LN 折射率椭球发生畸变，畸变量由晶体电光张量 $\boldsymbol{r}$（6×3 矩阵）决定。作为 $3m$ 点群晶体，LN 电光张量 $\boldsymbol{r}$ 具有如下形式：

$$\boldsymbol{r}=\begin{bmatrix}0 & -r_{22} & r_{13}\\ 0 & r_{22} & r_{13}\\ 0 & 0 & r_{33}\\ 0 & r_{42} & 0\\ r_{42} & 0 & 0\\ -r_{22} & 0 & 0\end{bmatrix} \tag{2-28}$$

根据电光效应，可得施加外电场后 LN 晶体折射率变化：

$$\Delta\left(\frac{1}{n_i^2}\right)=\sum_{j=x,y,z} r_{ij}E_j \tag{2-29}$$

式中，$i=1$，2，…，6，其中 $\Delta(n_1^{-2})$、$\Delta(n_2^{-2})$ 为 x、y 主轴方向折射率变化；

$\Delta(n_3^{-2})$为 z 主轴方向折射率变化；$\Delta(n_{4,5,6}^{-2})$为非主轴折射率变化。外加电场后 LN 晶体折射率可表示为

$$x^2\left[\frac{1}{n_o^2}+(-r_{22}E_y+r_{13}E_z)\right]+y^2\left[\frac{1}{n_o^2}+(r_{12}E_y+r_{13}E_z)\right]+z^2\left(\frac{1}{n_e^2}+r_{33}E_z\right)$$
$$+2yzr_{42}E_y+2xzr_{42}E_x-2xyr_{22}E_x=1 \tag{2-30}$$

式（2-30）说明，外加电场含 x、y 分量时，式（2-30）为非标准椭球方程；外加电场仅含 z 分量时，晶体折射率依然符合标准椭球方程，同时折射率变化量与外加电场大小成正比，该特性正是电光调制的物理基础。目前市面上常见的 LN 电光调制器加电方向几乎均沿 z 轴，此时折射率椭球为

$$x^2\underbrace{\left(\frac{1}{n_o^2}+r_{13}E_z\right)}_{\frac{1}{n_o'^2}}+y^2\underbrace{\left(\frac{1}{n_o^2}+r_{13}E_z\right)}_{\frac{1}{n_o'^2}}+z^2\underbrace{\left(\frac{1}{n_e^2}+r_{33}E_z\right)}_{\frac{1}{n_e'^2}}=1 \tag{2-31}$$

对比式（2-27），可得加电后主轴折射率变化量：

$$\Delta n_o=n_o'-n_o=\left(\frac{1}{n_o^2}+r_{13}E_z\right)^{-\frac{1}{2}}-n_o\simeq-\frac{1}{2}n_o^3r_{13}E_z \tag{2-32}$$

$$\Delta n_e=n_e'-n_e=\left(\frac{1}{n_e^2}+r_{33}E_z\right)^{-\frac{1}{2}}-n_e\simeq-\frac{1}{2}n_e^3r_{33}E_z \tag{2-33}$$

施加电压前后 LN 折射率椭球对比如图 2-11 所示，图中外球面为施电前折射率椭球，x、y、z 三个主轴方向上介质折射率分别为 n_o、n_o、n_e；沿光轴施加

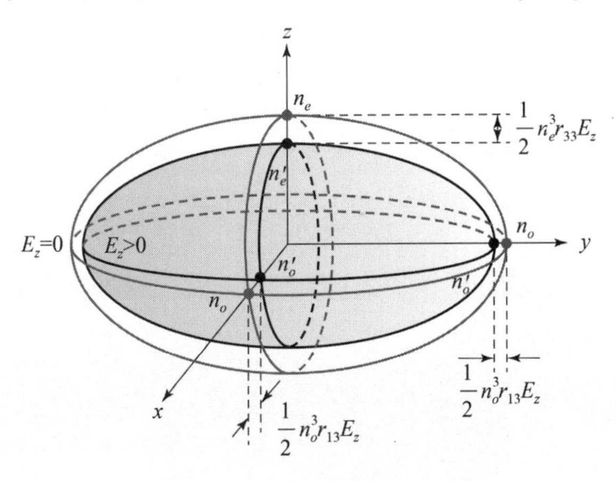

图 2-11　LN 折射率椭球示意图

外电场 E_z 后，折射率椭球沿主轴收缩，其中 x、y 轴折射率减小 Δn_o，z 轴折射率减小 Δn_e。由于 Δn_o、Δn_e 正比于外加电场强度，因此通过改变电场强度实现 LN 折射率的调制，同时由于 $\Delta n_o < \Delta n_e$（$r_{33} = 30.9$ pm/V，$r_{13} = 9.6$ pm/V），可知 z 向偏振光的调制效率（调制效率指外加相同电场条件下折射率变化大小）远大于 x 方向或 y 方向，这说明调制器对入射光偏振态较为敏感。

2.3.2 调制方式与晶体切向

1. 纵向/横向调制

由于电光系数 r_{33} 远大于其他系数，为在相同输入电场条件下获得显著电光效应，LN 应选择 z 轴方向作为输入电场方向。外加电场方向选定后，根据电场方向与光波传输方向关系，可将电光调制分为横向调制与纵向调制。横向调制时，电场方向与通光方向垂直，如图 2-12（a）所示，纵向调制时，电场方向与通光方向平行，如图 2-12（b）所示。横、纵向调制对应的半波电压大小不同，且两种调制方式对电极形状、材料要求也不同。

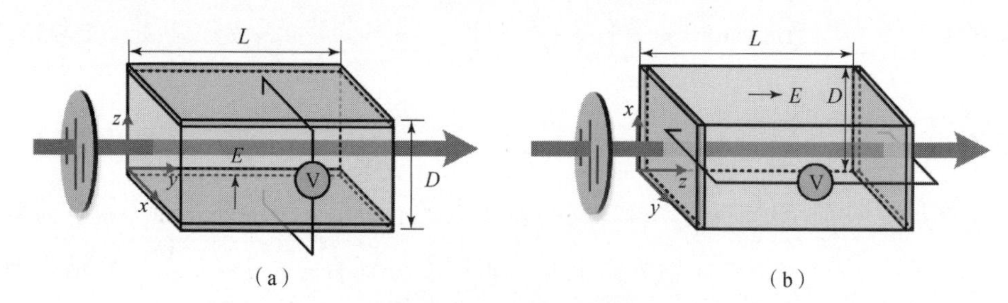

图 2-12 调制示意图

（a）横向调制；（b）纵向调制

横向调制时 z、x 主轴折射率差为

$$\Delta n = n_e - \frac{1}{2} n_e^3 r_{33} \frac{V}{D} - n_o + \frac{1}{2} n_o^3 r_{13} \frac{V}{D} \tag{2-34}$$

对于 y 方向入射光场，旋转偏振片分别使其沿 z 轴、x 轴、45°偏振，入射光通过晶体后的光相位变化为

$$\Delta\varphi_z = \frac{2\pi L}{\lambda} n_e - \frac{\pi L}{\lambda} n_e^3 r_{33} \frac{V}{D} \tag{2-35}$$

$$\Delta\varphi_x = \frac{2\pi L}{\lambda} n_o - \frac{\pi L}{\lambda} n_o^3 r_{13} \frac{V}{D} \tag{2-36}$$

$$\Delta\varphi_{45^\circ} = \frac{2\pi L}{\lambda}(n_e - n_o) - \frac{2\pi L}{\lambda}\left(\frac{1}{2}n_e^3 r_{33}\frac{V}{D} - \frac{1}{2}n_o^3 r_{13}\frac{V}{D}\right) \tag{2-37}$$

式（2-35）~式（2-37）中，等式右端第一项为晶体自身折射率引起的相位延迟，与外加电场无关，尽管其对电光调制没有贡献，但温度变化会引起 n_o、n_e 变化；等号右端第二项为线性电光效应引起的相位延迟，它与外加电场强度与晶体尺寸有关。通常将第二项取 π 时的电压称为半波电压 V_π，入射光沿 z 轴、x 轴、45°偏振时半波电压分别为

$$V_\pi^z = \frac{\lambda}{n_e^3 r_{33}}\frac{D}{L} \tag{2-38}$$

$$V_\pi^x = \frac{\lambda}{n_o^3 r_{13}}\frac{D}{L} \tag{2-39}$$

$$V_\pi^{45^\circ} = \frac{\lambda}{(n_e^3 r_{33} - n_o^3 r_{13})}\frac{D}{L} \tag{2-40}$$

由于 $n_e^3 r_{33} > (n_e^3 r_{33} - n_o^3 r_{13}) > n_o^3 r_{13}$，当 LN 晶体尺寸固定时有 $V_\pi^z < V_\pi^{45^\circ} < V_\pi^x$，即外加电场相同时，$z$ 方向偏振光调制效率最高，x 方向偏振光调制效率最低。所以，横向调制时要获得足够高的调制效率，不仅要沿 z 轴方向施加外电场，还应使入射光沿 z 方向偏振。为实现入射光 z 轴偏振，目前市面上常见的电光调制器输入端为通常接保偏光纤。上式还说明，当入射光偏振方向固定时，可通过降低 D 或（和）增大 L 降低半波电压。

纵向调制时，电场方向与通光方向平行，x、y 主轴折射率差为 0，当入射光沿 z 轴、x 轴、45°偏振时，外加电场引起的光相位变化可表示为（不考虑晶体自身折射率引起的相位延迟）

$$\Delta\varphi_{x,y,45^\circ} = -\frac{\pi}{\lambda}n_o^3 r_{13} V \tag{2-41}$$

此时纵向调制半波电压等于

$$V_\pi^{x,y,45^\circ} = \frac{\lambda}{n_o^3 r_{13}} \tag{2-42}$$

式（2-42）说明纵向调制效率与输入偏振态无关，且半波电压与调制器尺寸无关。晶体尺寸相同时，纵向半波电压约为横向半波电压的 3.1L/D 倍，除半波电压大以外，纵向调制需要采用透明电极或者特殊形状电极确保光透过率，这给调

制器制造增加了难度，因此 LN 调制器货架产品大多采用横向调制方式。

2. 调制器切向

目前，市面上常见的 LN 调制器为波导形式的调制器，其采用金属元素扩散法在 LN 衬底特定位置掺杂金属钛元素，使掺杂区折射率升高约 1%，该区域成为满足单模传输条件的 LN 波导。根据 LN 主轴与 LN 衬底表面的位置关系，可将 LN 波导调制器分为 x 切、y 切、z 切三类。

x 切 LN 调制器如图 2－13 所示，其中晶体 x 主轴与晶体衬底表面垂直，外加电场沿 z 轴传播，光波沿 y 轴传播。LN 波导通常具有 TE 模、TM 模两种传输模式，两者偏振方向互相垂直，由于 TE 模电场方向与 z 轴平行，因此 x 切 LN 调制器对 TE 模调制效率更高。y 切调制器中 y 轴与 LN 晶体衬底表面垂直，光波沿 x 轴传播，其同样对 TE 模调制效率更高，因此 x 切、y 切调制器通常用于 TE 模调制。

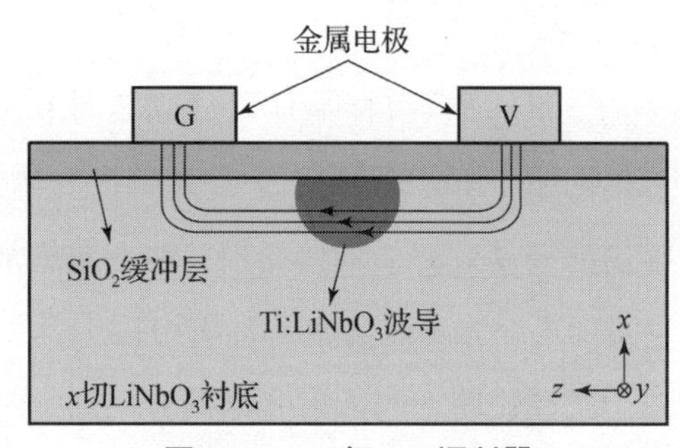

图 2－13　x 切 LN 调制器

z 切 LN 调制器的 z 主轴垂直于 LN 晶体衬底表面，光波沿 x 轴或 y 轴传播，如图 2－14（图中光波沿 x 轴传播）所示。z 切调制器 z 主轴与 TM 模电场方向平行，故 z 切 LN 调制器对 TM 模调制效率更高，更适合于 TM 模调制。若 z 切

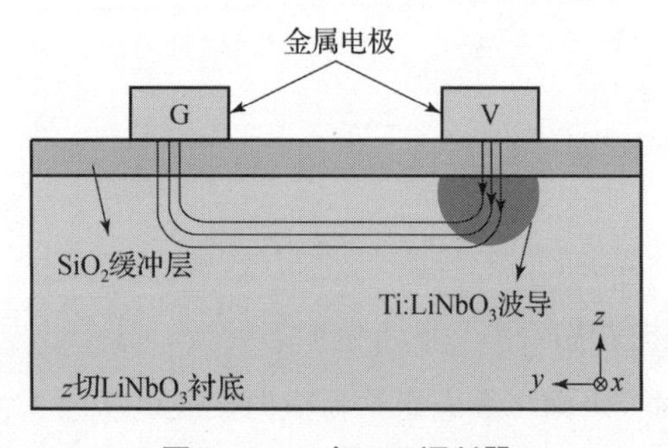

图 2－14　z 切 LN 调制器

调制器输入为 TE 模，调制效率会大幅降低，若实际应用中外加电压变化幅度较小，可能观察不到调制输出变化。

由于 z 切调制器光波导位于电极正下方，为减小金属对光波的吸收，通常要在波导与电极之间添加缓冲层（通常为 SiO_2），而 x 切调制器波导远离金属电极，因此缓冲层可选。

2.3.3　行波电极调制器主要参数

LN 调制器的电极一般分为集总电极与行波电极两类，若电极尺寸远小于外加射频信号波长，则可将电极等效为一个集总元件。电极尺寸固定后，射频信号的波长必须很大（频率很小），因此集总电极只适用于低速调制器。为实现高速调制，通常采用传输线电极。传输线电极实质为共面微带线（又称行波电极），其可使微波与光波沿同一方向传播，从而确保射频信号与光波充分作用，实现更高调制带宽。

市面上的 LN 调制器几乎均为行波电极调制器，其中以马赫 – 曾德尔调制器最具代表性，它是诸多复杂调制器（如双平行、双偏振马赫 – 曾德尔调制器）的基本构成单元。本节以马赫 – 曾德尔调制器为例，对行波电极调制器的 3 个关键参数：半波电压与调制带宽、消光比（extinction ratio，ER），进行简要介绍。

1. 半波电压与调制带宽

对于图 2 – 15 所示 z 切（x 传）调制器，若调制电极为共面微带传输线，则其内部传输的射频信号可表示为

$$V(x,t) = V_0 \exp[\,j(2\pi ft - \beta x) - \alpha_0\sqrt{f}\,x\,] \tag{2-43}$$

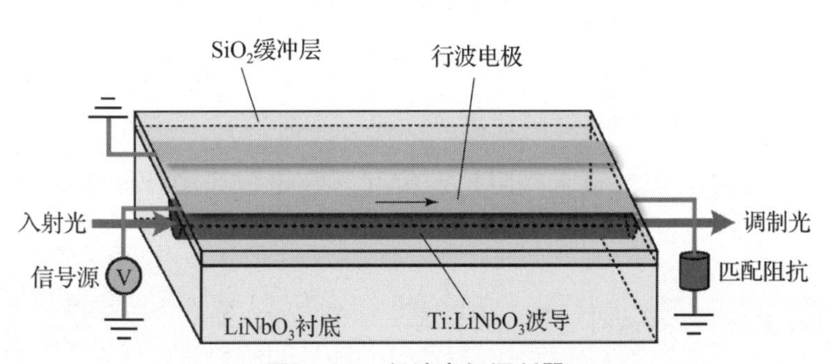

图 2 – 15　行波电极调制器

式中，V_0 为射频振幅；f 为射频频率；β 为微带线基模传播常数；$\alpha_0\sqrt{f}$ 为趋肤效应引起的振幅衰减系数（α_0 为常数传输损耗，单位 dB/cm）；x 为射频传播方向。若以波导中的光信号为参考，式（2-43）可改写为

$$V(x,t)=V_0\exp\left\{j\omega\left[t-\frac{n_m-n_{\text{opt}}}{c}x\right]-\alpha_0x\sqrt{f}\right\} \tag{2-44}$$

式中，n_m、$n_{\text{opt}}=n_e$ 分别为微波与光波的有效折射率；c 为真空光速；$\nu=(n_m-n_{\text{opt}})/c$ 为群折射率失配量。

光波在波导传输过程中，其累计相位变化为

$$\Delta\varphi(f)=-\frac{\pi}{\lambda}n_e^3r_{33}\frac{\Gamma}{s}\int_0^L V_0\exp\{-j\omega\nu x-\alpha_0x\sqrt{f}\}\,\mathrm{d}x \tag{2-45}$$

进一步，由式（2-45）可得行波电极调制器半波电压（产生 π 光相移所需的直流电压）：

$$V_\pi=\frac{s}{L}\frac{\lambda}{n_e^3r_{33}\Gamma} \tag{2-46}$$

半波电压 V_π 作为衡量调制效率的标准，其值应尽量小。由式（2-46）可知，减小共面微带传输线间隙 s，增大调制器长度 L，以及增加光电场重叠因子 Γ 均可减小 V_π，$V_\pi L$ 通常称为调制器的半波电压-长度积。式（2-46）中重叠因子 Γ 为

$$\Gamma=\frac{s\iint_{\text{EO core}}E_m\,|E_{\text{opt}}|^2\mathrm{d}A}{\iint_{-\infty}^{+\infty}|E_{\text{opt}}|^2\mathrm{d}A} \tag{2-47}$$

式中，E_m、E_{opt} 分别为射频场、光场强度；EO core 为调制器光电效应区。

调制带宽是衡量调制器响应特性的关键参数，常见定义有多种，其中最常用一种定义为：对正交偏置的马赫-曾德尔调制器，增大射频信号频率 f 直至输出光功率降低至直流射频信号对应输出光功率一半时的 f，为调制器带宽。在小信号调制条件下，当行波电极末端阻抗匹配（行波电极典型特征阻抗值约 50 Ω）时，由式（2-45）可得

$$\Delta\varphi(f)=-\frac{\pi V_0}{V_\pi}\exp\left(-\frac{\alpha_0\sqrt{f}L}{2}\right)\left\{\frac{\sinh^2[(\alpha_0L\sqrt{f})/2]+\sin^2(\pi f\nu L)}{[(\alpha_0L\sqrt{f})/2]^2+(\pi f\nu L)^2}\right\}^{\frac{1}{2}} \tag{2-48}$$

进而可得行波电极调制器射频频率 – 光学总相移响应函数：

$$H(f)=\left|\frac{\Delta\varphi(f)}{\Delta\varphi(0)}\right|=\exp\left(-\frac{\alpha_0\sqrt{f}L}{2}\right)\left\{\frac{\sinh^2[(\alpha_0L\sqrt{f})/2]+\sin^2(\pi f\nu L)}{[(\alpha_0L\sqrt{f})/2]^2+(\pi f\nu L)^2}\right\}^{\frac{1}{2}}$$

(2 – 49)

由式（2 – 49）可知，阻抗匹配条件下，行波电极调制器工作带宽由电极衰减与群速率失配共同决定。显然，当电极衰减为零且群速率匹配时，调制器理想，调制带宽无穷大。

考虑非理想情况，若电极衰减 $\alpha_0\sqrt{f}$ 忽略不计，但群速度失配，相移响应函数 $H(f)=\mathrm{sinc}(\pi f\nu L)$，调制器 3 dB 带宽为

$$\mathrm{B.W.}=\frac{\eta c}{\pi L\,|n_m-n_e|} \tag{2-50}$$

式中，η 为常数。射频 3 dB 带宽对应 $\eta=1.40$，由电光转换平方律可知，光学 3 dB 带宽取 $\eta=1.90$。

当群速度匹配，但电极衰减不可忽略时，$H(f)=[1-\exp(-\alpha_0L\sqrt{f})]/(\alpha_0L\sqrt{f})$，此时 3 dB 带宽等于

$$\mathrm{B.W.}=\frac{\zeta}{(\alpha_0L)^2} \tag{2-51}$$

ζ 取 0.55 对应射频 3 dB 带宽，ζ 取 2.54 对应光学 3 dB 带宽。

若定义参数 p（p 由晶体参数、电极参数与入射光波长共同决定）

$$p=\frac{\alpha_0 s\lambda}{n_e^3 r_{33}\Gamma} \tag{2-52}$$

则调制器半波电压与工作带宽满足如下关系：

$$\frac{V_\pi}{\sqrt{\mathrm{B.W.}}}=\chi p \tag{2-53}$$

式中，χ 取 1.35 对应射频 3 dB 带宽，χ 取 0.63 对应光学 3 dB 带宽。

式（2 – 53）表明高性能调制器追求极小 p 值，因为 p 越小，调制器半波电压越小，调制器带宽越大，调制器性能越好。要降低 p，可以降低电极低损 α_0，减小电极间隙 s，此外，调制器效率在很大程度上取决于外电场与光场间的积分重叠因子 Γ，而 Γ 又由微带传输线几何形状与电极相对于光波导的位置决定，因

此优化电极相对光波导的位置成为改善调制器性能的关键因素以及研究热点之一。根据 P 与 V_π（或 B. W.），可得 B. W.（或 V_π）。

2. 消光比

除半波电压、调制带宽外，调制器的第三个关键参数为消光比，其对微波光子系统性能影响较大。例如，处于最大工作点的马赫－曾德尔调制器奇数阶边带抑制程度受消光比限制，消光比越大，调制输出对杂散奇数阶边带抑制越强。

理想马赫－曾德尔调制器的光信号输入、输出端 Y 分支波导分光均衡，50∶50，所以其消光比无穷大。然而，调制器实际制作时，由于加工误差等因素无法确保理想分光比，因此马赫－曾德尔调制器的实际消光为有限值，通常在 20~40 dB。为便于分析，假定右端 Y 分支波导理想，左端 Y 分支波导分光比 $\varepsilon_L : 1-\varepsilon_L$，此时马赫－曾德尔调制器消光比可表示为

$$\mathrm{ER}=\frac{P_{\max}}{P_{\min}}=\left(\frac{\sqrt{\varepsilon_L}+\sqrt{1-\varepsilon_L}}{\sqrt{\varepsilon_L}-\sqrt{1-\varepsilon_L}}\right)^2 \tag{2-54}$$

若令 $\varepsilon_L=0.5+\delta$（δ 为分光不平衡度），同时假定 $\delta \ll 1$，此时消光比可简化为

$$\mathrm{ER}\simeq\frac{1}{\delta^2} \tag{2-55}$$

显然，通过消光比可获得 Y 分支波导分光比。例如，若某调制器消光比为 25 dB，则由式（2－55）得到 Y 分支波导的分光比为 55.6∶44.4；若消光比为 35 dB，可得分光比为 51.8∶48.2。

2.4 电光调制器

利用铌酸锂晶体的光电效应，可制作各类功能各异的电光调制器。目前，市面上常见的铌酸锂电光调制器主要有相位调制器（phase modulator，PM）、相位－强度混合调制器、强度调制器，以及基于强度调制器的各类复杂结构调制器。尽管上述调制器结构不同、功能各异，但其分析方法类似。本节主要利用相干叠加原理与贝塞尔展开对各类调制器的光学调制输出特性进行分析。

2.4.1　相位调制器

1. 调制原理与光强传输函数

相位调制器作为最基本且最简单的电光调制器，其利用电光效应改变材料自身折射率，使经过调制器的光信号相位发生变化，达到光相位调制的目的。相位调制器基本结构如图 2－16 所示，光信号从调制器左端输入、右端输出，调制信号由射频端口加载。相位调制无须直流偏压，因此可避免使用复杂的偏压反馈控制电路。图 2－17 为国内珠海光库科技股份有限公司（以下简称“光库科技”）生产的 z 切铌酸锂 PM10－C 相位调制器，其插损 3 dB，最大输入光功率约 20 dBm，10 GHz 带宽，射频半波电压 6 V，消光比 20 dB 左右。

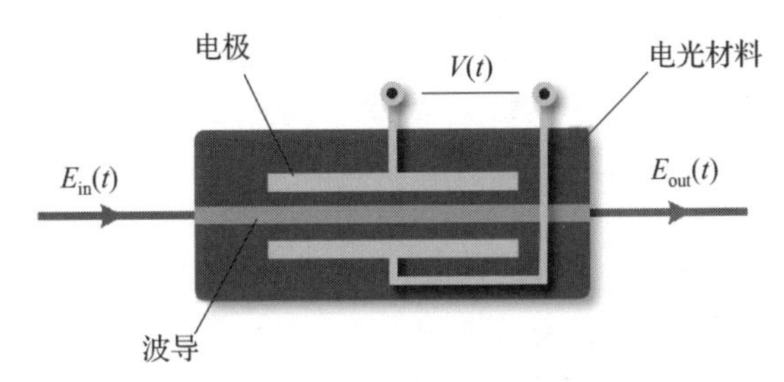

图 2－16　相位调制器基本结构

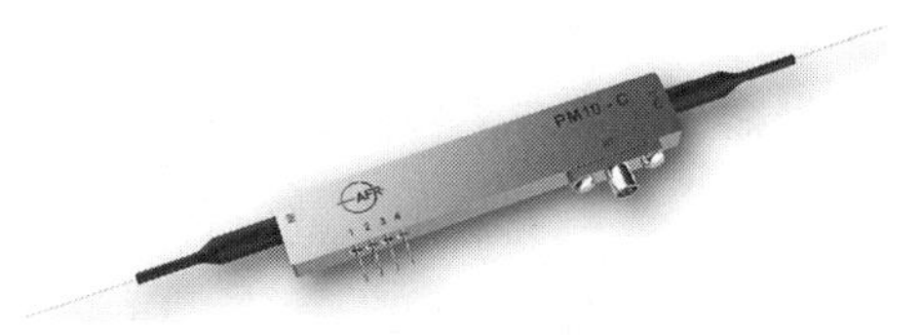

图 2－17　PM10－C 相位调制器

由图 2－16 可知，入射光信号 $E_{in}(t)$ 进入相位调制器后，叠加射频信号 $V(t)$ 引入的光相位变化，最终产生相位调制输出光 $E_{out}(t)$。若输入光为

$$E_{in}(t)=E_0\exp[j(\omega_c t+\varphi_0)] \tag{2-56}$$

式中，E_0 为电场振幅；ω_c 为电场角频率；φ_0 为初始光相位；j 为虚数单位，$j^2=-1$；t 为时间，则相位调制输出光可表示为

$$\begin{aligned} E_{out}(t) &= E_{in}(t)\exp(j\theta)\exp\left[j\pi\frac{V(t)}{V_\pi}\right] \\ &= E_0\exp\left[j\omega_c t+j\pi\frac{V(t)}{V_\pi}+j\varphi_0+j\theta\right] \end{aligned} \tag{2-57}$$

式（2－57）表明 $E_{out}(t)$的相位为电信号 $V(t)$的函数，其中 θ 为固定长度波导对应的光相位延迟；V_π 为调制器半波电压。

进一步由式（2－57）可得输出光强 $I_{out}(t)$：

$$I_{out}(t) = |E_{out}(t)|^2 = E_{out}(t)E_{out}^*(t) \tag{2-58}$$

以及相位调制器光强传输函数：

$$T = \frac{I_{out}(t)}{I_{in}(t)} = \frac{I_{out}}{E_{in}(t)E_{in}^*(t)} = 1 \tag{2-59}$$

上述分析说明相位调制器仅能调制输入光相位，无法调制输入光振幅。若调制器输出端直接接光电探测器，仅能获得直流电信号。

2. 应用方式

相位调制器输入电信号 $V(t)$通常为正弦信号：

$$V(t) = V_0\cos(\omega_s t) \tag{2-60}$$

将式（2－60）代入式（2－57）并将 $E_{out}(t)$按 Jacobi－Anger 公式展开，可得

$$\begin{aligned} E_{out}(t) &= E_0\exp\left[j\omega_c t + j\pi\frac{V_0\cos(\omega_s t)}{V_\pi} + j\varphi_0 + j\theta\right] \\ &= E_0\sum_{n=-\infty}^{\infty} J_n(m)\exp\left(j\omega_c t + jn\omega_s t + jn\frac{\pi}{2} + j\varphi_0 + j\theta\right) \end{aligned} \tag{2-61}$$

式中，$m = \pi V_0/V_\pi$ 为调制指数（modulation index，MI）；J_n 为第一类 n 阶贝塞尔函数。观察式（2－61）可知，经单音信号调制后，$E_{out}(t)$不仅包含输入光频率 ω_c，还包含频率为 $\omega_c \pm n\omega_s$ 的一系列光边带，其中第 n 阶光边带幅度大小取决于贝塞尔函数 $J_n(m)$的大小。相位调制器输出如图 2－18 所示，n 阶边带的初始相位为 $n\pi/2$（假定 $\theta = \varphi_0 = 0$）。

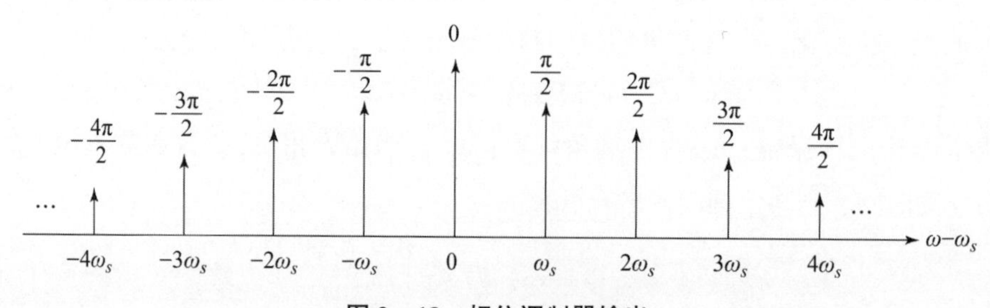

图 2－18 相位调制器输出

将式（2－61）代入式（2－58）并对输出光强 $I_{out}(t)$展开，可得

$$
\begin{aligned}
I_{\text{out}}(t) &= |E_{\text{out}}(t)|^2 = \left\{E_0\sum_{n=-\infty}^{\infty}J_n(m)\exp\left[j\omega_c t + jn\omega_s t + jn\frac{\pi}{2} + j\varphi_0 + j\theta\right]\right\} \\
&\quad \times \left\{E_0\sum_{k=-\infty}^{\infty}J_k(m)\exp\left[j\omega_c t + jk\omega_s t + jk\frac{\pi}{2} + j\varphi_0 + j\theta\right]\right\}^* \\
&= E_0^2\sum_{n=-\infty}^{\infty}\sum_{k=-\infty}^{\infty}\left\{J_n(m)J_k(m)\exp\left[j(n-k)\omega_s t + j(n-k)\frac{\pi}{2}\right]\right\} \\
&= E_0^2\sum_{n=-\infty}^{\infty}J_n^2(m) + \sum_{n=-\infty}^{\infty}\sum_{k=-\infty;k\neq n}^{\infty}\{J_n(m)J_k(m)j^{n-k}\exp[j(n-k)\omega_s t]\}
\end{aligned}
\tag{2-62}
$$

式中，式（2－63）右端第一项为直流光强，第二项为交变光强。由于

$$
\sum_{n=-\infty}^{\infty}J_n^2(m) = 1 \tag{2-63}
$$

因此，根据光强传输函式（2－59）可得

$$
\sum_{n=-\infty}^{\infty}\sum_{k=-\infty,k\neq n}^{\infty}\{J_n(m)J_k(m)j^{n-k}\exp[j(n-k)\omega_s t]\} = 0 \tag{2-64}
$$

式（2－64）说明，尽管调制输出 $E_{\text{out}}(t)$ 包含一系列频率不同的光边带，且任意两个频差为 $|n-k|\omega_s$ 的光边带可产生频率为 $|n-k|\omega_s$ 的射频信号，但同频率的射频信号相位满足式（2－64）所示相位关系（频率为 $|n-k|\omega_s$ 的所有射频信号矢量叠加为 0），因此射频输出为 0。例如，对于 $\omega_s=10$ GHz 的射频输入信号，相位调制器输出光谱如图 2－19（a）所示，其中光载波强度与各阶边带强度由贝塞尔函数 $J_n(m)$ 决定，图 2－19（a）光谱对应的探测器电谱如图 2－19（b）所示，其输出电谱仅含直流分量，不含射频分量。

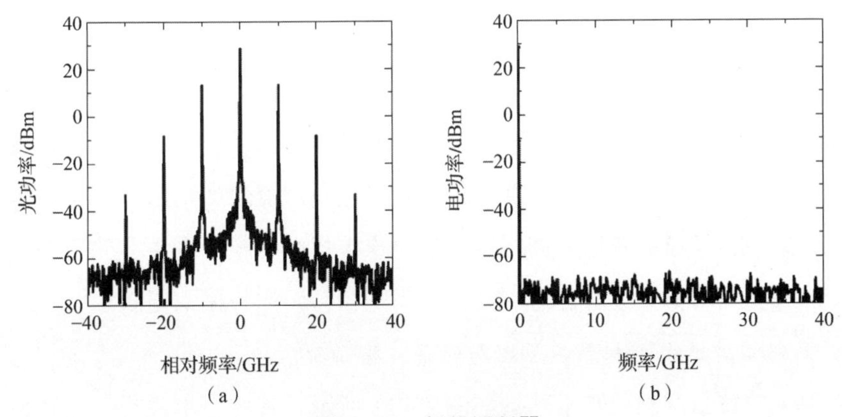

图 2－19　相位调制器

（a）输出光谱；（b）探测器电谱

实际应用中，可在相位调制器后加入光学滤波器滤除不需要的光边带，或者通过色散掺杂，使式（2－64）相位约束条件不再成立，从而获得射频输出。例如，若滤除0阶、1阶以外的其他光边带，此时输出光强含射频分量：

$$
\begin{aligned}
I_{\text{out}}(t) &= E_0^2 \sum_{n=0,1} J_n^2(m) + \sum_{n=0,1} \sum_{k=0,1;k\neq n} \{ J_n(m) J_k(m) j^{n-k} \exp[j(n-k)\omega_s t] \} \\
&= E_0^2 [J_0^2(m) + J_1^2(m)] - 2E_0^2 J_0(m) J_1(m) \sin(\omega_s t)
\end{aligned}
\tag{2-65}
$$

式中，等式右端第二项为射频输出。

例如，对图2－19（a）所示调制输出带通滤波后可得图2－20（a）所示光谱，滤波光信号仅保留了光载波与1阶边带，此时滤波光谱经光电转换后可获得10 GHz射频输出，如图2－20（b）所示。

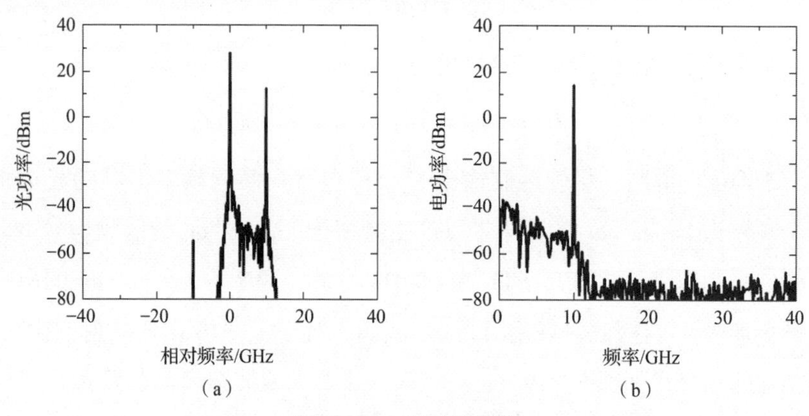

图2－20　相位调制器

（a）滤波后光谱；（b）探测器电谱

2.4.2　马赫－曾德尔调制器与强度调制器

对应于相位调制，微波光子另一类常见调制方式为强度调制。介绍强度调制器前，首先对马赫－曾德尔调制器进行分析，它是理解强度调制器工作原理的前提。简单来说，马赫－曾德尔调制器通过对干涉仪两臂施加电压，使臂中传输光波产生相移，当两臂光波合并时，光波之间的相差转换为振幅调制。

1. 马赫－曾德尔调制器：原理与光强传输函数

马赫－曾德尔调制器基本结构如图2－21所示，其核心组成为两个相位调制器，分别位于马赫－曾德尔调制器上、下两臂，其中，上臂相位调制器加载的电

信号为 $V_1(t)$，下臂相位调制器加载的电信号为 $V_2(t)$。调制器工作时，输入光电场 $E_{in}(t)$ 经左端 Y 分支波导分路后分别进入上、下两臂，之后上、下两臂调制光在右端 Y 分支波导合路，形成最终输出 $E_{out}(t)$。

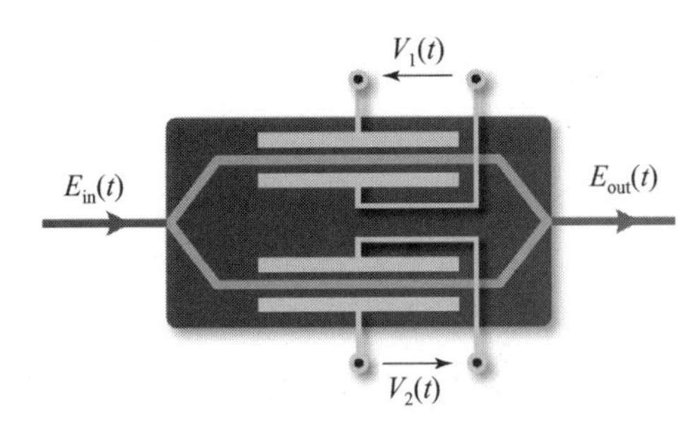

图 2－21　马赫－曾德尔调制器基本结构

假定马赫－曾德尔调制器上、下两臂长度均衡，左端 Y 分支波导上、下两臂光功率分配比为 $\varepsilon_L:1-\varepsilon_L$，右端 Y 分支波导上、下两臂光功率分配比为 $\varepsilon_R:1-\varepsilon_R$。对式（2－56）所示输入 $E_{in}(t)$，可得马赫－曾德尔调制器输出 $E_{out}(t)$ 为

$$\begin{aligned}E_{out}(t) &= \sqrt{\varepsilon_L\varepsilon_R}E_{in}\exp\left(j\pi\frac{V_1}{V_\pi}+j\theta\right)+\sqrt{(1-\varepsilon_L)(1-\varepsilon_R)}E_{in}\left(j\pi\frac{V_2}{V_\pi}+j\theta\right)\\ &=E_0\exp(j\varphi_0+j\theta)\exp(j\omega_c t)\\ &\times\left\{\sqrt{\varepsilon_L\varepsilon_R}\exp\left[j\pi\frac{V_1(t)}{V_\pi}\right]+\sqrt{(1-\varepsilon_L)(1-\varepsilon_R)}\exp\left[j\pi\frac{V_2(t)}{V_\pi}\right]\right\}\end{aligned} \tag{2-66}$$

式中，φ_0、θ 为常数，两者在 $E_{out}(t)$ 中引入固定相位，为方便分析，后续令其为 0。另外为简化运算，令左、右 Y 分支波导的 $\varepsilon_L=\varepsilon_R=1/2$。此时，式（2－66）可简化为

$$\begin{aligned}E_{out}(t) &= \frac{1}{2}E_0\exp(j\omega_c t)\left\{\exp\left[j\pi\frac{V_1(t)}{V_\pi}\right]+\exp\left[j\pi\frac{V_2(t)}{V_\pi}\right]\right\}\\ &=\frac{1}{2}E_0\exp(j\omega_c t)\exp\left[j\pi\frac{V_1(t)+V_2(t)}{2V_\pi}\right]\\ &\times\left\{\exp\left[j\pi\frac{V_1(t)-V_2(t)}{2V_\pi}\right]+\exp\left[j\pi\frac{V_2(t)-V_1(t)}{2V_\pi}\right]\right\}\\ &=E_0\exp(j\omega_c t)\underbrace{\exp\left[j\pi\frac{V_1(t)+V_2(t)}{2V_\pi}\right]}_{\text{相位调制}}\underbrace{\cos\left[\pi\frac{V_1(t)-V_2(t)}{2V_\pi}\right]}_{\text{强度调制}}\end{aligned} \tag{2-67}$$

由式（2-67）可知，当上、下两臂输入电信号 $V_1(t)=V_2(t)$ 时，强度调制项为 1，此时马赫-曾德尔调制器工作于相位调制模式；当 $V_1(t)=-V_2(t)$ 时，相位调制项为 1，此时马赫-曾德尔调制器工作于强度调制（intensity modulation，IM）模式；当 $|V_1(t)|\neq|V_2(t)|$ 时，马赫-曾德尔调制器工作于强度、相位混合调制模式。

将式（2-67）代入式（2-59），可得马赫-曾德尔调制器光强传输函数

$$T=\frac{1}{2}\left\{1+\cos\left[\pi\frac{V_1(t)-V_2(t)}{V_\pi}\right]\right\} \tag{2-68}$$

根据式（2-68）可知，调节 $V_1(t)$，$V_2(t)$ 可改变调制器输出光强，使其处于不同工作点，实现不同的调制方式与波形传输特性。如图 2-22 所示，当 $V_1(t)-V_2(t)=(2k)V_\pi$（k 为整数）时，传输函数 $T=1$，调制器工作于最大传输点（maximum transmission point，MATP）；当 $V_1(t)-V_2(t)=(2k+1)V_\pi$ 时，$T=0$，调制器工作于最小传输点（minimum transmission point，MITP）；当 $V_1(t)-V_2(t)=(2k\pm1/2)V_\pi$ 时，$T=1/2$，调制器工作于正交传输点（quadrature transmission point，QTP）。其中，$V_1(t)-V_2(t)=(2k-1/2)V_\pi$ 对应正正交传输点（positive quadrature transmission point，QTP+），$V_1(t)-V_2(t)=(2k+1/2)V_\pi$ 对应负正交传输点（negative quadrature transmission point，QTP-），对相同输入，QTP+与QTP-对应的调制输出相位相反。

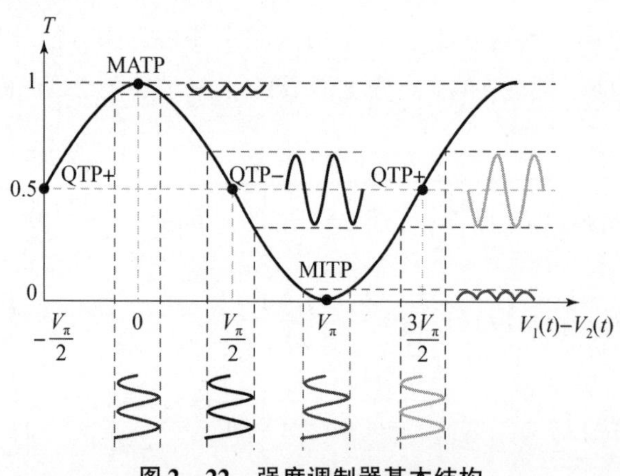

图 2-22　强度调制器基本结构

2. 强度调制

马赫－曾德尔调制器的输入电信号 $V_1(t)$、$V_2(t)$ 通常包含直流、交流两个分量，其中直流分量用于改变调制器工作点，交流分量一般为外部射频输入，用于产生调制信号。目前，市面上最常见且应用最广泛的马赫－曾德尔调制器为强度调制器，其结构如图 2－23 所示。

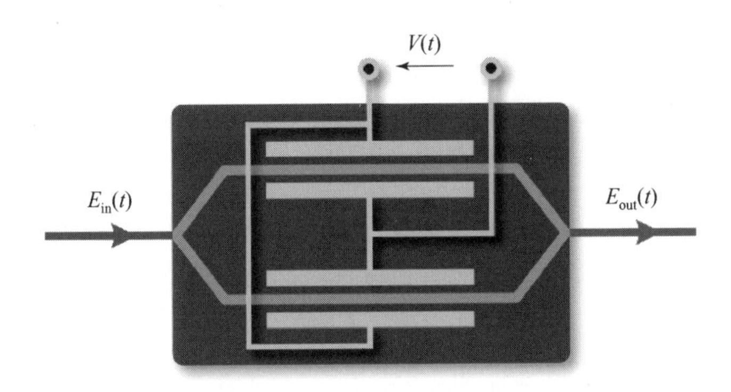

图 2－23　强度调制器基本结构

强度调制器工作于推挽模式，因此调制器上、下两臂所加电压大小相等、符号相反。若输入信号 $V(t)=V_{DC}+V\cos(\omega_s t)$，则调制器上、下两臂电信号 $V_1(t)$、$V_2(t)$ 分别为

$$V_1(t)=V_{DC}+V\cos(\omega_s t) \tag{2-69}$$

$$V_2(t)=-V_{DC}-V\cos(\omega_s t) \tag{2-70}$$

式中，$V_{DC}(t)$、$-V_{DC}(t)$ 分别为上、下两臂直流偏置电压；V 为射频信号幅度；ω_s 为射频信号频率。将式（2－69）、式（2－70）代入式（2－67），可得强度调制器输出：

$$\begin{aligned} E_{out}(t) &= \frac{1}{2}E_0\exp(j\omega_c t)\times\{\exp[j\varphi_1+jm\cos(\omega_s t)]+\exp[j\varphi_2+jm\cos(\omega_s t+\phi)]\} \\ &= \frac{1}{2}E_0\exp(j\omega_c t)\exp(j\varphi_2)\times\left\{\sum_{n=-\infty}^{\infty}[\exp(j\Delta\varphi)+\exp(jn\phi)]j^n J_n(m)\exp(jn\omega_s t)\right\} \\ &= E_0\exp(j\omega_c t)\sum_{n=-\infty}^{\infty}a_n\exp(j\sigma_n) \end{aligned} \tag{2-71}$$

式中，

$$a_n = \frac{J_{|n|}(m)}{2} \left| \exp(j\Delta\varphi) + \exp(jn\phi) \right| \tag{2-72}$$

$$\sigma_n = \arctan \frac{\mathrm{Im}\{J_n(m)[\exp(j\Delta\varphi) + \exp(jn\phi)]\exp(jn\omega_s t + jn\pi/2 + j\varphi_2)\}}{\mathrm{Re}\{J_n(m)[\exp(j\Delta\varphi) + \exp(jn\phi)]\exp(jn\omega_s t + jn\pi/2 + j\varphi_2)\}} \tag{2-73}$$

式（2-71）~式（2-73）中，$\varphi_1 = \pi V_{\mathrm{DC}}/V_\pi$、$\varphi_2 = -\pi V_{\mathrm{DC}}/V_\pi$ 分别为上、下两臂直流分量产生的附加相位，$\Delta\varphi = \varphi_1 - \varphi_2 = 2\pi V_{\mathrm{DC}}/V_\pi$ 为附加相位差，$m = \pi V/V_\pi$ 为调制指数，$\phi = \pi$ 为上、下两臂射频相位差。由式（2-72）、式（2-73）可知，通过调节 $\Delta\varphi$（即直流分量 V_{DC}），可改变 a_n 与 σ_n 取值，进而改变载波与边带的幅相特性，使强度调制器工作于不同的调制状态。值得注意的是，由于采用推挽结构，目前市面上绝大多数强度调制器产品的标称半波电压往往为晶体实际半波电压的一半。图 2-24 为光库科技生产的 x 切铌酸锂 AM20 强度调制器产品，其插损 4 dB，最大输入光功率约 20 dBm，20 GHz 带宽，射频半波电压 6 V，偏置半波电压 5 V，消光比 23 dB 左右。其同系列产品的最大调制带宽可达 60 GHz。

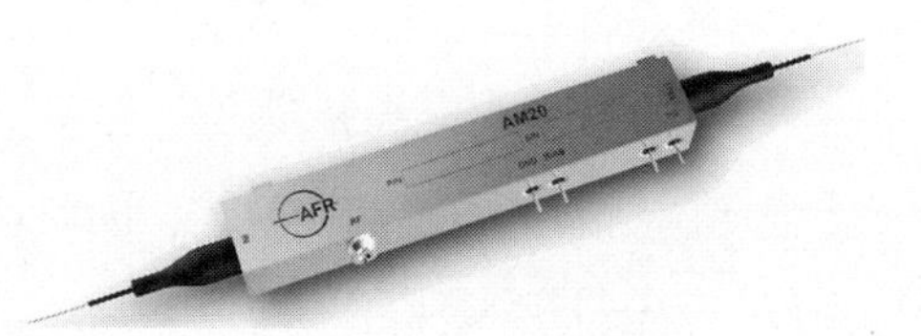

图 2-24　AM20 强度调制器

强度调制器有三种常见工作方式。

1）QTP 调制

若调节输入信号直流偏压 V_{DC} 至 $\pm V_\pi/4$，则有 $\Delta\varphi = \pm\pi/2$，$\phi = \pi$，调制器工作于正交点，此时式（2-72）可改写为（假定 $J_n(m)$ 不为零）

$$a_n = \frac{J_{|n|}(m)}{2} \left| \exp(j\pi/2) + \exp(jn\pi) \right| \neq 0 \tag{2-74}$$

进一步，将式（2-74）代入式（2-71）可得 QTP 调制输出。对 $\Delta\varphi = \pi/2$，有

$$E_{\mathrm{out}}(t) = \frac{1}{\sqrt{2}} E_0 \left\{ \begin{aligned} &\cdots + J_1(m)\exp[j(\omega_c - \omega_s)t + j\pi] \\ &+ J_0(m)\exp(j\omega_c t) \\ &+ J_1(m)\exp[j(\omega_c + \omega_s)t + j\pi] + \cdots \end{aligned} \right\} \tag{2-75}$$

当 $\Delta\varphi = -\pi/2$ 时，有

$$E_{\text{out}}(t)=\frac{1}{\sqrt{2}}E_0\begin{Bmatrix}\cdots+J_1(m)\exp[j(\omega_c-\omega_s)t]\\+J_0(m)\exp(j\omega_c t)\\+J_1(m)\exp[j(\omega_c+\omega_s)t]+\cdots\end{Bmatrix}\tag{2-76}$$

对于 QTP 调制，当光载波通过调制器后，除 0 阶边带（光载波）外，还会产生以 0 阶边带为中心、左右对称分布的 $\pm n$ 阶边带。

从光谱合成角度来看，QTP 调制时上、下两路相位调制器的输出满足

$$\begin{cases}E_{\text{out}}^{\text{PM1}}(t)=\dfrac{E_0}{2}\sum\limits_{n=-\infty}^{\infty}J_n(m)\exp\left(j\omega_c t+jn\omega_s t+jn\dfrac{\pi}{2}\right)\\E_{\text{out}}^{\text{PM2}}(t)=\dfrac{E_0}{2}\sum\limits_{n=-\infty}^{\infty}J_n(m)\exp\left(j\omega_c t+jn\omega_s t+jn\dfrac{\pi}{2}+\boxed{jn\pi\mp j\dfrac{\pi}{4}}\right)\end{cases}\tag{2-77}$$

式中，上路（PM1）、下路（PM2）相位调制输出，以及合成输出（PM1 + PM2）如图 2 - 25 所示，图中合成光谱的初始相位、幅值与式（2 - 75）、式（2 - 76）一致。

若 $\omega_s=10$ GHz，此时 QTP 调制输出光谱如图 2 - 26 所示。

2）MITP 调制

若调节输入信号直流偏压 V_{DC} 至 $V_\pi/2$，则有 $\Delta\varphi=\pi$，$\phi=\pi$，调制器工作于最小点，此时式（2 - 72）满足

$$a_n=\frac{J_{|n|}(m)}{2}\begin{cases}|\exp(j\pi)+\exp(jn\pi)|=0,n=0,\pm2,\pm4\cdots,\pm2k,\cdots\\|\exp(j\pi)+\exp(jn\pi)|\neq0,n=\pm1,\pm3\cdots,\pm2k+1,\cdots\end{cases}\tag{2-78}$$

式中，k 为自然数，此时输出光场为

$$E_{\text{out}}(t)=E_0\begin{Bmatrix}\cdots+J_3(m)\exp[j(\omega_c-3\omega_s)t+j\pi/4]+\\J_1(m)\exp[j(\omega_c-\omega_s)t-j3\pi/4]+\\J_1(m)\exp[j(\omega_c+\omega_s)t-j3\pi/4]+\\J_3(m)\exp[j(\omega_c+3\omega_s)t+j\pi/4]+\cdots\end{Bmatrix}\tag{2-79}$$

另外，从光谱合成角度来看，MITP 调制时上、下两路相位调制器的输出满足

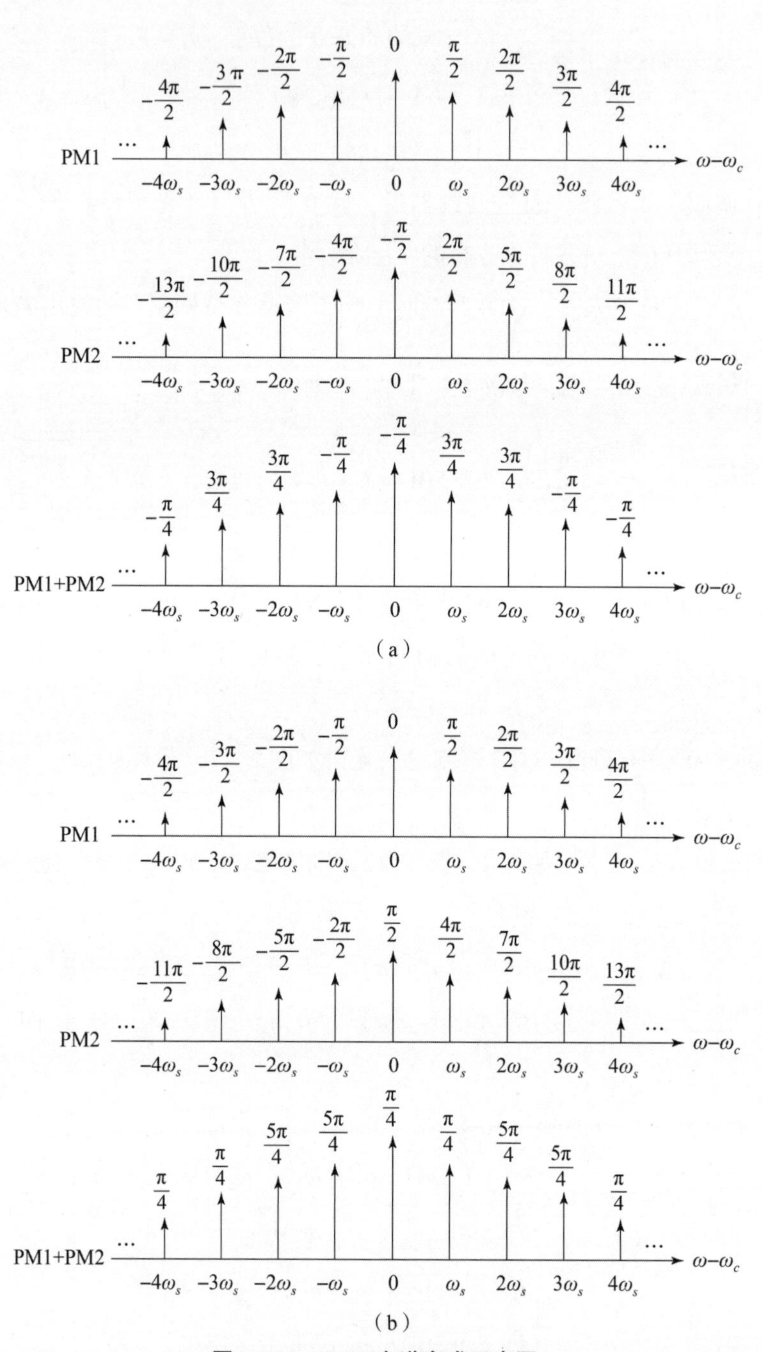

图 2-25 QTP 光谱合成示意图

(a) $\Delta\varphi=\pi/2$；(b) $\Delta\varphi=-\pi/2$

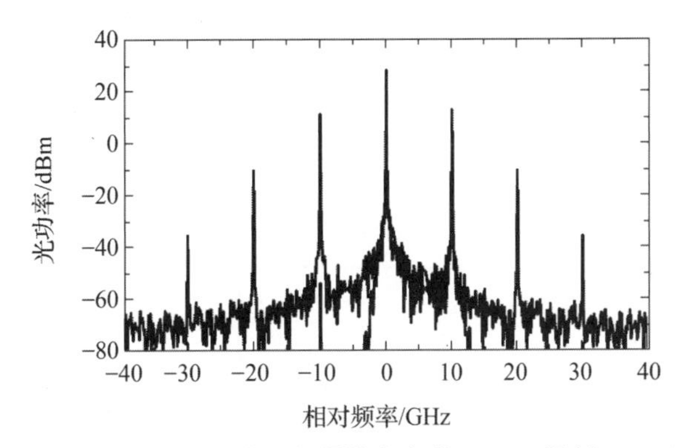

图 2－26　强度调制器输出光谱（QTP 调制）

$$\begin{cases} E_{\text{out}}^{\text{PM1}}(t) = \dfrac{E_0}{2}\sum\limits_{n=-\infty}^{\infty} J_n(m)\exp\left(j\omega_c t + jn\omega_s t + jn\dfrac{\pi}{2}\right) \\ E_{\text{out}}^{\text{PM2}}(t) = \dfrac{E_0}{2}\sum\limits_{n=-\infty}^{\infty} J_n(m)\exp\left(j\omega_c t + jn\omega_s t + jn\dfrac{\pi}{2} + \boxed{jn\pi + j\pi}\right) \end{cases} \tag{2-80}$$

式中，上路（PM1）、下路（PM2）相位调制输出，以及合成输出（PM1 + PM2）如图 2－27 所示，可知合成光谱的相位、幅值与式（2－79）一致。

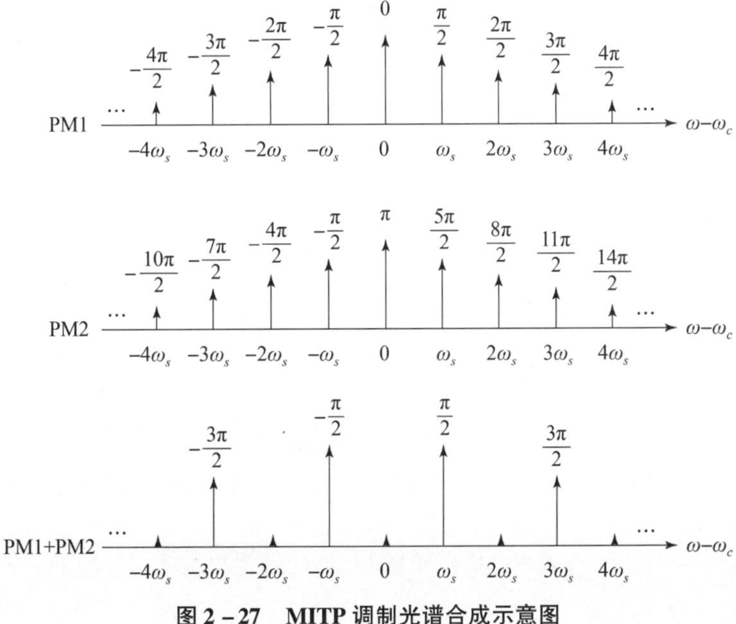

图 2－27　MITP 调制光谱合成示意图

对于 MITP 调制，当光载波通过调制器后，0 阶边带（光载波）与偶数阶边带被抑制掉，输出光谱仅保留奇数阶边带。对于 $\omega_s=10$ GHz，MITP 输出光谱如图 2－28 所示。

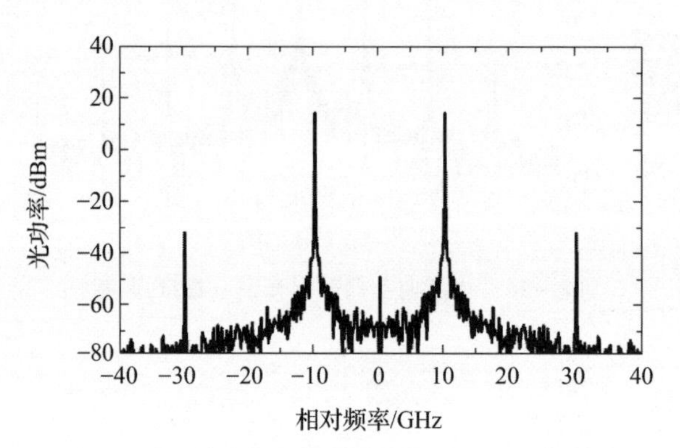

图 2－28 强度调制器输出光谱（MITP 调制）

3）MATP 调制

若调节输入信号直流偏压 V_{DC} 至 V_π，则有 $\Delta\varphi=2\pi(\Delta\varphi=0)$，$\phi=\pi$，此时调制器工作与最大传输点，此时式（2－72）满足：

$$a_n=\frac{J_{|n|}(m)}{2}\begin{cases}|\exp(j2\pi)+\exp(jn\pi)|\neq 0, n=0,\pm 2,\pm 4\cdots,\pm 2k,\cdots\\ |\exp(j2\pi)+\exp(jn\pi)|=0, n=\pm 1,\pm 3\cdots,\pm 2k+1,\cdots\end{cases}\tag{2-81}$$

式中，k 为自然数。MATP 调制输出为

$$E_{\text{out}}(t)=E_0\begin{Bmatrix}\cdots+J_4(m)\exp[j(\omega_c-4\omega_s)t-j\pi/4]+\\ J_2(m)\exp[j(\omega_c-2\omega_s)t+j3\pi/4]+\\ J_0(m)\exp[j\omega_c t-j\pi/4]+\\ J_2(m)\exp[j(\omega_c+2\omega_s)t+j3\pi/4]+\\ J_4(m)\exp[j(\omega_c+4\omega_s)t-j\pi/4]+\cdots\end{Bmatrix}\tag{2-82}$$

从光谱合成角度来看，MATP 调制时上、下两路相位调制器输出满足

$$\begin{cases}E_{\text{out}}^{\text{PM1}}(t)=\dfrac{E_0}{2}\sum\limits_{n=-\infty}^{\infty}J_n(m)\exp\left(j\omega_c t+jn\omega_s t+jn\dfrac{\pi}{2}\right)\\ E_{\text{out}}^{\text{PM2}}(t)=\dfrac{E_0}{2}\sum\limits_{n=-\infty}^{\infty}J_n(m)\exp\left(j\omega_c t+jn\omega_s t+jn\dfrac{\pi}{2}+\boxed{jn\pi+j2\pi}\right)\end{cases}\tag{2-83}$$

式中，上路（PM1）、下路（PM2）相位调制输出，以及合成输出（PM1 + PM2）如图 2 - 29 所示，合成光谱的相位、幅值与式（2 - 82）一致。

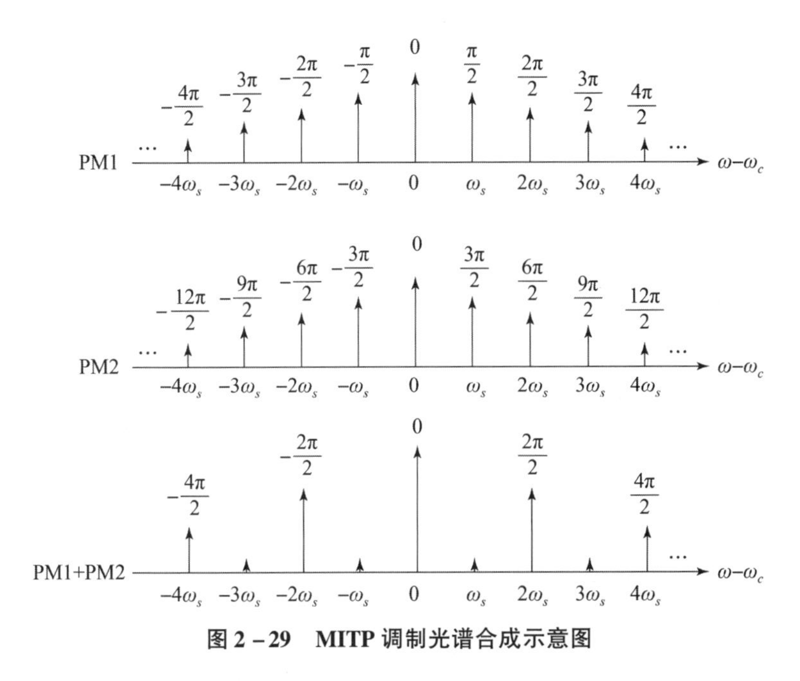

图 2 - 29　MITP 调制光谱合成示意图

MATP 调制时奇数阶边带被抑制掉，输出光谱仅保留 0 阶边带（光载波）与偶数阶边带。当 $\omega_s = 10$ GHz，MATP 输出光谱如图 2 - 30 所示。

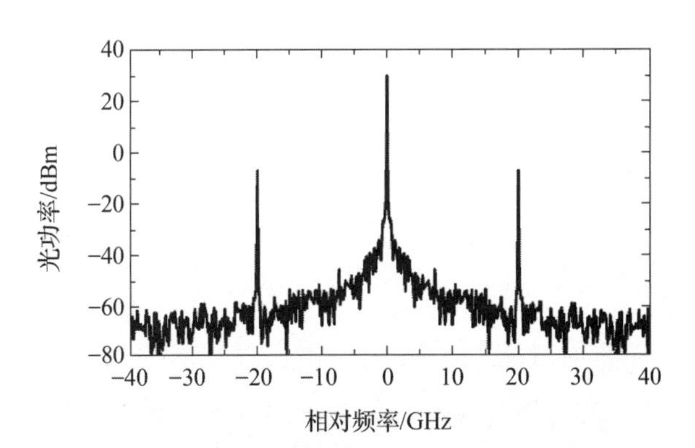

图 2 - 30　强度调制器输出光谱（MATP 调制）

4）QTP、MITP、MATP 输出光强

将式（2 - 71）代入式（2 - 58），可得强度调制器输出光强为

$$
\begin{aligned}
I_{\text{out}}(t) &= E_{\text{out}}(t)E_{out}^{*}(t) = \frac{1}{2}E_0^2 + \frac{1}{2}E_0^2\cos\{\Delta\varphi + m[\cos(\omega_s t) - \cos(\omega_s t + \pi)]\} \\
&= \frac{1}{2}E_0^2 + \frac{1}{2}E_0^2\cos[\Delta\varphi + 2m\cos(\omega_s t)] \\
&= \frac{1}{2}E_0^2 + \frac{1}{2}E_0^2\{\cos\Delta\varphi\cos[2m\cos(\omega_s t)] - \sin\Delta\varphi\sin[2m\cos(\omega_s t)]\} \\
&= \frac{1}{2}E_0^2 + \frac{1}{2}E_0^2\cos\Delta\varphi[J_0(2m) + 2\sum_{k=1}^{\infty}(-1)^k J_{2k}(2m)\cos(2k\omega_s t)] \\
&\quad - \frac{1}{2}E_0^2\sin\Delta\varphi\left\{2\sum_{k=0}^{\infty}(-1)^k J_{2k+1}(2m)\cos[(2k+1)\omega_s t]\right\}
\end{aligned}
\tag{2-84}
$$

进一步，对式（2－84）做傅里叶变换可得输出信号频谱：

$$
\begin{aligned}
F[I_{\text{out}}(t)] &= I_{\text{out}}(f) = \sqrt{\frac{\pi}{2}}E_0^2[1 + \cos\Delta\varphi J_0(2m)]\delta(f) \\
&\quad + \sqrt{\frac{\pi}{2}}E_0^2\cos\Delta\varphi\sum_{k=1}^{\infty}\{(-1)^k J_{2k}(2m)[\delta(f - 2k\omega_s t) + \delta(f + 2k\omega_s t)]\} \\
&\quad - \sqrt{\frac{\pi}{2}}E_0^2\sin\Delta\varphi\sum_{k=0}^{\infty}\{(-1)^k J_{2k+1}(2m)\{\delta[f - (2k+1)\omega_s t] + \delta[f + (2k+1)\omega_s t]\}\}
\end{aligned}
\tag{2-85}
$$

式中，等号右端第一项为直流分量，第二项为偶数阶谐波分量，第三项为奇数阶谐波分量。

所以，调制器工作在 QTP 调制模式（$\Delta\varphi = \pi/2$）下，$\cos(\Delta\varphi) = 0$，QTP 调制信号得到的射频输出仅含有直流分量与奇数次谐波分量；调制器工作在 MITP 调制模式（$\Delta\varphi = \pi$）时，$\sin(\Delta\varphi) = 0$，MITP 调制信号得到的射频输出仅含有直流分量与偶数次谐波分量；调制器工作在 MATP 调制模式（$\Delta\varphi = 2\pi$）时，$\sin(\Delta\varphi) = 0$，MATP 调制信号得到的射频输出仍然仅含直流分量与偶数次谐波分量。图 2－26、图 2－28、图 2－30 三组光谱对应的电谱输出如图 2－31 所示。

3. 1×2 强度调制器与 2×2 强度调制器

上述马赫－曾德尔调制器与强度调制器均为单端输入、单端输出的 1×1 结构。除 1×1 调制器外，多端口调制器在实际应用中也较为常见，其中以 1×2 强度调制器与 2×2 强度调制器为典型代表，两者结构分别如图 2－32、图 2－33 所示。

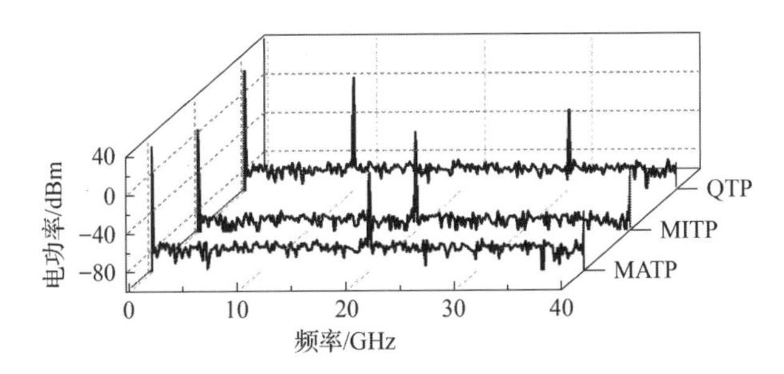

图 2－31　QTP/MITP/MATP 输出电谱

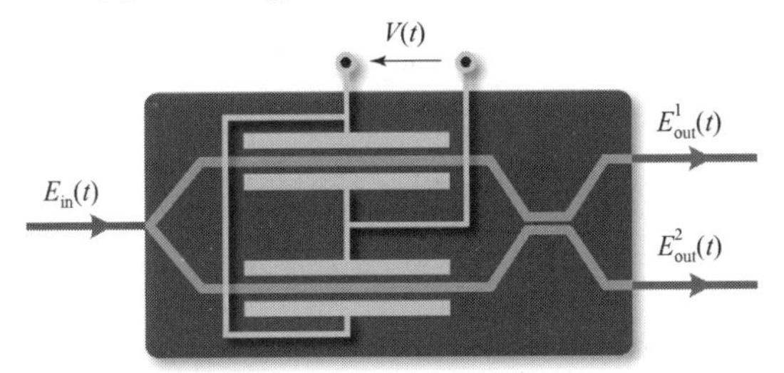

图 2－32　1×2 强度调制器基本结构

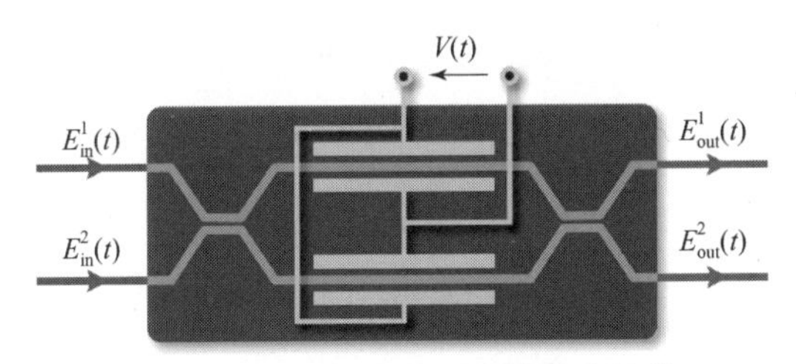

图 2－33　2×2 强度调制器基本结构

将调制器输出端合路 Y 分支波导替换为耦合器即可得到 1×2 调制器，此时调制输出满足

$$\begin{bmatrix} E_{\text{out}}^1(t) \\ E_{\text{out}}^2(t) \end{bmatrix} = \begin{bmatrix} \sqrt{1-\varepsilon_{\text{R}}} & j\sqrt{\varepsilon_{\text{R}}} \\ j\sqrt{\varepsilon_{\text{R}}} & \sqrt{1-\varepsilon_{\text{R}}} \end{bmatrix} \begin{bmatrix} \mathrm{e}^{j\xi_1(t)} & 0 \\ 0 & \mathrm{e}^{j\xi_2(t)} \end{bmatrix} \begin{bmatrix} \sqrt{1/2} \\ \sqrt{1/2} \end{bmatrix} E_{\text{in}}(t) \quad (2-86)$$

式中，ε_{R} 为输出耦合器分光比；$\xi_1(t)$ 与 $\xi_2(t)$ 为光场在上、下两臂传播过程中引入的相位变化量，其大小受半波电压 V_π、输入电压 $V(t)$ 以及调制臂固有长度引起的相位延迟 θ 影响

$$\xi_i(t) = \pi \frac{(-1)^{i+1}V(t)}{V_\pi} + \theta_i, \ i=1,2 \quad (2-87)$$

1×2 强度调制器输出光谱分析方法与前述类似，此处不再展开分析。

进一步，若将调制器输入、输出两端的 Y 分支波导均替换为耦合器，则可得

到 2×2 强度调制器，其结构如图 2－33 所示，此时调制输出为

$$\begin{bmatrix} E_{\text{out}}^1(t) \\ E_{\text{out}}^2(t) \end{bmatrix} = \begin{bmatrix} \sqrt{1-\varepsilon_{\text{R}}} & j\sqrt{\varepsilon_{\text{R}}} \\ j\sqrt{\varepsilon_{\text{R}}} & \sqrt{1-\varepsilon_{\text{R}}} \end{bmatrix} \begin{bmatrix} e^{j\xi_1(t)} & 0 \\ 0 & e^{j\xi_2(t)} \end{bmatrix} \begin{bmatrix} \sqrt{1-\varepsilon_{\text{L}}} & j\sqrt{\varepsilon_{\text{L}}} \\ j\sqrt{\varepsilon_{\text{L}}} & \sqrt{1-\varepsilon_{\text{L}}} \end{bmatrix} \begin{bmatrix} E_{\text{in}}^1(t) \\ E_{\text{in}}^2(t) \end{bmatrix} \tag{2-88}$$

式中，ε_{L} 为调制器左端耦合器分光比。

2.4.3 双平行马赫－曾德尔调制器

双平行马赫－曾德尔调制器（dual－parallel Mach－Zehnder modulator，DPMZM）由三个 MZM 组成，其中两个子 MZM 位于主 MZM 上、下两调制臂上。输入光信号在主 MZM 输入端等功率分路后，分别进入两路子 MZM 完成调制；随后下路光信号经主 MZM 调制引入额外相移；最后两臂输出光在主 MZM 输出端耦合输出。

与 MZM 类似，DPMZM 的子 MZM 有双驱、单驱两种类型，两种类型的分析过程类似，本节重点分析单驱模式。单驱 DPMZM 基本结构如图 2－34 所示，图 2－35 为光库科技生产的 x 切铌酸锂 DPMZM，其工作波长 1 525～1 570 nm，插损 5 dB，最大输入光功率约 20 dBm，工作带宽大于 30 GHz，射频半波电压 5 V，偏置半波电压 7 V，消光比 29 dB 左右。

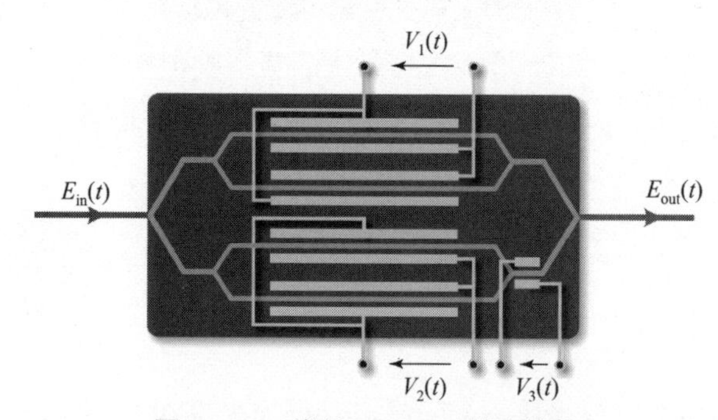

图 2－34　单驱 DPMZM 基本结构

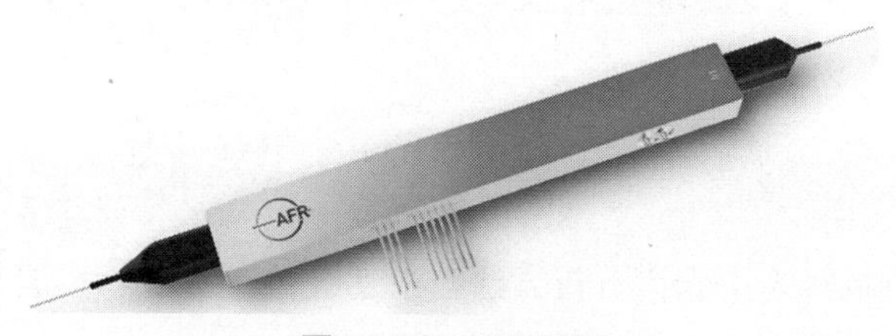

图 2－35　DPMZM

DPMZM 结构复杂，可调参数多，能实现单个 MZM 无法实现的调制功能，如载波抑制单边带（SSB）调制、高倍变频等。对于输入光信号 $E_0\exp(j\omega_c t)$，由式（2－67）可得 DPMZM 调制输出为

$$E_{\text{out}}(t)=\frac{1}{2}E_0\exp(j\omega_c t)\left\{\cos\left[\pi\frac{V_1(t)}{V_\pi}\right]+\cos\left[\pi\frac{V_2(t)}{V_\pi}\right]\exp\left[j\pi\frac{V_3(t)}{V_\pi}\right]\right\}\tag{2-89}$$

1. 单边带载波抑制（single－sideband carrier－suppressed，SSB－CS）调制

若对子 MZM（MZM1、MZM2）加载等幅正交射频信号，同时调节子 MZM 使其工作在最小点：

$$V_1(t)=V_{\text{DC1}}+V\cos(\omega_s t)=\frac{V_\pi}{2}+V\cos(\omega_s t)\tag{2-90}$$

$$V_2(t)=V_{\text{DC2}}+V\sin(\omega_s t)=\frac{V_\pi}{2}+V\sin(\omega_s t)\tag{2-91}$$

此外，调节 $V_3(t)$ 令主 MZM（MZM3）工作在正交点，即 $V_3(t)=V_\pi/2$，此时 DPMZM 输出可表示为

$$\begin{aligned}E_{\text{out}}(t)&=-\frac{1}{2}E_0\exp(j\omega_c t)\left\{\sin[m\cos(\omega_s t)]+\sin[m\sin(\omega_s t)]\exp\left(j\frac{\pi}{2}\right)\right\}\\&=-\frac{1}{2}E_0\exp(j\omega_c t)\left[\frac{1}{2j}\{\exp[im\cos(\omega_s t)]-\exp[-im\cos(\omega_s t)]\}\right.\\&\quad\left.+\frac{j}{2j}\{\exp[im\sin(\omega_s t)]-\exp[-im\sin(\omega_s t)]\}\right]\end{aligned}\tag{2-92}$$

式中，$m=\pi V/V_\pi$，对其做 Jacobi－Anger 展开有

$$\begin{aligned}E_{\text{out}}(t)&=-\frac{1}{4}E_0\exp(j\omega_c t)\left\{\sum_{n=-\infty}^{\infty}J_n(m)\exp(jn\omega_s t)i^{n-1}[1-(-1)^n]\right.\\&\quad\left.+\sum_{n=-\infty}^{\infty}J_n(m)\exp(jn\omega_s t)[1-(-1)^n]\right\}\\&=-\frac{1}{4}E_0\exp(j\omega_c t)\sum_{n=-\infty}^{\infty}J_n(m)\exp(jn\omega_s t)i^{n-1}[1-(-1)^n][i^{n-1}+1]\end{aligned}\tag{2-93}$$

$n=0$，±2，±4，…时，$1-(-1)^n=0$；$n=\cdots$，-5，-1，3，7，…时，$i^{n-1}+1=0$。说明 DPMZM 调制后，输出光谱不仅可消除光载波，还可消除所有

偶数阶光边带以及部分奇数阶边带，仅保留…，-7，-3，1，5，9，…阶边带；同理，若改变 $V_3(t)$ 使其等于 $-V_\pi/2$，则输出光谱仅含…，-5，-1，3，7，…阶边带。DPMZM 光谱合成示意如图 2-36 所示，其中图 2-36（a）、（b）分别对应 $V_3(t)=V_\pi/2$、$-V_\pi/2$。

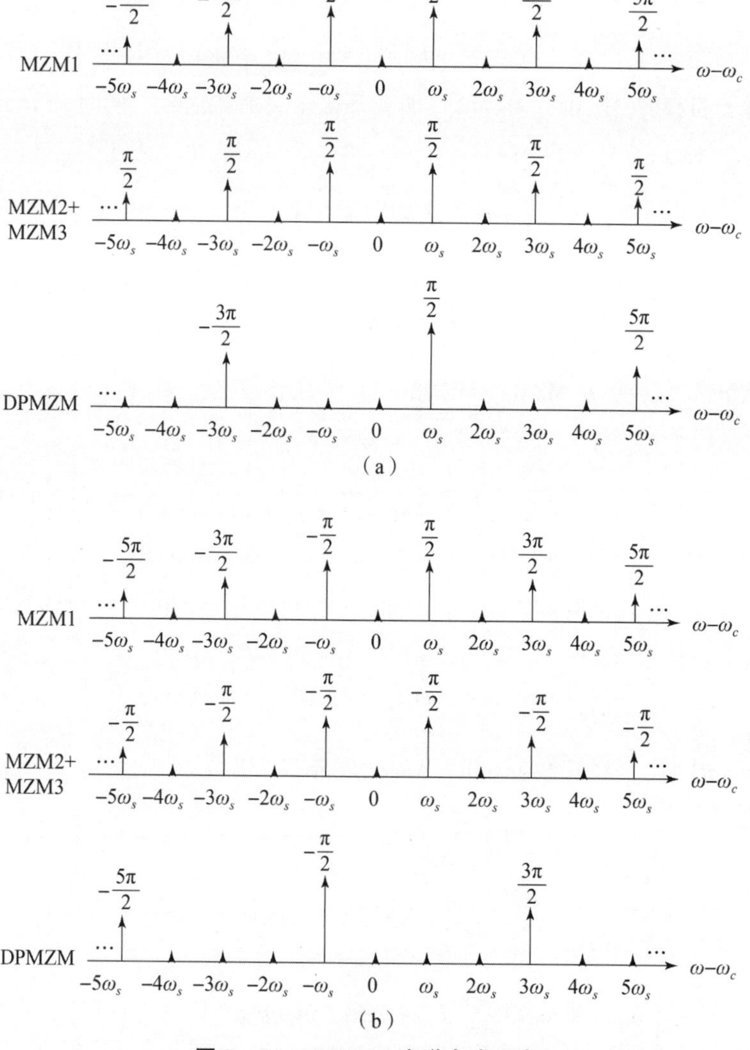

图 2-36　DPMZM 光谱合成示意

（a）MZM1（MITP），MZM2（MITP），MZM3（QTP，$V_3(t)=V_\pi/2$）；

（b）MZM1（MITP），MZM2（MITP），MZM3（QTP，$V_3(t)=-V_\pi/2$）

主 MZM 偏置电压 $V_3(t)=V_\pi/2$、$-V_\pi/2$ 时，VPI 仿真光谱如图 2-37（a）、（c）所示。小信号条件下，DPMZM 可实现单边带调制，如图 2-37（b）、（d）所示。

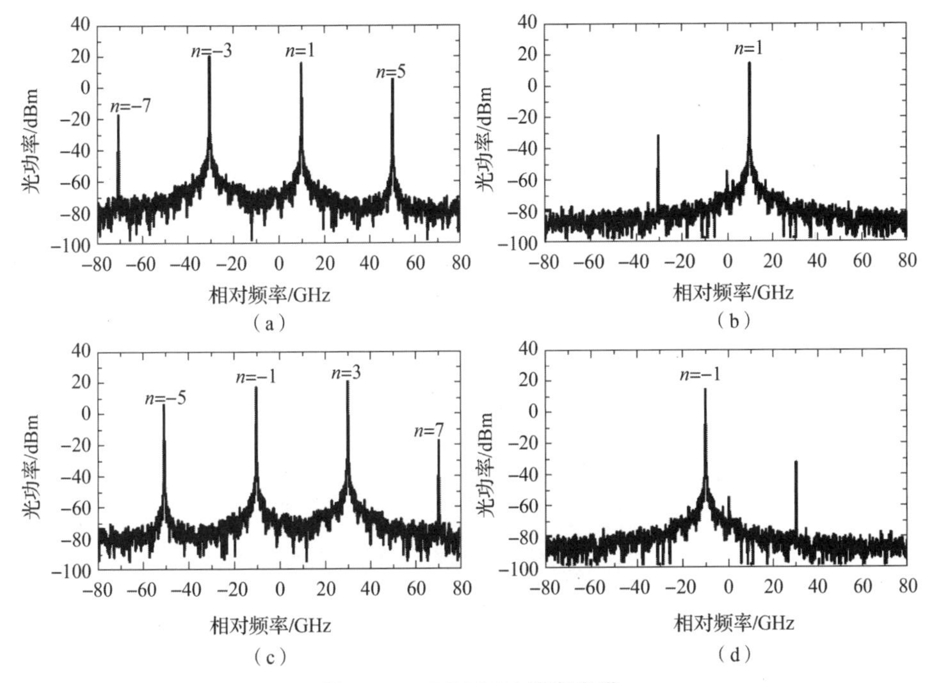

图 2-37　DPMZM 输出光谱

（a）$V_3(t)=V_\pi/2$；（b）$V_3(t)=V_\pi/2$，小信号调制；

（c）$V_3(t)=-V_\pi/2$；（d）$V_3(t)=-V_\pi/2$，小信号调制

2. in-phase and quadrature（I/Q）调制

小信号条件下另一常见调制方式为 I/Q 调制，若调节子 MZM 使其工作在最小点：

$$V_1(t)=\frac{V_\pi}{2}+I(t) \tag{2-94}$$

$$V_2(t)=\frac{V_\pi}{2}+Q(t) \tag{2-95}$$

同时调节主 MZM 使其工作在正交点，此时 DPMZM 输出等于

$$\begin{aligned}E_{\text{out}}(t)&=-\frac{1}{2}E_0\exp(j\omega_c t)\left\{\sin\left[\frac{\pi}{V_\pi}I(t)\right]+\sin\left[\frac{\pi}{V_\pi}Q(t)\right]\exp\left(j\frac{\pi}{2}\right)\right\}\\&\approx-\frac{1}{2}\frac{\pi}{V_\pi}E_0\exp(j\omega_c t)\left[I(t)+Q(t)\exp\left(j\frac{\pi}{2}\right)\right]\end{aligned} \tag{2-96}$$

由式（2－96）可以看出，IQ 两路信号以正交方式调制到光载波上，实现了 IQ 调制。

2.4.4 双偏振马赫－曾德尔调制器

双偏振马赫－曾德尔调制器（dual－polarization MZM，DPol－MZM）与 DMPZM 类似（图 2－38），其由一个主 MZM、两个子 MZM，以及一个偏振旋转器（polarization rotator，PR）、一个偏振合束器（polarization beam combine，PBC）组成，其本质为偏振复用的强度调制器。

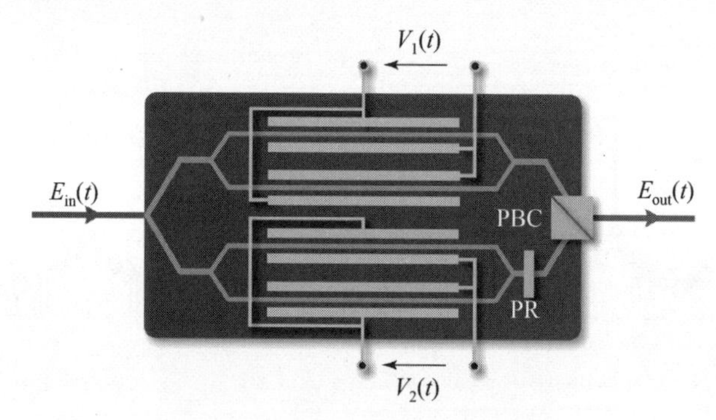

图 2－38 DPol－MZM 基本结构

对于输入光信号 $E_0\exp(j\omega_c t)$，DPol－PMZM 调制输出可表示为

$$E_{out}(t)=\frac{1}{2}E_0\exp(j\omega_c t)\left\{\hat{x}\cos\left[\pi\frac{V_1(t)}{V_\pi}\right]+\hat{y}\cos\left[\pi\frac{V_2(t)}{V_\pi}\right]\exp\left[j\pi\frac{V_3(t)}{V_\pi}\right]\exp[j\theta]\right\} \tag{2-97}$$

式中，$V_1(t)$、$V_2(t)$、$V_3(t)$分别为 DPMZM 子 MZM1、子 MZM2，以及主 MZM 输入电信号；θ 为 PR 引入的相位变化。从式（2－97）可知，通过调节检偏器与 x、y 轴之间的夹角，可获得各种偏振状态的偏振复用信号。

2.4.5 双偏振双平行马赫－曾德尔调制器

双偏振双平行马赫－曾德尔调制器（dual－polarization dual－parallel MZM，DPol－DPMZM）体积小，功能复杂，其核心为两个 DPMZM 调制（图 2－34），DPol－DPMZM 基本结构如图 2－39 所示（图中电极省略）。

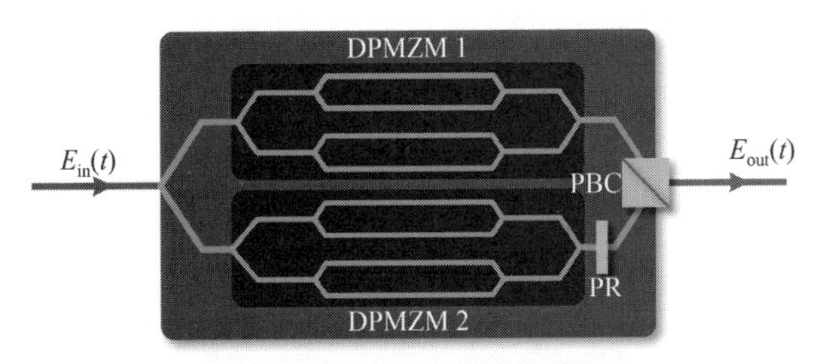

图2－39 DPol－DPMZM 基本结构

输入光 $E_{in}(t)=E_0\exp(j\omega_c t)$ 在 Y 分支波导分路后，分别在 DPMZM1、DPMZM2 中完成调制，并最终在 PBC 中偏振合束，由式（2－89）可知，DPol－DPMZM 输出光可表示为

$$E_{out}(t)=\frac{1}{4}E_0\exp(j\omega_c t)\left[\hat{x}\left\{\cos\left[\pi\frac{V_1(t)}{V_\pi}\right]+\cos\left[\pi\frac{V_2(t)}{V_\pi}\right]\exp\left[j\pi\frac{V_3(t)}{V_\pi}\right]\right\}\right.$$
$$\left.+\hat{y}\left\{\cos\left[\pi\frac{V_4(t)}{V_\pi}\right]+\cos\left[\pi\frac{V_5(t)}{V_\pi}\right]\exp\left[j\pi\frac{V_6(t)}{V_\pi}\right]\right\}\exp[j\theta]\right] \tag{2-98}$$

式中，$V_1(t)$、$V_2(t)$、$V_3(t)$ 分别为 DPMZM1 中子 MZM1、子 MZM2，以及主 MZM 输入电信号；$V_4(t)$、$V_5(t)$、$V_6(t)$ 分别为 DPMZM2 中子 MZM1、子 MZM2，以及主 MZM 输入电信号；θ 为 PR 引入的相位变化。图2－40 为光库科技推出的 DPol－DPMZM 产品，其插损小、半波电压低，调制性能优异。

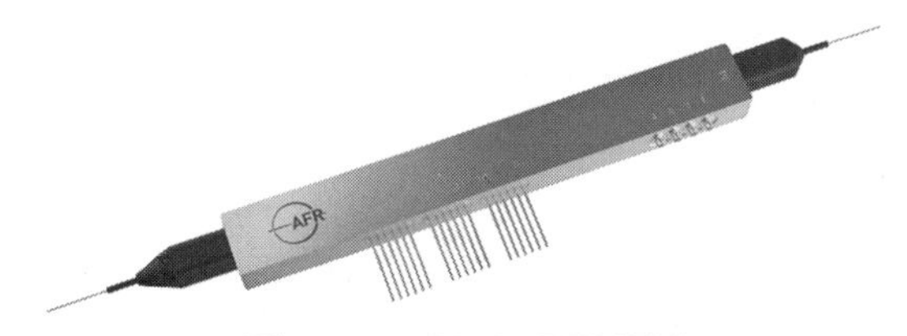

图2－40 DPol－DPMZM

2.4.6 偏振调制器

传统相位调制器只能对信号进行单一模式相位调制，偏振调制器（polarization modulator，PolM）作为一种特殊的相位调制器，可支持 TE 模、TM 模双模式相位调制，而且其对两种模式的相位调制指数相反。

偏振调制器基本结构如图2－41 所示，假设输入光 $E_{in}(t)=E_0\exp(j\omega_c t)$ 的偏振方向与 x 轴夹角为 α，射频信号为 $V(t)$，则 PolM 输出的光信号可以表示为

$$\begin{bmatrix} E_x \\ E_y \end{bmatrix} = E_0 \exp(j\omega_c t) \begin{bmatrix} \cos\alpha \exp j[\pi V(t)/V_\pi + \phi_0] \\ \sin\alpha \exp\{-j[\pi V(t)/V_\pi + \phi_0]\} \end{bmatrix} \quad (2-99)$$

式中，$2\phi_0$ 为 TE 模、TM 模相位差。

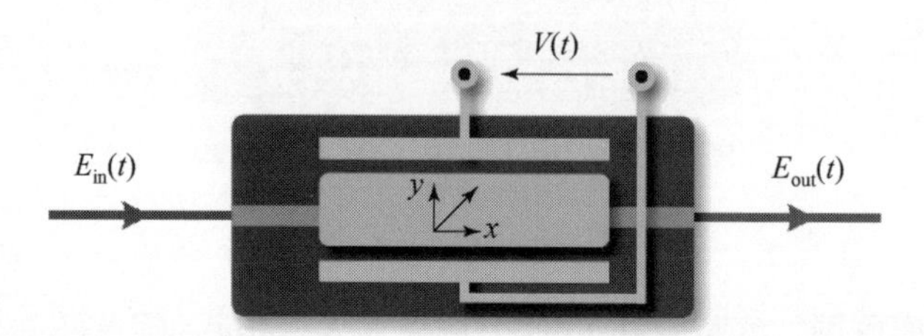

图 2-41 偏振调制器基本结构

偏振调制器灵活性强，可等效为相位调制器或强度调制器使用。由 PolM 原理可知，通过偏振控制器调节 $E_{in}(t)$ 偏振方向使 α 等于 0°或 90°时，输入光信号偏振方向与 x 轴或 y 轴平行，此时 PolM 只在一个偏振方向上存在输出，PolM 相当于相位调制器。

若在 PolM 输出端增加一级偏振控制与一级起偏，调节起偏器使其主轴方向与 x 轴成 β 角，则偏振片输出光场可表示为

$$E_{out}(t) = \begin{bmatrix} \cos\beta & 0 \\ 0 & \sin\beta \end{bmatrix} \begin{bmatrix} E_x \\ E_y \end{bmatrix} \quad (2-100)$$

当输入射频信号为 $V(t) = V_0\cos(\omega_s t)$ 时，调节 α，β 使 $\alpha = \beta = 45°$，可得起偏器最终输出为

$$E_{out}(t) = \frac{1}{2} E_0 \exp(j\omega_c t)\{\exp[jm\cos(\omega_s t) + j\phi_0] + \exp[j\phi_0 - jm\cos(\omega_s t)]\} \quad (2-101)$$

式中，$m = \pi V/V_\pi$ 为调制指数。对比式（2-101）与式（2-71）可知，此时 PolM 工作在等效强度调制模式。图 2-42 为 VersaWave 公司生产的宽带偏振调制器，其最大调制带宽可达 50 GHz。

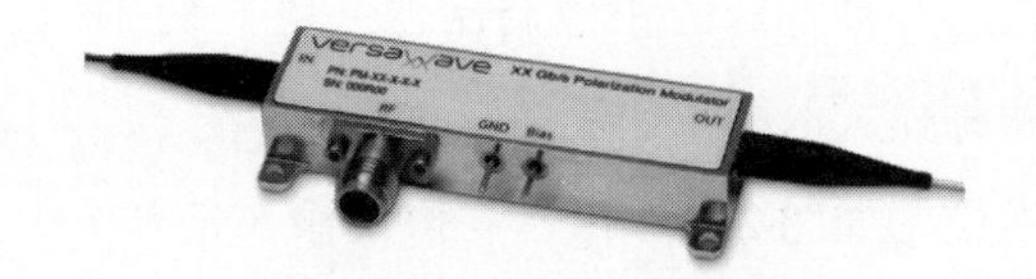

图 2-42 宽带偏振调制器

2.5　光电探测器

光电探测器（photodetector，PD）是一种能把光信号转化为电信号的光电子器件。光电探测器按照结构可分为 PN 结光电探测器、PIN 光电探测器、雪崩探测器、金属－半导体－金属光电探测器、单向载流子光电探测器等。其中，PIN 光电探测器由于响应度高、响应时间短、体积小、功耗低、抗干扰强等优点广泛应用于微波光子领域。本节主要就 PIN 光电探测器的结构、工作原理与性能参数做一介绍。

2.5.1　基本原理与关键指标

PIN 光电探测器由 PN 光探测器发展而来。PN 探测器的 PN 结存在一个从 N 区指向 P 区的内电场，热平衡条件下（无光照条件下），多数载流子（N 区电子和 P 区空穴）的扩散与少数载流子（N 区空穴和 P 区电子）漂移相互抵消，流过 PN 结的净电荷为零。若光照射在 PN 结及附近区域，且光子能量足够大，则会在 PN 结及附近区域产生部分光生载流子。光生载流子依靠扩散进入 PN 结，并在内电场驱动下，电子漂移到 N 区，空穴漂移到 P 区，从而使 N 区带负电荷，P 区带正电荷，最终形成附加电势（该附加电势通常称为光生电动势）。入射光子产生光生载流子需满足如下条件：

$$\lambda_g(\mu m)=\frac{hc}{E_g}=\frac{1.24}{E_g} \tag{2-102}$$

式中，E_g 为半导体带隙。由于 PN 结耗尽层窄、对光的吸收率低，因此其响应速度慢、暗电流大、电光转换效率低。为克服 PN 探测器上述不足，通常在 PN 探测器 P 型半导体与 N 型半导体之间加入非掺杂的本征型半导体层（I 层），形成 PIN 探测器。

当 PIN 探测器反向偏压增大到一定程度时，整个非掺杂本征层将成为耗尽区，使得 PIN 探测器耗尽层拓宽，这一方面增加了光辐射吸收，提高了探测器量子效率；另一方面减小了结电容，使电路时间常数减小，缩短了探测器的响应时间，提高了探测器带宽。

光电探测器的主要参数包括量子效率与响应度、偏振相关损耗、响应带宽（响应速度）以及探测器噪声等。

1. 量子效率与响应度

量子效率表征探测器将光能转化为电能的能力，其定义为光生载流子对（空穴电子对）数量与入射光子数量之比：

$$\eta = \frac{I_p}{q} \bigg/ \frac{P_o}{hv} = (1 - R_f)(1 - \mathrm{e}^{-\alpha w}) \tag{2-103}$$

式中，I_p 为光电流；P_o 为入射光功率；R_f 为光敏面反射系数；w 为耗尽层宽度。响应度定义光电流与入射光功率之比，其与量子效率存在如下关系：

$$R = \frac{I_p}{P_o} = \frac{\eta e}{hv} = \eta \frac{\lambda(\mu\mathrm{m})}{1.24} \tag{2-104}$$

2. 偏振相关损耗

光电探测器响应度与入射光偏振态相关，相关性大小由偏振相关损耗表征，其定义为

$$PDL = 10\log\left(\frac{R_{\max}}{R_{\min}}\right) \tag{2-105}$$

式中，$R_{\max}$、$R_{\min}$分别为最大响应偏振态与最小相应偏振态对应的响应度。

3. 响应带宽

响应带宽是描述探测器高频特性的重要参数，常用指标为 3 dB 带宽，其定义为，高频光信号入射到探测器时，探测器输出电信号功率降低到直流功率一半时所对应的光频率。

电信号波长远大于探测器尺寸时，可将探测器当作集总结构，此时探测器带宽受载流子渡越时间与 RC 时间常数限制。载流子渡越时间表示载流子通过本征层的时间，RC 时间表示探测器自身寄生参数与外电路元件中的频率限制。若渡越时间带宽与 RC 带宽相互独立，则探测器 3 dB 带宽可近似为

$$f_{3\,\mathrm{dB}} = \frac{1}{\sqrt{f_{\mathrm{RC}}^{-2} + f_t^{-2}}} = \frac{1}{(2\pi R_{\mathrm{tot}} C_{\mathrm{pd}})^2 + [(3.5\,\bar{v})/(2\pi d)]^{-2}} \tag{2-106}$$

式中，R_{tot}为探测器串并联总电阻；C_{pd}为探测器结电容；$\bar{v}$ 为平均载流子浓度。

4. 探测器噪声

探测器噪声来源主要包括热噪声、散粒噪声（shot noise）与暗电流噪声、相对强度噪声、探测器总噪声和噪声系数。

1）热噪声

热噪声为电阻内部自由电子不规则运动产生的电压波动，该电压波动为零均值高斯过程。对绝对温度 T 下的阻值为 R 的电阻，其热噪声电流方差为

$$\langle i_{\text{thermal}}^2(t)\rangle = \frac{4kTB}{R} \tag{2-107}$$

式中，k 为玻尔兹曼常数；B 为探测器等效带宽。由式（2 - 107）可得热噪声功率：

$$P_{\text{thermal}} = \langle i_{\text{thermal}}^2(t)\rangle R = 4kTB \tag{2-108}$$

式（2 - 108）表明，降低器件的热力学温度或（和）降低探测器带宽也可有效降低热噪声功率。此外，热噪声作为白噪声，通过在探测器前端滤除信号带宽以外的光信号也可降低探测器热噪声。

2）散粒噪声与暗电流噪声

散粒噪声是量子噪声（quantum noise），其与光子的离散性相关，表现为随机到达光电探测器的光子在探测器输出端产生随机起伏的光电流。另外，光电探测器即使在无光信号时也会因杂散光或热生载流子产生暗电流，而暗电流也会产生散粒噪声。散粒噪声呈泊松分布，其电流方差为

$$\langle i_{\text{shot}}^2(t)\rangle = 2eI_{\text{av}}B \tag{2-109}$$

式中，I_{av} 为探测器平均光电流。由式（2 - 109）可得散粒噪声功率：

$$P_{\text{shot}} = \langle i_{\text{shot}}^2(t)\rangle R = 2eI_{\text{av}}BR = 2eR_{\text{pd}}P_{\text{av}}BR \tag{2-110}$$

3）相对强度噪声

相对强度噪声定义为式（2 - 12），若探测器响应带宽内相对强度噪声平稳，根据式（2 - 13）可得相对强度电流噪声方差为

$$\langle i_{\text{rin}}^2(t)\rangle = 10^{\frac{\text{RIN}}{10}} I_{\text{av}}^2 B \tag{2-111}$$

进而可得相对强度噪声功率：

$$P_{\text{rin}} = \langle i_{\text{rin}}^2(t)\rangle R = 10^{\frac{\text{RIN}}{10}} I_{\text{av}}^2 BR \tag{2-112}$$

4）探测器总噪声

光电探测器可等效为一个电流源，为获得最大功率输出，往往需要在光电探

测器输出端并联一个与内阻大小一致的负载电阻。所以，流经负载电阻的噪声电流仅有总噪声电流的一半，而噪声功率为总噪声功率的1/4。流经负载电阻的噪声电流可表示为

$$i_N(t)=\frac{1}{2}[i_{\text{thermal}}(t)+i_{\text{shot}}(t)+i_{\text{rin}}(t)+gi_{\text{thermal\_dm}}(t)] \tag{2-113}$$

式中，$i_{\text{thermal_dm}}(t)$为电光调制引入的热噪声；g为系统增益。根据式（2-113）可得实际探测信号中的总噪声功率：

$$P_N=\langle i_N^2(t)\rangle R \tag{2-114}$$

由于热噪声、散粒噪声以及相对强度噪声为独立随机过程，将式（2-107）、式（2-109）以及式（2-111）代入式（2-114）可得

$$P_N=\frac{1}{4}[(1+g)P_{\text{thermal}}+P_{\text{shot}}+P_{\text{rin}}] \tag{2-115}$$

为便于分析计算，实际应用中往往以dBm/Hz（1 Hz带宽内相对分贝）为单位表示噪声功率，即

$$P_N[\text{dBm/Hz}]=10\log_{10}\left[\frac{P_N[\text{mW}]}{B[\text{Hz}]}\right] \tag{2-116}$$

5）噪声系数

噪声系数是衡量链路元器件引起信噪比（signal to noise ratio，SNR）退化的指标，噪声系数用NF表示，其值越小，链路噪声性能越好。NF由噪声因子F决定，两端口器件或系统中，F定义为设备的出噪声功率与标准噪声温度（通常为290 K）下输入端热噪声的比值。NF与F之间满足对数关系：

$$\text{NF}=10\log_{10}(F)=10\log_{10}\left(\frac{s_{\text{in}}/n_{\text{in}}}{s_{\text{out}}/n_{\text{out}}}\right) \tag{2-117}$$

式中，s_{in}、n_{in}、s_{out}、n_{out}分别为输入端信号功率、输入端信号噪声、输出端信号功率、输出端信号噪声。通常n_{in}为输入端匹配电阻产生的热噪声，有$n_{\text{in}}=kTB$；s_{out}为s_{in}的增益信号，有$s_{\text{out}}=gs_{\text{in}}$；链路输出噪声$n_{\text{out}}$由探测器端总噪声决定，有$n_{\text{out}}=P_N$。因此式（2-117）可改写为

$$\text{NF}=10\log_{10}\left(\frac{P_N}{gKTB}\right)=10\log_{10}\left(\frac{P_N}{B}\right)-10\log_{10}\left(\frac{kTB}{B}\right)-10\log_{10}g \tag{2-118}$$

由于$10\log_{10}(kT)=-174$ dBm/Hz(290 K)，若令$G=10\log_{10}g$，则有

$$NF[dB] = P_N[dBm/Hz] - \{-174[dBm/Hz]\} - G[dB] \tag{2-119}$$

2.5.2　相干探测技术

微波光子领域常用光电探测方法有直接相干探测和平衡相干探测。两种探测方法均基于光混频，但其不同之处在于：直接相干探测仅采用一个光电探测器，而平衡相干探测需要两个探测器，且最终输出等于两路信号差分值。平衡探测不仅保留了直接探测的优点，其在共模噪声抑制、增大交流幅值、提高动态响应范围等方面具有独特优势。下面利用定向耦合器，对直接相干探测（又称单端相干探测）、平衡相干探测（又称双端平衡探测）的原理、特点进行简单分析。

光学定向耦合器为光无源器件，包含两个输入端、两个光输出端，如图 2－43 所示，其将入射光信号按照传输函数分配至输出端。对理想的 50：50 定向耦合器，耦合输出为

$$\begin{bmatrix} E_{\text{out1}} \\ E_{\text{out2}} \end{bmatrix} = T\begin{bmatrix} E_{\text{in1}} \\ E_{\text{in2}} \end{bmatrix} = \frac{1}{\sqrt{2}}\begin{bmatrix} 1 & j \\ j & 1 \end{bmatrix}\begin{bmatrix} E_{\text{in1}} \\ E_{\text{in2}} \end{bmatrix} \tag{2-120}$$

式中，T 为定向耦合器光传输矩阵。

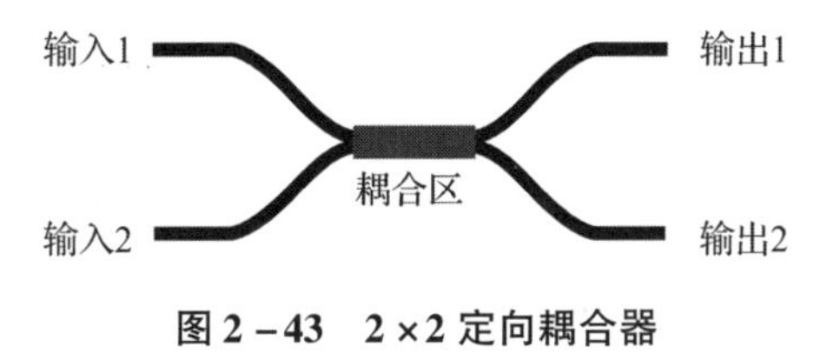

图 2－43　2×2 定向耦合器

1. 直接相干探测

图 2－44 为典型的直接相干探测系统，进入耦合器输入端的信号光与本振光经耦合器传输后在其中一路探测。对于信号、本振光：

$$\begin{cases} E_{\text{in1}} = E_{\text{signal}}(t) = E_s\exp[j(\omega_s t + \varphi)] = \sqrt{P_s}\exp[j(\omega_s t + \varphi)] \\ E_{\text{in2}} = E_{\text{LO}}(t) = E_{\text{L}}\exp[j(\omega_{\text{LO}} t)] = \sqrt{P_{\text{LO}}}\exp[j(\omega_{\text{LO}} t)] \end{cases} \tag{2-121}$$

式中，E_s 为信号光电场振幅；ω_s 为信号光频率；P_s 为信号光功率；E_{L} 为本振光电场振幅；ω_{L} 为本振光频率；P_{LO}为本振光功率；φ 为信号光本振光间的初始相差。可得耦合输出光功率：

$$
\begin{aligned}
P(t) &= [E_{\text{signal}}(t) + jE_{\text{LO}}(t)][E_{\text{signal}}(t) + jE_{\text{LO}}(t)]^* \\
&= P_s + P_{\text{LO}} + 2\sqrt{P_s P_{\text{LO}}}\cos(\omega_c t + \varphi_1)
\end{aligned} \tag{2-122}
$$

式中，$\omega_c = \omega_s - \omega_{\text{LO}}$为信号光、本振光频率差，相差 $\varphi_1 - \varphi = -\pi/2$ 由定向耦合器传输矩阵产生。

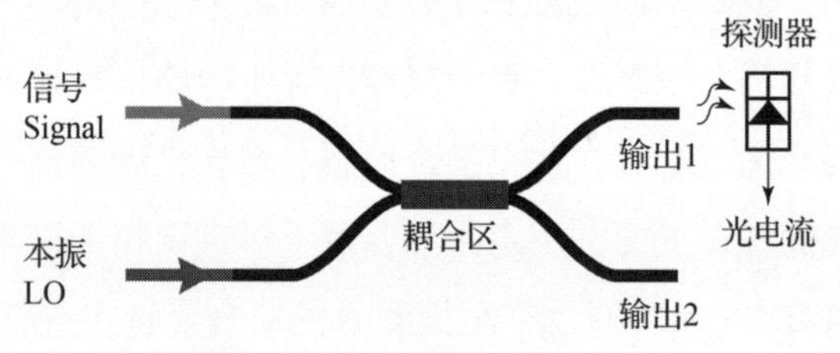

图 2-44 直接相干探测系统

结合式（2-113）可得探测器负载端的隔直光电流为

$$
\begin{aligned}
i(t) &= \frac{1}{2}[RP(t) + i_N(t)] \\
&= R\sqrt{P_s P_{\text{LO}}}\cos(\omega_c t + \varphi_1) + \frac{1}{2}i_N(t)
\end{aligned} \tag{2-123}
$$

式（2-123）说明直接相干探测无噪声抑制能力。

2. 平衡相干探测

图 2-45 为平衡相干探测系统，进入耦合器输入端的信号光与本振光经耦合器传输后在其输出端探测，随后两路电信号做差分形成最终输出。

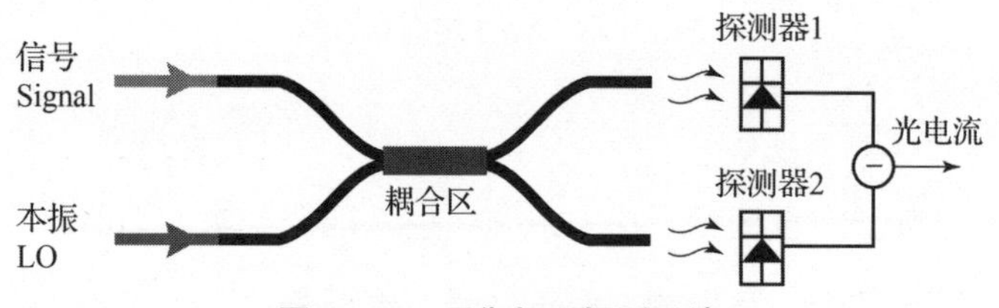

图 2-45 平衡相干探测系统

平衡探测系统中，探测器 1、2 中的光电流可表示为

$$
\begin{cases}
i_1(t) = \dfrac{1}{2}\{R[2\sqrt{P_s P_{\text{LO}}}\cos(\omega_c t + \varphi_1)] + i_{N_1}(t)\} \\
i_2(t) = \dfrac{1}{2}\{R[2\sqrt{P_s P_{\text{LO}}}\cos(\omega_c t + \varphi_2)] + i_{N_2}(t)\}
\end{cases} \tag{2-124}
$$

式中，$i_{N_1}(t)$、$i_{N_2}(t)$分别为探测器 1、2 负载电阻上的噪声电流，且有 $\varphi_2 - \varphi_1 =$

π，由式（2-124）可得平衡探测差分输出为

$$i(t)=2R\sqrt{P_sP_{\mathrm{LO}}}\cos(\omega_ct+\varphi_1)+\frac{1}{2}\delta i_N(t) \tag{2-125}$$

式中，$\delta i_N(t)=i_{N_1}(t)-i_{N_2}(t)$，最后差分输出电流进入跨阻放大器，产生与该差分电流成比例的电压输出。

对比式（2-123）、式（2-125），可知平衡探测具有以下几个优势：①平衡探测可消除信号直流分量，即平衡探测系统直接对信号进行了硬件隔直滤波，方便了信号的后续处理；②平衡探测交流信号幅值是直接探测的两倍，增大了交流信号功率；③利用差分结构，输出端两个探测器中的共模噪声［如RIN、放大自发辐射噪声（amplified spontaneous emission，ASE）］得到了大幅抑制，进而提高了输出信号信噪比。平衡探测器对非共模噪声，如热噪声、散粒噪声（暗电流噪声）等无抑制能力。

为实现最佳共模噪声抑制效果，要对两个探测器以及含光路进行匹配。为提高匹配度，可选用两个特性十分相似的探测器，如在相同半导体芯片上利用相同工艺制作的探测器；也可对平衡探测器其中一路使用光学衰减器，补偿两个探测器之间的响应度差异。平衡探测器发展较为成熟，产品种类较多，图2-46为德国Wieserlabs Electronics公司生产的1 000～1 700 nm波段的GHz级InGaAs光纤耦合平衡相干探测器。

图2-46　光纤耦合平衡相干探测器

值得注意的是，对于空间光平衡探测，若输入光束延伸至光电探测器光敏区域边缘，光束位置的微小变化可能导致差分光电流显著变化；类似地，当探测器表面响应度不一致时，光束位置变化也会引起光电流变化，因此空间光平衡探测

需要对光束稳定性与入射光照射位置进行严格控制。与空间光入射相比，光纤耦合输入的平衡探测器不存在以上问题；而与普通单模光纤相比，采用保偏光纤输入可进一步提高共模噪声抑制比。

平衡探测应同时避免电路部分中的不平衡，特别对高频检测，电缆长度的精确匹配也尤为重要，否则会引入与频率相关的相移。目前市面上一些平衡探测器包含了一个额外的低频监测输出，可用于检查探测器平衡状态是否正常。

第3章 微波光子变频器

本章从多频段一体化通信卫星有效载荷射频前端对微波光子变频的实际需求出发，对微波光子变频进行了简要概述，并详细介绍了微波光子变频的关键性能参数、常用的微波光子变频方式及其原理。

3.1 概述

微波频率变换是许多应用领域的发射机/接收机中的一项基本功能。微波光子频率变换技术是指利用光子学的技术实现微波/毫米波信号的频率变换，包括上变频和下变频。

传统电域频率变换技术因其电子瓶颈，存在诸如系统复杂程度高，易受电磁干扰、产生电磁辐射等缺点，尤其是当系统工作频率向毫米波（millimeter - wave，30 ~ 300 GHz）范围扩展时，会导致变频器加工、制造工艺复杂。而微波光子频率变换技术可以克服电域变频存在的缺点，有效地使系统的工作频率向毫米波范围扩展。微波光子变频技术在光载无线通信（radio over fiber，RoF）、电子战、卫星通信和雷达等应用中受到越来越多的重视，尤其是低噪声系数、高动态范围的微波光子变频链路在光纤射频传输、雷达和电子战等应用中更是必需的。

多频段一体化通信载荷面临运行环境复杂、接收功率受限、研制成本高等难题，其发展目标是以小体积、低重量的灵活结构达到高增益、低串扰的优异性能。传统卫星平台采用电域微波变频技术，一般要经过两次变频才能将射频转换成中频，链路结构复杂，难以满足未来多频段一体化通信需求。

微波光子变频作为星载宽带微波光子射频前端的重要组成模块，可解决传统微波变频的宽带和线性化问题。在多频段一体化射频前端采用微波光子变频技术主要优势在于以下几点。

（1）实现了宽带射频信号的光域窄带化处理，具有极高的宽带变频能力，将传统单一频段变频拓展到多频段变频。

（2）在光域实现微波信号频率变换，无传统电子变频器件引入的非线性失真，大大提高变频线性度。

（3）可实现光调制变频本振一体化，集成度高，有效缩小和降低变频单元体积与重量。

3.2 微波光子变频的主要性能参数

微波光子变频器的工作模式如图 3－1 所示，它有两个射频输入接口和一个射频输出接口。其中，一个射频输入接口输入要变频的信号，另一个输入本振信号，输出接口输出变频后的信号。

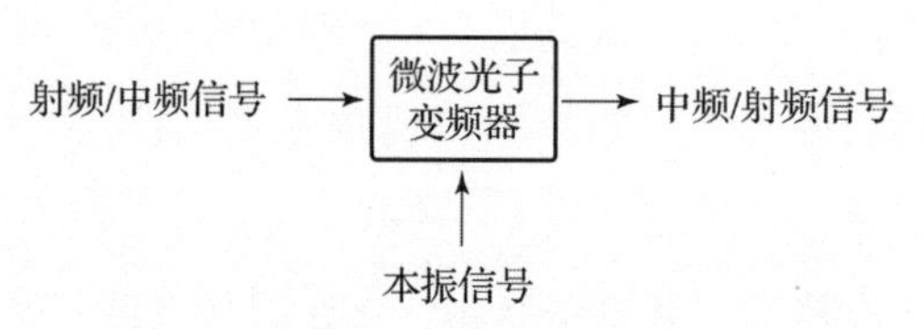

图 3－1 微波光子变频器的工作模式

当工作在下变频模式时，其中一个射频输入口（RF 端口）输入高频的射频信号，另一个射频输入口（LO 端口）输入本振信号，在射频输出口（IF 端口）得到变频后的中频信号。

当工作在上变频模式时，其中一个射频输入口（IF 端口）输入低频的中频信号，另一个射频输入口（LO 端口）输入本振信号，在射频输出口（RF 端口）可得到变频后的射频信号。

微波光子变频技术的主要性能参数包括工作带宽、变频增益（gain，G）、噪声系数、隔离度（isolation，ISO）、谐杂波抑制比（spurious suppression ratio，SSR）和无杂散动态范围（spurious－free dynamic range，SFDR）。

1. 工作带宽

工作带宽指的是微波光子变频器各输入/输出口可允许输入信号的工作频率范围。在微波光子变频器中，输入端口的工作带宽主要取决于电光调制器的工作带宽，输出端口的工作带宽取决于光电探测器的工作带宽。现有商用电光调制器和光电探测器的带宽均已达到 100 GHz，因此，微波光子变频技术的射频信号、中频信号、本振信号的工作带宽均可达到 DC－100 GHz。

2. 变频增益

微波光子变频中，变频增益是最基本的一项性能参数，指的是变频前后信号功率的比值。设变频前信号的功率为 P_{in}、变频后信号的功率为 P_{out}，则变频损耗可定义为

$$G=\frac{P_{in}}{P_{out}} \tag{3-1}$$

通常采用对数单位（dB）表示变频增益：

$$G(\mathrm{dB})=10\lg(P_{in}/P_{out})=P_{in}(\mathrm{dBm})-P_{out}(\mathrm{dBm}) \tag{3-2}$$

由于变频增益有时为负的值，所以亦被称为变频损耗。

3. 噪声系数

噪声系数为微波光子变频器的输入信噪比（SNR_{in}）与输出信噪比（SNR_{out}）的比值，用来衡量微波光子变频器对信号信噪比的劣化程度。NF 可表示为

$$\begin{aligned}\mathrm{NF}&=\frac{\mathrm{SNR}_{in}}{\mathrm{SNR}_{out}}\\&=\frac{S_{in}/N_{in}}{S_{out}/N_{out}}\end{aligned} \tag{3-3}$$

式中，S_{in}、N_{in} 分别为输入端的信号与噪声的功率；S_{out}、N_{out} 分别为输出端的信号与噪声的功率。$S_{out}=GS_{in}$，$N_{out}=GN_{in}+N_{add}$，N_{add} 为微波光子变频器引入的附加噪声。

将噪声系数表示为对数形式：

$$\begin{aligned}\mathrm{NF}&=10\lg\left(\frac{S_{in}/N_{in}}{S_{out}/N_{out}}\right)\\&=10\lg\left[\frac{S_{in}/N_{in}}{GS_{in}/(GN_{in}+N_{add})}\right]\\&=10\lg\left(1+\frac{N_{add}}{GN_{in}}\right)\end{aligned} \tag{3-4}$$

由式（3 -4）可知，噪声系数NF与增益G、输入噪声N_{in}、系统引入的附加噪声N_{add}有关。考虑实际的变频过程中，输入噪声N_{in}一般为热噪声（thermal noise，N_{th}），$N_{th}=kTB$，其中，k为玻尔兹曼常数1.38×10 -23 J/K，T为开尔文温度，B为噪声带宽。室温下，归一化1 Hz带宽下的热噪声功率约为 -174 dBm。微波光子变频器射频输出口的噪声功率$N_{out}=GN_{in}+N_{add}$可由仪器实际测量得出。此时，微波光子变频器的噪声系数可表示为

$$\begin{aligned}\mathrm{NF(dB)} &= 10\lg\left(\frac{S_{in}/N_{in}}{S_{out}/N_{out}}\right)\\ &= 10\lg\left(\frac{S_{in}/N_{th}}{GS_{in}/N_{out}}\right)\\ &= N_{out}(\mathrm{dBm}) - G(\mathrm{dB}) - N_{th}(\mathrm{dBm})\\ &= N_{out}(\mathrm{dBm}) - G(\mathrm{dB}) + 174\end{aligned} \tag{3-5}$$

由式（3 -5）可知，当输入噪声为热噪声时，噪声系数只与变频增益和输出噪声有关。因此，在实际衡量噪声系数的过程中，可通过测量系统的增益和输出噪声，利用式（3 -5）推算出系统的实际噪声系数。

N_{out}中的附加噪声N_{add}来源主要有系统的热噪声、激光器的相对强度噪声（relative intensity noise，N_{RIN}）、光电探测器的散弹噪声（shot noise，N_{shot}），它们在射频输出口的功率可分别表示为

$$N_{th} = kTB \tag{3-6}$$

$$N_{RIN} = 10^{\frac{\mathrm{RIN}}{10}} I_{av}^2 B R_L \tag{3-7}$$

$$N_{shot} = 2qI_{av} B R_L \tag{3-8}$$

式中，RIN为激光器的相对强度噪声，dBc/Hz；$I_{av}=\eta P_{av}$为PD探测到的平均光电流，η表示PD的响应度，P_{av}表示输入PD的平均光功率；B为噪声的带宽；R_L为PD的负载阻抗；$q=1.6\times10^{-19}$C表示电荷常量。

当需要光放大器时，放大器会引入放大自发辐射噪声，ASE会在PD处给微波光子变频器引入三部分噪声：信号与ASE拍频产生的噪声$N_{sig-ASE}$（占主导）、ASE与ASE拍频产生的噪声$N_{ASE-ASE}$、散粒噪声与ASE拍频产生的噪声$N_{shot-ASE}$，它们可分别表示为

$$N_{\text{sig-ASE}} = 4G_{\text{amp}}P_{\text{in}}\frac{q^2 n_{\text{sp}}}{hv}(G_{\text{amp}}-1)B \tag{3-9}$$

$$N_{\text{ASE-ASE}} = 4q^2\eta^2 n_{\text{sp}}^2(G_{\text{amp}}-1)^2 B_{\text{opt}}B \tag{3-10}$$

$$N_{\text{shot-ASE}} = 4q^2\eta n_{\text{sp}}(G_{\text{amp}}-1)B_{\text{opt}}B \tag{3-11}$$

式中，G_{amp}为光放大器的增益；P_{in}为输入光放大器的光信号的功率；hv 为光子能量；n_{sp}为光放大器的自发辐射因子；B_{opt}为输入光电探测器的波长范围。

综上所述，当输入噪声为热噪声时，微波光子变频器的噪声系数可表示为

$$\begin{aligned}\text{NF}(\text{dB}) &= N_{\text{out}}(\text{dBm}) - G(\text{dB}) - N_{\text{th}} \\ &= (G-1)N_{\text{th}} + N_{\text{RIN}} + N_{\text{shot}} + N_{\text{sig-ASE}} + N_{\text{ASE-ASE}} + N_{\text{shot-ASE}} - G(\text{dB})\end{aligned} \tag{3-12}$$

4. 隔离度

隔离度指的是微波光子变频器各端口之间的隔离程度。以上变频为例，实际变频系统中，一般本振信号的功率较大，容易泄漏到射频输入端口和中频输出端口中。此外，射频信号也会泄漏到中频输出端口中。因此，如图 3－2 所示，隔离度主要有三项：本振与射频间的隔离度（LO－IF）、本振与中频间的隔离度（LO－RF）、射频与中频间的隔离度（IF－RF）。

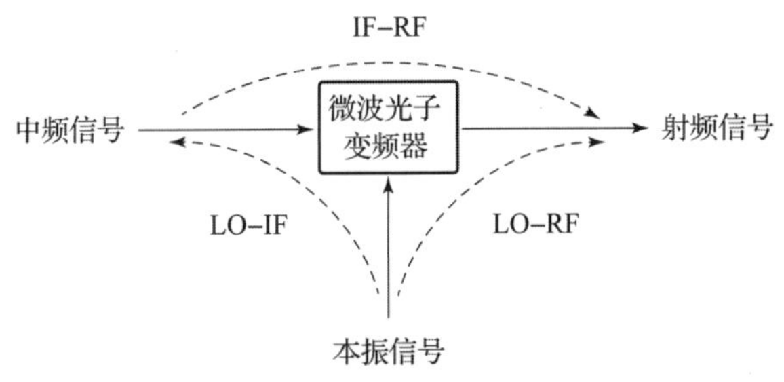

图 3－2　变频隔离度示意图

设输入的射频/本振信号的功率为 P_{in}，泄漏到其他端口的功率为 P_{leak}，则隔离度可定义为

$$\text{ISO} = \frac{P_{\text{in}}}{P_{\text{leak}}} \tag{3-13}$$

以对数单位（dB）可表示为

$$\begin{aligned}\text{ISO(dB)} &= 10\lg\left(\frac{P_{\text{in}}}{P_{\text{leak}}}\right) \\ &= P_{\text{in}}(\text{dBm}) - P_{\text{leak}}(\text{dBm})\end{aligned} \tag{3-14}$$

5. 谐杂波抑制比

如图3-3所示，以上变频为例，当将中频信号IF，经由本振信号LO，上变频为射频信号LO±IF时，微波光子变频器输出的信号中，不仅包括变频后的信号LO±IF，还包括频率为（$\pm m$LO$\pm n$RF）的各种谐杂散信号。

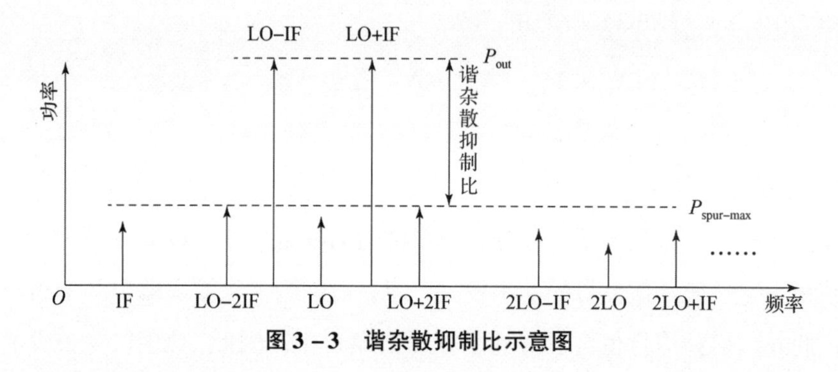

图3-3 谐杂散抑制比示意图

谐杂波抑制比定义为变频后信号的功率（P_{out}）与工作带宽内功率最大的谐杂波信号功率（$P_{\text{spur-max}}$）的比值，可表示为

$$\text{SSR} = \frac{P_{\text{out}}}{P_{\text{spur-max}}} \tag{3-15}$$

其对数单位（dB）可表示为

$$\begin{aligned}\text{SSR(dB)} &= 10\lg\left(\frac{P_{\text{out}}}{P_{\text{spur-max}}}\right) \\ &= P_{\text{out}}(\text{dBm}) - P_{\text{spur-max}}(\text{dBm})\end{aligned} \tag{3-16}$$

6. 无杂散动态范围

由于微波光子变频器是一个非线性器件，变频器输出的信号中，不仅会有变频后的基波信号，还存在各阶交调信号。频率为f_1和f_2的双音信号经频率为f_{LO}的本振信号变频后，输出端口信号的频谱如图3-4所示，除了存在频率为f_1和f_2的基波信号外，还存在频率为$mf_1 \pm nf_2$（m，$n \neq 0$且均为整数）的交调信号（intermodulation distortion，IMD）。交调信号根据阶数进一步分为

（1）二阶交调（IMD2）：$m+n=2$，$f_1 \pm f_2$；

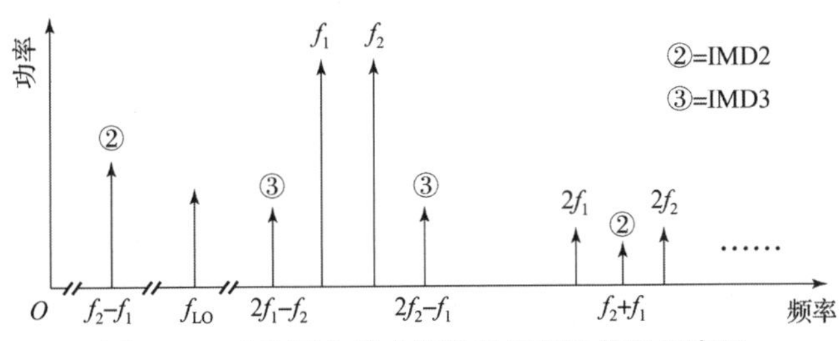

图 3－4　变频后各阶交调信号与谐波信号示意图

（2）三阶交调（IMD3）：$m+n=3$，$f_1 \pm 2f_2$、$2f_1 \pm f_2$；

（3）四阶交调（IMD4）：$m+n=3$，$f_1 \pm 3f_2$、$2f_1 \pm 2f_2$、$3f_1 \pm f_2$；

（4）五阶交调（IMD5）：$m+n=5$，，$f_1 \pm 4f_2$、$2f_1 \pm 3f_2$、$3f_1 \pm 2f_2$、$4f_1 \pm f_2$；

……

如图 3－4 所示，当 $f_2 < 2f_1$（sub－octave）时，其他交调信号均离基波信号较远，只有 IMD3 在基波信号附近。此外，该频率处还可能存在高阶交调（五、七、九阶等）等信号，但它们的功率一般都较小，可基本忽略不计。

图 3－5 为双音信号输入情况下微波光子变频系统中的基波信号、IMD3 功率、噪声功率随输入射频功率的变化曲线。横轴是输入射频信号功率，纵轴是输出功率，方框表示下变频后得到的中频信号功率，圆圈代表三阶交调分量的功率，三角表示系统的噪声底，可以看出，代表基波功率的直线斜率为 1，三阶交调直线的斜率为 3。

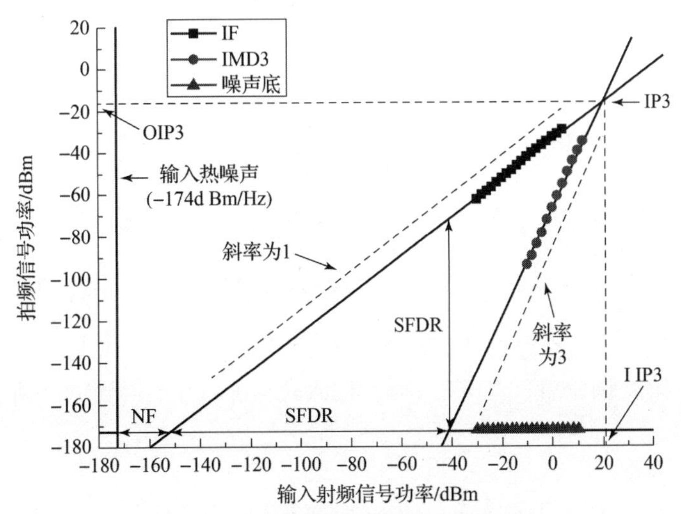

图 3－5　微波光子变频性能参数图

图 3 - 5 中共给出了以下几个指标。

（1）输入三阶交调截止点（3rd - order input intercept point，IIP3）：表示 IMD3 功率等于基波功率时的射频输入功率。

（2）输出三阶交调截止点（3rd - order output intercept point，OIP3）：表示 IMD3 功率等于基波功率时的基波输出功率。

（3）无杂散动态范围，表示一个输入射频信号的功率范围，最大功率为三阶交调等于器件噪声电平时的输入射频功率，最小功率为射频信号功率等于系统噪声电平时的输入功率值。动态范围的下限是灵敏度，上限由最大可接受的信号失真决定，即由微波光子变频系统中的非线性效应决定。

n 阶 SFDR 的表达式如下：

$$\mathrm{SFDR}_n(\mathrm{Hz}^{(n-1)/n}) = \left(\frac{\mathrm{OIP}_n}{N_{\mathrm{out}}}\right)^{(n-1)/n} \tag{3-17}$$

式中，$n \geqslant 2$，OIP_n 表示 n 阶输出截止点（图 3 - 5 中为 OIP3）。

n 阶 SFDR 的对数形式可表示为

$$\begin{aligned}\mathrm{SFDR}_n(\mathrm{Hz}^{(n-1)/n}) &= 10\lg\left[\left(\frac{\mathrm{OIP}_n}{N_{\mathrm{out}}}\right)^{(n-1)/n}\right] \\ &= \frac{n-1}{n}[\mathrm{OIP}_n(\mathrm{dBm}) - N_{\mathrm{out}}(\mathrm{dBm})]\end{aligned} \tag{3-18}$$

由式（3 - 5）可知，$N_{\mathrm{out}} = \mathrm{NF} + G - 174$，因此式（3 - 18）可重写为

$$\mathrm{SFDR}_n(\mathrm{Hz}^{(n-1)/n}) = \frac{n-1}{n}[\mathrm{OIP}_n(\mathrm{dBm}) - \mathrm{NF}(\mathrm{dB}) - G(\mathrm{dB}) + 174] \tag{3-19}$$

又由 $\mathrm{OIP}_n = G \cdot \mathrm{IIP}_n$ 可得

$$\mathrm{SFDR}_n(\mathrm{Hz}^{(n-1)/n}) = \frac{n-1}{n}[\mathrm{IIP}_n(\mathrm{dBm}) - \mathrm{NF}(\mathrm{dB}) + 174] \tag{3-20}$$

式中，IIP_n 为 n 阶输入截止点（图 3 - 5 中为 IIP3）；NF 为系统的噪声系数。微波光子变频系统中，SFDR 表征系统的非线性失真特性，一般情况下，影响链路 SFDR 的是三阶交调分量。当 $n = 3$ 时，代入式（3 - 20）得到的三阶无杂散动态范围表示为

$$\mathrm{SFDR}_3 = \frac{2}{3}[\mathrm{IIP}_3 - \mathrm{NF} + 174]\ \mathrm{dB \cdot Hz^{2/3}} \tag{3-21}$$

$$\mathrm{SFDR}_3=\frac{2}{3}[\mathrm{OIP}_3-\mathrm{NF}-G+174]\ \mathrm{dB}\cdot\mathrm{Hz}^{2/3} \tag{3-22}$$

式中给出的是带宽在1Hz时的SFDR，其和带宽为B的SFDR的关系为

$$\mathrm{SFDR}_3(B\mathrm{Hz})=\mathrm{SFDR}_3(1\ \mathrm{Hz})-\frac{2}{3}10\lg(B) \tag{3-23}$$

实际系统的测试中，难以直接测量1 Hz时的SFDR，可测量B带宽下的SFDR，然后由式（3-23）得出1 Hz的SFDR。B带宽下SFDR的测试过程如下。

（1）将双音信号输入射频输入端口，本振信号输入本振输入端口，中频输出端口连接至频谱分析仪。

（2）保持本振功率不变，利用频谱分析仪测量不同射频信号功率时中频输出端口基波功率、IMD3功率。

（3）测量射频信号为小信号、中频输出端口带宽为B时的噪底（noise floor，为准确测量噪底，应打开频谱分析仪的预放大器、将内置衰减器的衰减设置为0 dB）。

（4）画如图3-5所示的曲线，得出B带宽时的SFDR。

（5）利用式（3-23）得出1 Hz的SFDR。

此外，还有一种快速估计SFDR的方法，由图3-5可知，SFDR为IMD3未超过噪底时的最大信噪比。因此，在测量SFDR时，可将噪声带宽设置为B（即RBW的带宽为B Hz），不断加大射频信号的功率，测量未出现IMD3时的最大信噪比。该信噪比即为带宽为B时该变频系统的SFDR，再由式（3-23）可得出1 Hz的SFDR。但由于该方法测量得出的噪底不够准确，所以和实际的SFDR会有一定的偏差，仅可用来快速估计变频系统的SFDR。

3.3 微波光子变频主要实现方式

采用微波光子技术实现宽带射频信号变频有多种方式，根据其调制方式可分为直接调制类、外调制类、直接调制+外调制类以及非线性效应类。

3.3.1 直接调制类

利用直接调制来实现微波光子变频的方案如图3-6所示，射频信号和本振

信号耦合之后驱动一个分布式反馈半导体激光器（distributed feedback laser diode，DFB LD），对半导体激光器的频率进行调制，之后用非对称马赫－曾德尔干涉仪（unbalanced Mach－Zehnder interferometer，UMZI）将频率调制转换为强度调制，最终在光电探测器中拍频得到变频信号。

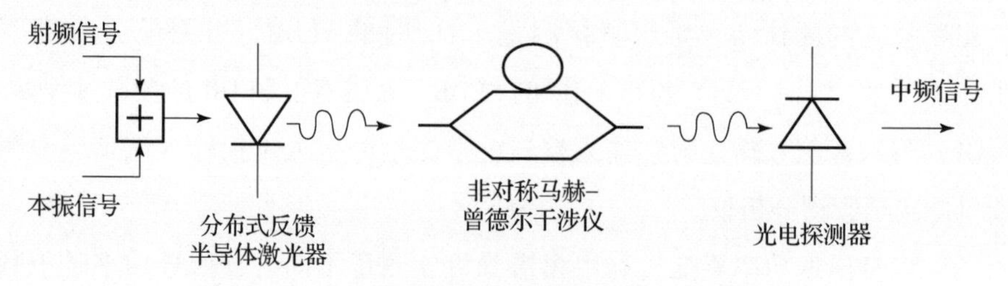

图3－6 利用直接调制来实现微波光子变频的方案

当激光器工作在线性区，射频与本振调制后的输出的光信号可表示为

$$E(t)=E_o\sqrt{1+m_1\cos(\omega_1 t)+m_2\cos(\omega_2 t)}\cdot\exp[j\omega t+j\beta_1\sin(\omega_1 t)+j\beta_2\sin(\omega_2 t)+j\theta+j\hat{\varphi}(t)] \tag{3-24}$$

式中，E_o、ω 分别为激光器的场强和角频率；$\omega_{1,2}$分别为射频信号与本振信号的角频率；$m_{1,2}$分别为本振、射频的幅度调制（amplitude modulation，AM）因子；$\beta_{1,2}$分别为本振、射频的频率调制（frequency modulation，FM）因子；θ 为 AM 和 FM 分量之间除 $\pi/2$ 之外与频率相关的相位滞后；$\hat{\varphi}(t)$为由激光器自发辐射引起的随机相位抖动。

若不考虑 AM，此时 UMZI（两臂时延差为 τ）输出的经 PD 探测得到的电信号可表示为

$$i(t)=\frac{\eta E_o^2}{2}\left\{1+V(\tau)\cos\left[\begin{array}{c}2\pi\omega\tau+\beta_1\sin\left(\omega_1\frac{\tau}{2}\right)\cos\left(\omega_1\left(t+\frac{\tau}{2}\right)\right)\\+\beta_2\sin\left(\omega_2\frac{\tau}{2}\right)\cos\left(\omega_2\left(t+\frac{\tau}{2}\right)\right)\end{array}\right]\right\} \tag{3-25}$$

式中，η 为 PD 的响应度；$V(\tau)=\exp(-2\pi\delta\tau)$表示 UMZI 两臂电场的相干性，与激光器自发辐射导致的随机相位抖动有关，其中 δ 为激光器的线宽。当 UMZI 上下两臂相干时 $V(\tau)=1$，非相干时 $V(\tau)=0$。

由式（3－25）可知，当 UMZI 上下两臂相干($V(\tau)=1$)、干涉仪在明（或暗）条纹上平衡时($\cos(2\pi\omega\tau)=\pm1$)（条件 1）时，式（3－25）可重写为

$$i(t)=\frac{\eta E_o^2}{2}\begin{Bmatrix}1\pm\cos\left[\beta_1\sin\left(\omega_1\frac{\tau}{2}\right)\cos\left(\omega_1\left(t+\frac{\tau}{2}\right)\right)\right]\cos\left[\beta_2\sin\left(\omega_2\frac{\tau}{2}\right)\cos\left(\omega_2\left(t+\frac{\tau}{2}\right)\right)\right]\\ \mp\sin\left[\beta_1\sin\left(\omega_1\frac{\tau}{2}\right)\cos\left(\omega_1\left(t+\frac{\tau}{2}\right)\right)\right]\sin\left[\beta_2\sin\left(\omega_2\frac{\tau}{2}\right)\cos\left(\omega_2\left(t+\frac{\tau}{2}\right)\right)\right]\end{Bmatrix} \tag{3-26}$$

由 Bessel 函数性质可知，式（3－26）展开项目中，只会有偶次谐波和偶数阶交调。因此，当 UMZI 上下两臂相干、干涉仪在明（或暗）条纹上平衡时，UMZI 输出信号中只包含偶次谐波和偶数阶交调项（$nf_1\pm mf_2$，$n+m\in 2Z$），偶数阶交调项中就包含混频后的中频项 $f_{\mathrm{IF}}=f_1\pm f_2$。

为保证高变频效率和高隔离度，需要使在输出端的混频项功率最大，同时射频与本振的功率最小。这就 f_1、f_2、FSR 三者满足以下关系（条件2）：

$$\begin{aligned}f_1&=(2k+1)\frac{\mathrm{FSR}}{2}\\ f_2&=(2k'+1)\frac{\mathrm{FSR}}{2},(k,k')\in N\end{aligned} \tag{3-27}$$

式中，$\mathrm{FSR}=1/\tau=c/n_{\mathrm{eff}}\Delta L$，$n_{\mathrm{eff}}$ 为光纤的有效折射率；ΔL 为 UMZI 上下两臂的长度差。由式（3－27）可知，f_2-f_1 应尽量为 FSR 的倍数。所以，对于给定的 f_1、f_2，应适当调节 ΔL 使其满足式（3－27）。此时，上下两路 AM 调制信号在光电探测后幅度大小相等但相位相反，从而相互抵消。

该微波光子变频器的频率响应呈现周期形式，其 3 dB 带宽为 FSR/2。频率响应为周期形式意味着该混频器并非对所有频段都能工作，只可工作于指定频段内的特定频率。然而，这在某些应用中是具有优势的，因为周期的频率响应代表其也可作为滤波器使用。

综上所示，该微波光子变频器需要满足两个条件。

条件1：UMZI 上下两臂相干（$V(\tau)=1$）、干涉仪在明（或暗）条纹上平衡（$\cos(2\pi\omega\tau)=\pm1$）。

条件2：f_2-f_1 约为 FSR 的倍数。

当 $f_1=10.5$ GHz，$f_2=11.5$ GHz，调节 ΔL 使得 FSR＝1 GHz（此时条件2得到满足），变频损耗随本振功率 P_{LO} 和 ΔL 误差 $\varepsilon=(\Delta L-\Delta L_{\mathrm{opt}})/\lambda$ 的变化关系如图3－7所示。

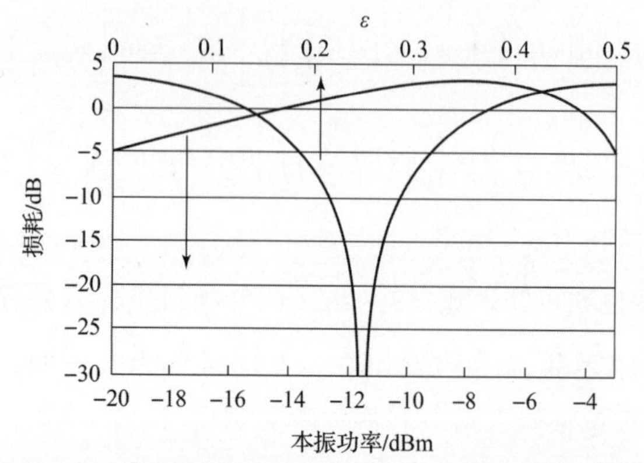

图 3－7　变频损耗随本振功率和 ΔL 误差的变化曲线

由图 3－7 可知，通过适当调节本振功率 P_{LO}，可使变频增益为正值。当 $\varepsilon=0.25$ 时，UMZI 工作在线性区，此时条件 2 不再满足，变频损耗最高（线性区不适合变频）。当 $\varepsilon=0.5$ 时，UMZI 工作在最小传输点，此时条件 2 得到满足，变频损耗最小。

保持 $\varepsilon=0.5$，图 3－8 反映了当 $f_{\mathrm{LO}}=10.5$ GHz，$P_{\mathrm{LO}}=8$ dBm，$P_{\mathrm{RF}}=25$ dBm 时，射频、本振、中频的功率随射频信号频率的变化关系。可以看出，此时最优的射频频率为 11.5 GHz，此时的中频功率最大，即变频增益最高。与此同时，本振、射频的功率最小，即 LO－IF、RF－IF 隔离度最高。一般而言，中频项可以是射频与本振频率的和或差，在本方案中这两种情况均呈现相同的变化趋势。

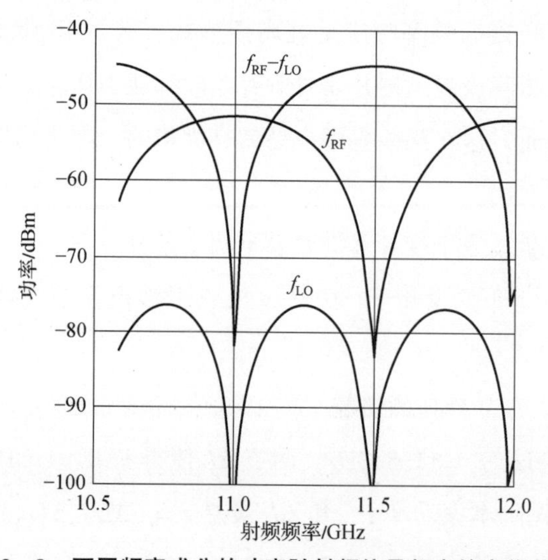

图 3－8　不同频率成分的功率随射频信号频率的变化关系

直接调制的优点是系统结构简单，成本较低，易于维护。直接调制的缺点是调制射频信号的频率有限，随信号频率的提升，直接调制激光器时啁啾现象越来越严重，影响信号正常接收，限制了调制带宽。

3.3.2　外调制类

外调制器的引入解决了直接调制激光器带宽较小的问题。外调制器中的电光调制基于晶体和各向异性聚合物中的线性电光效应（Pockels 电光效应）实现，可广泛应用于微波光子变频技术。基于外调制的微波光子变频根据所用调制器的不同，可主要分为以下两类。

1. 基于 PM 的微波光子变频器

1）基于 PM 级联的微波光子变频器

一种基于 PM 级联的微波光子变频方案如图 3－9 所示。该方案中，射频信号与本振信号分别利用不同的电光 PM 调制到光载波的相位上，并利用带阻型光纤光栅滤波器（FBG）滤除光载波，然后输入光电探测器中实现变频。

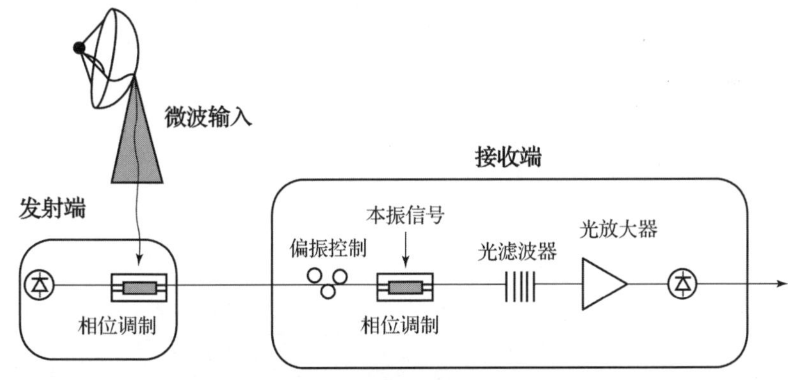

图 3－9　基于 PM 级联的微波光子变频方案（1）

光载波首先输入 PM1 中，PM1 加载的是射频信号。射频调制后的光信号可表示为

$$\begin{aligned} E(t) &= E_o\exp(j\omega t)\exp(j[m_s\sin(\Omega_s t)]) \\ &= E_o\exp(j\omega t)\sum_{n=-\infty}^{\infty}J_n(m_s)\exp(jn\Omega_s t) \end{aligned} \tag{3-28}$$

式中，E_o 为光载波的强度；ω 为光载波的角频率；$m_s=(\pi V_{RF})/V_\pi$ 为射频信号

的调制指数；V_π 为 PM 的射频半波电压；Ω_s 为所加载射频信号的角频率。PM1 输出的信号输入 PM2 中继续进行本振信号的调制，PM2 输出的信号可表示为

$$E(t) = E_o\exp(j\omega t)\cdot\sum_{p=-\infty}^{\infty}\sum_{n=-\infty}^{\infty}J_p(m_{\rm L})J_n(m_s)\exp[j(p\Omega_{\rm L}+n\Omega_s)t] \quad (3-29)$$

式中，$m_{\rm L}=(\pi V_{\rm L})/V_\pi$ 为本振信号的调制指数；$\Omega_{\rm L}$ 为所加载本振信号的角频率。

若此时不对光边带进行处理，直接输入 PD（光电探测器，只能检测强度调制的信号）中进行探测，由于射频信号与本振信号均调制到相位上，将不会检测到任何信号。因此，需要采用 FBG 将光载波滤除，滤波后的信号可表示为

$$E(t)=E_o\exp(j\omega t)\begin{bmatrix}J_0(m_{\rm L})J_1(m_s)\exp(j\Omega_s t)\\ +J_1(m_{\rm L})\exp(j\Omega_{\rm L}t)\\ -J_0(m_{\rm L})J_1(m_s)\exp(-j\Omega_s t)\\ -J_1(m_{\rm L})\exp(j\Omega_{\rm L}t)\end{bmatrix} \quad (3-30)$$

此时 PD 探测后的信号为

$$i_{\rm ph}(t)=2\eta E_o^2\begin{bmatrix}J_1^2(m_{\rm L})+J_0^2(m_{\rm L})J_1^2(m_s)\\ +2J_1(m_{\rm L})J_0(m_{\rm L})J_1(m_s)\cos(\Omega_{\rm IF}t)\end{bmatrix} \quad (3-31)$$

式中，$\Omega_{\rm IF}=\Omega_s-\Omega_{\rm LO}$，$\eta$ 为 PD 的响应度。由式（3－31）可知，该变频器的增益为

$$G_{\rm RF}=\left[\frac{J_0(m_{\rm L})}{J_1(m_{\rm L})}\right]^2\left(\frac{\pi}{V_\pi}\right)^2 i_{\rm DC}^2 Z_{\rm in}Z_{\rm out} \quad (3-32)$$

式中，$i_{\rm DC}=2\eta E_o^2[J_1^2(m_{\rm L})+J_0^2(m_{\rm L})J_1^2(m_s)]$为 PD 探测后的光电流，$Z_{\rm in}$、$Z_{\rm out}$表示变频器输入输出阻抗。由数值计算可知，最优的本振调制指数为 1.8，此时变频增益最高。

由式（3－32）可知，该变频器的噪声系数为

$$\mathrm{NF}_{\rm RF}=\frac{N_{\rm out}}{G_{\rm RF}k_{\rm B}T} \quad (3-33)$$

式中，$N_{\rm out}$为变频器输出端的噪声功率；$k_{\rm B}T$ 为输入端的热噪声功率。

采用波长为 1 554.94 nm、RIN < －160 dBc 的激光器，V_π =7.5V@30 GHz 的 PM，中心波长为 1 554.94 nm、陷波带宽为 10 GHz 的 FBG，并采用增益为 20 dB、噪声系数为 6 dB、饱和功率为 14 dBm 的光放大器对 PM1 后的信号进行功率补偿，带

宽为1 GHz的PD对上述方案进行实验研究。实验中RF频率为30 GHz、LO频率为29.86 GHz，因此本振频率为140 MHz。

实验验证变频器的增益、噪声系数和SFDR。此外，还用一个高功率、低RIN的光纤激光器代替DFB激光器，来避免光放大器的使用，测量散粒噪声限制下的增益、噪声系数、SFDR。测得的增益、噪声系数、SFDR随本振功率的变化曲线如图3-10所示。

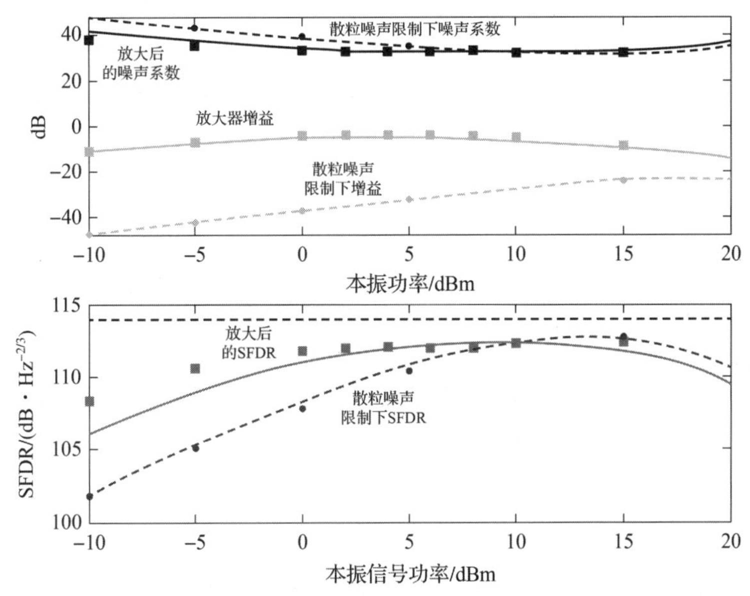

图3-10 测得的增益、噪声系数、SFDR随本振功率的变化曲线

由图3-10可知，由于放大后的链路噪声为RIN限制，因此具有高的增益、低的NF、高的SFDR。对于未放大的链路，直到本振功率足够大，导致光边带功率足够大，使得系统受到RIN限制时，其增益和SFDR才与放大的链路保持一致。

基于类似的原理，另外一种基于PM级联的微波光子变频方案如图3-11所示，其主要区别在于利用受激布里渊散射效应（stimulated Brillouin scattering, SBS）来滤除光载波。与上述方案不同的是，该方案首先将光载波分为两路，对其中一路依次进行本振、射频的相位调制，形成信号光；另一路进行频移作为泵浦光，经过环形器后反向输入光纤与信号光相互作用，利用激发的SBS的衰减谱滤除光载波，然后将滤波后的信号输入光电探测器。

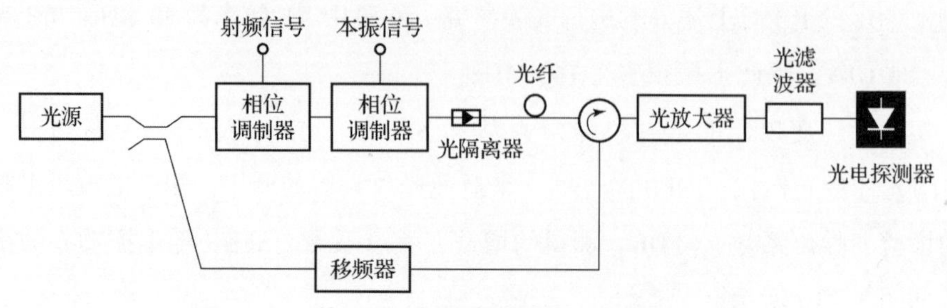

图 3-11　基于 PM 级联的微波光子变频方案（2）

图 3-12 为该方案的具体原理。如图 3-12（a）所示，经射频信号与本振信号相位调制后的信号光的光谱中包含频率为 ω_c 的光载波、频率为 $\omega_c \pm \omega_{RF}$ 的射频边带、频率为 $\omega_c \pm \omega_{LO}$ 的本振光边带，频移之后的泵浦光的频率为 $\omega_c - \omega_{SBS}$（ω_{SBS} 为 SBS 的频移位置，约为 11 GHz）。调制后的信号光正向输入光纤，泵浦光反向输入光纤，此时由于 SBS 效应，会在光载波处形成一个衰减谱，将光载波滤除。如图 3-12（b）所示，滤波后的信号输入光电探测器中进行拍频，即可得到频率为 $\omega_{RF} - \omega_{LO}$ 的中频信号。

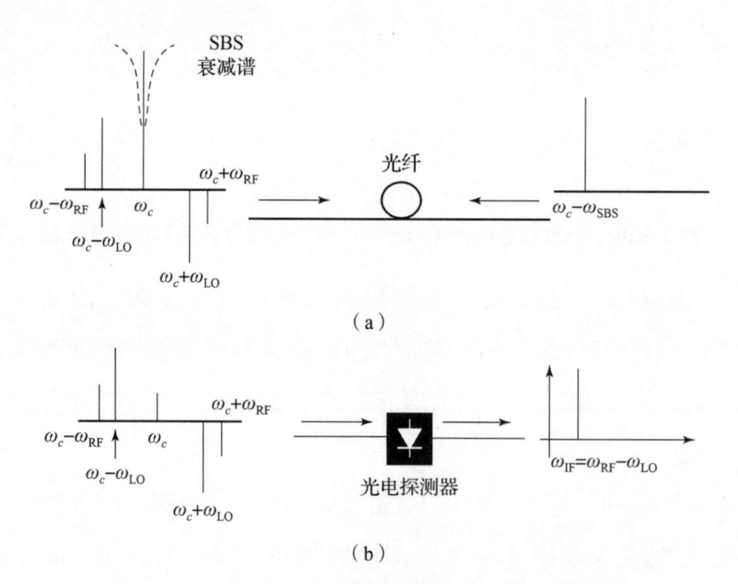

图 3-12　基于 PM 级联的微波光子变频方案原理

（a）SBS 衰减谱滤波示意图；（b）滤波后光谱与光电探测后电谱示意图

在变频过程中，光载波不参与变频信号的拍频但却占据大部分功率，会限制变频器的变频增益。因此，该方案通过抑制光载波来提高变频增益。图 3-13 为该方案变频增益随射频频率的变化曲线。可以看出，在 0 ~ 20 GHz 范围内，该方案的变频增益均为正值，约为 12 dB。

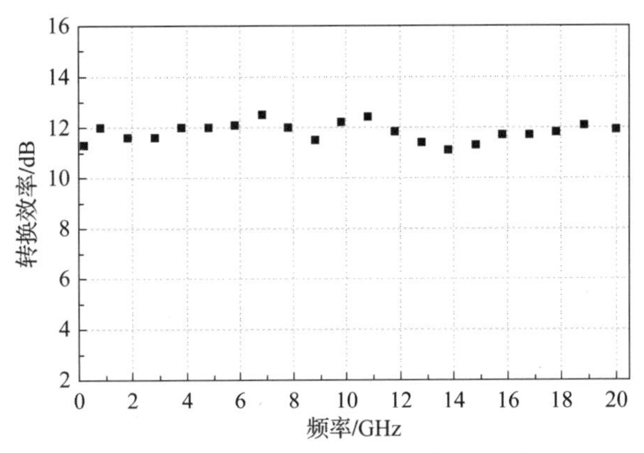

图 3 – 13　变频增益随射频频率的变化曲线

2）基于 PM 并联的微波光子变频器

基于 PM 并联的微波光子变频方案如图 3 – 14 所示，激光器输出的光载波输入一个 Sagnac 环（由一个 2 × 2 光分路器、两个反相放置的 PM 组成）中。需要指出的是，由于受到外界环境震动等影响，PM 并联的两路信号间的相位差持续变化，变频后信号相位稳定性差。所以该变频方案将两个 PM 置于一个 Sagnac 环中，使两路光信号均经过相同的路径传输（一路正向传输、一路反向传输），来避免上述问题。

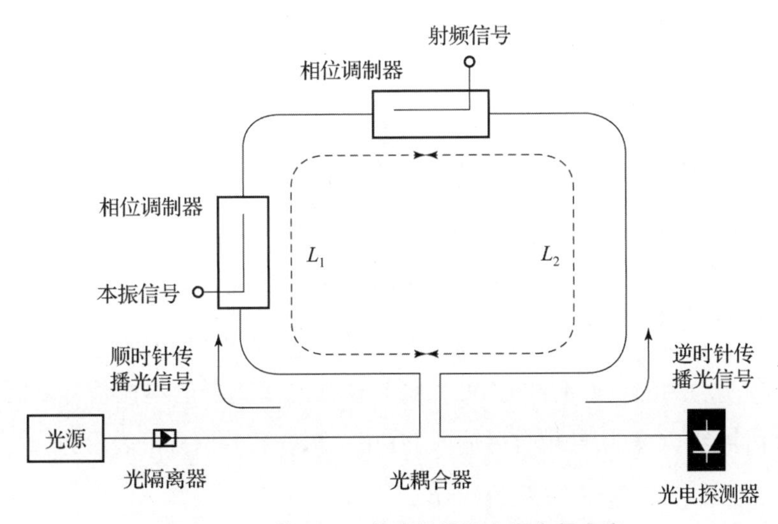

图 3 – 14　基于 PM 并联的微波光子变频方案

光载波输入 Sagnac 环中首先被 2 ×2 光分路器分为两路，其中一路沿顺时针方向传输（CW），另一路沿逆时针方向传输（CCW）。Sagnac 环中的两个 PM 放置方向相反，由于速率不匹配，Sagnac 环中调制器对传播方向与调制器方向一致的光载波调制效率高，而对传播方向与调制器方向相反的光载波调制效率较低，所以第一个 PM 对 CW 进行本振信号的调制，对 CCW 基本不调制。第二个 PM 对 CCW 进行 RF 调制，对 CW 基本不调制，从而实现射频信号与本振信号的分别调制。调制后信号在 2 ×2 光耦合器处进行耦合，由于存在的反相特性，CW 与 CCW 的光载波相互抵消。最后，Sagnac 环中输出的光信号输入 PD 中进行光电探测。

对于 CW 光载波，经过相位调制后的信号可表示为

$$E_{\text{cw}}(t) = \frac{1}{2} t_{ff} E_o \exp\left[j \begin{pmatrix} \omega_c t + \beta_{\text{LO}} \sin \omega_{\text{LO}} t \\ + \gamma(f_{\text{RF}}) \beta_{\text{RF}} \sin(\omega_{\text{RF}} t + \phi_{\text{RF}}(f_{\text{RF}})) \end{pmatrix} \right] \tag{3-34}$$

式中，t_{ff}为 PM 的插入损耗；E_o 为 Sagnac 环输入端的光强；$\beta_{\text{LO}} = \pi V_{\text{LO}}/V_{\pi}$ 为本振信号的调制指数；$\phi_{\text{RF}}(f_{\text{RF}})$为通过 CW 和 CCW 路径到达光电探测器的射频信号之间的相位差；$\gamma(f)$为 PM 在正反方向上的调制效率之比，可表示为

$$\gamma(f) = \frac{\sin 2\pi f\tau}{2\pi f\tau} \tag{3-35}$$

式中，f为调制电信号的频率；$\tau = n_{\text{mod}} l/c$ 为信号在行波电光 PM 中的传输时间，n_{mod}为 PM 中铌酸锂材料的折射率；c 为真空中的光速；l 为调制器的电极长度。图 3-15 为长度为 8 cm 的铌酸锂相位调制器正反向调制效率之比随频率的变化曲线，由图 3-15 可知，当频率高于 1 GHz 时，反向调制效率仅为正向调制效率的 1/5，即方向调制的射频信号可基本忽略不计。

对于 CCW 光信号，相位调制后的信号可表示为

$$E_{\text{ccw}}(t) = -\frac{1}{2} t_{ff} E_o \exp\left\{ j \begin{bmatrix} \omega_c t + \beta_{\text{RF}} \sin \omega_{\text{RF}} t \\ + \gamma(f_{\text{LO}}) \beta_{\text{LO}} \sin(\omega_{\text{LO}} t + \phi_{\text{LO}}(f_{\text{LO}})) \end{bmatrix} \right\} \tag{3-36}$$

式中，$\phi_{\text{LO}}(f_{\text{LO}})$为通过 CW 和 CCW 路径到达光电探测器的本振信号之间的相位差。CW 信号与 CCW 信号耦合后输入 PD 中，耦合后的信号可表示为

$$E_o(t) = E_{\text{cw}}(t) + E_{\text{ccw}}(t) \tag{3-37}$$

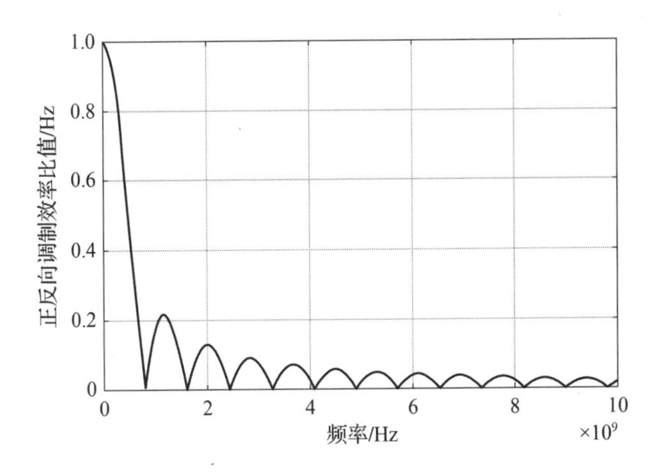

图 3-15 正反向调制效率之比随频率的变化曲线

对式（3-37）进行贝塞尔函数展开，可得光载波和本振、射频的光边带的功率为

$$
\begin{aligned}
P_{\text{carrier}} &= \frac{1}{4}t_{ff}^2E_o^2\left[J_0(\beta_{\text{LO}}) - J_0(\gamma(f_{\text{LO}})\beta_{\text{LO}})\right]^2 \\
P_{\text{LO,lower}} = P_{\text{LO,upper}} &= \frac{1}{4}t_{ff}^2E_o^2\begin{bmatrix} J_1^2(\beta_{\text{LO}}) + J_1^2(\gamma(f_{\text{LO}})\beta_{\text{LO}}) \\ -2J_1(\beta_{\text{LO}})J_1(\gamma(f_{\text{LO}})\beta_{\text{LO}})\cos\phi_{\text{LO}}(f_{\text{LO}}) \end{bmatrix} \\
P_{\text{RF,lower}} = P_{\text{RF,upper}} &= \frac{1}{16}t_{ff}^2E_o^2\beta_{\text{RF}}^2 \\
&\cdot \begin{bmatrix} J_0^2(\gamma(f_{\text{LO}})\beta_{\text{LO}}) + \gamma(f_{\text{RF}})^2J_0^2(\beta_{\text{LO}}) \\ -2\gamma(f_{\text{RF}})J_0(\beta_{\text{LO}})J_0(\gamma(f_{\text{LO}})\beta_{\text{LO}})\cos\phi_{\text{RF}}(f_{\text{RF}}) \end{bmatrix}
\end{aligned}
\tag{3-38}
$$

由式（3-38）可知，调制器对 CW 光载波与 CWW 光载波均进行调制，导致最终的本振、射频边带的功率与频率有关。当调制器的电极长度为 8 cm 时，仿真得到的 RF 光边带功率与 RF 频率的关系如图 3-16 所示。

图 3-16 中，虚线表示当 PM 在 Sagnac 环中间的位置时，RF 边带功率随 RF 频率的变化曲线，实线表示当 PM 不在 Sagnac 环中间的位置（距 Sagnac 环中心 1 cm 位置处）时，RF 边带功率随 RF 频率的变化曲线。可以看出，当 PM 在 Sagnac 环中间的位置时，在 5 GHz 时，RF 边带的功率波动约为 0.8 dB。当 PM 稍微偏移 Sagnac 环中间的位置时，在 5～40 GHz 频率范围内，RF 边带的功率

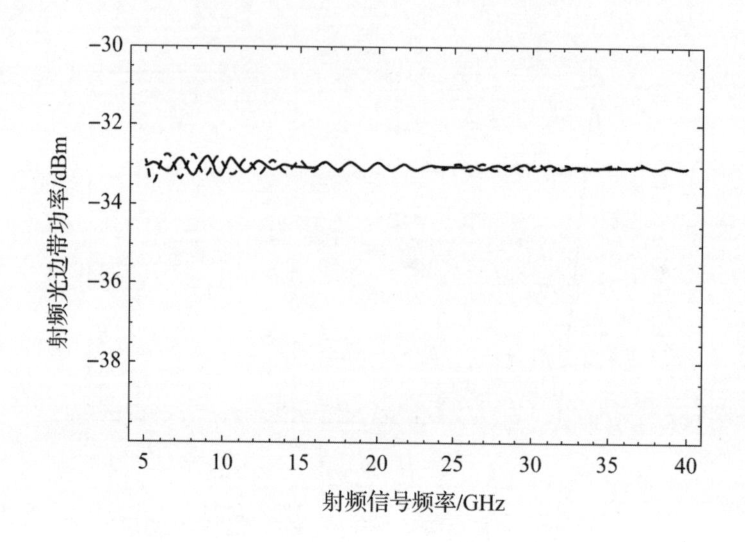

图 3－16　RF 光边带功率随 RF 频率的变化曲线

波动约为 0.4 dB。因此，可通过适当放置 PM 的位置，来获得较为平坦的频率响应。

图 3－17 为本振 PM 与 Sagnac 环中心距离为 10 m 时，LO 光边带功率随 RF 频率的变化曲线。可以看出，在 5 GHz 时，LO 光边带的波动在 0.8 dB 左右，当频率高于 10 GHz 时，LO 光边带的波动仅为 0.5 dB 左右，在可接受范围之内。

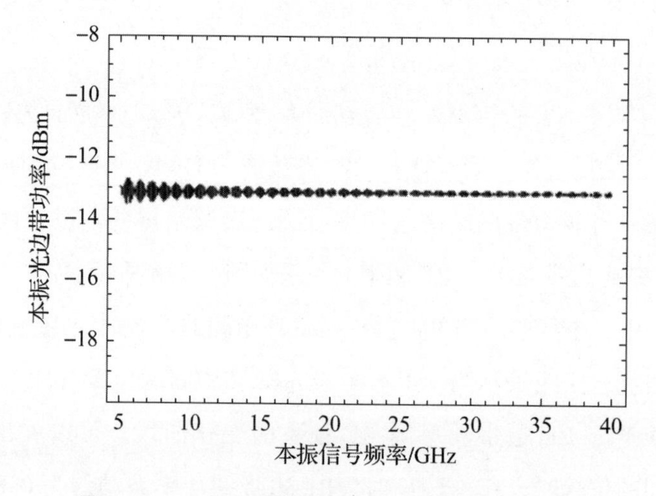

图 3－17　LO 光边带功率随 RF 频率的变化曲线

PD 输出的变频后频率为 $\omega_{IF} = \omega_{RF} - \omega_{LO}$ 信号可表示为

$$
\begin{aligned}
I_{IF} &= \frac{t_{ff}^2}{2} E_o^2 \beta_{RF} \eta \sqrt{A^2 + B^2} \\
A &= J_0(\gamma(f_{LO})\beta_{LO}\sin\phi_{LO}(f_{LO})) \cdot J_1((1-\gamma(f_{LO})\cos\phi_{LO}(f_{LO}))\beta_{LO}) \\
&\quad \cdot (\gamma(f_{RF})\cos\phi_{RF}(f_{RF}) - 1) + J_0((1-\gamma(f_{LO})\cos\phi_{LO}(f_{LO}))\beta_{LO}) \\
&\quad \cdot J_1(\gamma(f_{LO})\beta_{LO}\sin\phi_{LO}(f_{LO})) \cdot \gamma(f_{RF})\sin\phi_{RF}(f_{RF}) \\
B &= J_0(\gamma(f_{LO})\beta_{LO}\sin\phi_{LO}(f_{LO})) \cdot J_1((1-\gamma(f_{LO})\cos\phi_{LO}(f_{LO}))\beta_{LO}) \\
&\quad \cdot \gamma(f_{RF})\sin\phi_{RF}(f_{RF}) - J_0((1-\gamma(f_{LO})\cos\phi_{LO}(f_{LO}))\beta_{LO}) \\
&\quad \cdot J_1(\gamma(f_{LO})\beta_{LO}\sin\phi_{LO}(f_{LO})) \cdot (\gamma(f_{RF})\cos\phi_{RF}(f_{RF}) - 1)
\end{aligned} \tag{3-39}
$$

由式（3-39）可知，该变频器的变频增益为

$$G_{PM} = \frac{1}{2} t_{ff}^4 E_o^4 \eta^2 \left(\frac{\pi}{V_\pi}\right)^2 R_{in} R_{out} (A^2 + B^2) \tag{3-40}$$

式中，R_{in} 为 PM 输入端的阻抗；R_{out} 为 PD 输出端的阻抗。当将 RF 信号变频至 80 MHz 时，实际测得的变频增益随 RF 频率的变化曲线如图 3-18 所示，可以看出，在 5~40 GHz 范围内，变频增益的波动在 1.5 dB 左右。

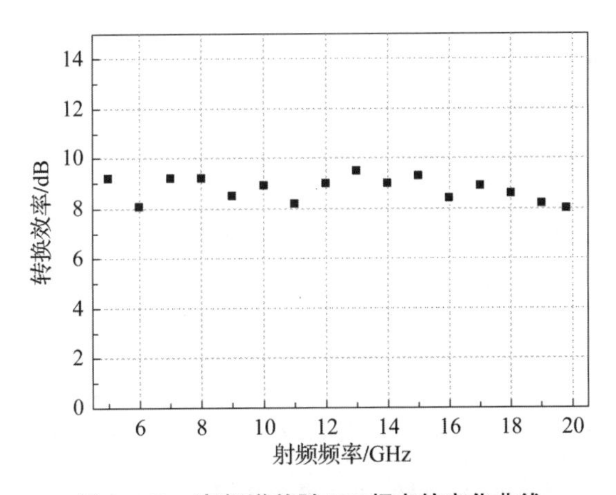

图 3-18 变频增益随 RF 频率的变化曲线

2. 基于 MZM 的微波光子变频器

1）基于单个 MZM 的微波光子变频器

基于单个 MZM 的微波光子变频方案如图 3-19 所示，其结构类似基于直接调制的微波光子变频，区别在于射频与本振耦合之后被加载到 MZM 上而非直调

激光器上，由于 MZM 工作带宽大，所以也就不会存在直调类微波光子变频带宽较小的问题。

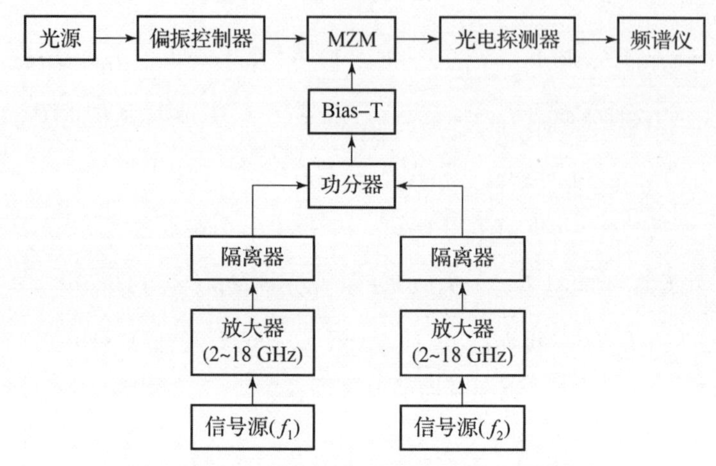

图 3-19 基于单个 MZM 的微波光子变频方案

RF 信号与 LO 信号在电域耦合之后加载到 MZM 上，设耦合后的信号为 $V_{RF}\sin(\Omega_{RF}t)+V_{LO}\sin(\Omega_{LO}t)$，此时 MZM 输出的信号可表示为

$$\begin{aligned} E_{MZM}(t) &= \frac{E_{in}(t)}{2}\left\{\begin{aligned} &\exp\left[jm_{RF}\sin(\Omega_{RF}t)+jm_{LO}\sin(\Omega_{LO}t)+\frac{\varphi}{2}\right] \\ &+\exp\left[-jm_{RF}\sin(\Omega_{RF}t)-jm_{LO}\sin(\Omega_{LO}t)-\frac{\varphi}{2}\right] \end{aligned}\right\} \\ &= E_{in}(t)\cos\left[m_{RF}\sin(\Omega_{RF}t)+m_{LO}\sin(\Omega_{LO}t)+\frac{\varphi}{2}\right] \end{aligned} \tag{3-41}$$

式中，$E_{in}(t)$为输入 MZM 的光载波；φ 为 MZM 的偏压点。MZM 调制后的信号经 PD 拍频后为

$$\begin{aligned} i_{PD} &= \frac{\eta E_{in}^2(t)}{2}\left\{\begin{aligned} &1+\cos[m_{RF}\sin(\Omega_{RF}t)+m_{LO}\sin(\Omega_{LO}t)]\cos(\varphi) \\ &-\sin[m_{RF}\sin(\Omega_{RF}t)+m_{LO}\sin(\Omega_{LO}t)]\sin(\varphi) \end{aligned}\right\} \\ &= \frac{\eta E_{in}^2(t)}{2}\left\{\begin{aligned} &1+\left\{\begin{aligned} &\cos[m_{RF}\sin(\Omega_{RF}t)]\cos[m_{LO}\sin(\Omega_{LO}t)] \\ &-\sin[m_{RF}\sin(\Omega_{RF}t)]\sin[m_{LO}\sin(\Omega_{LO}t)] \end{aligned}\right\}\cos(\varphi) \\ &-\left\{\begin{aligned} &\sin[m_{RF}\sin(\Omega_{RF}t)]\cos[m_{LO}\sin(\Omega_{LO}t)] \\ &+\cos[m_{RF}\sin(\Omega_{RF}t)]\sin[m_{LO}\sin(\Omega_{LO}t)] \end{aligned}\right\}\sin(\varphi) \end{aligned}\right\} \end{aligned} \tag{3-42}$$

由 Bessel 函数性质可知，$\sin[m_{RF}\sin(\Omega_{RF}t)]$（$\sin[m_{LO}\sin(\Omega_{LO}t)]$）展开项中只有射频（本振）信号的奇数次谐波信号（1 阶、3 阶、5 阶、…），$\cos[m_{RF}\sin(\Omega_{RF}t)]$（$\cos[m_{LO}\sin(\Omega_{LO}t)]$）展开项中只有射频（本振）信号的偶数次谐波信号（0 阶、2 阶、4 阶、…），在小信号条件下（Bessel 函数 3 阶及以上可忽略，所以只需要展开至 2 阶）。因此，式（3－42）各项乘积的展开项如下。

（1）$\cos[m_{RF}\sin(\Omega_{RF}t)]\cos[m_{LO}\sin(\Omega_{LO}t)]$展开项中会存在直流项、二次谐波项和四阶交调项，它们的系数可由表 3－1 给出。

表 3－1　$\cos[m_{RF}\sin(\Omega_{RF}t)]\cos[m_{LO}\sin(\Omega_{LO}t)]$展开系数

	0 阶 $J_0(m_{LO})$	2 阶 $2J_2(m_{LO})\cos(2\Omega_{LO}t)$
0 阶 $J_0(m_{RF})$	$J_0(m_{RF})J_0(m_{LO})$ 直流项	$2J_0(m_{RF})J_2(m_{LO})\cos(2\Omega_{LO}t)$ 本振二次谐波项
2 阶 $2J_2(m_{RF})\cos(2\Omega_{RF}t)$	$2J_0(m_{LO})J_2(m_{RF})\cos(2\Omega_{RF}t)$ 射频二次谐波项	$4J_2(m_{LO})J_2(m_{RF})\cos(2\Omega_{RF}t)\cos(2\Omega_{LO}t)$ 本振二次、射频二次谐波混频项

（2）$\sin[m_{RF}\sin(\Omega_{RF}t)]\sin[m_{LO}\sin(\Omega_{LO}t)]$展开项中会存在二阶交调、四阶交调、六阶交调项，它们的系数可由表 3－2 给出。

表 3－2　$\sin[m_{RF}\sin(\Omega_{RF}t)]\sin[m_{LO}\sin(\Omega_{LO}t)]$展开系数

	1 阶 $2J_1(m_{LO})\sin(\Omega_{LO}t)$	3 阶 $2J_3(m_{LO})\sin(3\Omega_{LO}t)$
1 阶 $2J_1(m_{RF})\sin(\Omega_{RF}t)$	$4J_1(m_{RF})J_1(m_{LO})\sin(\Omega_{RF}t)$ $\sin(\Omega_{LO}t)$混频项	$4J_1(m_{RF})J_3(m_{LO})\sin(\Omega_{RF}t)$ $\sin(3\Omega_{LO}t)$本振三次谐波与 射频混频项
3 阶 $2J_3(m_{RF})\sin(3\Omega_{RF}t)$	$4J_1(m_{LO})J_3(m_{RF})\sin(3\Omega_{RF}t)$ $\sin(\Omega_{LO}t)$ 本振基波、射频三次谐波混频项	$4J_3(m_{RF})J_3(m_{LO})\sin(3\Omega_{RF}t)$ $\sin(3\Omega_{LO}t)$ 本振三次、射频三次谐波混频项

（3）$\sin[m_{RF}\sin(\Omega_{RF}t)]\cos[m_{LO}\sin(\Omega_{LO}t)]$展开项中会存在基波项、三阶交调、五阶交调项，它们的系数可由表 3－3 给出。

表 3-3 $\sin[m_{RF}\sin(\Omega_{RF}t)]\cos[m_{LO}\sin(\Omega_{LO}t)]$展开系数

	0 阶 $J_0(m_{LO})$	2 阶 $2J_2(m_{LO})\cos(2\Omega_{LO}t)$
1 阶 $2J_1(m_{RF})\sin(\Omega_{RF}t)$	$2J_0(m_{LO})J_1(m_{RF})\sin(\Omega_{RF}t)$ 射频基波项	$2J_1(m_{RF})J_2(m_{LO})\sin(\Omega_{RF}t)\cos(2\Omega_{LO}t)$ 本振二次谐波与射频基波混频项
3 阶 $2J_3(m_{RF})\sin(3\Omega_{RF}t)$	$2J_0(m_{LO})J_3(m_{RF})\sin(3\Omega_{RF}t)$ 射频三次谐波项	$4J_2(m_{LO})J_3(m_{RF})\sin(3\Omega_{RF}t)\cos(2\Omega_{LO}t)$ 本振二次、射频三次谐波混频项

（4）$\cos[m_{RF}\sin(\Omega_{RF}t)]\sin[m_{LO}\sin(\Omega_{LO}t)]$展开项中会存在基波项、三阶交调、五阶交调项，它们的系数可由表 3-4 给出。

表 3-4 $\cos[m_{RF}\sin(\Omega_{RF}t)]\sin[m_{LO}\sin(\Omega_{LO}t)]$展开系数

	1 阶 $2J_1(m_{LO})\sin(\Omega_{LO}t)$	3 阶 $2J_3(m_{LO})\sin(3\Omega_{LO}t)$
0 阶 $J_0(m_{RF})$	$2J_0(m_{RF})J_1(m_{LO})\sin(\Omega_{LO}t)$ 本振基波项	$2J_0(m_{RF})J_3(m_{LO})\sin(3\Omega_{LO}t)$ 本振三次谐波项
2 阶 $2J_2(m_{RF})\cos(2\Omega_{RF}t)$	$2J_1(m_{LO})J_2(m_{RF})\cos(2\Omega_{RF}t)$ $\sin(\Omega_{LO}t)$ 本振基波与射频二次谐波混频项	$4J_2(m_{RF})J_3(m_{LO})\cos(2\Omega_{RF}t)$ $\sin(3\Omega_{LO}t)$ 本振三次、射频二次谐波混频项

由式（3-42）结合上述分析可知，可将 MZM 偏置在最大点与最小点（$\varphi=0$、π），使 $\cos(\varphi)=1$，$\sin(\varphi)=0$，获得 RF 与 LO 的混频信号［即混频项 $4J_1(m_{RF})J_1(m_{LO})\sin(\Omega_{RF}t)\sin(\Omega_{LO}t)$］。可将 MZM 偏置在正交点（$\varphi=\pi/2$），使 $\cos(\varphi)=0$，$\sin(\varphi)=1$，获得 LO 二次谐波与 RF 的混频信号［即混频项 $2J_1(m_{RF})J_2(m_{LO})\sin(\Omega_{RF}t)\cos(2\Omega_{LO}t)$］。

2）基于 MZM 级联的微波光子变频

基于 MZM 级联的微波光子变频方案如图 3-20 所示，其结构类似基于 PM 级联的微波光子变频方案。但与 PM 不同的是，MZM 可工作在不同的偏置点。因此，对于 MZM 级联的微波光子变频，需要根据工作偏置点的不同而分别讨论。

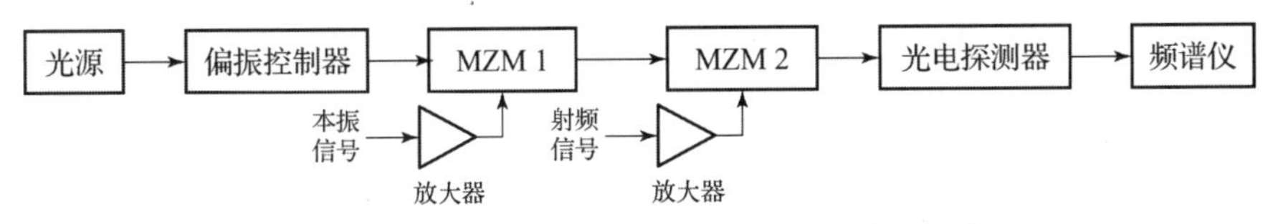

图 3 - 20　基于 MZM 级联的微波光子变频方案

在讨论基于 MZM 级联的微波光子变频之前，需要了解单个 MZM 的传输函数及偏压点与 IMD 抑制的关系。由式（3 - 43）可知，当加载到 MZM 上的射频信号为双音信号（$V_s[\sin(\Omega_{s1}t)+\sin(\Omega_{s2}t)]$）时，PD 拍频后信号可变为

$$i_{PD}=\frac{\eta E_{in}^2(t)}{2}\begin{Bmatrix}1+\cos[m_s\sin(\Omega_{s1}t)+m_s\sin(\Omega_{s2}t)]\cos(\varphi)\\-\sin[m_s\sin(\Omega_{s1}t)+m_s\sin(\Omega_{s2}t)]\sin(\varphi)\end{Bmatrix}$$

$$=\frac{\eta E_{in}^2(t)}{2}\left\{\begin{aligned}&1+\begin{Bmatrix}\cos[m_s\sin(\Omega_{s1}t)]\cos[m_s\sin(\Omega_{s2}t)]\\-\sin[m_s\sin(\Omega_{s1}t)]\sin[m_s\sin(\Omega_{s2}t)]\end{Bmatrix}\cos(\varphi)\\&-\begin{Bmatrix}\sin[m_s\sin(\Omega_{s1}t)]\cos[m_s\sin(\Omega_{s2}t)]\\+\cos[m_s\sin(\Omega_{s1}t)]\sin[m_s\sin(\Omega_{s2}t)]\end{Bmatrix}\sin(\varphi)\end{aligned}\right\}\tag{3-43}$$

由 Bessel 函数性质可知 $\sin[m_s\sin(\Omega_{s1}t)]$（$\sin[m_s\cos(\Omega_{s1}t)]$）展开项中只有奇次阶信号（1 阶、3 阶、5 阶、…），$\cos[m_s\sin(\Omega_{s1}t)]$（$\cos[m_s\cos(\Omega_{s1}t)]$）展开项中只有偶次阶信号（0 阶、2 阶、4 阶、…），在小信号条件下（Bessel 函数 3 阶及以上可忽略，所以只需要展开至 2 阶）。因此，式（3 - 43）各项乘积的展开项如下。

（1）$\cos[m_s\sin(\Omega_{s1}t)]\cos[m_s\sin(\Omega_{s2}t)]$展开项中会存在直流项、二次谐波项和四阶交调项，它们系数可由表 3 - 5 给出。

表 3 - 5　$\cos[m_s\sin(\Omega_{s1}t)]\cos[m_s\sin(\Omega_{s2}t)]$展开系数

	0 阶 $J_0(m_s)$	2 阶 $2J_2(m_s)\cos(2\Omega_{s2}t)$
0 阶 $J_0(m_s)$	$J_0^2(m_s)$ 直流项	$2J_0(m_s)J_2(m_s)\cos(2\Omega_{s2}t)$ 二次谐波项
2 阶 $2J_2(m_s)\cos(2\Omega_{s1}t)$	$2J_0(m_s)J_2(m_s)\cdot\cos(2\Omega_{s1}t)$ 二次谐波项	$4J_2^2(m_s)\cos(2\Omega_{s1}t)\cos(2\Omega_{s2}t)$ 四阶交调项

（2）$\sin[m_s\sin(\Omega_{s1}t)]\sin[m_s\sin(\Omega_{s2}t)]$展开项中会存在二阶交调、四阶交调、六阶交调项，它们的系数可由表 3-6 给出。

表 3-6　$\sin[m_s\sin(\Omega_{s1}t)]\sin[m_s\sin(\Omega_{s2}t)]$展开系数

	1 阶 $2J_1(m_s)\sin(\Omega_{s2}t)$	3 阶 $2J_3(m_s)\sin(3\Omega_{s2}t)$
1 阶 $2J_1(m_s)\sin(\Omega_{s1}t)$	$4J_1^2(m_s)\sin(\Omega_{s1}t)\sin(\Omega_{s2}t)$ 二阶交调项	$4J_1(m_s)J_3(m_s)\sin(\Omega_{s1}t)\sin(3\Omega_{s2}t)$ 四阶交调项
3 阶 $2J_3(m_s)\sin(3\Omega_{s1}t)$	$4J_1(m_s)J_3(m_s)\sin(3\Omega_{s1}t)\sin(\Omega_{s2}t)$ 四阶交调项	$4J_3^2(m_s)\sin(3\Omega_{s1}t)\sin(3\Omega_{s2}t)$ 六阶交调项

（3）$\sin[m_s\sin(\Omega_{s1}t)]\cos[m_s\sin(\Omega_{s2}t)]$展开项中会存在基波项、三阶交调、五阶交调项，它们的系数可由表 3-7 给出。

表 3-7　$\sin[m_s\sin(\Omega_{s1}t)]\cos[m_s\sin(\Omega_{s2}t)]$展开系数

	0 阶 $J_0(m_s)$	2 阶 $2J_2(m_s)\cos(2\Omega_{s2}t)$
1 阶 $2J_1(m_s)\sin(\Omega_{s1}t)$	$2J_0(m_s)J_1(m_s)\sin(\Omega_{s1}t)$ 基波项	$2J_1(m_s)J_2(m_s)\sin(\Omega_{s1}t)\cos(2\Omega_{s2}t)$ 三阶交调项
3 阶 $2J_3(m_s)\sin(3\Omega_{s1}t)$	$2J_0(m_s)J_3(m_s)\sin(3\Omega_{s1}t)$ 三次谐波项	$4J_2(m_s)J_3(m_s)\sin(3\Omega_{s1}t)\cos(2\Omega_{s2}t)$ 五阶交调项

（4）$\cos[m_s\sin(\Omega_{s1}t)]\sin[m_s\sin(\Omega_{s2}t)]$展开项中会存在基波项、三阶交调、五阶交调项，它们的系数可由表 3-8 给出。

表 3-8　$\cos[m_s\sin(\Omega_{s1}t)]\sin[m_s\sin(\Omega_{s2}t)]$展开系数

	1 阶 $2J_1(m_s)\sin(\Omega_{s2}t)$	3 阶 $2J_3(m_s)\sin(3\Omega_{s2}t)$
0 阶 $J_0(m_s)$	$2J_0(m_s)J_1(m_s)\sin(\Omega_{s2}t)$ 基波项	$2J_0(m_s)J_3(m_s)\sin(3\Omega_{s2}t)$ 三次谐波项
2 阶 $2J_2(m_s)\cos(2\Omega_{s1}t)$	$2J_1(m_s)J_2(m_s)\cos(2\Omega_{s1}t)\sin(\Omega_{s2}t)$ 三阶交调项	$4J_2(m_s)J_3(m_s)\cos(2\Omega_{s1}t)\sin(3\Omega_{s2}t)$ 五阶交调项

由式（3－43）结合上述分析可知，可将MZM偏置在正交点（$\varphi=\pi/2$），使$\cos(\varphi)=0$，来抑制偶次谐波和偶数阶交调。所以，在对射频信号进行变频时，一般会将加载射频信号的MZM偏置在正交点（$\varphi=\pi/2$），而本振驱动的MZM可偏置在正交点或低偏置点，下面就上述两种情况进行分别讨论。

①MZM均工作在正交点。当加载射频信号的MZM1工作在正交点（$\varphi=\pi/2$）时，RF调制后的信号可表示为

$$E_{\mathrm{MZM1}}(t)=E_o\exp(j\omega t)\cos\left[m_{\mathrm{RF}}\sin(\Omega_{\mathrm{RF}}t)+\frac{\pi}{4}\right] \tag{3-44}$$

当加载本振信号的MZM2工作在正交点（$\varphi=\pi/2$）时，LO调制后的信号可表示为

$$E_{\mathrm{MZM2}}(t)=E_o\exp(j\omega t)\cos\left[m_{\mathrm{RF}}\sin(\Omega_{\mathrm{RF}}t)+\frac{\pi}{4}\right]\cos\left[m_{\mathrm{LO}}\sin(\Omega_{\mathrm{LO}}t)+\frac{\pi}{4}\right] \tag{3-45}$$

MZM2输出的信号输入PD中，经PD探测后的电信号可表示为

$$\begin{aligned}
i_{\mathrm{PD}}&=\eta E_{\mathrm{MZM2}}(t)\cdot E_{\mathrm{MZM2}}(t)^*\\
&=\eta E_o^2\cos^2\left[m_{\mathrm{RF}}\sin(\Omega_{\mathrm{RF}}t)+\frac{\pi}{4}\right]\cos^2\left[m_{\mathrm{LO}}\sin(\Omega_{\mathrm{LO}}t)+\frac{\pi}{4}\right]\\
&=\frac{\eta}{4}E_o^2\left\{1+\cos\left[2m_{\mathrm{RF}}\sin(\Omega_{\mathrm{RF}}t)+\frac{\pi}{2}\right]\right\}\left\{1+\cos\left[2m_{\mathrm{LO}}\sin(\Omega_{\mathrm{LO}}t)+\frac{\pi}{2}\right]\right\}\\
&=\frac{\eta}{4}E_o^2\{1-\sin[2m_{\mathrm{RF}}\sin(\Omega_{\mathrm{RF}}t)]\}\{1-\sin[2m_{\mathrm{LO}}\sin(\Omega_{\mathrm{LO}}t)]\}
\end{aligned} \tag{3-46}$$

利用Bessel函数对式（3－46）展开可得

$$\begin{aligned}
i_{\mathrm{PD}}&\approx\frac{\eta}{4}P_0\{1-2J_1(2m_{\mathrm{RF}})\sin(\Omega_{\mathrm{RF}}t)\}\{1-2J_1(2m_{\mathrm{LO}})\sin(\Omega_{\mathrm{LO}}t)\}\\
&=\frac{\eta}{4}P_0\left\{\begin{array}{l}1-2J_1(2m_{\mathrm{RF}})\sin(\Omega_{\mathrm{RF}}t)-2J_1(2m_{\mathrm{LO}})\sin(\Omega_{\mathrm{LO}}t)\\+4J_1(2m_{\mathrm{RF}})J_1(2m_{\mathrm{LO}})\sin(\Omega_{\mathrm{RF}}t)\sin(\Omega_{\mathrm{LO}}t)\end{array}\right\}\\
&=\frac{\eta}{4}P_0\left\{\begin{array}{l}1-2J_1(2m_{\mathrm{RF}})\sin(\Omega_{\mathrm{RF}}t)-2J_1(2m_{\mathrm{LO}})\sin(\Omega_{\mathrm{LO}}t)\\+2J_1(2m_{\mathrm{RF}})J_1(2m_{\mathrm{LO}})[\cos(\Omega_{\mathrm{RF}}t+\Omega_{\mathrm{LO}}t)-\cos(\Omega_{\mathrm{RF}}t-\Omega_{\mathrm{LO}}t)]\end{array}\right\}
\end{aligned} \tag{3-47}$$

由式（3－47）可知，当 PD 的阻抗为 50 Ω 时，不同频率项的功率可表示为

$$P(\Omega_{\rm RF})=\frac{I_{\rm DC}^2}{2}[2J_1(2m_{\rm RF})]^2\cdot Z_{\rm out}$$

$$P(\Omega_{\rm LO})=\frac{I_{\rm DC}^2}{2}[2J_1(2m_{\rm LO})]^2\cdot Z_{\rm out} \tag{3-48}$$

$$P(\Omega_{\rm RF}\pm\Omega_{\rm LO})=\frac{I_{\rm DC}^2}{2}[2J_1(2m_{\rm RF})J_1(2m_{\rm LO})]^2\cdot Z_{\rm out}$$

式中，$I_{\rm DC}=\eta E_o^2/2$ 为 PD 探测到的直流光电流。由式（3－48）可知，此时变频后信号的功率为 $I_{\rm DC}^2[2J_1(2m_{\rm RF})J_1(2m_{\rm LO})]^2Z_{\rm out}/2$。

当 RF 频率为 40.02 GHz、LO 频率为 40.06 GHz 时，变频后 IF 功率随 RF 功率的变化曲线如图 3－21 所示。由图可知，当 RF 功率较低时，根据 Bessel 函数性质 $J_1(m)\approx m/2$ 可知，此时变频器的频率响应基本呈现线性。而当 RF 功率较高，近似条件不再成立，此时变频器的频率响应不再呈现线性关系。

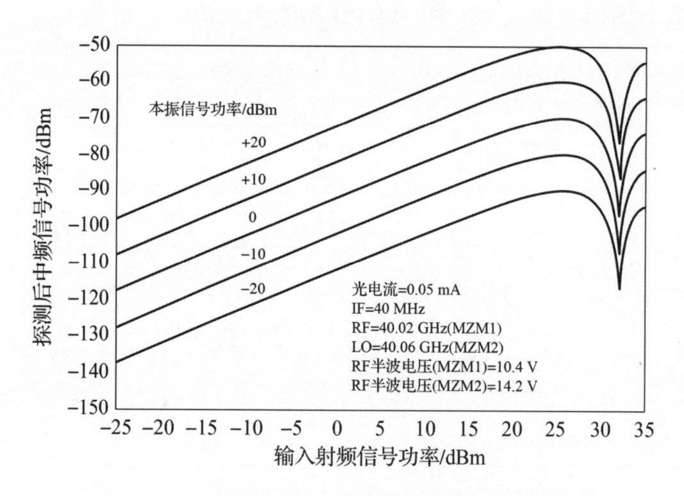

图 3－21　变频后 IF 功率随 RF 功率的变化曲线

②MZM1 工作在正交点、MZM2 工作在低偏置点。当双音信号 $V_{\rm RF}[\sin(\Omega_{\rm RF}t)+\sin(\Omega_{\rm RF2}t)]$加载到工作在正交点的 MZM1，RF 调制后的信号可表示为

$$E_{\rm MZM1}(t)=E_o\exp(j\omega t)\cos\left\{m_{\rm RF}[\sin(\Omega_{\rm RF1}t)+\sin(\Omega_{\rm RF2}t)]+\frac{\pi}{4}\right\} \tag{3-49}$$

当加载本振信号的 MZM2 偏置角度为 $\varphi_{\rm LO}$时，LO 调制后的信号可表示为

$$E_{\mathrm{MZM2}}(t)=E_o\exp(j\omega t)\cos\left[m_{\mathrm{LO}}\sin(\Omega_{\mathrm{LO}}t)+\frac{\pi}{4}\right]\cdot\cos\left\{m_{\mathrm{RF}}[\sin(\Omega_{\mathrm{RF1}}t)+\sin(\Omega_{\mathrm{RF2}}t)]+\frac{\pi}{4}\right\} \tag{3-50}$$

MZM2 输出的信号输入 PD 中，经 PD 探测后的电信号可表示为

$$\begin{aligned}i_{\mathrm{PD}}&=\eta E_{\mathrm{MZM2}}(t)\cdot E_{\mathrm{MZM2}}(t)^*\\&=\eta E_o^2\cos^2\left[m_{\mathrm{RF}}\sin(\Omega_{\mathrm{RF}}t)+\frac{\pi}{4}\right]\cos^2\left[m_{\mathrm{LO}}\sin(\Omega_{\mathrm{LO}}t)+\frac{\pi}{4}\right]\\&=\frac{\eta}{4}E_o^2\left\{1+\cos\left[2m_{\mathrm{RF}}\sin(\Omega_{\mathrm{RF}}t)+\frac{\pi}{2}\right]\right\}\left\{1+\cos\left[2m_{\mathrm{LO}}\sin(\Omega_{\mathrm{LO}}t)+\frac{\pi}{2}\right]\right\}\\&=\frac{\eta}{4}E_o^2\{1-\sin[2m_{\mathrm{RF}}\sin(\Omega_{\mathrm{RF}}t)]\}\{1-\sin[2m_{\mathrm{LO}}\sin(\Omega_{\mathrm{LO}}t)]\}\end{aligned} \tag{3-51}$$

PD 探测后的信号可表示为

$$i_{\mathrm{PD}}\approx\frac{\eta}{4}E_o^2\left\{\begin{aligned}&A(0)+A(\Omega_{\mathrm{RF}})\sin(\Omega_{\mathrm{RF1}}t)+A(\Omega_{\mathrm{RF}})\sin(\Omega_{\mathrm{RF2}}t)\\&+A(\Omega_{\mathrm{LO}})\sin(\Omega_{\mathrm{LO}}t)+A(\Omega_{\mathrm{IF}})\cos(\Omega_{\mathrm{RF1}}t-\Omega_{\mathrm{LO}}t)\\&+A(\Omega_{\mathrm{IF}})\cos(\Omega_{\mathrm{RF2}}t-\Omega_{\mathrm{LO}}t)\\&+A(\Omega_{\mathrm{IM1}})\cos(2\Omega_{\mathrm{RF1}}t-\Omega_{\mathrm{RF2}}t)\\&+A(\Omega_{\mathrm{IM1}})\cos(2\Omega_{\mathrm{RF2}}t-\Omega_{\mathrm{RF1}}t)\\&+A(\omega_{\mathrm{IM2}})\sin(2\Omega_{\mathrm{LO}}t-\Omega_{\mathrm{RF1}}t)\\&+A(\omega_{\mathrm{IM2}})\sin(2\Omega_{\mathrm{LO}}t-\Omega_{\mathrm{RF2}}t)\end{aligned}\right\} \tag{3-52}$$

$$\begin{aligned}&A(0)=1+\cos(\phi_{\mathrm{LO}})J_0(m_{\mathrm{LO}})\\&A(\omega_{\mathrm{RF}})=-2J_0(m_{\mathrm{RF}})J_1(m_{\mathrm{RF}})A(0)\\&A(\omega_{\mathrm{LO}})=-2\sin(\phi_{\mathrm{LO}})J_1(m_{\mathrm{LO}})\\&A(\omega_{\mathrm{IF}})=2\sin(\phi_{\mathrm{LO}})J_0(m_{\mathrm{RF}})J_1(m_{\mathrm{LO}})J_1(m_{\mathrm{RF}})\\&A(\omega_{\mathrm{IM1}})=2J_1(m_{\mathrm{RF}})J_2(m_{\mathrm{RF}})A(0)\\&A(\omega_{\mathrm{IM2}})=2\cos(\phi_{\mathrm{LO}})J_0(m_{\mathrm{RF}})J_1(m_{\mathrm{RF}})J_2(m_{\mathrm{LO}})\end{aligned}$$

式中，$A(\cdot)$为各频率信号的幅度。由式（3-52）可知，PD 探测后的中频功率和交调功率为

$$
\begin{aligned}
P_{IF}(\omega_{IF}) &= I_{DC}^2(A(\omega_{IF})/A(0))^2 \cdot 50/2 \\
P_{IM}(\omega_{IM}) &= I_{DC}^2(A(\omega_{IM})/A(0))^2 \cdot 50/2
\end{aligned}
\tag{3-53}
$$

变频系统中，希望 P_{IF}/P_{DC} 足够大，而 P_{IF}/P_{IM} 最小。由式（3-53）可知，当 MZM2 偏置点逐渐为最低偏置点时（$\varphi_{LO}=180°$），$A(0)$ 下降速度比 $A(\omega_{IF})$ 快，P_{IF}/P_{DC} 增大。此时在输入 PD 的光功率一定的情况下（PD 的总电流一定），该变频器会获得较高的变频增益。

图 3-22（a）为 IF 信号功率随本振调制器偏压点的变化曲线，图 3-22（b）为中频与交调信号功率比值随本振调制器偏压点的变化曲线。由图 3-22（a）可知，低偏置会使中频功率显著提升，当偏置角度为 135°时，IF 功率大约有 7 dB

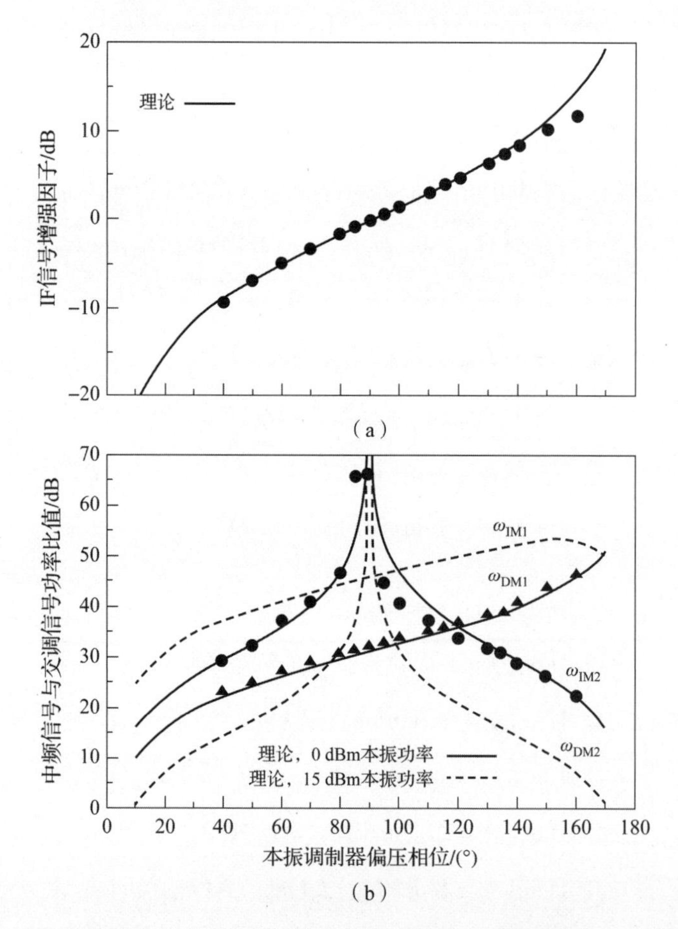

图 3-22　IF 信号功率和中频与交调信号功率比值随本振调制器偏压点的变化曲线

（a）IF 信号功率；（b）中频与交调信号之比随本振调制器偏压点的变化曲线

的提升。由图3－22（b）可知，当偏置在正交点时，交调项 ω_{IM2} 会得到完全抑制，最终的交调抑制比约为31 dB，此时交调抑制比主要受限于交调项 ω_{IM1}。当偏置角度为135°时，交调抑制比主要受到 ω_{IM2} 的限制，此时的交调抑制比约为31 dB。由图3－22（b）可知，对于高本振功率（15 dBm）的情况，低偏置反而会恶化交调抑制比。所以，低偏置不适用于高本振功率的情况。

3）基于MZM并联的微波光子变频器

基于MZM并联的微波光子变频器的结构如图3－23所示，光载波首先被分为两路，其中一路进行RF信号的调制，另一路进行LO信号的调制，然后两者耦合之后输入PD中，实现RF与LO的混频。

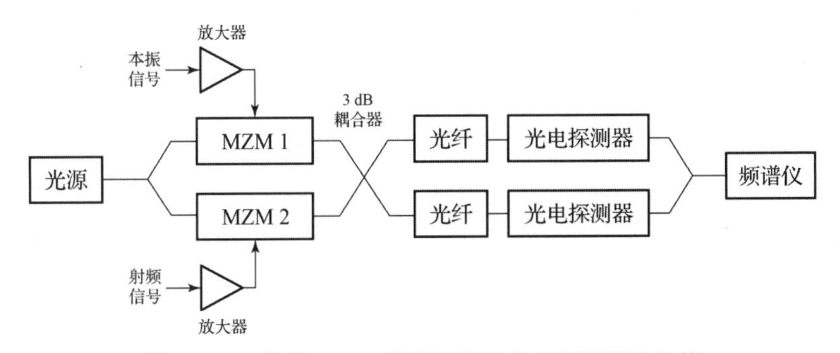

图3－23 基于MZM并联的微波光子变频器的结构

当加载RF信号的MZM1偏置角度为 φ_{RF} 时，其输出的信号可表示为

$$E_{MZM1}(t)=\frac{E_o}{\sqrt{2}}\exp(j\omega t)\cos\left[m_{RF}\sin(\Omega_{RF}t)+\frac{\varphi_{RF}}{2}\right] \tag{3-54}$$

当加载LO信号偏置角度为 φ_{LO} 时，MZM2输出的信号可表示为

$$E_{MZM2}(t)=\frac{E_o}{\sqrt{2}}\exp(j\omega t)\cos\left[m_{LO}\sin(\Omega_{LO}t)+\frac{\varphi_{LO}}{2}\right] \tag{3-55}$$

MZM1、MZM2输出的信号耦合之后可表示为

$$\begin{aligned}E_{out}(t)&=\frac{1}{\sqrt{2}}[E_{MZM1}(t)+E_{MZM2}(t)]\\&=\frac{E_o}{\sqrt{2}}\exp(j\omega t)\left\{\begin{aligned}&\cos\left[m_{RF}\sin(\Omega_{RF}t)+\frac{\varphi_{RF}}{2}\right]\\&+\cos\left[m_{LO}\sin(\Omega_{LO}t)+\frac{\varphi_{LO}}{2}\right]\end{aligned}\right\}\end{aligned} \tag{3-56}$$

输入 PD 中拍频，PD 探测后的信号可表示为

$$
\begin{aligned}
i_{\mathrm{PD}}(t) &= \frac{\eta E_o^2}{4}\left\{\cos\left[m_{\mathrm{RF}}\sin(\Omega_{\mathrm{RF}}t)+\frac{\varphi_{\mathrm{RF}}}{2}\right]+\cos\left[m_{\mathrm{LO}}\sin(\Omega_{\mathrm{LO}}t)+\frac{\varphi_{\mathrm{LO}}}{2}\right]\right\}^2 \\
&= \frac{\eta E_o^2}{4}\left\{\begin{array}{l}\cos^2\left[m_{\mathrm{RF}}\sin(\Omega_{\mathrm{RF}}t)+\dfrac{\varphi_{\mathrm{RF}}}{2}\right]+\cos^2\left[m_{\mathrm{RF}}\sin(\Omega_{\mathrm{RF}}t)+\dfrac{\varphi_{\mathrm{LO}}}{2}\right] \\ +\cos\left[m_{\mathrm{RF}}\sin(\Omega_{\mathrm{RF}}t)+\dfrac{\varphi_{\mathrm{RF}}}{2}\right]\cos\left[m_{\mathrm{LO}}\sin(\Omega_{\mathrm{LO}}t)+\dfrac{\varphi_{\mathrm{LO}}}{2}\right]\end{array}\right\} \\
&= \frac{\eta E_o^2}{4}\left\{\begin{array}{l}\dfrac{1}{2}[1-\cos[2m_{\mathrm{RF}}\sin(\Omega_{\mathrm{RF}}t)+\varphi_{\mathrm{RF}}]] \\ +\dfrac{1}{2}[1-\cos[2m_{\mathrm{LO}}\sin(\Omega_{\mathrm{LO}}t)+\varphi_{\mathrm{LO}}]] \\ +\cos\left[m_{\mathrm{RF}}\sin(\Omega_{\mathrm{RF}}t)+\dfrac{\varphi_{\mathrm{RF}}}{2}\right]\cos\left[m_{\mathrm{LO}}\sin(\Omega_{\mathrm{LO}}t)+\dfrac{\varphi_{\mathrm{LO}}}{2}\right]\end{array}\right\}
\end{aligned}
\tag{3-57}
$$

由式（3-57）可知，$\cos[m_{\mathrm{RF}}\sin(\Omega_{\mathrm{RF}}t)+\varphi_{\mathrm{RF}}/2]\cos[m_{\mathrm{LO}}\sin(\Omega_{\mathrm{LO}}t)+\varphi_{\mathrm{LO}}/2]$ 为混频项，所以 MZM1、MZM2 均无法偏置在最大点（$\varphi_{\mathrm{RF}}=\varphi_{\mathrm{LO}}=0$），因为 $\cos[m_{\mathrm{RF}}\sin(\Omega_{\mathrm{RF}}t)]\cos[m_{\mathrm{LO}}\sin(\Omega_{\mathrm{LO}}t)]$ 展开项中只有直流、偶次谐波、偶数阶交调，不会有混频项，所以 MZM1、MZM2 需要偏置在正交点或最小点。

（1）MZM1、MZM2 均偏置在正交点。当 MZM1、MZM2 均偏置在正交点（$\varphi_{\mathrm{RF}}=\varphi_{\mathrm{LO}}=\pi/2$）时，PD 输出的信号可表示为

$$
\begin{aligned}
i_{\mathrm{PD}}(t) &= \frac{\eta E_o^2}{4}\left\{\cos\left[m_{\mathrm{RF}}\sin(\Omega_{\mathrm{RF}}t)+\frac{\pi}{4}\right]+\cos\left[m_{\mathrm{LO}}\sin(\Omega_{\mathrm{LO}}t)+\frac{\pi}{4}\right]\right\}^2 \\
&= \frac{\eta E_o^2}{4}\left\{\begin{array}{l}\cos^2\left[m_{\mathrm{RF}}\sin(\Omega_{\mathrm{RF}}t)+\dfrac{\pi}{4}\right]+\cos^2\left[m_{\mathrm{RF}}\sin(\Omega_{\mathrm{RF}}t)+\dfrac{\pi}{4}\right] \\ +\cos\left[m_{\mathrm{RF}}\sin(\Omega_{\mathrm{RF}}t)+\dfrac{\pi}{4}\right]\cos\left[m_{\mathrm{LO}}\sin(\Omega_{\mathrm{LO}}t)+\dfrac{\pi}{4}\right]\end{array}\right\} \\
&= \frac{\eta E_o^2}{4}\left\{\begin{array}{l}1-\dfrac{1}{2}[\sin[2m_{\mathrm{RF}}\sin(\Omega_{\mathrm{RF}}t)]+\sin[2m_{\mathrm{LO}}\sin(\Omega_{\mathrm{LO}}t)]] \\ +\cos\left[m_{\mathrm{RF}}\sin(\Omega_{\mathrm{RF}}t)+\dfrac{\pi}{4}\right]\cos\left[m_{\mathrm{LO}}\sin(\Omega_{\mathrm{LO}}t)+\dfrac{\pi}{4}\right]\end{array}\right\}
\end{aligned}
\tag{3-58}
$$

对式（3-58）分析可知，$\sin[2m_{\mathrm{RF}}\sin(\Omega_{\mathrm{RF}}t)]+\sin[2m_{\mathrm{LO}}\sin(\Omega_{\mathrm{LO}}t)]$ 展开项

中只有 RF、LO 的基波和奇数次谐波，不会有混频项。混频项只来源于 $\cos[m_{RF}\sin(\Omega_{RF}t)+\pi/4]\cos[m_{LO}\sin(\Omega_{LO}t)+\pi/4]$，对其进行展开分析可得

$$\begin{aligned}
&\cos\left[m_{RF}\sin(\Omega_{RF}t)+\frac{\pi}{4}\right]\cos\left[m_{LO}\sin(\Omega_{LO}t)+\frac{\pi}{4}\right]\\
&=\frac{1}{2}\{\cos[m_{RF}\sin(\Omega_{RF}t)]-\sin[m_{RF}\sin(\Omega_{RF}t)]\}\\
&\quad\cdot\{\cos[m_{LO}\sin(\Omega_{LO}t)]-\sin[m_{LO}\sin(\Omega_{LO}t)]\}\\
&=\frac{1}{2}\left\{\begin{array}{l}\cos[m_{RF}\sin(\Omega_{RF}t)]\cos[m_{LO}\sin(\Omega_{LO}t)]\\-\sin[m_{RF}\sin(\Omega_{RF}t)]\cos[m_{LO}\sin(\Omega_{LO}t)]\\-\cos[m_{RF}\sin(\Omega_{RF}t)]\sin[m_{LO}\sin(\Omega_{LO}t)]\\+\sin[m_{RF}\sin(\Omega_{RF}t)\sin[m_{LO}\sin(\Omega_{LO}t)]]\end{array}\right\}
\end{aligned}\tag{3-59}$$

由式（3-59）可知，只有 $\sin[m_{RF}\sin(\Omega_{RF}t)]\sin[m_{LO}\sin(\Omega_{LO}t)]$ 展开项中存在混频项，其展开项的系数可由表 3-9 给出。

表 3-9　$\sin[m_{RF}\sin(\Omega_{RF}t)]\sin[m_{LO}\sin(\Omega_{LO}t)]$ 展开系数

混频项 / RF 展开 / LO 展开	1 阶 $2J_1(m_{LO})\sin(\Omega_{LO}t)$	3 阶 $2J_3(m_{LO})\sin(3\Omega_{LO}t)$
1 阶 $2J_1(m_{RF})\sin(\Omega_{RF}t)$	$4J_1(m_{RF})J_1(m_{LO})\sin(\Omega_{RF}t)$ $\sin(\Omega_{LO}t)$ 混频项	$4J_1(m_{RF})J_3(m_{LO})\sin(\Omega_{RF}t)$ $\sin(3\Omega_{LO}t)$ RF 与 LO 三次谐波混频项
3 阶 $2J_3(m_{RF})\sin(3\Omega_{RF}t)$	$4J_1(m_{LO})J_3(m_{RF})\sin(3\Omega_{RF}t)$ $\sin(\Omega_{LO}t)$ RF 三次谐波与 LO 混频项	$4J_3(m_{RF})J_3(m_{LO})\sin(3\Omega_{RF}t)$ $\sin(3\Omega_{LO}t)$ RF 三次、LO 三次谐波混频项

所以，该变频器最终输出的中频信号可表示为

$$\begin{aligned}
i_{PD}(t)&\propto\frac{\eta E_o^2}{2}J_1(m_{RF})J_1(m_{LO})\sin(\Omega_{RF}t)\sin(\Omega_{LO}t)\\
&=-\frac{\eta E_o^2}{2}J_1(m_{RF})J_1(m_{LO})\left\{\begin{array}{l}\cos[(\Omega_{RF}+\Omega_{LO})t]\\-\cos[(\Omega_{RF}-\Omega_{LO})t]\end{array}\right\}
\end{aligned}\tag{3-60}$$

（2）MZM1、MZM2 均偏置在最小点。由式（3－57）可知，当 MZM1、MZM2 均偏置在正交点时，PD 拍频的信号中会存在 RF、LO 项，导致该变频期 RF－IF、LO－IF 隔离度差。而当 MZM1、MZM2 均偏置在最小点（$\varphi_{RF}=\varphi_{LO}=\pi$）时，PD 输出的信号可表示为

$$\begin{aligned} i_{PD}(t) &= \frac{\eta E_o^2}{4}\left\{\begin{array}{l} \frac{1}{2}[1-\cos[2m_{RF}\sin(\Omega_{RF}t)+\pi]] \\ +\frac{1}{2}[1-\cos[2m_{LO}\sin(\Omega_{LO}t)+\pi]] \\ +\cos\left[m_{RF}\sin(\Omega_{RF}t)+\frac{\pi}{2}\right]\cos\left[m_{LO}\sin(\Omega_{LO}t)+\frac{\pi}{2}\right] \end{array}\right\} \\ &= \frac{\eta E_o^2}{4}\left\{\begin{array}{l} 1+\frac{1}{2}[\cos[2m_{RF}\sin(\Omega_{RF}t)]+\cos[2m_{LO}\sin(\Omega_{LO}t)]] \\ +\sin[m_{RF}\sin(\Omega_{RF}t)]\sin[m_{LO}\sin(\Omega_{LO}t)] \end{array}\right\} \end{aligned} \tag{3-61}$$

由式（3－61）可知，此时 PD 输出的信号中仍然存在混频项，但是不会存在 RF、LO 信号（但还存在 RF、LO 的二次谐波）。该变频器最终输出的中频信号可表示为

$$\begin{aligned} i_{PD}(t) &\propto \eta P_0 J_1(m_{RF})J_1(m_{LO})\sin(\Omega_{RF}t)\sin(\Omega_{LO}t) \\ &= -\eta P_0 J_1(m_{RF})J_1(m_{LO})\left\{\begin{array}{l} \cos[(\Omega_{RF}+\Omega_{LO})t] \\ -\cos[(\Omega_{RF}-\Omega_{LO})t] \end{array}\right\} \end{aligned} \tag{3-62}$$

由式（3－62）可知，相较于正交点，偏置在最小点的变频器的增益要大 6 dB。

3.3.3 直接调制＋外调制类

基于直接调制＋外调制的方案如图 3－24 所示。射频信号加载到激光器上对其进行幅度和频率调制，激光器输出信号输入一个 PM 中进行本振信号的调制。调制后信号先经过一段光纤，然后输入光电探测其中实现光电转换。

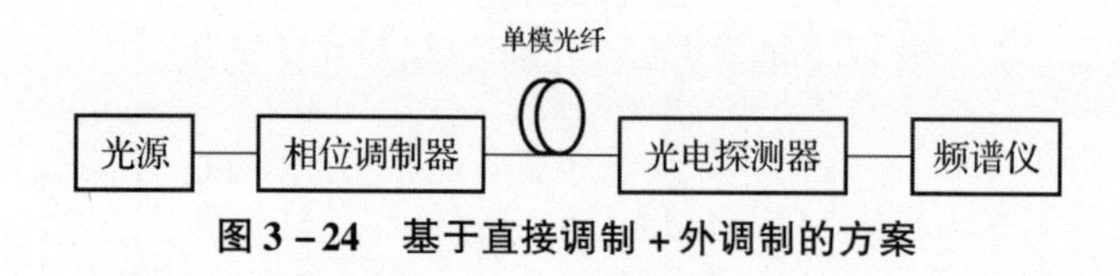

图 3－24 基于直接调制＋外调制的方案

激光器输出的光信号可表示为

$$E_{\mathrm{LD}}(t)=\sqrt{1+m\cos(2\pi f_{\mathrm{RF}}t)}\exp[j\beta\sin(2\pi f_{\mathrm{RF}}t)]\exp(j2\pi f_0 t) \quad (3-63)$$

式中，m 为强度调制指数；β 为频率调制指数；f_0 为光载波的频率。当激光器工作在线性区时，式（3-63）可简化为

$$E_{\mathrm{LD}}(t)=\left(1+\frac{m}{2}\cos(2\pi f_{\mathrm{RF}}t)\right)\exp[j\beta\sin(2\pi f_{\mathrm{RF}}t)]\exp(j2\pi f_0 t) \quad (3-64)$$

上述光信号输入 PM 中，将本振信号调制到光信号的相位上，PM 输出的信号可表示为

$$E_{\mathrm{PM}}(t)=E_{\mathrm{LD}}(t)\exp\left[j\frac{\pi V}{V_\pi}\cos(2\pi f_{\mathrm{LO}}t)\right] \quad (3-65)$$

式中，V 为本振信号电压；f_{LO} 为本振信号的频率；V_π 为调制器的半波电压。采用贝塞尔函数对式（3-65）进行展开，可得频率为 f 的光边带 SL_f 的幅度，可表示为

$$\begin{aligned}
&\mathrm{SL}_{f_0}=J_0(\beta)J_0\left(\frac{\pi V}{V_\pi}\right)\\
&\mathrm{SL}_{f_0+\varepsilon(f_{\mathrm{RF}}+f_{\mathrm{LO}})}=\varepsilon jJ_1(\beta)J_1\left(\frac{\pi V}{V_\pi}\right)+j\frac{m}{4}J_0(\beta)J_1\left(\frac{\pi V}{V_\pi}\right), \quad \varepsilon=\pm1\\
&\mathrm{SL}_{f_0+\varepsilon f_{\mathrm{RF}}}=\varepsilon J_1(\beta)J_0\left(\frac{\pi V}{V_\pi}\right)+\frac{m}{4}J_0(\beta)J_0\left(\frac{\pi V}{V_\pi}\right), \quad \varepsilon=\pm1\\
&\mathrm{SL}_{f_0+\varepsilon f_{\mathrm{LO}}}=\varepsilon jJ_0(\beta)J_1\left(\frac{\pi V}{V_\pi}\right), \quad \varepsilon=\pm1
\end{aligned} \quad (3-66)$$

PD 输出电信号中频率为 f_{LO} 的信号源于 $\mathrm{SL}_{f_0\pm f_{\mathrm{LO}}}$ 和 SL_{f_0} 的拍频（记为$\mathrm{SL}_{f_0}\times\mathrm{SL}_{f_0+f_{\mathrm{LO}}}$、$\mathrm{SL}_{f_0}\times\mathrm{SL}_{f_0-f_{\mathrm{LO}}}$）。由式（3-66）可知，$\mathrm{SL}_{f_0}\times\mathrm{SL}_{f_0+f_{\mathrm{LO}}}$ 和 $\mathrm{SL}_{f_0}\times\mathrm{SL}_{f_0-f_{\mathrm{LO}}}$ 幅度一致但为反相关系，从而相互抵消。因此，PD 输出的电信号中不会检测到本振信号。

PD 输出电信号中频率为 f_{RF} 的信号源于 $\mathrm{SL}_{f_0+f_{\mathrm{RF}}}\times\mathrm{SL}_{f_0}$ 和 $\mathrm{SL}_{f_0-f_{\mathrm{RF}}}\times\mathrm{SL}_{f_0}$。此时，由于存在强度调制项，因此 $\mathrm{SL}_{f_0+f_{\mathrm{RF}}}\times\mathrm{SL}_{f_0}$ 和 $\mathrm{SL}_{f_0-f_{\mathrm{RF}}}\times\mathrm{SL}_{f_0}$ 不再相互抵消。PD 输出的射频信号可表示为

$$P(f_{\mathrm{RF}})=\eta m^2J_0^2(\beta)J_0^2\left(\frac{\pi V_{\mathrm{LO}}}{V_\pi}\right) \quad (3-67)$$

式中，η 为 PD 的响应度。由式（3-67）可知，$P(f_{RF})$ 与强度调制指数 m 呈正比。

PD 输出电信号中频率为 $f_{RF}+f_{LO}$ 的信号源于以下两项之和。

（1）中心拍频项：$SL_{f_0+(f_{RF}+f_{LO})}\times SL_{f_0}$ 和 $SL_{f_0}\times SL_{f_0-(f_{RF}+f_{LO})}$。

（2）交叉拍频项：$SL_{f_0+f_{RF}}\times SL_{f_0-f_{LO}}$ 和 $SL_{f_0+f_{LO}}\times SL_{f_0-f_{RF}}$。

其他高阶边带拍频项中也包含频率为 $f_{RF}+f_{LO}$ 的项，但由于功率较小，所以可基本忽略不计。

图 3-25 给出了变频项 $f_{RF}+f_{LO}$ 的主要来源，由图结合上式可知，中心拍频项 $SL_{f_0+(f_{RF}+f_{LO})}\times SL_{f_0}$ 和 $SL_{f_0}\times SL_{f_0-(f_{RF}+f_{LO})}$ 幅度大小相等且相位均为 $\pi/2$，交叉拍频项 $SL_{f_0+f_{RF}}\times SL_{f_0-f_{LO}}$ 和 $SL_{f_0+f_{LO}}\times SL_{f_0-f_{RF}}$ 幅度大小相等且相位均为 $-\pi/2$。由上式可知，中心拍频项和交叉拍频项大小相等却具有反相关系，从而会相互抵消。

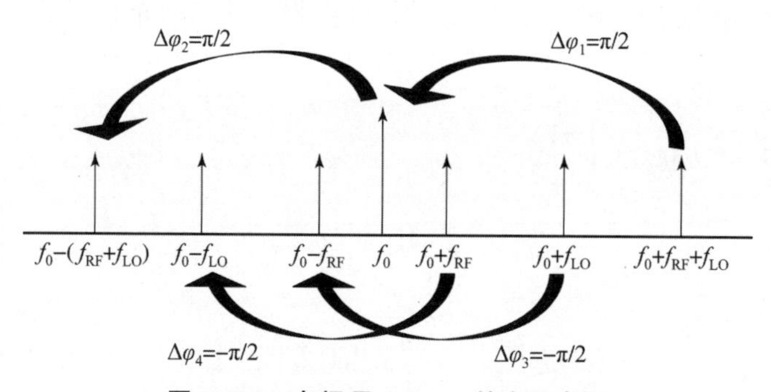

图 3-25　变频项 $f_{RF}+f_{LO}$ 的主要来源

综上所述，最终 PD 拍频后的信号中只能检测到射频信号，而无法检测到本振信号和变频的信号。

因此，PD 检测前，需要将光信号输入光纤中，利用光纤色散调节各光边带的相位关系。光纤的传输函数为

$$H_{fib}(f)=\exp\left[j\frac{\pi DLf^2\lambda_0^2}{c}\right]\tag{3-68}$$

式中，c 为真空中的光速；D 为色散光纤的色散系数［普通单模光纤为 17 ps/(nm·km)］；f 为调制信号的频率。由式（3-68）可以看出，经过一段长度为 L 的光纤后，各阶光边带会引入新的相位项，导致 PD 探测后变频项的相位为

$$\Delta\varphi_1'=\frac{L\lambda_0^2D\pi\ (f_{RF}+f_{LO})^2}{c}+\Delta\varphi_1,\ \Delta\varphi_2'=\pi-\Delta\varphi_1'\tag{3-69}$$

$$\Delta\varphi_3' = \frac{L\lambda_0^2 D\pi(f_{\mathrm{LO}}^2 - f_{\mathrm{RF}}^2)}{c} + \Delta\varphi_3,\ \Delta\varphi_4' = \pi - \Delta\varphi_3' \tag{3-70}$$

当 IM 指数小于 0.5 时，激光器输出的信号中 IM 可被忽略，此时，PD 输出的变频信号可表示为

$$P_{f_{\mathrm{RF}}+f_{\mathrm{LO}}} = A^2 \left| \exp[j\Delta\varphi_1'] + \exp[j\Delta\varphi_2'] + \exp[j\Delta\varphi_3'] + \exp[j\Delta\varphi_4'] \right| \tag{3-71}$$

式中，$A = \eta J_0(\beta) J_0(\pi V_{\mathrm{LO}}/V_\pi) J_1(\beta) J_1(\pi V_{\mathrm{LO}}/V_\pi)$。将式（3－69）、式（3－70）代入式（3－71）可得

$$P_{f_{\mathrm{RF}}+f_{\mathrm{LO}}} = 8A^2 \left[\sin\left(\frac{L\lambda_0^2 D\pi f_{\mathrm{RF}}(f_{\mathrm{RF}}+f_{\mathrm{LO}})}{c} \right) \times \sin\left(\frac{L\lambda_0^2 D\pi f_{\mathrm{LO}}(f_{\mathrm{RF}}+f_{\mathrm{LO}})}{c} \right) \right]^2 \tag{3-72}$$

当光纤长度为 25 km、射频频率为 6 GHz、本振频率 0.3～14 GHz 时，变频信号功率随本振频率的变化曲线如图 3－26 所示。

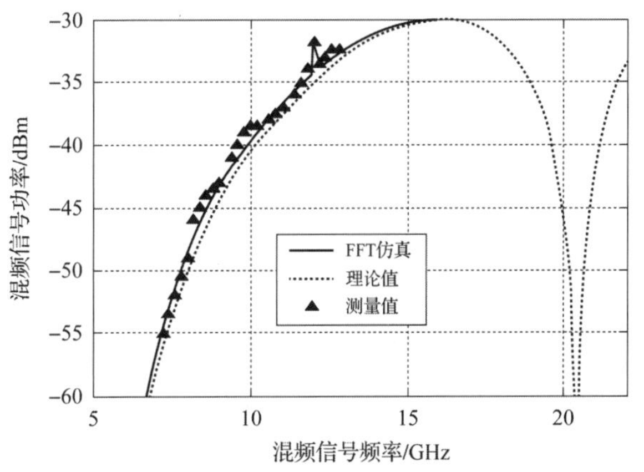

图 3－26　变频信号功率随本振频率的变化曲线

可以看出，该变频器的频率响应也呈现周期性的变化，周期与光纤长度有关。当射频频率为 1.5 GHz、中频频率为 53.5～63.5 GHz，不同长度的光纤变频信号的频率响应如图 3－27 所示。

由图 3－27 可知，当将射频信号变频至 60 GHz 时，3 dB 带宽分别为 1.5 GHz（L＝17.6 km）、4 GHz（L＝7.4 km）、7 GHz（L＝1.1 km）。直接调制＋外调制类的方案非常适用于上变频器。此时，中频信号的载频、带宽一般不会很大，而本振信号的频率会很高。可将中频信号通过直调、本振信号外调制加载到光载波上，从而简化变频的系统结构，降低成本。

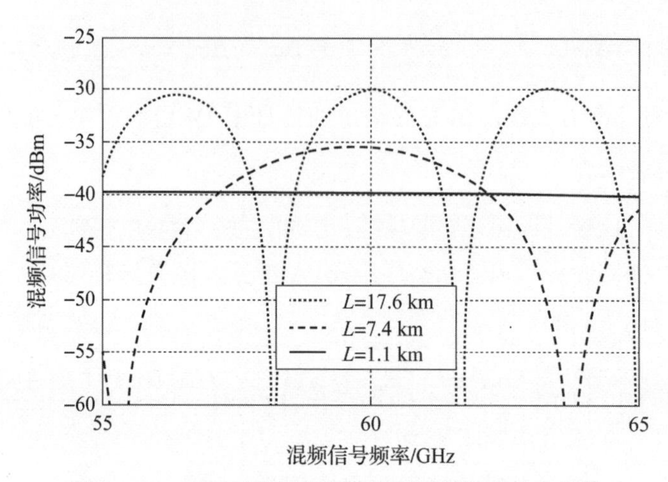

图 3－27　不同长度的光纤变频信号的频率响应曲线

3.3.4　非线性效应类

光器件丰富的非线性效应为微波光子变频提供了更多的选择。研究人员还提出使用半导体光放大器（SOA）中的交叉增益调制来实现微波光子变频。射频信号和本振信号调制到不同光载波上，然后将两路光信号输入 SOA 中进行交叉增益调制，其中 SOA 除了实现变频外，还能够有效提高微波光子变频增益。非线性微波光子变频的基本结构如图 3－28 所示。利用非线性进行变频的方案，具有快速响应、低功率损耗、高输出信噪比等优点，但是由于非线性器件不稳定，易受到外界干扰，增加系统复杂度。

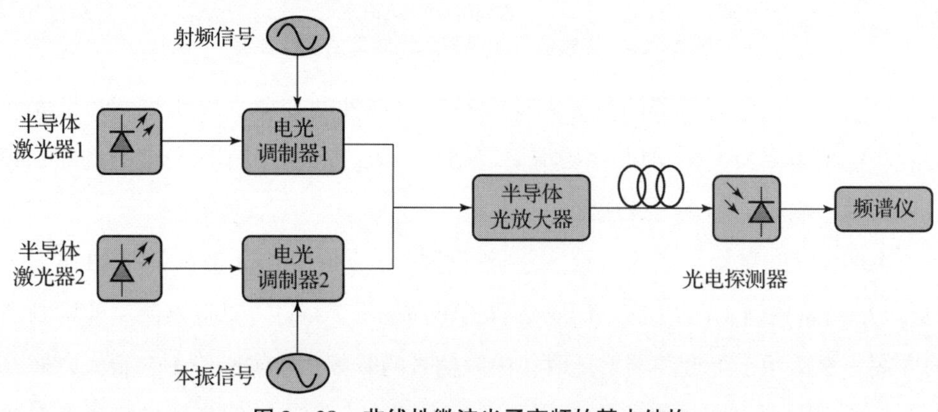

图 3－28　非线性微波光子变频的基本结构

3.4　大动态微波光子变频技术

作为微波光子系统的核心器件，电光调制器具有非线性的传输函数（sin 函数），导致信号经过微波光子系统处理后，不仅会有需要的基波信号，还存在各阶交调信号和谐波信号。双音信号经过微波光子系统处理之后的频谱如图 3－29 所示，除了存在频率为 f_1 和 f_2 的基波信号外，还存在频率为 $mf_1(m \geqslant 2$ 且为整数)、$nf_2(n \geqslant 2$ 且为整数）的谐波信号和频率为 $mf_1 \pm nf_2(m, n \neq 0$ 且均为整数) 的交调信号。交调信号根据阶数进一步分为二阶交调（$m+n=2$）、三阶交调（$m+n=3$）和五阶交调（$m+n=5$）等。如图 3－29 所示，当 $f_2 < 2f_1$(sub－octave)时，其他交调信号和谐波信号均离基波信号较远，三阶交调信号（IMD3）在基波信号附近。此外，还可能存在高阶交调（五、七、九阶等）等信号，但它们的影响一般较小。因此，目前的微波光子线性优化技术主要解决的是如何消除 IMD3 的问题。

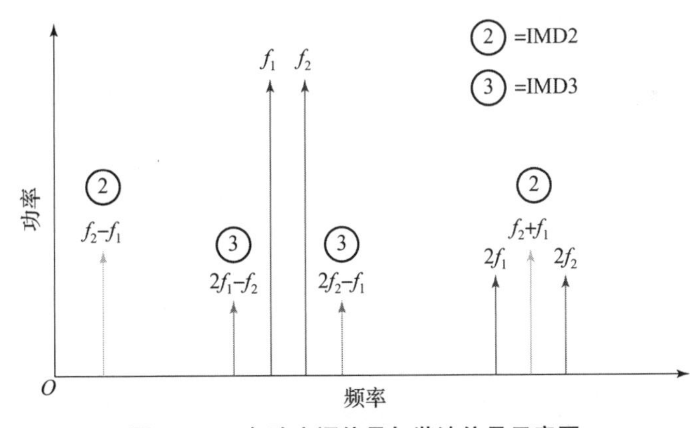

图 3－29　各阶交调信号与谐波信号示意图

3.5　微波光子线性优化技术分类

现有微波光子线性优化技术主要分为基于辅助支路的线性优化技术、基于 IMD3 自抵消的线性优化技术、基于部分抑制 IMD3 的线性优化技术和基于数字域处理的线性优化技术等。

3.5.1 基于辅助支路的线性优化技术

基于辅助支路的线性优化技术是通过在原始光链路之外构造辅助支路来实现光链路的线性优化，该技术的结构和原理如图 3-30 所示。

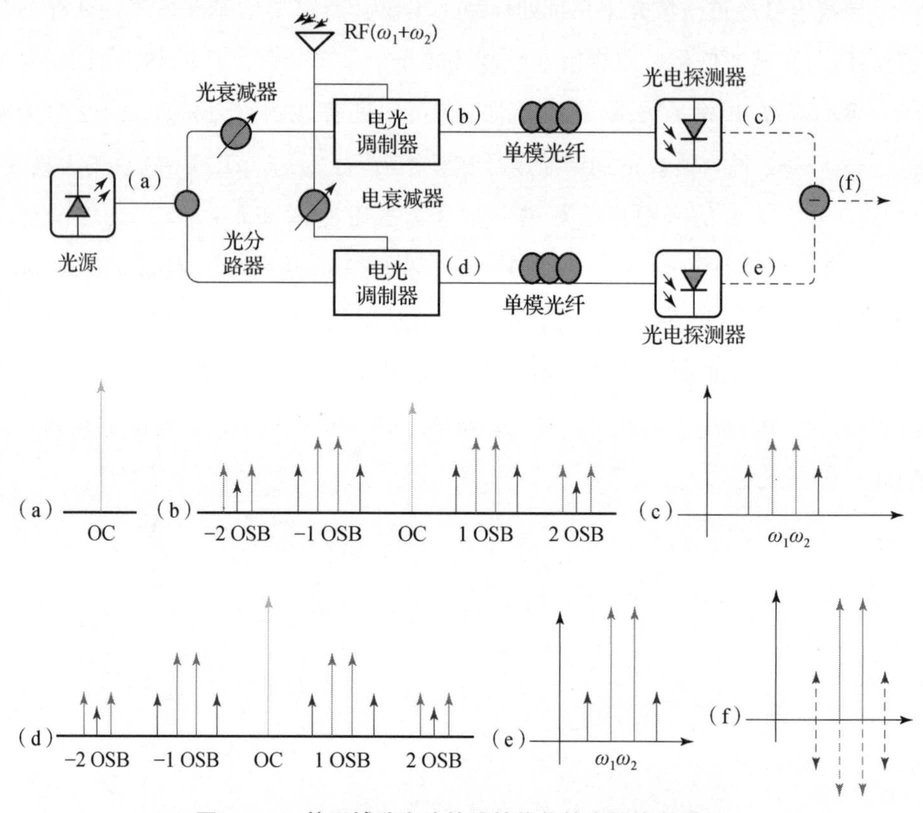

图 3-30 基于辅助支路的线性优化技术结构和原理

注：(a)~(f) 与图对应，为图中不同位置的信号示意图。

LD 输出的光载波经 OC 分为上下两路，分别作为原始路和辅助支路。原始路和辅助支路的区别在于输入 EOM 的光载波的功率不同以及射频信号的调制指数不同（通过电衰减器控制）。如图 3-30（c）和图 3-30（e）所示，合理控制光载波的功率和射频信号的调制指数，可使辅助支路的 IMD3 的功率与原始路的相等，但基波功率与原始路的相差很大。如图 3-30（f）所示，最后将两路信号相减即可实现 IMD3 的相互抵消。与此同时，由于上下两路基波功率相差很大，所以基波相减后会有轻微的衰减。由于该类方案多采用电衰减器来控制调制指数，因此电衰减器的带宽会限制该类线性优化技术的工作带宽。此外，该类方案结构一般都比较复杂。

3.5.2　基于 IMD3 自抵消的线性优化技术

基于 IMD3 自抵消的线性优化技术的基本原理是将不同来源的 IMD3 相互抵消来抑制 IMD3，该技术的结构和原理如图 3－31 所示。

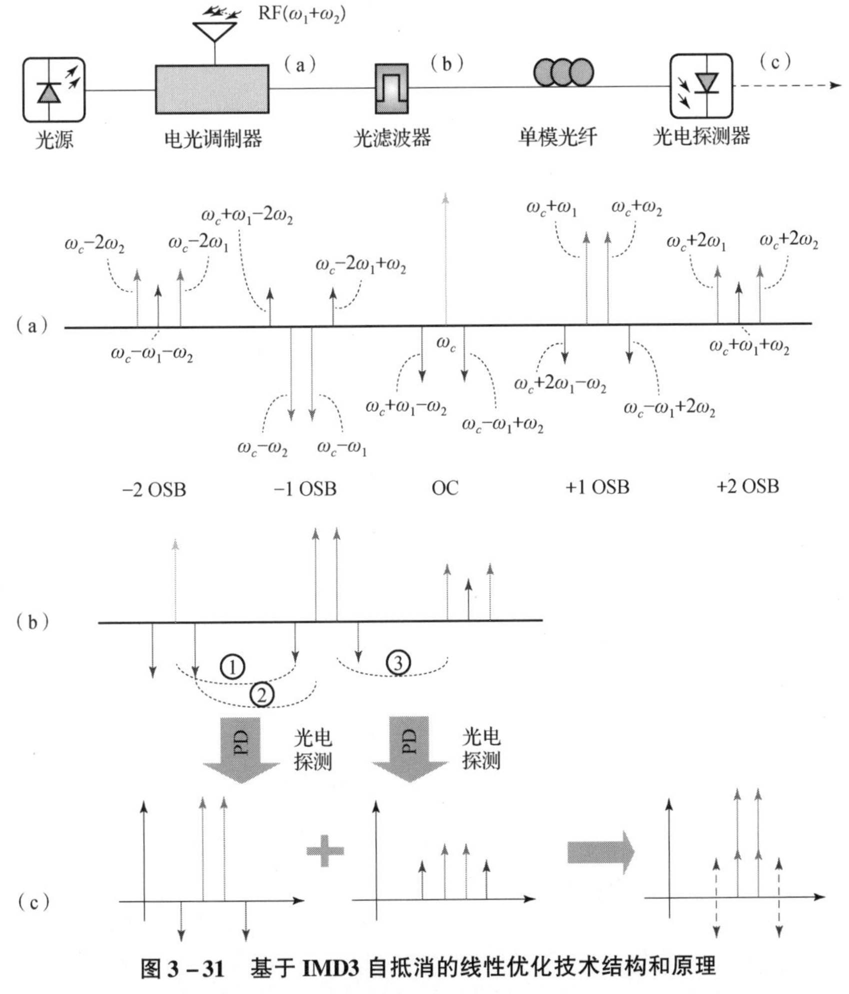

图 3－31　基于 IMD3 自抵消的线性优化技术结构和原理

注：(a)～(c) 与图对应，为图中不同位置的示意图。

由图 3－31 (a) 可知，由于调制器的非线性，经过射频信号（频率为 ω_1、ω_2 的双音信号）调制后的光信号主要包含以下几部分。

（1） -2 OSB：包括频率分别为 $\omega_c-2\omega_1$、$\omega_c-2\omega_2$ 的 -2 阶光边带和频率为 $\omega_c-\omega_1-\omega_2$ 的二阶交调光边带。

（2） -1 OSB：包括频率分别为 $\omega_c-\omega_1$、$\omega_c-\omega_2$ 的 -1 阶光边带和频率分别为 $\omega_c-2\omega_1+\omega_2$、$\omega_c+\omega_1-2\omega_2$ 的三阶交调光边带。

（3）OC：包括频率为 ω_c 的光载波和频率分别为 $\omega_c-\omega_1+\omega_2$、$\omega_c+\omega_1-\omega_2$ 的二阶交调光边带。

（4） +1 OSB：包括频率分别为 $\omega_c+\omega_1$、$\omega_c+\omega_2$ 的 +1 阶光边带和频率分别为 $\omega_c+2\omega_1-\omega_2$、$\omega_c-\omega_1+2\omega_2$ 的三阶交调光边带。

（5） +2 OSB：包括频率分别为 $\omega_c+2\omega_1$、$\omega_c+2\omega_2$ 的 +2 阶光边带和频率为 $\omega_c+\omega_1+\omega_2$ 的二阶交调光边带。

由图 3 -31 （b）~（c） 可知，光链路的 IMD3 来源于以下三部分。

①频率为 ω_c 和 $\omega_c+2\omega_1-\omega_2$（$\omega_c$ 和 $\omega_c-\omega_1+2\omega_2$） 的光边带之间相互拍频。

②频率为 $\omega_c-\omega_1+\omega_2$ 和 $\omega_c+\omega_1$（$\omega_c+\omega_1-\omega_2$ 和 $\omega_c+\omega_2$） 的光边带之间相互拍频。

③频率为 $\omega_c+\omega_1$ 和 $\omega_c+2\omega_2$（$\omega_c+\omega_2$ 和 $\omega_c+2\omega_1$） 的光边带之间相互拍频。

因此，可通过改变光载波、光边带间的相位或者幅度关系来将不同光边带之间拍频生成的 IMD3 相互抵消。如图 3 - 31 （b） 所示，可通过滤出 OC 和 +1 OSB、 +2 OSB 并适当衰减光载波来将①②部分生成的 IMD3 与③部分生成的 IMD 相互抵消。此外，还可通过适当衰减光载波且将其反相、将不同来源的 IMD3 分开后使它们具有相等的幅度和相反的相位等方式来实现 IMD3 的自抵消。然而，这些方案要求调制器工作在特殊工作点。虽然目前已有商用的偏置控制电路板，但它只能将调制器锁定在常规工作点（MATP、MITP、QTP） 而非任意工作点，无法满足上述方案的要求。此外，特殊的偏振态和滤波器形状的要求也限制了该类技术的实际应用。

3.5.3 基于部分抑制 IMD3 的线性优化技术

基于部分抑制 IMD3 的线性优化技术是通过抑制 IMD3 三部分来源中的其中几部分来达到抑制 IMD3 的效果，该技术的结构和原理如图 3 - 32 所示。

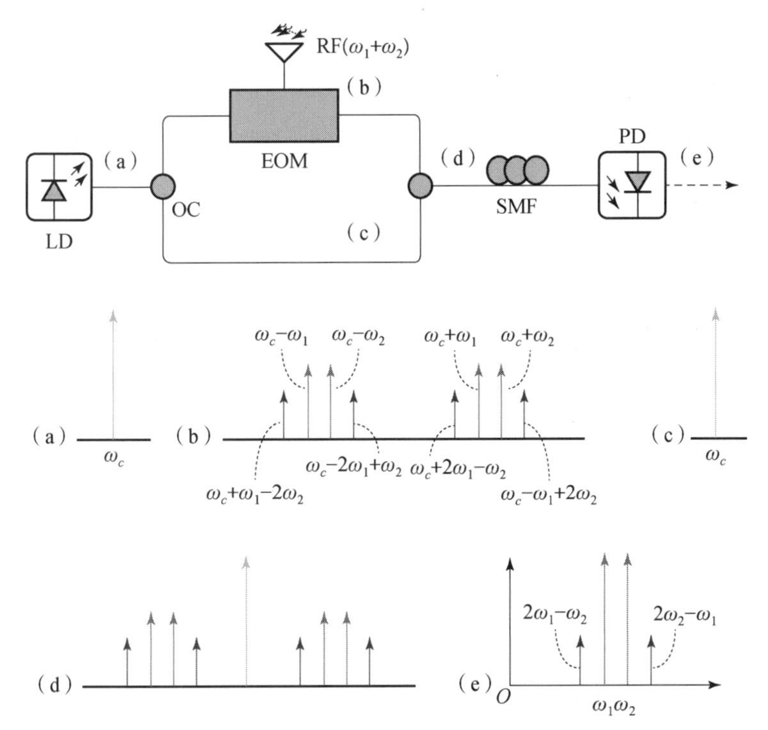

图 3-32　基于部分抑制 IMD3 的线性优化技术结构和原理

注：(a)~(e) 与图对应，为图中不同位置的示意图。

LD 输出的光载波经 OC 分为两路，一路进行射频信号的调制而另一路不调制。调制的一路可通过将调制器偏置在 MITP 来抑制 OC 和 +2 OSB、-2 OSB 三部分，然后再将调制后的光信号和未调制的光载波重新耦合之后输入 PD 拍频来实现 IMD3 的抑制。通过以上处理，该类技术可抑制 IMD3 来源的①②③三部分中的②③两部分，从而显著抑制 IMD3。

该类方案具有带宽大、结构简单、易于操作等显著优点，但是只能在一定程度上抑制 IMD3，没有解决其他来源的 IMD3 仍然存在的问题，系统的 SFDR 仍然受到 IMD3 的限制。

3.5.4　基于数字域处理的线性优化技术

基于数字域处理的线性优化技术的基本原理是对信号在传输之前进行预失真或在信号传输之后进行后补偿来抵消传输链路的非线性，提高系统的 SFDR。该技术的结构如图 3-33 所示。

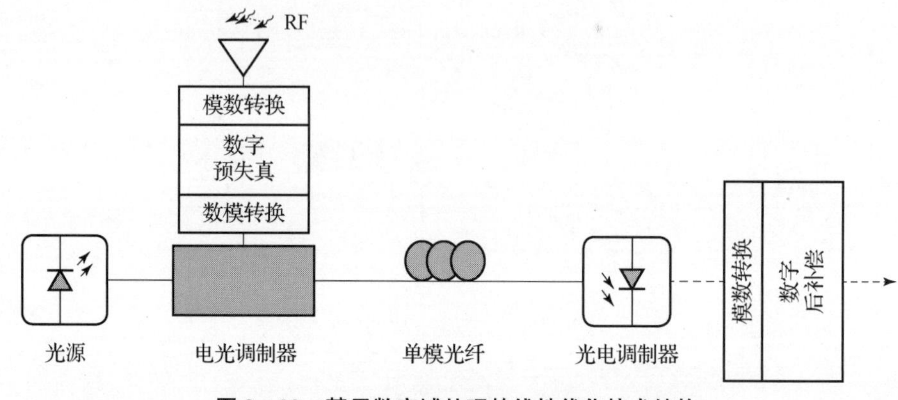

图 3-33 基于数字域处理的线性优化技术结构

由于调制器的传输函数为 sin 函数，因此可将要传输的信号在数字域进行预失真处理（如 arscin 函数）之后再经过光纤进行传输，从而实现光链路的线性优化。此外，还可以对 PD 输出端的信号在数字域进行后补偿处理（如 arcsin 函数）来对微波光子系统进行线性优化。但是基于数字域处理的线性优化技术受限于 ADC/DAC（模数转换器/数模转换器）的处理速度，难以实现大带宽信号的线性优化。

3.6 本章小结

四种微波光子变频方式的主要特点如表 3-10 所示。其中基于外调制方式的微波光子变频具有带宽大、稳定性好、实现方便的优点，其应用也最为广泛。在卫星通信系统中，一般采用铌酸锂晶体的马赫-曾德尔调制器进行小信号的电光调制，以满足卫星载荷对弱功率射频接收信号的处理需求。

表 3-10 四种微波光子变频方式的主要特点

变频方式	系统结构	链路损耗	处理带宽	响应速度	稳定性
直接调制类	简单	小	大	较快	较好
外调制类	较复杂	大	大	慢	好
直接调制 + 外调制类	一般	一般	较小	较快	较好
非线性效应类	复杂	较小	较大	快	差

各类线性优化技术的对比分析如表 3-11 所示。

表 3-11　各类线性优化技术的对比分析

线性优化技术分类	优点	缺点
辅助支路	稳定性较好	带宽较小 结构较复杂
IMD3 自抵消	结构简单	需要特殊的偏压控制、 偏振态和滤波器形状等
部分抑制 IMD3	带宽大 结构简单 易于实施	IMD3 仍存在
数字域处理	灵活性高	带宽小

由表 3-11 可知，基于辅助支路的线性优化技术具有稳定性好的优点，但是由于需要电器件实现辅助支路，一方面，该类方案的工作带宽一般较小；另一方面，辅助支路也在一定程度上增加了系统的复杂度。基于 IMD3 自抵消的线性优化技术虽然结构简单，但是该类技术需要特殊的偏压控制、偏振态和滤波器形状等，因此该类技术存在难以实施的缺点。基于部分抑制 IMD3 的线性优化技术具有大带宽、结构简单、易于实施的优点，但是该类技术只是抑制了主要部分的 IMD3，并没有全部抑制 IMD3，系统的 SFDR 仍受到 IMD3 的限制。基于数字域处理的线性优化技术具有灵活性高的优点，但受限于数字采样板的采样带宽，该类系数的带宽一般都比较小。

第 4 章
微波光子信道化接收机

4.1 概述

4.1.1 信道化接收机

信道化接收一般指的是频域上的信道划分。如图 4-1 所示，信道化接收机的功能是将频域上的宽带信号依次划分为多个窄带信号，进而通过处理划分后的窄带信号来间接完成大带宽信号的处理。

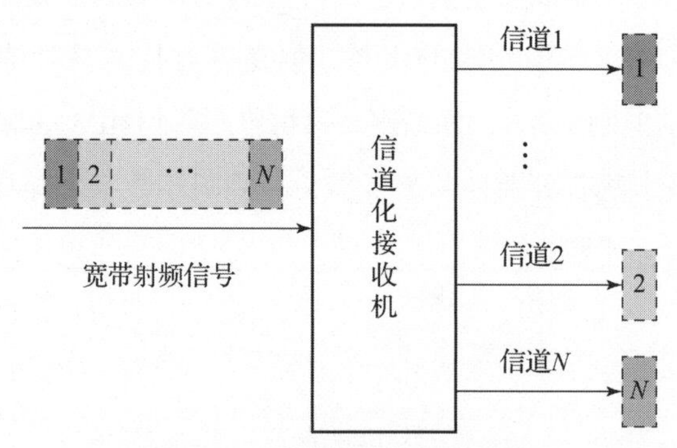

图 4-1 信道化接收机的功能

信道化接收机早期的实现方式是利用电滤波器组来完成信道的划分，这也是信道化接收机最早的实现方式，即电模拟信道化接收机。电模拟信道化接收机按照结构不同又可分为纯信道化接收机、频段折叠式信道化接收机和时分信道化接收机。为了实现宽频段、细颗粒度的信道化接收，信道化一般采用分级结构，一种三级纯信道化接收机的结构如图4－2所示。

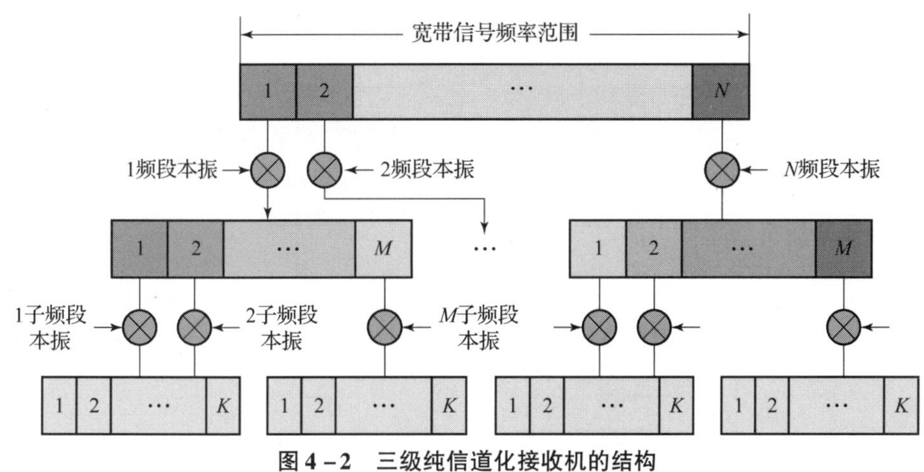

图4－2 三级纯信道化接收机的结构

纯信道化接收机首先利用电滤波器组将接收到的宽带信号分为N个带宽相等的频段，每个频段的信号分别下变频至第一级中频。然后再将处于第一级中频的信号划分为M个带宽相等的子频段，每个子频段的信号再分别下变频至第二级中频。最后将处于第二级中频的信号划分到K个信道中，从而完成整个宽带信号的信道划分处理。纯信道化接收机可将宽带信号划分为$N \times M \times K$个信道，信道个数多。但由于需要大量滤波器、混频器，纯信道化接收机具有结构复杂与体积、重量与功耗大的缺点。为简化信道化接收机的结构，对纯信道化接收机进一步改进，即可得到频段折叠式信道化接收机和时分信道化接收机。

由图4－2可知，纯信道化接收机中N个频段信号在经过第一级下变频后，均处于第一级中频。如果将N个频段变频后的信号折叠在一起，实现N个频段共用第一级中频，而其余结构保持不变，就构成了频段折叠式信道化接收机。频段折叠式信道化接收机的结构如图4－3（a）所示。由图可知，频段折叠式信道化接收机可减少二级变频器、二级信道划分滤波器组的使用，极大程度地减小了信道化接收机的体积与重量。但是频段折叠式信道化接收机存在两个主要的问题：一个是将N个频段折叠在了一起，使得噪声功率增加为原来的N倍，从而降低了信道化接收机的信噪比；另一个就是频段折叠式信道化接收机存在频率模糊的问题，即当接收到的信号处于两个不同的频段且经过第一级变频后频率相等时，频段折叠式信道化接收机将无法识别具体的信号频率。频率模糊问题需要利用关联器将输入信号和输出的信号相互关联并进行比较来消除。

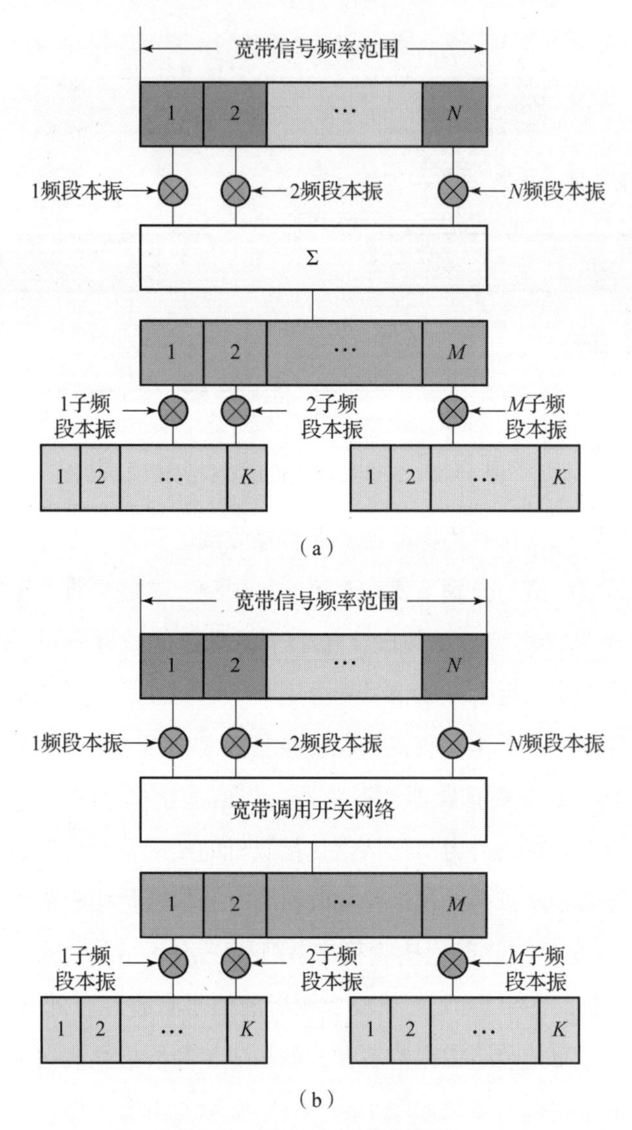

图 4-3 电模拟信道化接收机

(a) 频段折叠式信道化接收机；(b) 时分信道化接收机

如图 4-3 (b) 所示，时分信道化接收机与频段折叠式信道化接收机的结构类似。两者的主要区别在于时分信道化接收机不是将所有频段叠加在一起，而是利用宽带调用开关网络通过时分复用的方式依次处理每个频段的信号。虽然时分信道化接收机简化了系统结构，减少了混频器、滤波器的使用。但是，时分复用的方式增加了接收机的处理时延，降低了接收机的截获概率。

作为模拟信道化接收机的核心器件，信道化接收机中的滤波器最初采用的是 LC 参数滤波器。LC 参数滤波器存在调试困难、体积与重量大的缺点，阻碍了模拟信道化接收机的发展。随着科学技术的发展，多种新型的器件，如表面声波（SAW）滤波器、静磁波（MSW）滤波器、体声波（BAW）滤波器也被逐渐应用于信道化接收机中来提升模拟信道化接收机的性能。此外，模拟信道化接收机除了基于电滤波器组的结构外，还有一些其他实现方式。如声光（AO）信道化接收机。其基本原理是激光照射到布拉格光栅上，射频信号通过换能器加载到布拉格光栅上。射频信号通过声光效应来改变布拉格光栅的折射特性，当射频信号频率改变时，布拉格光栅衍射光的方向会发生改变。因此，可通过判断光的衍射方向来辨别接收信号的频率。但受限于当时的制造工艺，该类信道化接收机的性能表现相对较差。声光信道化接收机作为微波光子信道化接收机的雏形，逐渐演化成了 4.2 节所述的基于自由空间光学的微波光子信道化接收机。

4.1.2　电数字信道化接收机

模拟信道化接收机需要大量的混频器、滤波器，导致系统结构复杂、体积与重量大、功耗和成本高。同时，随着 ADC、集成电路和数字信号处理（DSP）等技术的发展，数字信道化接收机逐渐成为研究热点，多种数字信道化接收机被相继提出并逐渐应用于新一代电子系统中。

如图 4 -4 所示，数字信道化接收机的思想是将 ADC 置于天线后，直接对接收到的信号进行 ADC 处理，通过在数字域构建数字滤波器组来进行信道的划分，利用数字处理技术集成度高、灵活性好等特点，来解决电模拟信道化接收机所面临的难题。数字信道化接收机按照结构又可分为单通道的数字信道化接收机、基于快速傅里叶变换（FFT）的数字信道化接收机和基于多相滤波器组的数字信道化接收机。

单通道的数字信道化接收机的结构如图 4 -5 所示，它由多个具有完整结构的数字接收机并联而成。数字信号被输入各接收机之后，先进行数字下变频（DDC），然后利用数字有限冲激响应（FIR）滤波器进行信道的选择，再抽取滤

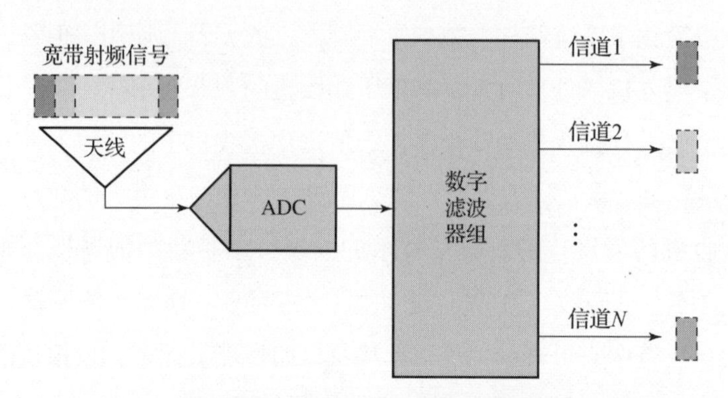

图 4-4　数字信道化接收机的结构

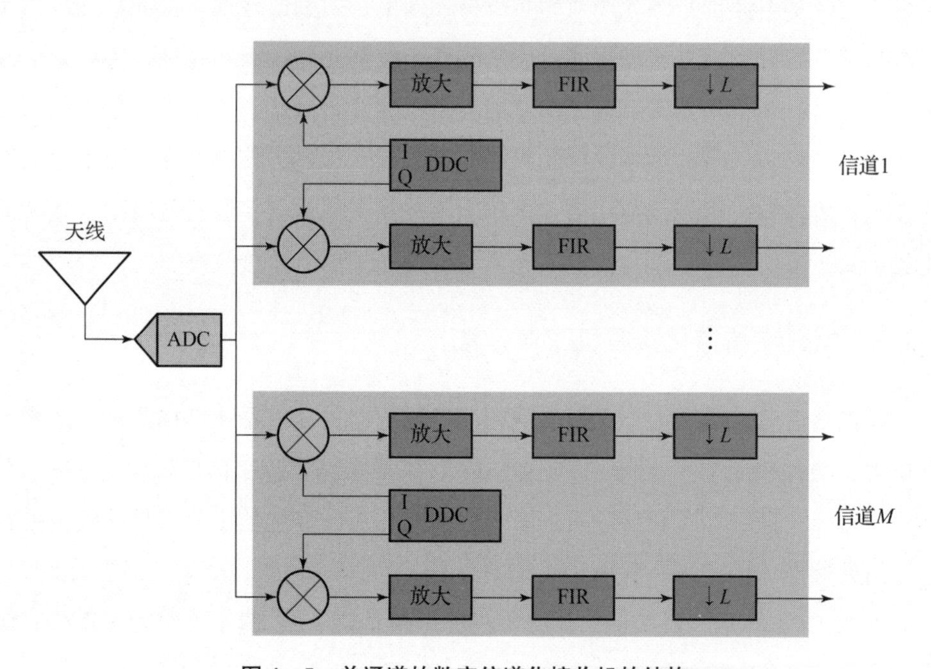

图 4-5　单通道的数字信道化接收机的结构

波（$\downarrow L$）之后就是各信道的信号。单通道的数字信道化接收机也可采用多级滤波来提高信道的分辨率。单通道的数字信道化接收机中的各个接收机的载频、带宽均独立可调，具有很高的灵活性。但是由于每个接收机的结构都比较复杂，数据存储需求量大，因此单通道的数字信道化接收机一般用于信道数较少的情况，如 4~8 个信道时才会采用单通道的数字信道化接收机。为了解决单通道的数字信道化接收机可处理信道数较少的问题，基于 FFT 的数字信道化接收机被提出。

基于 FFT 的数字信道化接收机的结构如图 4－6 所示，射频信号经过 ADC 之后，首先经过 FFT 到频域，通过在频域建立滤波器组来实现宽带信号的信道划分。然后再通过逆快速傅里叶变换（IFFT）将信号恢复到时域，从而得到各信道的信号。但频域滤波器组的响应一般为阻带衰减低的 sinc 函数，为了提升滤波器的性能，可利用时域加窗来处理，即基于短时傅里叶变换的数字信道化接收机。由于避免了数字下变频，相对于单通道的数字信道化接收机，基于 FFT 的数字信道化接收机运算效率高，可实现均匀、多信道的信道化接收。

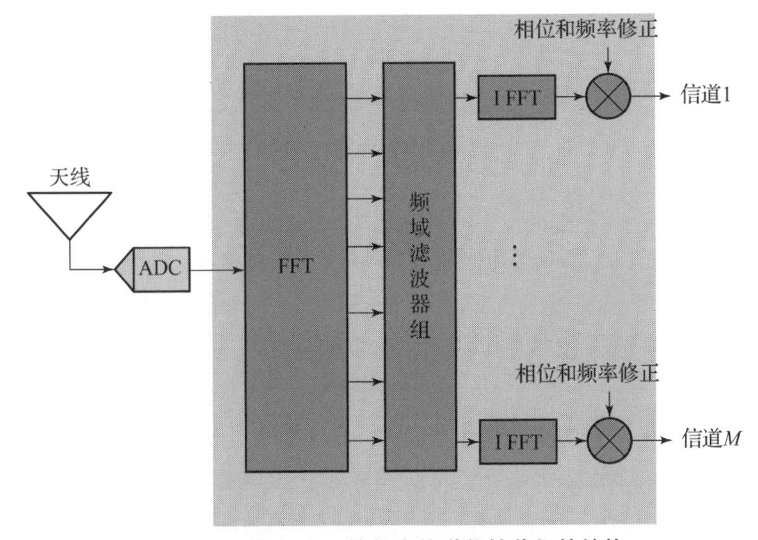

图 4－6　基于 FFT 的数字信道化接收机的结构

虽然基于 FFT 的数字信道化接收机可通过时域加窗来提升性能，但时域加窗不可避免地会增加计算量。为了进一步减小计算量，学者们提出了基于多相滤波器组的数字信道化接收机，其结构如图 4－7 所示。根据“整带抽取”理论，若滤波器组把整个频带均匀划分为 D 个子带，再对滤波后的数据进行 D 倍抽取（$D\downarrow$）而不会对信号造成频谱上的混叠。将滤波抽取运算用多相滤波结构［$h_{K-1}(m)$为滤波器的多相分解］表示并进行综合之后，就构成了基于多相滤波器组的数字信道化接收机。与此同时，根据抽取的等效关系可将抽取因子移到滤波器之前来简化运算。相较于单通道的数字信道化接收机和基于 FFT 的数字信道化接收机，基于多相滤波器组的数字信道化接收机具有运算效率高的优点，是目前应用最多的数字信道化接收机。

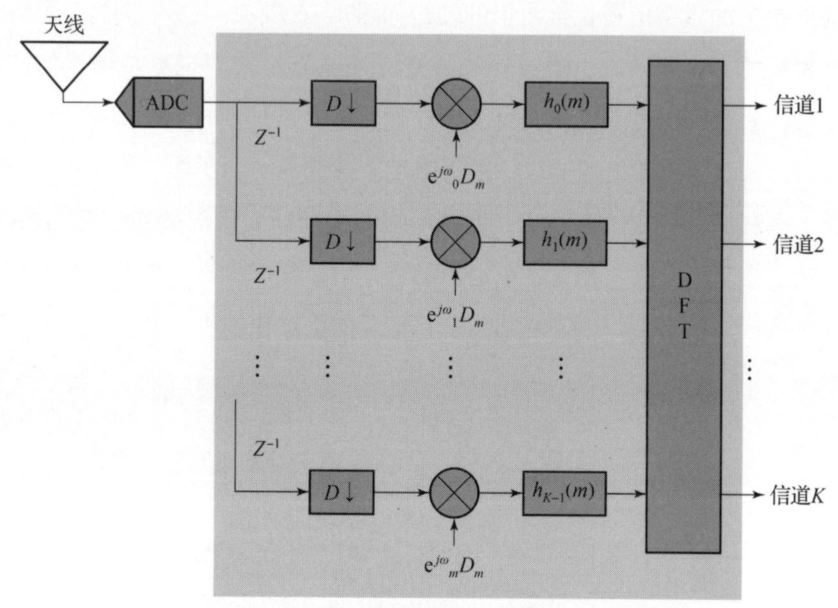

图 4-7　基于多相滤波器组的数字信道化接收机的结构

4.1.3　基于微波光子技术的信道化接收机

虽然数字信道化接收机具有集成度高、灵活性好等优点，但由于现有 ADC 采样率有限，难以实现大带宽信号的直接采样，因此数字信道化接收机也无法直接应用到未来的高频段、大带宽的电子系统中。为了解决这个问题，结合微波光子技术优势，基于微波光子技术的信道化接收机被提出并逐渐成为研究热点。微波光子信道化接收机具有大带宽、低损耗、无电磁干扰、体积小与重量轻等优势，一方面很好地解决了电模拟信道化接收机存在的系统结构复杂与体积、重量和功耗大的问题；另一方面也很好地避免了数字信道化接收机面临的 ADC 采样能力不足的难题。因此，微波光子信道化接收机是信道化接收机的一个重要发展方向。

微波光子信道化接收机的结构如图 4-8 所示，主要包括光源、电光转换、光域信道划分、微波光子变频与光电转换等模块。

光源模块生成的光载波或光频梳输入电光转换模块，电光转换模块将宽带射频信号调制到光载波/光频梳上，调制后的光信号输入光域信道划分模块中利用光滤波器实现宽带信号的信道划分，信道划分后的信号输入微波光子变频模块中

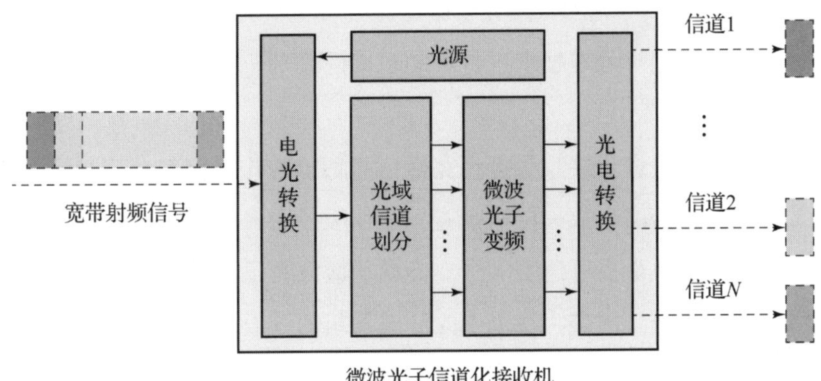

图 4-8 微波光子信道化接收机的结构

实现多信道信号的同中频变频，变频后的信号输入光电转换模块中利用光电探测器完成光信号到电信号的转换。实际系统中，不同的微波光子信道化接收机根据功能的不同，内部结构可能会有所区别，各模块间的关系也可能会有所变化。例如：某些微波光子信道化接收机只需要进行频率测量，不需要实现同中频信道化，因此没有微波光子变频模块；某些微波光子信道化接收机采用电滤波代替光滤波，因此不存在光域信道划分模块。

4.1.4 微波光子信道化接收机的技术指标

微波光子信道化接收机的主要技术指标包括工作频段、信道带宽、信道个数、信道间隔离度、信道幅频响应、信道 SFDR 等，各指标含义如下。

1. 工作频段

工作频段表示信道化接收机可接收信号的频率范围。现有微波光子信道化接收机的工作频段最高可达到 15.5 ~ 37.1 GHz。作为电光转换/光电转换的重要器件，电光调制器/光电探测器的工作带宽会限制微波光子信道化接收机的工作频段。现有商用电光调制器/光电探测器的带宽均已达到 DC – 100 GHz，因此未来的微波光子信道化接收机的工作带宽有望达到 DC – 100 GHz。

2. 信道带宽

信道带宽表示信道划分后每个信道所占的带宽。现有微波光子信道化接收机信道带宽一般为 GHz 级别，这主要是考虑到现有电子技术的处理带宽一般最大为 GHz 级别。因此，可先用微波光子信道化接收机将大带宽信号划分为多个 GHz 级别的信号，再用电子处理技术进行细颗粒度的处理。

3. 信道个数

信道个数表示信道化接收机可将宽带信号划分为几个信道。一般而言，为覆盖整个工作频段，信道个数 × 信道带宽 = 工作频段所占带宽。现有微波光子信道化接收机的信道个数最多可达 184 个。不同的微波光子信道化接收机，信道个数的限制因素各不相同。例如，在基于光滤波器组的微波光子信道化接收机中，光滤波器的个数决定了信道个数。在基于光频梳的微波光子信道化接收机中，光频梳的梳线数决定了信道个数。

4. 信道间隔离度

信道间隔离度定义为本信道中信号的功率与泄漏到其他信道中信号的功率之比。信道间隔离度可表示为

$$\mathrm{CI}_{mn}=10\cdot\lg\left(\frac{P_m}{P_{m-n}}\right) \tag{4-1}$$

式中，CI_{mn}为第 m 个信道与第 n 个信道之间的隔离度；P_m 为第 m 个信道中信号的功率；P_{m-n}为第 m 个信道的信号泄漏到第 n 个信道中的信号功率。按照信道是否相邻，信道间隔离度可分为相邻信道间隔离度和非相邻信道间隔离度。

不同的微波光子信道化接收机中，限制信道间隔离度的因素也各不相同。信道间隔离度较差的多为基于光滤波器的微波光子信道化接收机，这主要是因为光滤波器滚降系数一般比较小，导致本信道中的信号泄漏到相邻信道中。

5. 信道幅频响应

信道幅频响应指的是信道中信号功率随频率的响应曲线。微波光子信道化接收机采用的器件主要分为光器件和电器件。由于光器件的 3 dB 带宽一般都很大，而电器件的 3 dB 带宽相对较小，因此，微波光子信道化接收机的信道幅度响应主要受限于系统中包含的电微波器件的幅频响应。例如电 90°耦合器、电分路器、电移相器等，这些器件在高频处具有严重的频率相关性。

6. 信道 SFDR

信道 SFDR 表示信道化接收机允许射频信号输入功率的范围，其最小功率为基波功率等于噪底时的输入功率，最大功率为 n 阶交调（一般为三阶交调）功率

等于噪底时的输入功率。微波光子信道化接收机的信道 SFDR 主要受到光源相对强度噪声、电光调制器的非线性、光放大器的自发辐射噪声、光电探测器的非线性、散粒噪声以及系统的热噪声等因素的影响。其中，电光调制器的非线性为 SFDR 的主要限制因素。

4.2　基于自由空间光学的微波光子信道化接收机

早期的微波光子信道化接收机多为基于自由空间光学的微波光子信道化接收机，该类信道化接收机的原理如图 4－9 所示。

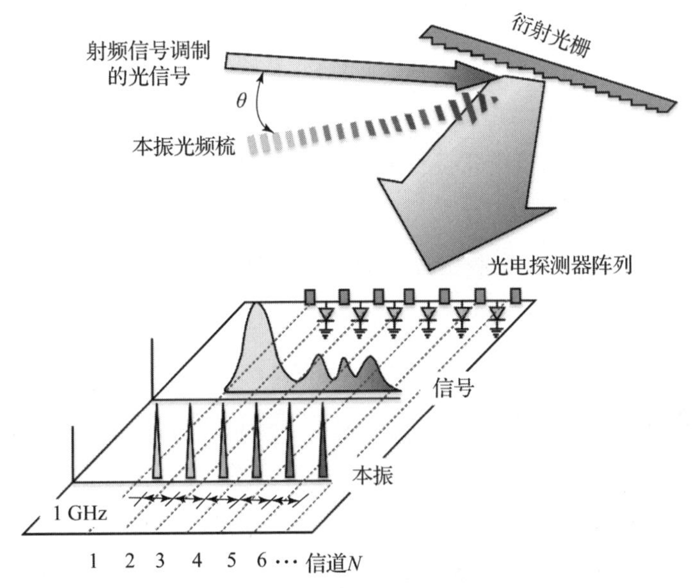

图 4－9　基于自由空间光学的微波光子信道化接收机的原理

射频信号先经过一个电光调制器调制到光载波上，调制后的光信号和本振光频梳信号分别以不定的角度照射到衍射光栅上。其中，本振光频梳被衍射光栅均匀地反射到不同信道的中心位置，射频调制的光信号随着所调制信号频率的不同，也会被分别反射到不同的信道中。最后通过在不同的信道处分别放置光电探测器来实现每个信道的光电转换，从而完成宽带射频信号的微波光子信道化接收。该类微波光子信道化接收机的起始频率取决于射频信号前的光载波与本振光频梳第一条梳线的频差，工作带宽取决于本振光频梳的 FSR（自由频谱区），信道个数取决于本振光频梳的梳线数，信道带宽取决于本振光频梳的梳线间隔。该信道化接收机的理论工作频段为0~100 GHz，信道数可达100个，信道带宽为1 GHz。

根据分光器件的不同，研究学者还曾提出过许多其他基于自由空间光学的微波光子信道化接收机。该类信道化接收机可追溯到1982年，美国海军研究实验室的E. M. Alexander等提出了一种利用色散器件来实现分光的自由空间光学微波光子信道化接收机，并指出色散器件可采用法布里－珀罗腔标准具或衍射光栅来实现。该信道化接收机可支持工作频段为0.5~18 GHz的信道化接收，每个信道的带宽均为1 GHz。然而，由于该信道化接收机没有经过实验验证，所以其实际性能难以确定。因此，在1984年，他们对基于FP腔标准具的自由空间光学微波光子信道化接收机进行了实验研究。实验结果表明，该信道化接收机可将频率为100~1 000 MHz的宽带信号划分为多个带宽为70 MHz的窄带信号。在1987年，他们又对基于阶梯衍射光栅的自由空间光学微波光子信道化接收机进行了实验研究。实验结果表明，该信道化接收机可将频段为1~18 GHz的宽带信号划分到23个信道中，每个信道带宽均为0.74 GHz。另外，1998年，英国国防评估和研究机构的W. Dawber等对基于FP腔标准具的自由空间光学微波光子信道化接收机进行了改进，将其工作频段提高到500 MHz~8 GHz，信道数增加到16个，信道带宽提高至500 MHz。2006年，澳大利亚Cochlear公司的Steve T. Winnall等还提出了一种利用菲涅尔透镜来实现分光的自由空间光学微波光子信道化接收机，并实验验证了工作频段为1~23 GHz的信道化接收机。该信道化接收机共11个信道，每个信道带宽均为2 GHz。该信道化接收机通过将菲涅尔透镜和光电探测器集成在一起，减小系统的体积与重量。

作为早期研究最多的微波光子信道化接收机，该类接收机可实现较多信道数的信道化接收。但是由于是基于自由空间光学技术，该类接收机一般体积相对较大、防震性能差、系统损耗相对较高。

4.3 基于时分复用的微波光子信道化接收机

除了基于自由空间光学的微波光子信道化接收机外，另一类信道化接收机是基于时分复用的微波光子信道化接收机，该接收机的结构如图4－10所示。激光器输出的光载波输入电光调制器中，调制后的光信号输入基于 FP 腔的可调光滤波器中。FP 腔可调光滤波器通带响应如图 4 - 11 所示。信号发生器生成梯形波来驱动可调光滤波器，使可调光滤波器依次滤出不同信道的光信号，滤出的光信号输入光电探测器中进行光电转换，转换后的电信号输入阴极射线示波器（CRO）中。由于 CRO 也同时受到信号发生器生成的梯形波的触发，因此可根据 CRO 的显示结果来判断出天线接收到的射频信号的频率。该类微波光子信道化接收机的起始频率取决于光载波与可调光滤器第一个通带中心频率的频差，信道带宽取决于可调光滤器的通带带宽，工作频段取决于可调光滤波器的调节范围。

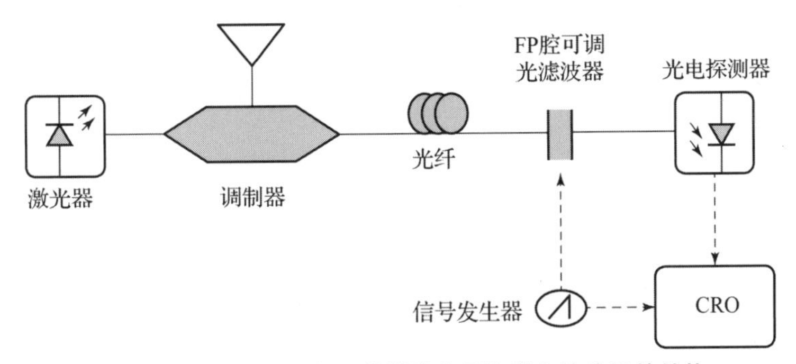

图 4 - 10　基于时分复用的微波光子信道化接收机的结构

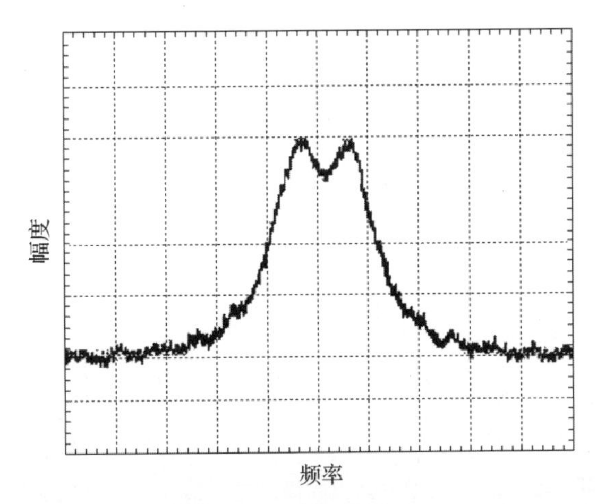

图 4 - 11　FP 腔可调光滤波器通带响应（垂直刻度：500 mV/格，水平刻度：56 MHz/格）

实验结果表明，该信道化接收机可实现 40 GHz 带宽内射频信号的频率识别，分辨率（信道带宽）为 90 MHz。此外，2009 年，瑞典 Acreo AB 公司旗下光纤光子学部门的 P. Rugeland 等还提出了基于电控可调光纤布拉格光栅的时分微波光子信道化接收机，利用 FBG 通带较窄的优点，将该类信道化接收机的分辨率提高至 54 MHz。同年，渥太华大学微波光子研究实验室的 Honglei Guo 等提出了基于可集成的电控可调阶梯光栅的时分微波光子信道化接收机。实验结果表明，该方案可实现 15 GHz 带宽内射频信号的频率识别，分辨率为 1 GHz。虽然分辨率比较低，但是该方案采用的是集成器件，具有体积小、质量轻等优点。

基于时分复用的微波光子信道化接收机具有结构简单、容易实现等优点，但是由于采用的是时分复用的工作方式，该类接收机均存在扫描时间长的缺点，无法实现瞬时的信道化接收。

4.4 基于光滤波器组的微波光子信道化接收机

基于自由空间光学的微波光子信道化接收机存在体积庞大、系统损耗相对较高等问题。此外，基于时分复用的微波光子信道化接收机存在信号截获概率低的问题。因此，微波光子信道化接收机开始尝试采用基于光滤波器组的方案，该方案的结构如图 4－12 所示。

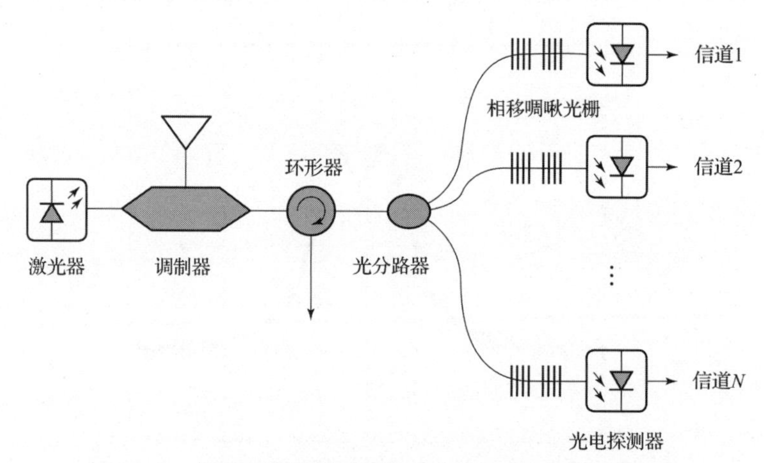

图 4－12　基于光滤波器组的微波光子信道化接收机的结构

激光器输出的光载波输入调制器中，调制后的光信号经过光分路器分为多路，在每一路中分别利用中心频率不同、带宽相同的相移啁啾光栅滤波器来实现信道的划分，利用相移啁啾光栅滤波器通带较窄的特点，实现窄信道带宽的微波光子信道划分。图 4－13 为不同通道中的相移啁啾光栅滤波器的通带响应，可以看出，不同通道中的相移啁啾光栅滤波器的通带具有不同的中心波长，但它们的带宽均相同。信道划分后的光信号分别经过光电探测器实现光电转换，最终完成宽带射频信号的信道化接收。该类微波光子信道化接收机的起始频率取决于光载波与第一个相移啁啾光栅通带中心频率的频差，信道带宽取决于相移啁啾光栅的通带带宽，信道个数取决于相移啁啾光栅的个数。

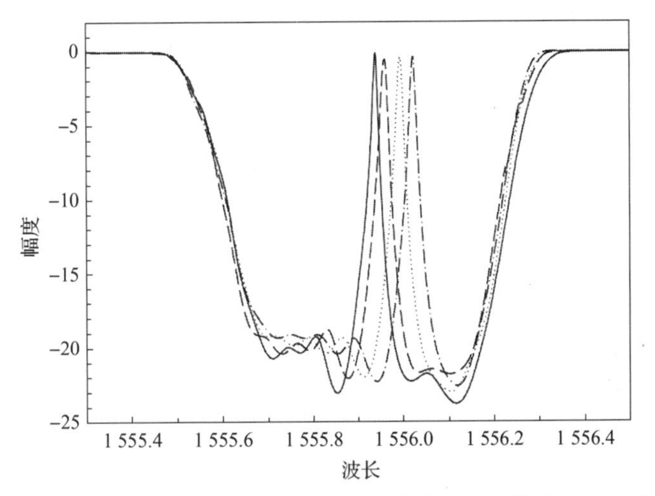

图 4 – 13　不同通道中的相移啁啾光栅滤波器的通道响应（垂直单位：dB；水平刻度：nm）

图 4 – 12 中光环形器的作用是隔离相移啁啾光栅反射的光信号，防止其反射到激光器中影响到激光器的工作状态，进而影响激光器的稳定性。受限于当时的制造工艺，该方案中相移啁啾光栅滤波器通带的 3 dB 带宽最窄仅为 2 GHz。因此，该方案只实验验证了信道带宽为 2 GHz 的微波光子信道化接收，可接收的信号频段范围为 2 ~ 18 GHz。此外，1998 年，英国国防评估研究局的 John M. Heaton 等还曾提出过利用电光波导延迟线组来实现信道划分的微波光子信道化接收机方案，该方案可实现工作频段为 1 ~ 16 GHz、16 个信道的微波光子信道化接收，每个信道带宽均为 1 GHz。2008 年，美国诺斯罗普 · 格鲁曼公司的 Anastasios P. Goutzoulis 等还提出了基于微环滤波器组的微波光子信道化接收机方案，该信道化接收机可实现工作频段为 2 ~ 18 GHz 的信道化接收，共 16 个信道，每个信道带宽均为 1 GHz。

基于光滤波器组的微波光子信道化接收机，虽然在实际系统中容易实现，但是信道划分的性能严重取决于光滤波器的性能。由于光滤波器存在阻带衰减慢的问题，因此该类接收机难以实现高信道间隔离度的信道划分。与此同时，光滤波器通带的中心频率易受温度影响，进而会影响到接收机的稳定性。

4.5 基于光频梳和周期光滤波器的微波光子信道化接收机

基于光滤波器组的信道化接收机方案需要多个光滤波器，为了减少光滤波器的使用，学者们提出了基于光频梳和周期光滤波器的微波光子信道化接收机方案，该方案结构和原理如图 4 – 14 所示。

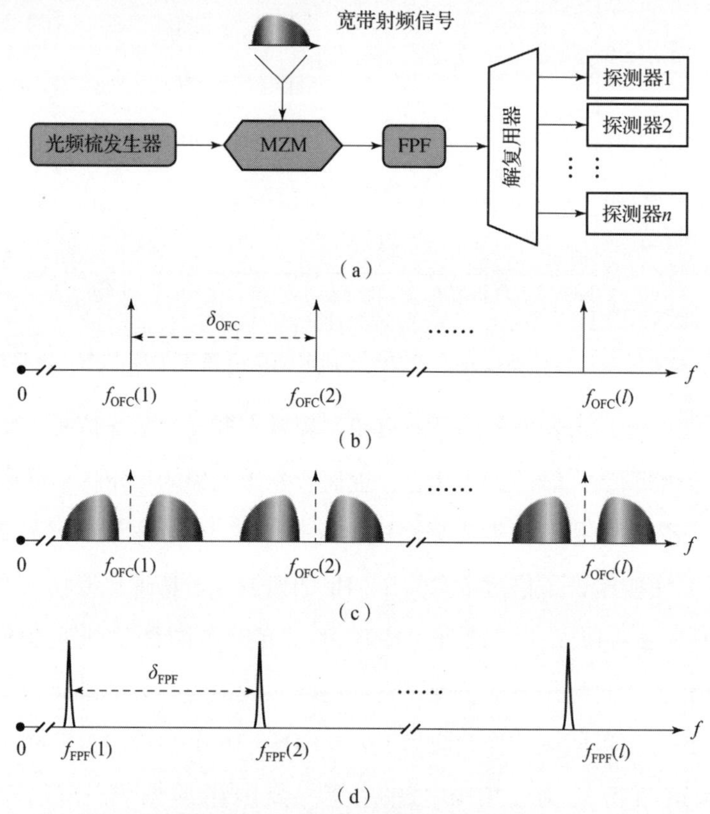

图 4 – 14 基于光频梳和周期光滤波器的微波光子信道化接收机的结构和原理

(a) 基于光频梳和周期光滤波器的微波光子信道化接收机的结构；(b) 光频梳输出光信号示意图；(c) 宽带射频信号调制后光边带示意图；(d) 周期光滤波器通带示意图

如图 4 – 14 (b) 所示，光频梳发生器生成 FSR 为 δ_{OFC} 的多线光频梳，光频梳的每条梳线的频率可表示为

$$f_{OFC}(k) = f_{OFC}(1) + (k-1)\delta_{OFC} \tag{4-2}$$

式中，$f_{OFC}(1)$表示光频梳的第一条梳线的频率。

接收到的射频信号经过马赫-曾德尔调制器分别调制到光频梳的每条梳线上，调制方式为抑制载波双边带调制（CS-DSB）。调制后的光信号如图4-14（c）所示，可以看出，每条梳线附近均存在射频信号的1阶光边带。假设接收到的射频信号的频率为f_{RF}，调制后的射频上边带可表示为

$$f_{OFC}(k)=f_{OFC}(1)+(k-1)\delta_{OFC}-f_{RF} \tag{4-3}$$

调制后的光信号输入通带间隔为δ_{FPF}的周期光滤波器（FPF）中。FPF的第l个通带的频率响应为

$$S_{FPF}(l)=S_0\{f-[f_{FPF}(1)+(l-1)\delta_{FPF}]\} \tag{4-4}$$

式中，$f_{FPF}(1)$为FPF的第一个通带的中心频率；S_0为通带的响应轮廓，可由式（4-5）给出：

$$S_0(f)=\frac{(\pi B_{SO})^2}{(\pi B_{SO})^2+(2\delta_{FPF})^2\sin^2\left(\dfrac{\pi f}{\delta_{FPF}}\right)},\quad -\frac{\delta_{FPF}}{2}<f<\frac{\delta_{FPF}}{2} \tag{4-5}$$

式中，B_{SO}为FPF的半波全宽。

如图4-14（d）所示，由于光频梳的梳线和FPF通带的间隔不同（$\delta_{OFC}\neq\delta_{FPF}$），通过合理设置光频梳和FPF的通带间隔和起始频率，FPF可依次分别滤出每条梳线调制后射频信号上边带中不同频率处的光信号。此时，FPF滤出光信号的强度可表示为

$$I_{out}(l)=S_0\{(f_{OFC}(1)-f_{FPF}(1))-(l-1)(\delta_{FPF}-\delta_{OFC})-f_{RF}\} \tag{4-6}$$

此处需要指出的是，因为考虑到$0<f_{RF}<\delta_{FPF}/2$且$B_{SO}\ll\delta_{FPF}$，上述分析过程中忽略了MZM调制后射频信号的下边带。这是因为FPF之后，射频信号的上边带基本被滤掉，可忽略不计。

然后利用通带间隔与FPF相同的光解复用器将周期光滤波器每个通带中的信号分开，分别输入光电探测器中实现光电转换，即可完成宽带信号的信道化接收。由式（4-6）可知，此信道化接收机的信道带宽与FPF通带的带宽相同，均为B_{SO}。上述分析过程针对的是$\delta_{FPF}>\delta_{OFC}$的情况，其实该类接收机在$\delta_{FPF}<\delta_{OFC}$时同样适用，但是此时应对上述公式做出相应的改变。该类微波光子信道化接收机的起始频率取决于光频梳第一条梳线与其相邻FPF滤波器通道中心频率的频

差，信道带宽取决于 FPF 滤波器的通带带宽，信道个数取决于光梳的梳线数。

实验验证中的光频梳采用多个 PM 与电吸收调制器（EAM）依次级联的方式来生成，为 6 线光频梳，其 FSR 为 39 GHz。FPF 的通带间隔为 40 GHz，3 dB 带宽为 400 MHz，$f_{\mathrm{OFC}}(1)$ 与 $f_{\mathrm{FPF}}(1)$ 两者之差为 13 GHz。由此可知，该信道化接收机的起始频率为 13 GHz，通道带宽为 400 MHz，通道间隔为 1 GHz。

接收到的射频信号经过 CS－DSB 调制到光频梳上，MZM 输出信号的光谱如图 4－15（a）中实线所示，图 4－15（a）中虚线为 FPF 的通带响应。由图可知，FPF 的通带分别位于调制后射频信号上边带处的不同频率处。当用频率为 8 GHz 的单音信号来模拟接收到的射频信号时，FPF 输出信号的光谱如图 4－15（b）所示。可以看出，此时只有子信道 6 检测到了信号，相邻信道间隔离度为 19.52 dB。

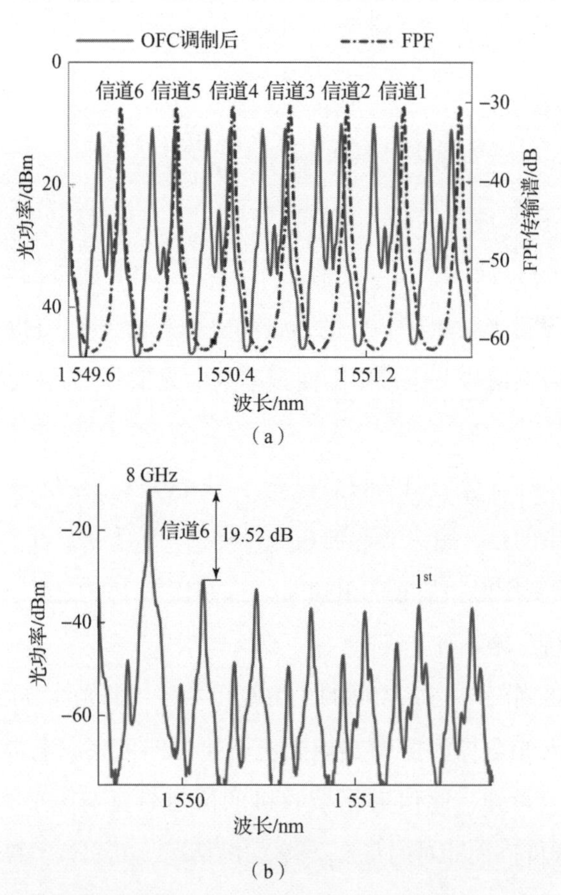

图 4－15 MZM 输出信号光谱和 FPF 的通带响应及频率为 8 GHz 时 FPF 端光谱

（a）MZM 输出信号光谱和 FPF 的通带响应；（b）FPF 输出信号的光谱

当用频率为 9 GHz、10 GHz、11 GHz、12 GHz 的单音信号来模拟接收到的射频信号时，FPF 输出信号的光谱如图 4－16（a)、(d）所示。可以看出，此时分别只有信道 5、信道 4、信道 3、信道 2 检测到了信号。图 4－16（e)、(f）为当射频频率为 8 GHz 和 10 GHz 时 FPF 输出信号的光谱和各信道的功率。由图可知，

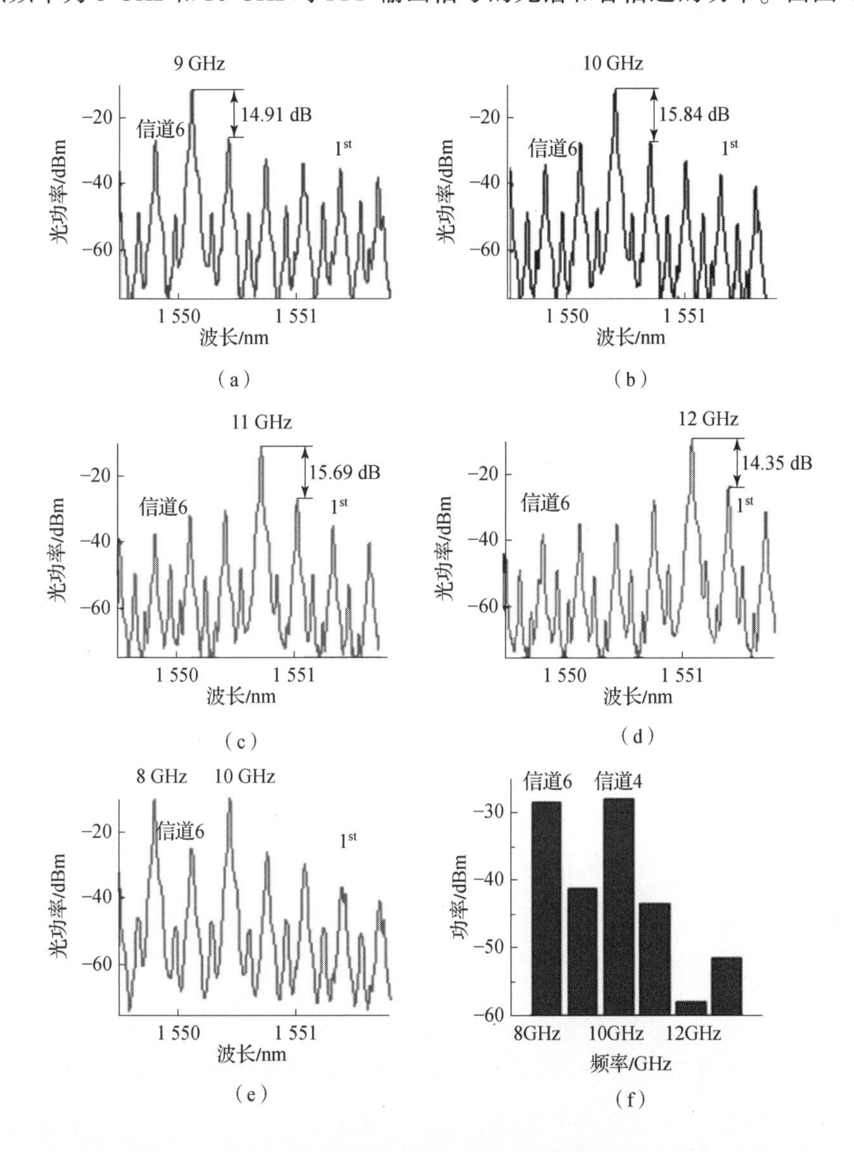

图 4－16 FPF 输出信号的光谱

射频频率分别为（a）9 GHz、(b）10 GHz、(c）11 GHz、(d）12 GHz 时输出信号的光谱及（e）当射频频率为 8GHz 和 10 GHz 时 FPF 输出信号的光谱（f）和各信道的功率

此时只有信道 6 和信道 4 中信号的功率较大，即接收到的信号中存在频率为 8 GHz 和 10 GHz 的信号，该信道化接收机成功地实现了射频信号的频率测量。实验结果表明，该信道化接收机的工作频段为 8 ~ 13 GHz，可实现 5 个信道的信道划分，每个信道带宽均为 1 GHz。

该类信道化接收机最初是由美国 ITT（International Telephone and Telegraph Corporation，国际电话电报公司）的 Fred Allan Volkening 等在 2007 年提出的，最初方案中的光频梳是将多个波长不同的激光器耦合在一起来实现的，由于需要多个不同波长的激光器，光梳的梳线间存在不相干的问题，系统的稳定性差。为了简化光频梳发生器结构，国内外研究学者们还相继提出了许多其他方案。2010 年，西南交通大学信息光子与通信研究中心的邹喜华等提出了一种宽谱光与周期滤波器级联生成光频梳与 FPF 级联来实现信道化接收机的方案。该方案利用宽谱光与周期光滤波器级联来实现光频梳，可实现 35 GHz 带宽范围内的信道化接收，共 7 个信道，每个信道带宽均为 5 GHz；2011 年，美国加州大学圣地亚哥分校电气工程系的 Camille - Sophie Brès 等提出了利用参量混频器来生成光频梳与 FPF 级联来实现信道化接收机的方案，但该方案只能实现工作频段为 5 ~ 8 GHz 的信道化接收，共 4 个信道，每个信道带宽均为 1 GHz。为此，他们在同年对上述方案进行了改进，将工作频段提高为 0 ~ 15 GHz，信道数增加至 30 个，每个信道带宽为 500 MHz；2012 年，浙江大学信息科学与电子工程系的 Ze Li 等还提出了 MZM 与 MZM 级联来生成光频梳与 FPF 级联来实现信道化接收机的方案，该方案可实现工作频段为 0.5 ~ 11.5 GHz、11 个信道、每个信道带宽均为 1 GHz 的信道化接收。

根据周期光滤波器实现方式的不同，国内外研究学者还提出了许多其他基于光频梳和周期光滤波器的微波光子信道化接收机方案。2014 年，南京航空航天大学雷达成像与微波光子技术教育部重点实验室的 Xiaowen Gu 等提出了一种光频梳结合串联式非对称双环谐振腔周期光滤波器的微波光子信道化接收机方案，并实验验证了工作频段为 1 ~ 9 GHz、5 个信道、每个信道带宽均为 2 GHz 的信道化接收；2013 年，西南交通大学信息光子与通信研究中心的邹喜华等提出了一种多波长光源结合受激布里渊散射来实现周期滤波的微波光子信道化接收机方案，并实验验证了 5 个信道的信道化接收。该方案具有信道带宽可调谐的优点，信道带宽可分别调节为 40 MHz、60 MHz、90 MHz。同时，信道间隔可分别调节为50 MHz、70 MHz、80 MHz。

与此同时，研究学者们还研究了如何对上述方案进行改进，以实现更多信道数的信道化接收。2013年，中国科学院半导体研究所集成光电子学国家重点联合实验室的Lixian Wang等提出了利用偏振复用光频梳结合周期光滤波实现微波光子信道化接收机的方案，该方案通过光频梳的偏振复用来增加信道个数，可使信道化接收机的信道个数翻倍。但该方案仅有仿真分析，没有具体的实验验证。仿真分析表明，该方案可实现工作频段为0.5~18.5 GHz的信道化接收，信道个数为18个，每个信道带宽均为0.5 GHz。2018年，电子科技大学光纤传感与通信教育部重点实验室的Huan Huang等提出了一种基于多波长光源与FPF级联的微波光子信道化接收机方案。区别于其他方案只对双边带其中一个边带进行滤波，该方案分别对双边带的两个边带进行滤波，从而提高了光边带的利用率，使得信道个数成倍增加。由于多波长光源只能生成3个子载波，因此该方案只实验验证了工作频段为0~5 GHz的信道化接收，共5个信道，每个信道带宽均为1 GHz。但由于光滤波器存在阻带衰减慢的问题，因此基于光滤波器的信道化接收机难以实现高信道间隔离度的信道划分。

作为基于光滤波器组的微波光子信道化接收机的进一步改进，基于光频梳和周期光滤波器的微波光子信道化接收机极大程度地减小了系统的体积与重量。但是，周期光滤波器仍然存在阻带衰减慢、通带中心频率不稳定的问题，这导致该类接收机也难以实现高信道间隔离度、高稳定度的微波光子信道化接收。

4.6　基于双光频梳的微波光子信道化接收机

单光频梳的方案只用了一套光频梳，周期滤波后的光信号经过光电转换只能实现测频的功能，无法完全恢复接收到的信号。对此，研究学者们提出了基于双光频梳的相干微波光子信道化接收机，该类信道化接收机是目前研究最为广泛的微波光子信道化接收机，在介绍基于双光频梳的微波光子信道化接收机之前，需要先对该类接收机背后的物理原理——游标卡尺效应做一个简要的介绍。

游标卡尺由主尺与游标尺两部分组成，通过利用主尺刻度与游标尺刻度之间的差值实现对更小精度的测量读数。游标卡尺的读数由两部分组成：$L=(p+0.1\times$

q)mm，其中，p 为主尺的读数，q 为游标尺刻度与主尺刻度对其位置的读数。一般的游标卡尺主尺刻度为 1 mm，游标尺刻度为 0.9 mm，可实现精度为 0.1 mm 的测量。图 4－17 为用游标卡尺测量一个小球直径的结果，可以看出，该小球的直径为 $22+0.1\times6=22.6$ mm。

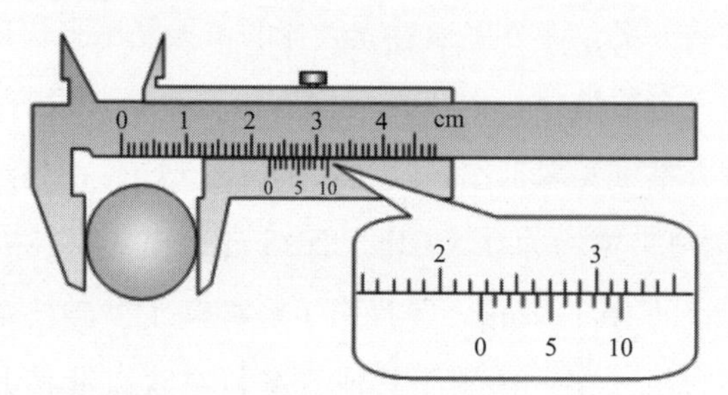

图 4－17　游标卡尺测量读数示意图

由游标卡尺的原理可知，当物体长度为 p mm（p 为整数）时，游标尺的 0 刻度会与主尺某一刻度对齐，而游标尺的 1、2、3、4……刻度与其位置后的主尺刻度的长度差依次为 0.1mm、0.2 mm、0.3 mm、0.4 mm……而当物体长度为 $(p+0.1\times q)$mm 时，游标尺的 q 刻度才会与其位置后的主尺刻度对齐。据此可根据对齐位置判断出物体的小精度读数。

基于双光梳的微波光子信道化接收机也是基于上述原理来实现宽带信号的信道化接收。该类接收机需要两套 FSR（光梳的 FSR）不同的光频梳分别作为本振光频梳（主尺）和信号光频梳（游标尺），然后在信号光频梳上调制射频信号，对本阵光频梳做适当的频移。图 4－18 为基于双光梳的微波光子信道化接收机的频谱示意图，图中 δ_{Sig} 和 δ_{LO} 分别为信号光频梳和本振光频梳的 FSR、$\Delta=\delta_{LO}-\delta_{Sig}$ 为信号光频梳和本振光频梳的 FSR 之差。

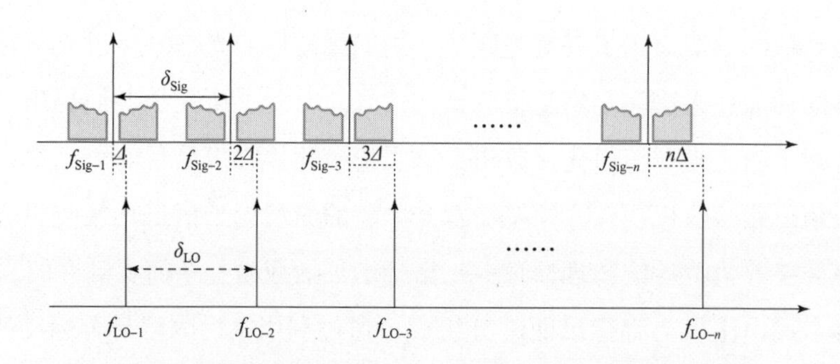

图 4－18　基于双光梳的微波光子信道化接收机的频谱示意图

由图 4－18 可知，射频信号调制到信号光频梳上时，会在射频光频梳的每条梳线附近形成上下光边带。通过调节本振光频梳的频移，可使信号光频梳和本振光频梳的第一根 FSR 为 Δ，此时信号光频梳和本振光频梳的第 n 根梳线之间的间隔为 $n\Delta = n(\delta_{\mathrm{LO}} - \delta_{\mathrm{Sig}})$。根据游标卡尺的原理，此时可根据不同本振梳线处带宽 Δ 内是否有信号（主尺刻度与游标尺刻度是否对齐）判断出射频信号的频率，即该微波光子信道化接收机的分辨率为 Δ。此外，还可通过调节信号光频梳和本振光频梳的第一根梳线的间隔来调节该信道化接收机的起始频率。

4.6.1　基于双光梳和周期光滤波器的微波光子信道化接收机

基于双光梳和周期光滤波器的微波光子信道化接收机的方案如图 4－19 所示，系统主要由双光频梳、马赫－曾德尔调制器、FP 滤波器和波分复用器（WDM）构成。

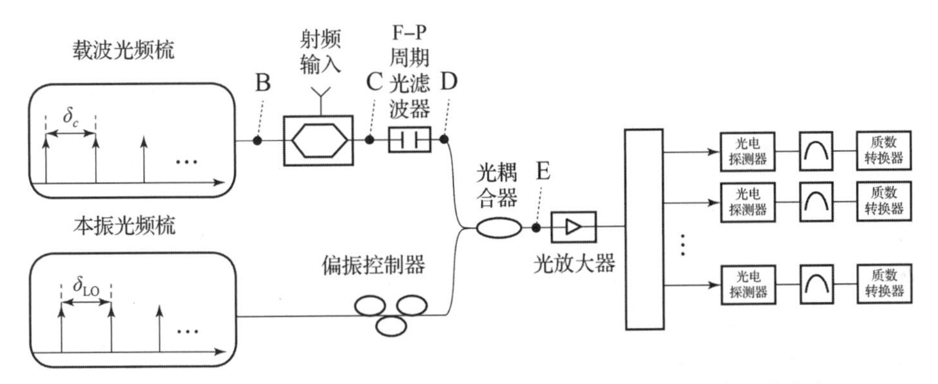

图 4－19　基于双光梳和周期光滤波器的微波光子信道化接收机的方案

注：B、C、D、E 与图 4－20 中 B、C、D、E 对应，图 4－20 中 B、C、D、E 为不同位置对应的光谱示意图。

图 4－20 为该方案的原理，其中图 4－20（a）为天线接收到的宽带射频信号。图 4－20（b）为载波光频梳，由一系列等频率间隔的光载波构成。通过 MZM 将天线接收到的宽带微波信号调制到载波 OFC 上，在载波 OFC 的每一个载波附近均产生调制光边带。如图 4－20（c）所示，本方案采用的是双边带载波抑制调制，在小信号调制情况下只考虑一阶上、下两个边带。如图 4－20（d）所示，然后用 FP 滤波器对调制边带进行光谱切片，设计 FP 滤波器的通带间隔（δ_{FP}）和载波 OFC 的 FSR 稍有不同（δ_c），因此基于游标效应，FP 滤波器的各个

通带分别滤波不同微波频带的信号。如图 4－20（e）所示，利用 FSR 为 δ_{LO} 的本振 OFC 与切片后的光边带耦合，并利用 WDM 将不同信道的光信号分离，最后用 PD 实现光电转换。

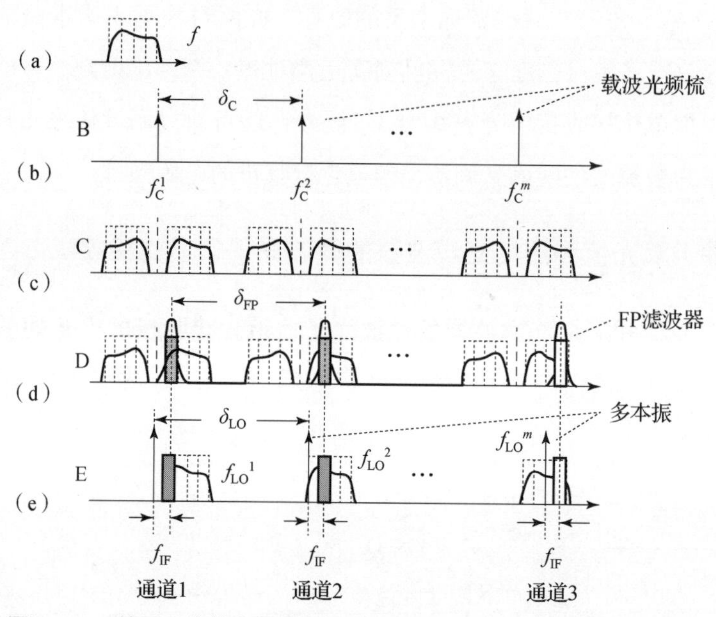

图 4－20　基于双光梳和周期光滤波器的微波光子信道化接收机原理

（a）宽带信号频谱示意图；（b）载波光频梳示意图；（c）信号光频梳经射频调制后的光谱示意图；（d）FP 滤波器位置示意图；（e）光电探测前信号的光谱示意图

注：B、C、D、E 与图 4－19 中 B、C、D、E 对应，为不同位置对应的光谱示意图。

设载波 OFC 和本振 OFC 的 FSR 分别为 δ_c 和 δ_{LO}，FP 滤波器的 FSR 和 3 dB 带宽分别为 δ_{FP} 和 δ_{BW}。根据信道化接收机的设计要求，需要确定 δ_c、δ_{LO}、δ_{FP} 和 δ_{BW} 这 4 个参数之间的关系。根据图 4－20（d）、（e）可知，各个信道的中心频率由 FP 滤波器通带的中心频率和附近本振光频梳梳线的频率差决定，因此只要满足 $\delta_{FP}=\delta_{LO}$，即可使各信道的输出具有相同的中频。如图 4－20（b）所示，载波 OFC 的第 m 个分量可表示为

$$f_c^m = f_c^1 + (m-1)\delta_{LO} \tag{4-7}$$

式中，f_c^1 为载波 OFC 第 1 个分量的频率。

假设第 m 个信道的 FP 滤波器通带的中心频率为 f_{FP}^m，则第 $m+1$ 个通带的中心频率为 $f_{FP}^m+\delta_{FP}$。因此第 m 和 $m+1$ 个信道对应的微波信号频率分别为

$$
\begin{aligned}
f_m &= f_{\mathrm{FP}}^{m} - [f_c^1 + (m-1)\delta_c] \\
f_{m+1} &= f_{\mathrm{FP}}^{m} + \delta_{\mathrm{FP}} - [f_c^1 + m\delta_c]
\end{aligned} \tag{4-8}
$$

信道化接收机通常要求相邻信道通带的 3 dB 带宽紧邻，从而不遗漏地监测整个微波频带，相邻信道的频率间隔为 FP 滤波器的 3 dB 带宽 f_{BW}，即 $f_{m+1} - f_m = \pm f_{\mathrm{BW}}$，因此

$$
\delta_{\mathrm{FP}} - \delta_c = \pm f_{\mathrm{BW}} \tag{4-9}
$$

只要同时满足式（4-8）和式（4-9），信道化接收机就能够实现全频带的信道划分与同中频变频。此外，相邻信道的下光边带的干扰，会限制系统可测量的频率范围是 $0 \sim \delta_c/2$。典型的 FP 光周期滤波器的频响曲线如图 4-21 所示，由图可知，该滤波器的通带响应形状因子较差。

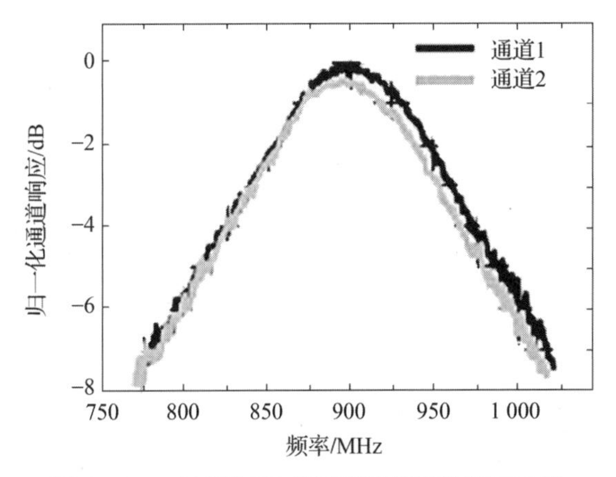

图 4-21　典型的 FP 光周期滤波器的频响曲线

因此，该方案中 FP 滤波器作为预选滤波器起到选择子频带的作用，用于防止带外信号造成的镜像干扰。鉴于 FP 滤波器的形状因子较差，因此在 ADC 转换前需要用中频带通滤波器进行抗混叠滤波。对本方案进行了双通道的微波光子信道划分实验验证，采用 FSR 为 52.12 GHz、3 dB 带宽为 120 MHz 的 FP 滤波器，完成了 9.74 ~ 9.98 GHz 宽带信号到两路 840 ~ 960 MHz 信号的信道划分。

上述信道化接收机中的光频梳是采用 MZM 来生成，梳线数相对较少，限制微波光子信道化接收机的信道数。为增加基于双光梳的相干微波光子信道化接收机的信道数，2014 年，美国加州大学圣地亚哥分校电信和信息技术研究所的 A. O. J. Wiberg 等提出了一种基于参数混频器来实现双光频梳，采用 FPF 来实现

信道划分的相干微波光子信道化接收机的方案，并实验验证了工作频段为 15.5~37.1 GHz、信道数为 18 个、每个信道带宽均为 1.2 GHz 的信道化接收。此外，2016 年，北京邮电大学信息光子学与光通信国家重点实验室的郝文慧等还提出了利用 PM 与 PM 级联生成双光频梳并利用 FPF 周期滤波来实现信道划分的相干微波光子信道化接收机方案，实验验证了工作频段为 0~20 GHz、共 20 个信道、每个信道带宽均为 1 GHz 的信道化接收。

4.6.2 基于双光梳和 SBS 滤波的微波光子信道化接收机

由于上述基于双光梳的方案中的 FP 光滤波器的带宽为百 MHz 级别，且形状因子差，需要结合电滤波器才可实现细颗粒度的信道划分，因此，2016 年南京航空航天大学电子信息工程学院雷达成像与微波光子技术教育部重点实验室的 Weiyuan Xu 等提出了基于偏振调制器实现双光频梳，并采用 SBS 滤波（带宽在几十 MHz 级别）来实现信道划分的相干微波光子信道化接收机方案，该方案可实现 5 个信道的信道化接收，摆脱了电滤波器的使用，信道带宽被降低为 80 MHz。

图 4-22 为该方案的结构，天线接收到的射频信号调制到信号光频梳上，调制后的光谱如图 4-22（a）所示。本振光频梳经由光环形器输入光分路器中分为两路，其中一路与调制后的信号光频梳分别正反向输入高非线性光纤（highly nonlinear fiber，HNLF）中，激发非线性光纤的 SBS 效应。如图 4-22（b）所示，由于本振光频梳梳线的频率不同，在偏离本振光梳的一定位置处分别存在一个 SBS 的增益谱，从而实现周期滤波的效果。本振光频梳的另外一路经过光反射镜反射后与周期滤波的信号光频梳耦合，然后输入波分解复用器中，经波分解复用器后分别输入 PD 中进行光电探测。

梳线数目为 n 的信号光频梳可表示为

$$E_{\text{sig}}(t) = E_{\text{sig}} \sum_{k=1}^{n} \mathrm{e}^{\mathrm{j}2\pi t[f_{\text{sig}}(1)+(k-1)\delta_{\text{sig}}]} \tag{4-10}$$

式中，$f_{\text{sig}}(1)$为信号光频梳第一条梳线的频率；E_{sig}为信号光频梳的幅度。经过射频调制后（调制方式为 CS-DSB）的信号光频梳中包含射频信号的上、下边带，可表示为

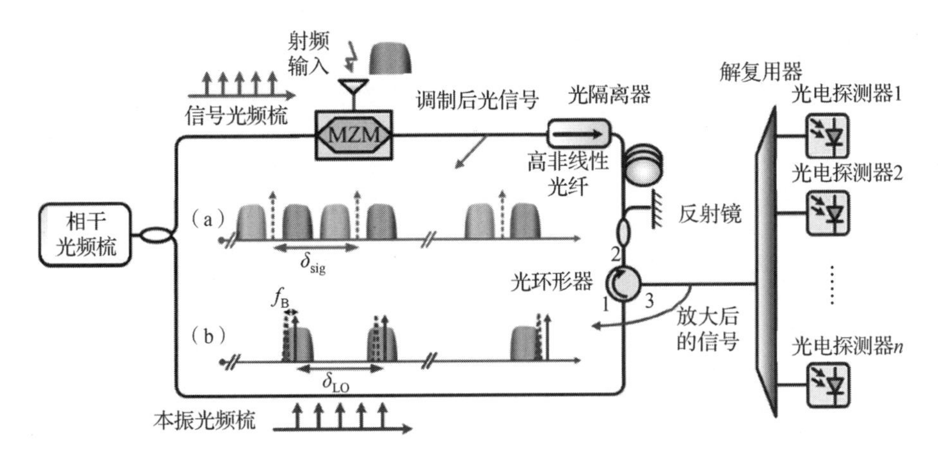

图 4－22　基于双光梳和 SBS 滤波的微波光子信道化接收机的结构

注：(a)、(b) 为对应位置的光谱示意图。

$$\begin{cases} f_{lowsig}(k) = f_{sig}(1) + (k-1)\delta_{sig} - f_{RF} \\ f_{upsig}(k) = f_{sig}(1) + (k-1)\delta_{sig} + f_{RF} \end{cases} \tag{4-11}$$

式中，f_{RF}为射频信号的频率。当本振光梳与调制后的信号光频梳分别正反向输入 HNLF 时，本振光梳每条梳状线都会放大比该梳线低 f_B 处的斯托克斯波，形成增益谱，各梳线的增益谱位置可表示为

$$f_{LO}(k) - f_B = f_{LO}(1) + (k-1)\delta_{LO} - f_B \tag{4-12}$$

此时，不同信号光频梳的射频调制光边带中只有部分信号被滤出，它们的频率分别为

$$f_{RF}(k) = f_{LO}(1) - f_{sig}(1) - f_B + (k-1)\delta_{FSR} \tag{4-13}$$

式中，$\delta_{FSR} = \delta_{LO} - \delta_{sig}$为信号光频梳与本振光频梳的 FSR 差。各通带中信号的幅度可表示为

$$\begin{aligned} & E_{out}(f_{RF}, k) \\ & = E_0(f_{RF}, k)\exp\left(\frac{G(\Gamma/2)^2}{\{f_{upsig}(k) - [f_{LO}(k) - f_B]\}^2 + (\Gamma/2)^2}\right) \end{aligned} \tag{4-14}$$

式中，$E_0(f_{RF}, k)$为放大之前的光载波强度；Γ 为增益谱的半波全宽；G 为 SBS 增益的大小；$f_{LO}(k)$为本振光梳的第 k 条梳线。由于本振光梳的每条梳线大小一致，因此每个通道的增益大小基本相等。SBS 周期滤波后的信号与经过反射镜反射的本振光频梳耦合，输入波分解复用器中，经波分解复用器后分别输入 PD 中进行探测。

实验中用 FSR 为 21.28 GHz 和 21.20 GHz 的两套五线光频梳分别作为信号光频梳和本振光频梳，1 km 的色散位移光纤作为 HNLF 来验证该微波光子信道化接收机。图 4-23 为信号光频梳和本振光频梳的光谱，由图可知，信号光频梳和本振光频梳的每条梳线都具有较好的一致性，功率波动分别在 0.4 dB 和 0.25 dB 左右。

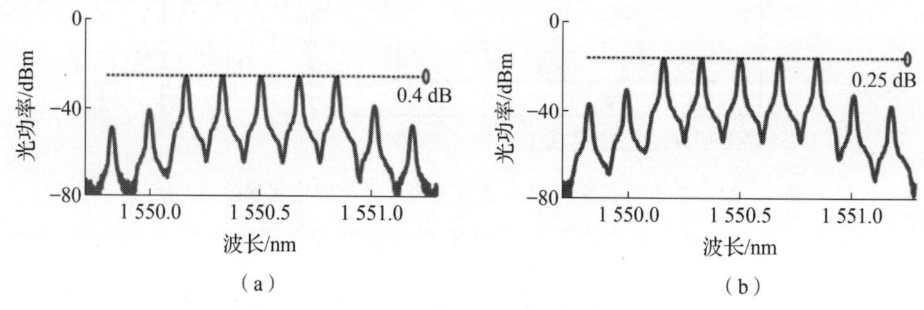

图 4-23 信号光频梳和本振光频梳的光谱

(a) 信号光频梳；(b) 本振光频梳

通过频移本振光频梳使信号光频梳和本振光频梳的第一根梳线的频差为 21.36 GHz，当接收到的射频信号包含 11.92 GHz 和 12.08 GHz 的两路单音信号时，射频调制后的信号光频梳如图 4-24（a）所示，经过 SBS 滤波后的射频光边带与本振光频梳耦合后的光谱如图 4-24（b）所示。

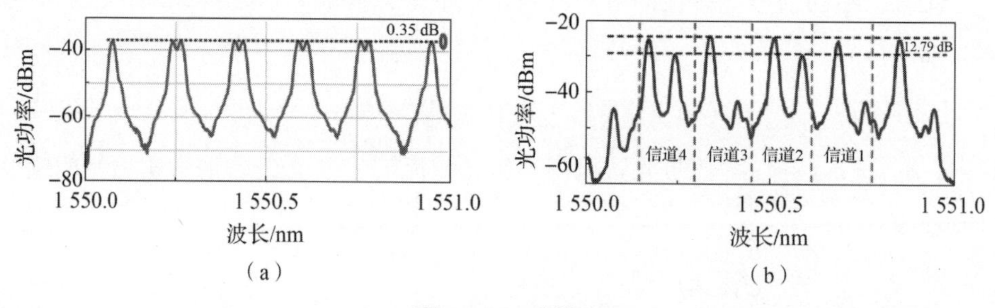

图 4-24 光谱

(a) 射频调制后；(b) SBS 滤波后的射频光边带与本振光频梳耦合后

由图 4-24（a）可知，射频调制后的光谱主要由射频信号的 ±1 阶光边带组成，各边带的功率波动在 0.35 dB 以内，光载波抑制比在 20 dB 以上。由图 4-24（b）可知，只有信道 1 和信道 4 中的光边带得到了滤波放大，滤波放大后边带的功率要比本振光频梳梳线功率低 12.79 dB 左右。

图 4－25 为用矢网仪测得的 SBS 增益谱，由图可知，增益谱 3 dB 带宽为 21.33 MHz（17 dB 带宽为 80 MHz）。实验中测得布里渊频移 f_B 为 9.19 GHz，该系统中信号光频梳和本振光频梳的第一根梳线的频率差调节为 21.36 GHz、$\delta_{FSR}=80$ MHz，由式（4－13）可知，5 根梳线可实现 4 个信道的微波光子信道化接收，各信道中心频率、带宽和起止频率分别见表 4－1。

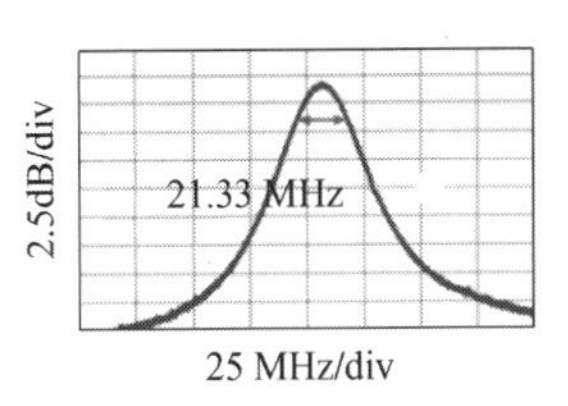

图 4－25　SBS 增益谱形状

表 4－1　各信道中心频率、带宽和起止频率

信道 n	中心频率/GHz	带宽/GHz	起止频率/GHz	备注
1	12.17	0.08	12.13～12.21	
2	12.09	0.08	12.05～12.13	RF2：12.08 GHz
3	12.01	0.08	11.97～12.05	
4	11.93	0.08	11.89～11.97	RF1：11.92 GHz

图 4－26 为各信道输出端的频谱，可以看出，此时只有信道 2 和信道 4 中检测到信号，与表 4－1 分析相符合。此外，由图 4－26 可知，信道 2 和信道 4 之间的串扰抑制比在 19.52 dB 以上，即该信道化可实现信道间隔离度大于 19.52 dB 的信道化接收。

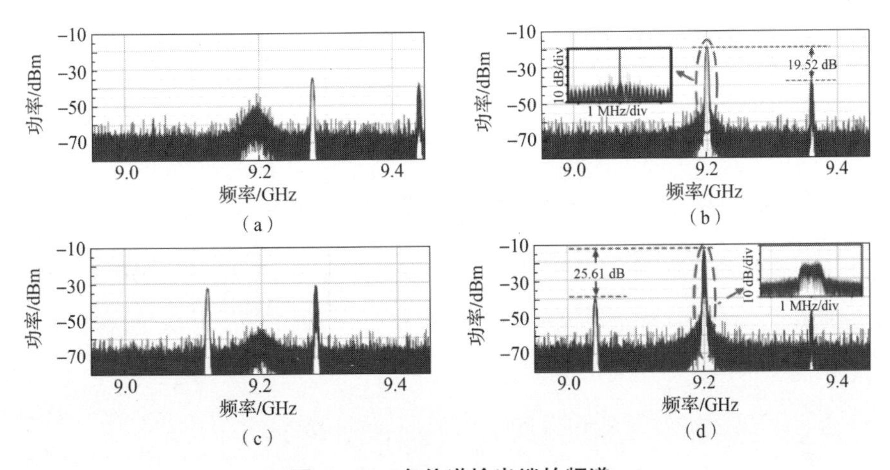

图 4－26　各信道输出端的频谱

(a) 信道 1；(b) 信道 2；(c) 信道 3；(d) 信道 4

针对该类方案需要大 FSR 光频梳且存在镜像干扰的问题，2018 年该课题组还提出了基于单边带调制结合 IQ 变频的相干微波光子信道化接收机方案。通过采用抑制载波单边带的调制方式，减半了对光频梳 FSR 的要求。通过基于 IQ 变频的微波光子镜像抑制变频，抑制了镜像信号的干扰。该方案仅利用 FSR 分别为 25 GHz 和 24 GHz 的信号光频梳与本振光频梳即可实现工作频段为 13 ~ 18 GHz、共 5 个信道、每个信道带宽均为 1 GHz 的信道化接收。

4.6.3 基于双光梳和 IQ 变频的微波光子信道化接收机

由于难以在光域进行高质量的窄带滤波，而在数字域进行高质量的窄带滤波已日臻成熟，为此，研究学者们提出了基于双光梳和 IQ 变频的微波光子信道化接收机，通过对 IQ 变频后信号进行采样并在数字域进行信道的选择，实现高信道隔离度的微波光子信道化接收。图 4 – 27 为该接收机的结构，图 4 – 28 为该接收机的原理。

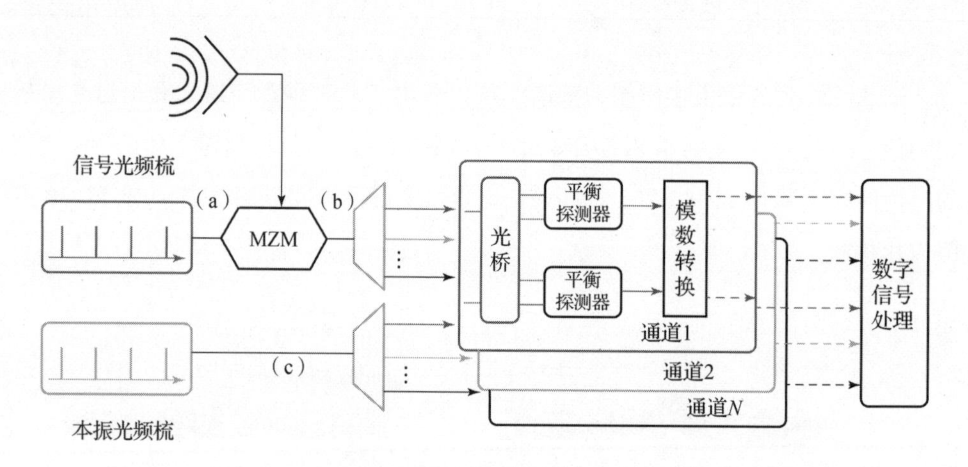

图 4 – 27　基于双光梳和 IQ 变频的微波光子信道化接收机的结构

如图 4 – 27 所示，该方案需要两套光频梳发生器，分别生成图 4 – 28（a）所示的 FSR 为 δ_{Sig} 的信号光频梳和图 4 – 28（c）所示的 FSR 为 δ_{LO} 的本振光频梳。信号光频梳和本振光频梳可分别表示为

$$
\begin{aligned}
f_{\mathrm{Sig}}(m) &= f_{\mathrm{Sig}}(1) + (m-1)\delta_{\mathrm{Sig}} \\
f_{\mathrm{LO}}(n) &= f_{\mathrm{LO}}(1) + (n-1)\delta_{\mathrm{LO}}
\end{aligned}
\tag{4-15}
$$

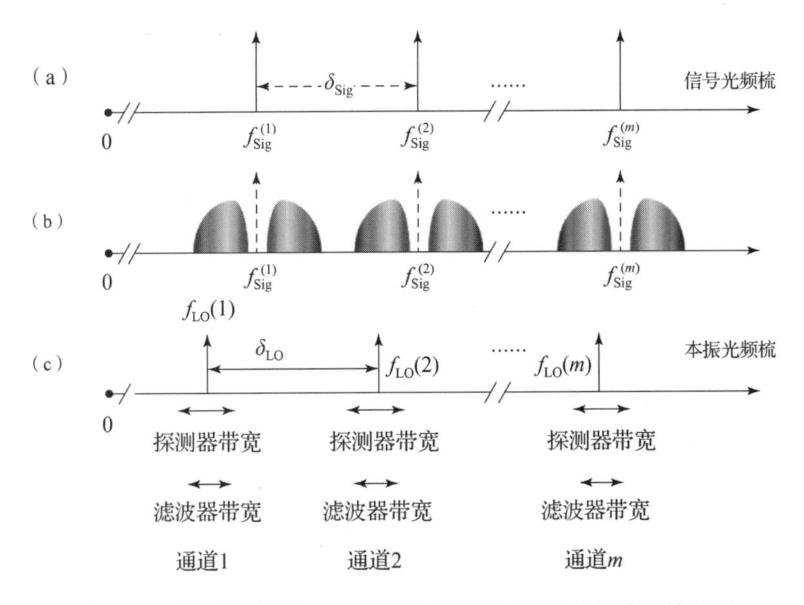

图4-28 基于双光梳和IQ变频的微波光子信道化接收机的原理

注：(a)~(c)为图4-27中对应位置的光谱示意图。

式中，$f_{\mathrm{Sig}}(1)$和$f_{\mathrm{LO}}(1)$分别表示信号光频梳与本振光频梳的第一条梳线的频率。

接收到的射频信号经由马赫-曾德尔调制器调制到信号光频梳的每条梳线上，调制方式为抑制载波双边带方式，调制后信号的光谱如图4-28（b）所示。可以看出，此时每条梳线附近均存在射频信号的上、下光边带。考虑到小信号条件下，忽略高阶光边带，射频调制后的信号可表示为

$$f_{\mathrm{Sig\_mod}}(m)=f_{\mathrm{Sig}}(1)+(m-1)\delta_{\mathrm{Sig}}+f_{\mathrm{RF}} \tag{4-16}$$

式中，f_{RF}为所调制射频信号的频率。

如图4-28（c）所示，由于信号光频梳和本振光频梳具有不同的FSR（$\delta_{\mathrm{Sig}}\neq\delta_{\mathrm{LO}}$），因此可通过合理设置本振光频梳的起始梳线位置和FSR来使本振光频梳的每条梳线分别位于信号光频梳调制后光边带的不同频率处。然后利用波分解复用器分别滤出信号光频梳不同梳线处的光边带和本振光频梳的不同梳线，输入光90°耦合器和平衡光电探测器（BPD）中进行IQ变频。光信号输入PD中时，本振光梳的梳线会与射频信号的上、下光边带都进行拍频，但由于射频信号的下光边带与本振拍频生成的信号的频率要远超过BPD/ADC/数字滤波器的带宽，所以

可将射频信号的下光边带与本振光梳梳线的拍频项忽略。此时，第 m 个信道中的信号经过变频后可表示为

$$f_{\mathrm{IF}}^{m}=f_{\mathrm{center}}^{m}-f_{\mathrm{LO}} \tag{4-17}$$

式中，f_{center}^{m}为射频信号信道划分前第 m 个信道的中心频率，可表示为

$$f_{\mathrm{center}}^{m}=[f_{\mathrm{LO}}(1)-f_{\mathrm{Sig}}(1)]+(m-1)\Delta \tag{4-18}$$

式中，$\Delta=\delta_{\mathrm{LO}}-\delta_{\mathrm{Sig}}$为信道中心频率差。此处需要指出的是，要实现上述变频，平衡光电探测器的带宽应大于 Δ。

IQ 变频之后的信号经过 ADC 后，可分别在数字域利用中心频率相同、带宽均为 Δ 的数字矩形带通滤波器（BPF）来进行信道的选择。经过滤波后，各信道的输出可分别表示为

$$A_{\mathrm{IF}}^{m}=\mathrm{rect}(f_{\mathrm{IF}}^{m})\begin{cases}1, & |f_{\mathrm{IF}}^{m}|<\Delta/2\\ 0, & \text{其他}\end{cases} \tag{4-19}$$

为了避免射频信号的下光边带对相邻信道的干扰，该信道化接收机的工作带宽被限制为

$$0<f_{\mathrm{RF}}<\delta_{\mathrm{Sig}}/2 \tag{4-20}$$

由式（4-19）和式（4-20）可知，该信道化接收机的信道数 N 最大为

$$N<\frac{\delta_{\mathrm{Sig}}/2}{\Delta} \tag{4-21}$$

上述分析过程针对的是 $\delta_{\mathrm{LO}}>\delta_{\mathrm{Sig}}$ 的情况，其实该类接收机在 $\delta_{\mathrm{LO}}<\delta_{\mathrm{Sig}}$ 时同样适用，但是此时应对上述公式做出相应的改变。

对上述方案进行实验研究，其中两个光频梳发生器生成 FSR 分别为 39.5 GHz 的信号光频梳和 40 GHz 的本振光频梳，生成的光频梳如图 4-29 所示。

由图 4-29 可知，信号光频梳和本振光频梳均为 7 线光频梳，信号光频梳的光信噪比为 38.7 dB，本振光频梳的光信噪比为 51 dB。

由于本振光频梳和信号光频梳的 FSR 差为 0.5 GHz，第一条梳线的频率差为 7 GHz，所以该信道化接收机可实现 3.75～7.25 GHz 宽带信号的信道化接收，各信道的通带见表 4-2。

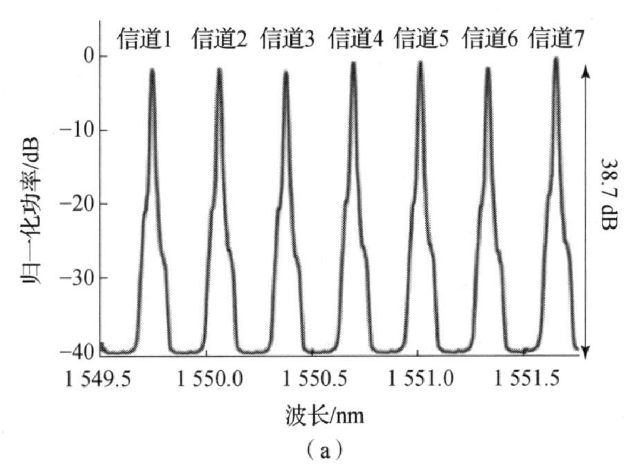

（a）

本振光频梳

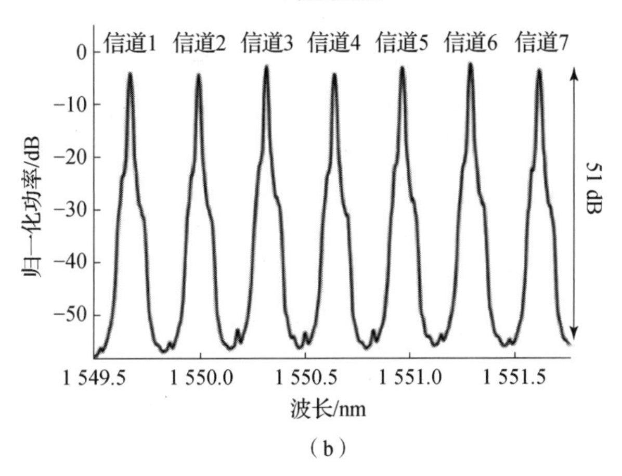

（b）

图 4－29　光频梳光谱

（a）信号光频梳；（b）本振光频梳

表 4－2　各信道的通带

信道 n	中心频率/GHz	带宽/GHz	起止频率/GHz	本振梳线 m 与光梳梳线 n 拍频（$m \times n$）
1	4	0. 5	3. 75 ~ 4. 25	1 × 1
2	4. 5	0. 5	4. 25 ~ 4. 75	2 × 2

续表

信道 n	中心频率/GHz	带宽/GHz	起止频率/GHz	本振梳线 m 与光梳梳线 n 拍频（$m \times n$）
3	5	0. 5	4. 75 ~ 5. 25	3 × 3
4	5. 5	0. 5	5. 25 ~ 5. 75	4 × 4
5	6	0. 5	5. 75 ~ 6. 25	5 × 5
6	6. 5	0. 5	6. 25 ~ 6. 75	6 × 6
7	7	0. 5	6. 75 ~ 7. 25	7 × 7

当接收到的射频信号频率为 4. 111 GHz、5. 55 GHz 和 6. 63 GHz 时，由表 4 – 2 可知，4. 111 GHz 信号应被划分到第 1 个子信道中，5. 55 GHz 的信号应被划分到第 4 个子信道中、6. 63 GHz 的信号应被划分到第 6 个子信道中。各信道频率、带宽见表 4 – 3。

表 4 – 3　各信道频率、带宽

信道 n	中心频率/GHz	起止频率/GHz	信道划分与变频后信号的频率/GHz
1	4	3. 75 ~ 4. 25	4. 111 – 4 = 0. 111
4	5. 5	5. 25 ~ 5. 75	5. 55 – 5. 50 = 0. 05
6	6. 5	6. 25 ~ 6. 75	6. 63 – 6. 50 = 0. 13

图 4 – 30 为实际测量得出的信道 1、4、6 输出的电谱，由图可知，各个频率的信号均成功进行了下变频并且被划分到相应的信道中。此外，由于采用数字域滤波，可将各信道的信道隔离度提高至 35 dB 以上。

此外，有学者还对上述信道化接收机进行了改进，改进方案的结构如图 4 – 31 所示。与原始方案不同的是，改进方案用偏振控制器（PC）结合偏振分束器（PBS）实现 IQ 变频，减小了 IQ 幅度与相位的不平衡度。

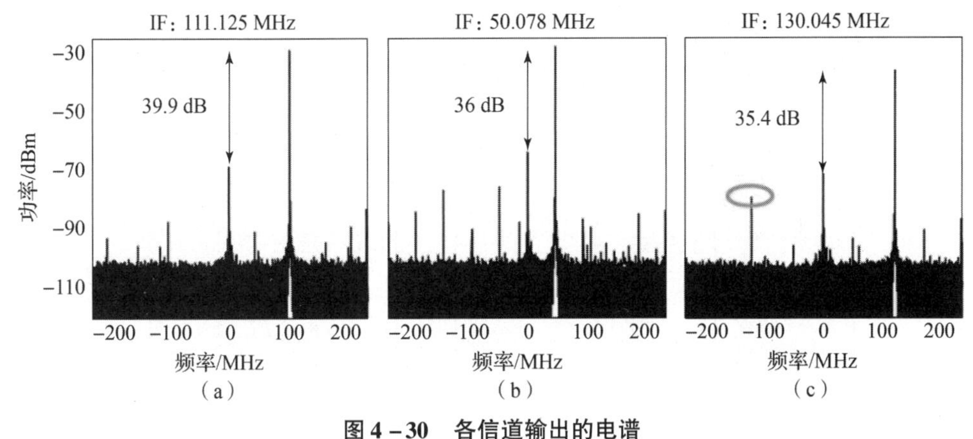

图 4-30　各信道输出的电谱

(a) 信道 1；(b) 信道 4；(c) 信道 6

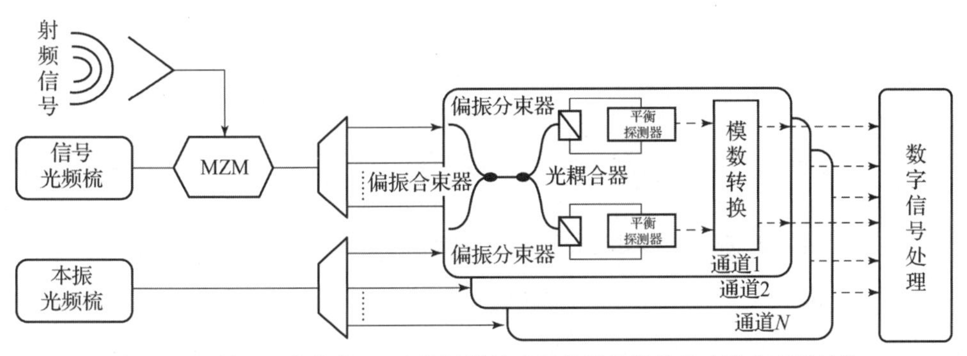

图 4-31　基于双光梳和 IQ 变频的微波光子信道化接收机改进方案的结构

该方案可实现工作频段为 3.75～7.25 GHz 的信道化接收，共 7 个信道，每个信道带宽均为 500 MHz。改进方案通过减小 IQ 幅度与相位的不平衡度，将信道化接收机的信道间隔离度提高至 40 dB 以上。

4.7　其他微波光子信道化接收机

4.7.1　基于线性调频光脉冲的微波光子信道化接收机

近几年来，研究学者们还提出了许多其他微波光子信道化接收机。如基于线性调频光脉冲的微波光子信道化接收机，该信道化接收机的结构与原理如图 4-32 所示。

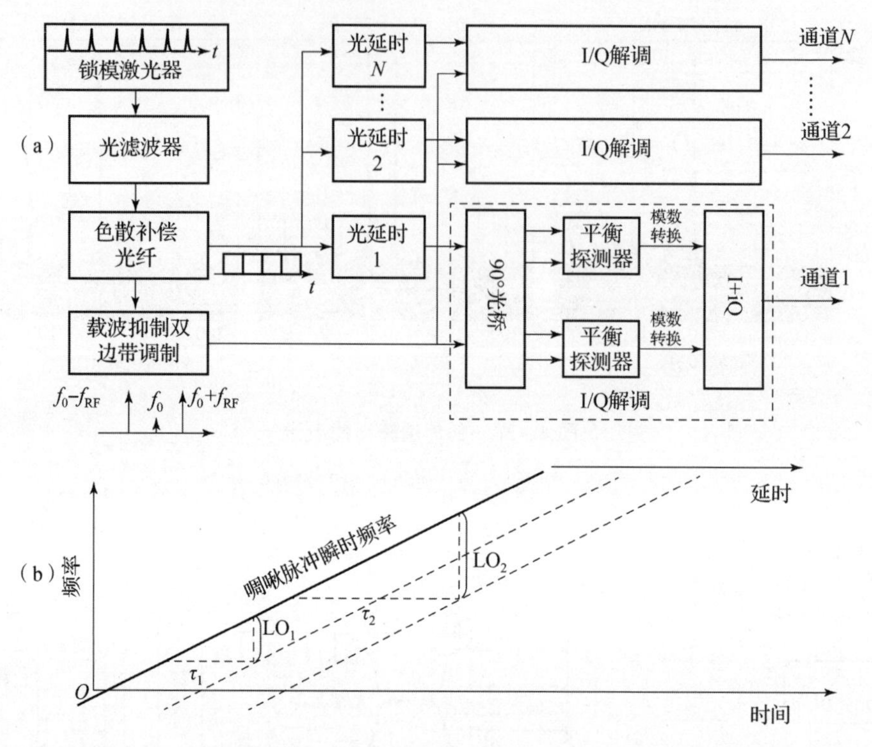

图 4-32 基于线性调频光脉冲的微波光子信道化接收机的结构和原理

(a) 结构；(b) 原理

锁模激光器（MLL）输出周期为 T 的光脉冲，光脉冲首先输入带宽为 $\Delta\lambda$ 的光滤波器中，接着输入群时延系数为 $\beta_2(\mathrm{s^2/m})$ 的色散补偿光纤（DCF）中生成线性调频光脉冲。单个啁啾光脉冲可表示为

$$P_{\sin}(t)=a(t)\exp(-i\alpha\pi t^2) \tag{4-22}$$

式中，$a(t)$ 为单脉冲轮廓，$\alpha=1/(2\beta_2 L)$，L 为 DCF 的长度。啁啾光脉冲序列可表示为

$$P_{\mathrm{seq}}(t)=\sum_k a(t-kT)\exp[-i\alpha\pi(t-kT)^2] \tag{4-23}$$

啁啾光脉冲序列被分为两路，其中一路作为光载波输入 MZM 中进行射频信号的 CS-DSB 调制。设射频信号 $f(t)$ 的频率为 $\omega_{\mathrm{RF}}=2\pi f_{\mathrm{RF}}$，调制后的光信号可表示为

$$e_s(t)=f(t)\cdot\sum_k a(t-kT)\exp[-i\alpha\pi(t-kT)^2] \tag{4-24}$$

啁啾光脉冲的另外一路作为光本振，分别经过光延时线（ODL）进行不同的延时，延时后的信号可表示为

$$e_l(t) = \sum_k a(t - lT - \tau)\exp[-i\alpha\pi(t - lT - \tau)^2] \tag{4-25}$$

延时的光脉冲和调制后的光信号输入 90°光耦合器（90°Hybrid）中，然后输入平衡光电探测器中进行拍频，实现 IQ 变频。BPD 输出的信号可表示为

$$\begin{aligned} I(t) &\propto f(t)\exp(i\alpha\pi\tau^2)\exp(-i2\pi\alpha\tau t) \\ &\cdot \sum_k a(t - kT)a(t - kT - \tau)\exp(i2\pi\alpha\tau \cdot kT) \end{aligned} \tag{4-26}$$

由式（4-26）可知，公式第一行中的第二项为一个与延时有关的固定相移（$\exp(-i2\pi\alpha\tau t)$），第三项为频率为 $f_{LO} = \alpha\tau$ 的本振项（$\exp(-i2\pi\alpha\tau t)$）。因此，如图 4-32（b）所示，通过调节时延获得频率不同的本振，进而将不同频的射频信号下变频至相同的中频 $f_{IF} = f_{LO} - f_{RF}$，即可将不同信道中的信号变频至相同的中频，结合数字滤波技术，可实现同中频的相干微波光子信道化接收。

该方案可实现工作频段为 0～18.4 GHz 的信道化接收，共 184 个信道，每个信道带宽均为 100 MHz。选取其中两个信道进行性能测试，图 4-33 为实验测得的其中两个信道的幅度平坦度和 SFDR，可以看出，各信道的幅度波动在 1 dB 以内，SFDR 在 100 dB · Hz$^{2/3}$左右。进一步测得系统的增益在 -43 dB 左右，噪声系数在 65 dB 左右。

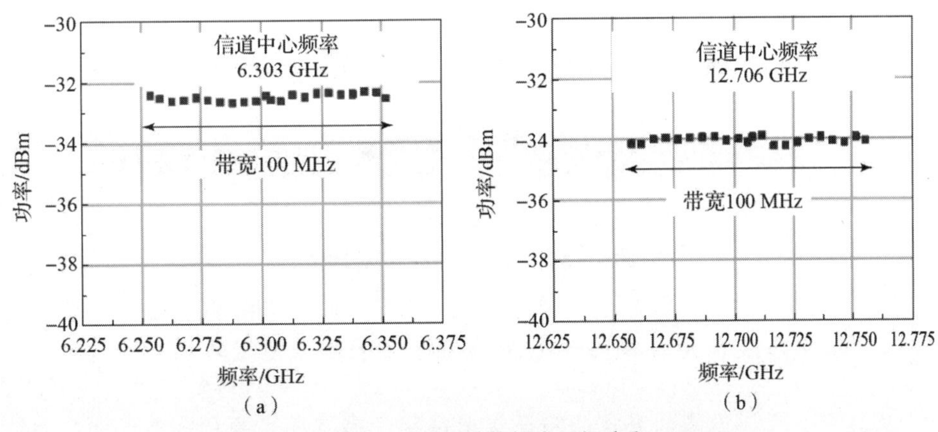

图 4-33　其中两个信道的幅度平坦度和 SFDR

（a）信道 1 的幅度平坦度测试结果；（b）信道 2 的幅度平坦度测试结果

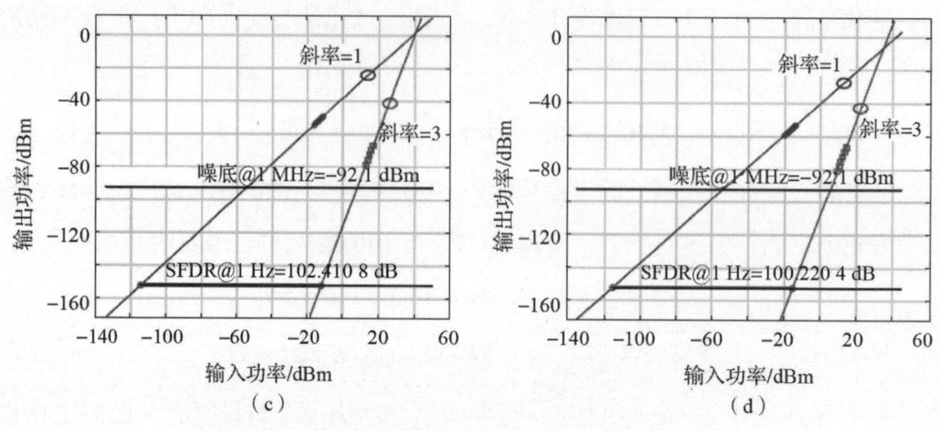

图 4-33 其中两个信道的幅度平坦度和 SFDR（续）

(c) 信道 1 的 SFDR 测试结果；(d) 信道 2 的 SFDR 测试结果

当射频信号的频率为 4.397 5 GHz 时，调节光延时线使得本振频率为 4.402 5 GHz，此时该信道输出的信号频率应为 5 MHz，该信道实际测得的频谱如图 4-34 所示。可以看出，除了存在 5 MHz 的信号外，还存在频率为 35 MHz、45 MHz 的杂散信号，该信道的信道隔离度在 25 dB 左右。

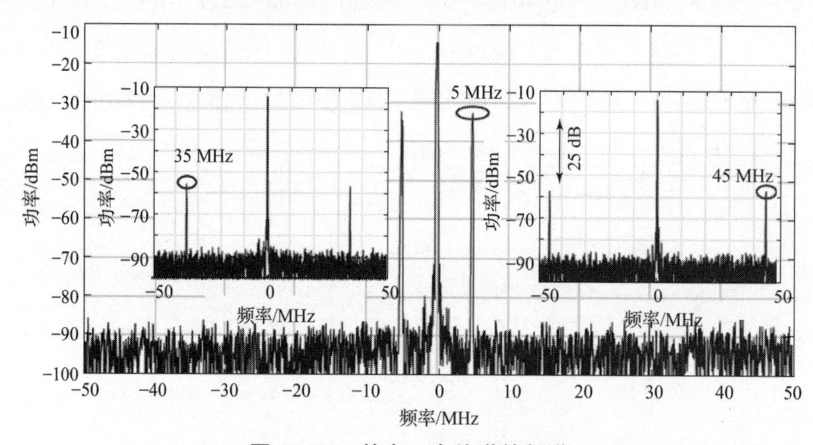

图 4-34 其中一个信道的频谱

4.7.2 基于多波长光源和多本振源的微波光子信道化接收机

2001 年，美国海军研究实验室还提出过基于多波长光源和多本振源的微波光子同中频信道化接收机方案，该方案的结构如图 4-35 所示。

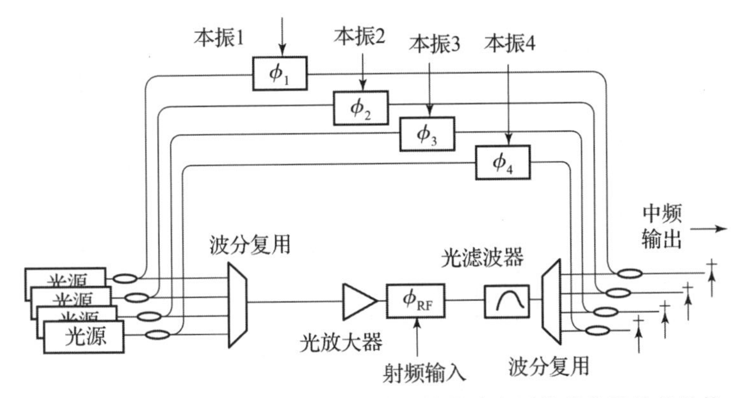

图 4-35　基于多波长光源和多本振源的微波光子信道化接收机结构

图 4-35 中，4 路不同波长的光载波（波长差在 100 GHz 级别，与 WDM 通道间隔向对应）分别经过光分路器分为上、下两路，上路信号分别进行不同频率本振信号（LO_1、LO_2、LO_3、LO_4）的相位调制，下路信号经过波分复用器复用为一路光信号。复用后的信号利用掺铒光纤放大器（EDFA）进行功率放大后，进行射频信号的相位调制。调制后信号输入光滤波器中，该滤波器为一个偏振复用的 FP 型周期光滤波器，其通带带宽小于 1 GHz，通带间隔在 100 GHz 左右（通带间隔≠波长间隔），该滤波器在每一个波长附近滤出射频调制后的各子信道的信号。滤波后的信号经过波分解复用，然后分别与对应波长的本振调制后的光信号进行耦合，并输入 PD 中进行光电探测。其中每个通道耦合后的信号中包括滤波选出的子信道的信号和本振调制后的光边带，两者在 PD 相互拍频，即可得到该子信道的信号。通过调节本振频率，可将信道划分后的信号变频至相同中频。

实验验证了两路波长的微波光子信道化接收机，通过调节本振信号的频率来模拟多信道的信道划分。图 4-36 为射频调制后的光谱，可以看出，两路波长差在 1.076 nm 左右（134.5 GHz），射频调制后的光信号中包含光载波和射频信号的上、下光边带。图中虚线为 FP 滤波器的通带响应，该滤波器的 FSR 为 135 GHz，3 dB 带宽为 0.5 GHz 左右。由图 4-36 可知，FP 滤波器分别滤出不同波长附近射频信号的上边带（由于光滤波器通带的带宽要小于射频信号光边带，实际上此处周期光滤波器的不同通带会分别滤出射频信号光边带中频率不同的部分）。

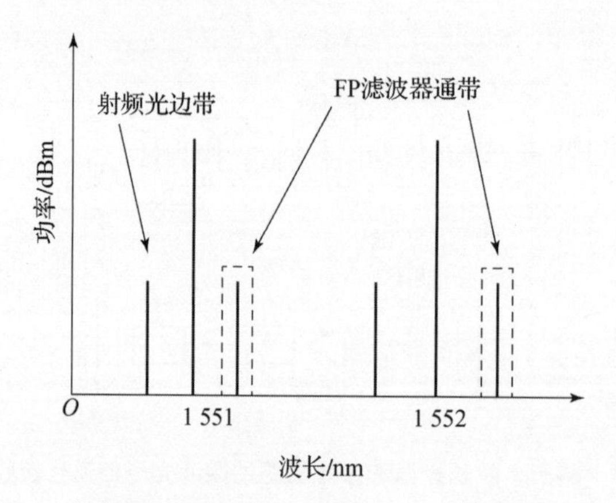

图 4-36 射频调制后的光谱（虚线为 FP 滤波器的通带响应）

图 4-36 中 FP 滤波器的通带与光载波的频差分别为 8 GHz 和 8.5 GHz，通过调节本振频率 6 GHz 和 6.5 GHz 到 15.5 GHz 和 16GHz 来分别实现 8~9 GHz 到 17~18 GHz 宽带信号的信道划分。例如，当射频信号为 8~9 GHz 的宽带信号时，将电本振的频率分别调节为 6 GHz 和 6.5 GHz，即可将射频信号划分为两路频率为 2~2.5 GHz 的信号。当其中一路本振信号为 9 GHz，将频率为 11~11.5 GHz 的带宽信号下变频后的频谱如图 4-37 所示。由图 4-36 可知，该信道化接收机的非相邻信道间隔离度在 30 dB 以上。

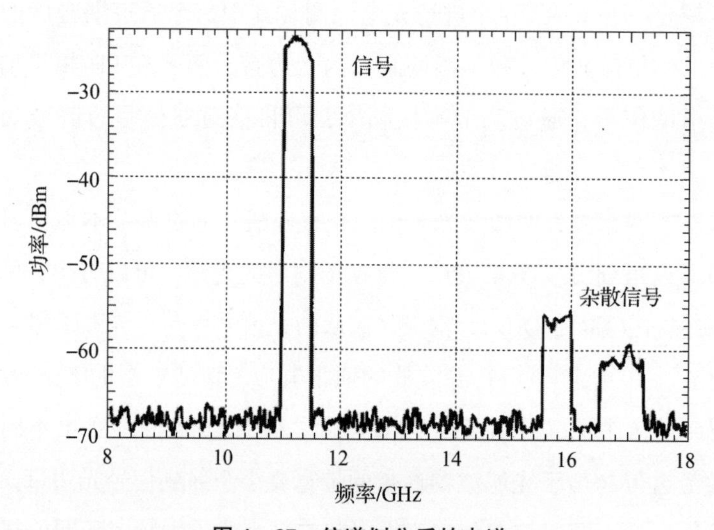

图 4-37 信道划分后的电谱

利用频率为17.325 GHz和17.175 GHz的双音信号和频率为15 GHz的本振信号测试该信道化接收机的SFDR，测得的结果如图4－38所示。可以看出，该信道化接收机的SFDR为107 dB·$Hz^{2/3}$，三阶截止点为35.4 dBm。

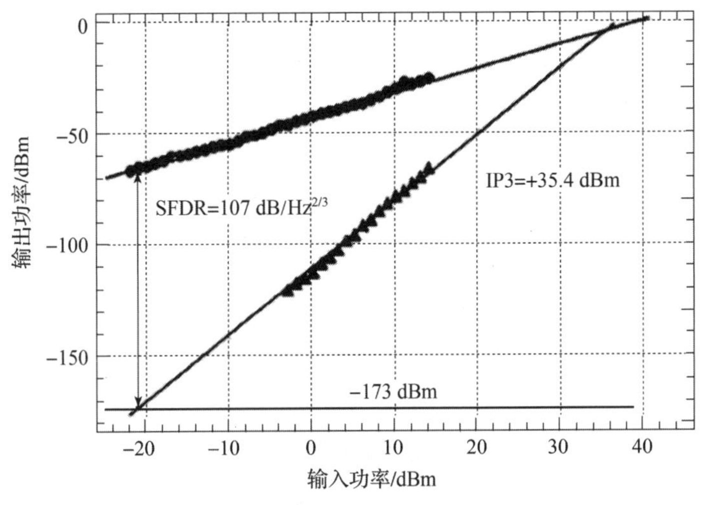

图4－38 SFDR测试结果

进一步测得该系统的增益约为－40 dB，噪声系数约为47 dB。高噪声系数主要是由于系统的损耗较好引起的，当在射频调制前级联一个增益为43 dB、噪声系数为2.4 dB的低噪声放大器来补偿系统的损耗时，可将该信道化接收的SFDR降低至6 dB左右。

该信道化接收机可实现工作频段为8～18 GHz的微波光子信道化接收，共20个信道，每个信道带宽均为500 MHz。但是由于采用的是并联结构，上下两路的路径长度需要控制在激光器的相关长度之内，否则会引起激光器相位噪声到强度噪声的转换，引起噪底的升高。另外，激光器应该具有一定的波长稳定性，否则会引起相邻信道间隔离度变差。

4.7.3 基于单光频梳与多通道光滤波器的微波光子信道化接收机

2013年，清华大学电子工程系信息科学技术国家重点实验室的Jingjing Wang等提出了基于单光频梳与多通道光滤波器的微波光子信道化接收机方案，该信道接收机的结构如图4－39所示。

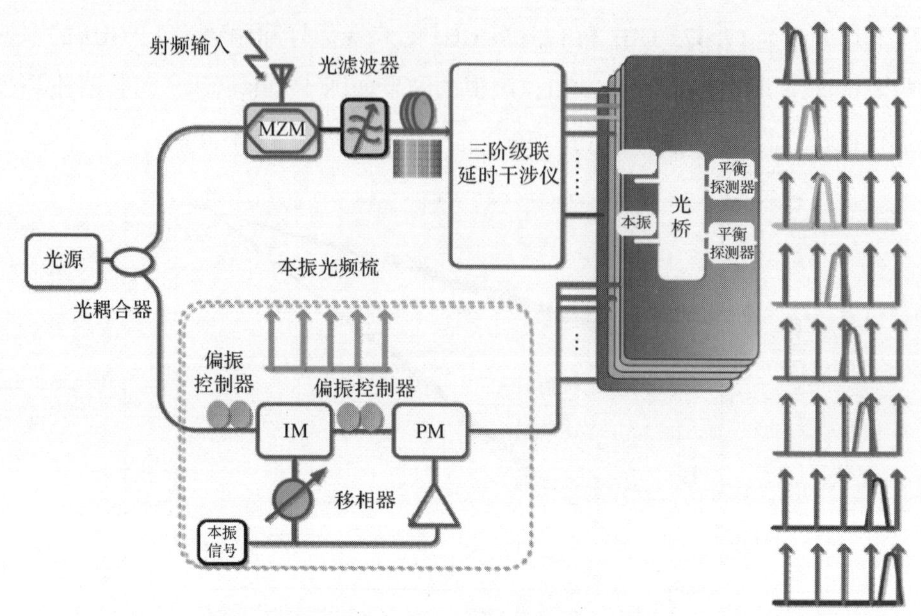

图 4-39 基于单光频梳与多通道光滤波器的微波光子信道化接收机结构

光载波首先被分为上下两路，上路光信号经由 MZM 进行射频信号的调制，调制方式为 CS-DSB，下路光信号经由一个光梳发生器［由 IM（强度调制器）和 PM 级联而成］生成 FSR 为信道带宽两倍的光频梳。上路调制后的光信号先经过一个光滤波器滤出调制后的其中一个边带，然后输入一个三级级联的延时干涉仪（3-stage cascaded DIs）中，该三级级联的延时干涉仪的结构和频率响应曲线如图 4-40 所示。由图 4-40 可知，三级级联的延时干涉仪第一级到第三级分别由 1~4 个延时干涉仪组成，通过合理规划各级中延时干涉仪的延时和相位，使得第一级中的干涉仪的 $\Delta L_1=L$，$\varphi_1=\pi$、第二级的干涉仪的 $\Delta L_2=2^{-1}L$，$\varphi_{21}=\pi$，$\varphi_{22}=\pi/2$、第三级中的干涉仪的 $\Delta L_3=2^{-2}L$，$\varphi_{31}=\pi$，$\varphi_{32}=\pi/2$，$\varphi_{33}=-\pi/4$，$\varphi_{34}=\pi/4$，即可获得如图 4-40（b）所示的各通道依次相邻的频率响应，实现并行滤波的效果。

下路的光梳发生器生成 FSR 为信道带宽两倍的 5 线光频梳，然后分为 8 路分别与并行滤波后的信号耦合，输入光 90°Hybrid 与 BPD 组成的接收机中实现 IQ 解调。图 4-41 为基于单光频梳与多通道光滤波器的微波光子信道化接收机的原理图，其中梯形表示将要划分到信号 1 和信道 2 的信号。由图 4-41（a）可知，信道 1 中的信号会与光频梳的每条梳线都进行拍频，然后在数字域进行镜像抑

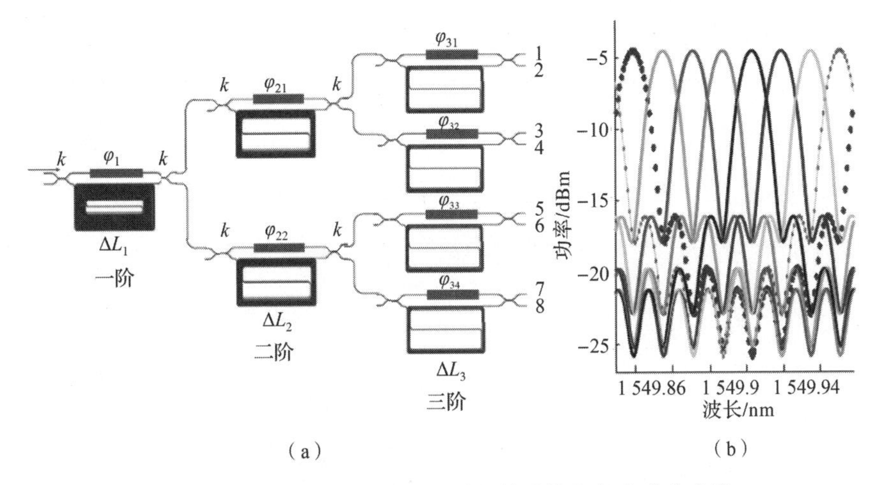

图4-40 三级级联的延时干涉仪的结构和频率响应曲线

(a) 三级级联的延时干涉仪结构图；(b) 频率响应曲线

制，得到的频谱如图4-41 (b) 所示。由图4-41 (c) 可知，信道2中的信号会与光频梳的每条梳线都进行拍频，然后在数字域进行镜像抑制，得到的频谱如图4-41 (d) 所示。由图4-41可知，光梳间隔设为信道带宽的两倍是为了避免信道1的信号与相邻的两条光梳梳线拍频引起的干扰。

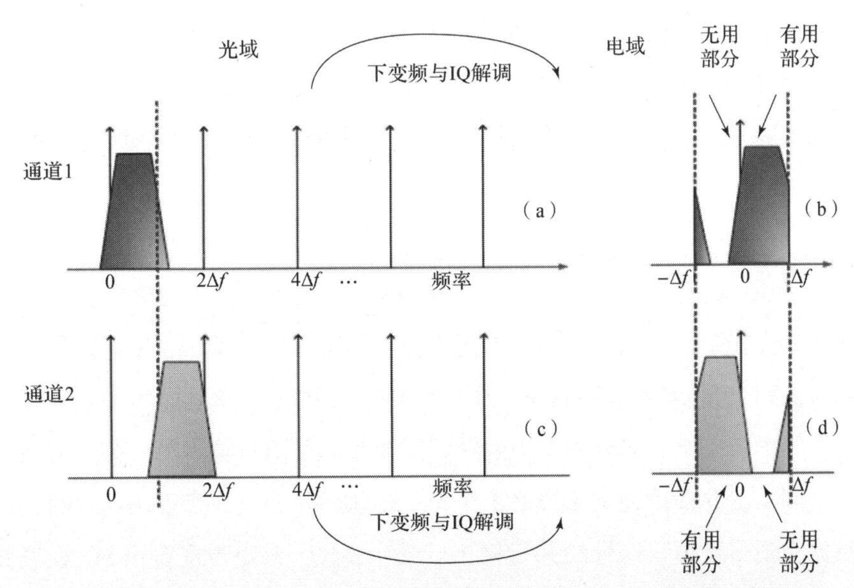

图4-41 基于单光频梳与多通道光滤波器的微波光子信道化接收机的原理图

(a) 信道1光信号光谱示意图；(b) 信道1光电探测后电信号频谱示意图；

(c) 信道2光信号光谱示意图；(d) 信道2光电探测后电信号频谱示意图

实验中制备的三级级联延时干涉仪的 3 dB 带宽为 1.62 GHz，光梳 FSR 为 3.21 GHz，实现工作频段为 0～12.84 GHz、子信道带宽为 1.605 GHz 的信道划分。当射频信号的频率分别为 1、3、5、7、9 GHz 时，信道 4 测得的频谱如图 4－42 所示。由图可知，只有当频率为 5 GHz 时，信道 4 中的信号功率才会较大。该信道化接收机的信道间隔离度为 21 dB 左右。

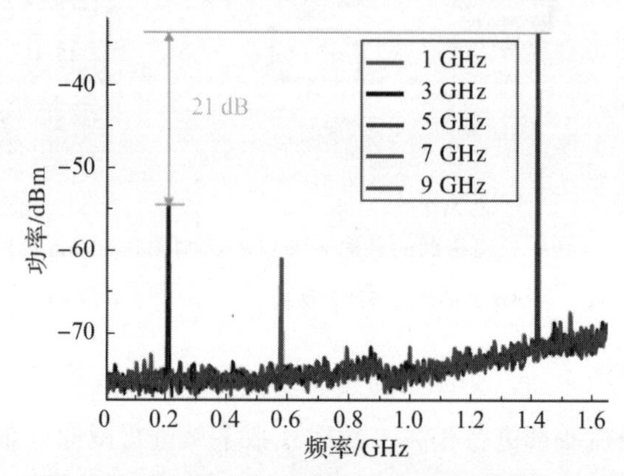

图 4－42 不同频率的射频信号下信道 4 测得的频谱图（书后附彩插）

该方案区别于单光频梳与周期光滤波器级联的信道化接收机方案，上路利用通带间隔小的周期光滤波器对射频边带进行信道划分，下路结合低 FSR 的本振光频梳来实现微波光子信道化接收。仅利用 FSR 为 3.21 GHz 的本振光频梳即可实现工作频段为 0～12.84 GHz 的信道化接收，共 8 个信道，每个信道带宽均为 1.605 GHz。

4.7.4 基于声光频移的微波光子信道化接收机

宽带微波光子信道化及镜像抑制同中频变频原理如图 4－43 所示。其主要包括激光器、两个调制器、并行排列的 3 个 MZM、波分解复用器和 I/Q 下变频器几部分。其中两个调制器分别作为射频调制器和本振调制器实现射频信号及本振信号的光调制。并行排列的 DPMZM 在光域提供各信道化所需的中心频率。I/Q 下变频器实现多路中频信号的并行输出。其中，I/Q 下变频主要由 90°光混频器（HC）、平衡光电探测器和 90°电混频器组成。HC 用于生成正交和同相光信号，BPD 用于实现互为镜像的中频电信号输出，90°电混频器用于镜像抑制。

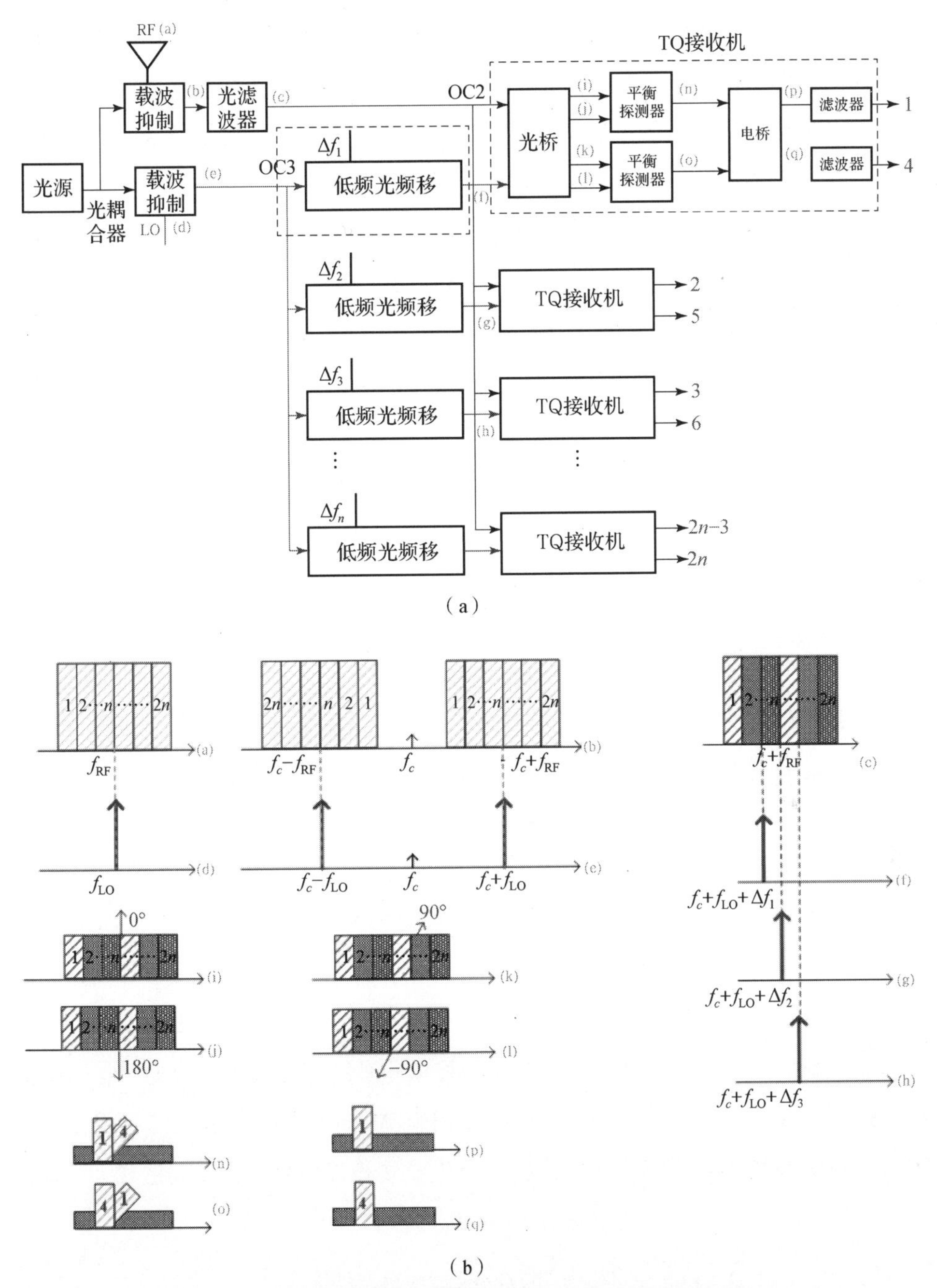

(a)

(b)

图4-43　宽带微波光子信道化及镜像抑制同中频变频原理

(a) 宽带微波光子信道化及镜像抑制同中频变频结构图；

(b) 宽带微波光子信道化及镜像抑制同中频变频原理示意图

注：(a)～(q) 为图中不同位置对应的信号示意图。

激光器输出的连续光信号经光耦合器 OC1 分成两路送至射频调制器和本振调制器的光输入端口，射频源输出的宽带射频信号加载至射频调制器，电本振源输出的电本振信号加载至本振调制器，射频调制器和本振调制器均设置在最小工作点，这样射频调制器和本振调制器输出光信号中不包含光载波。射频调制器输出射频光信号由宽带滤波器滤出上边带，得到相应的正边带光信号。该边带再功分三路，产生 3 个上边带（RF）。本振调制器输出本振光信号经三分路器分路后，送至相应的 DPMZM 进行光域移频。

假定宽带射频信号的表达式 $V_{RF(t)}=V_{RF}\sin(\omega_{RF}t)$，电本振信号的表达式为 $V_{LO}(t)=V_{LO}\sin(\omega_{LO}t)$，激光器输出的连续光信号的光场为 $E_{in}(t)=E_0\exp(j\omega_c t)$。假定调制器的插损可忽略，且调制器的消光比为无限大，那么射频调制信号的光场表达式为

$$\begin{aligned} E_{out1}(t) &= 2E_0 e^{j2\pi f_c t}\sum_{n=-\infty}^{n=+\infty}[j^n-(-j)^n]J_n(m_1)e^{j\omega_{RF}t} \\ &\approx 2E_0 e^{j2\pi f_c t}J_1(m_1)(e^{j2\pi f_{RF}t}-e^{-j2\pi f_{RF}t}) \end{aligned} \tag{4-27}$$

式中，m_1 为射频调制系数，且 $m_1=\pi V_{RF}/V_\pi$，$J_n(\cdot)$ 为一类 n 阶贝塞尔函数。射频调制信号的上边带可经宽带光滤波器滤出，其光场表达式为

$$E_{RF\_SSB}(t)=2E_0 e^{j2\pi f_c t}J_1(m_1)e^{j2\pi f_{RF}t} \tag{4-28}$$

同理，本振调制信号输出光场表达式为

$$E_{LO}(t)=2E_0 e^{j2\pi f_c t}J_1(m_2)(e^{j2\pi f_{LO}t}-e^{-j2\pi f_{LO}t}) \tag{4-29}$$

式中，m_2 为本振调制系数且 $m_2=\pi V_{LO}/V_\pi$。本振调制信号经 EDFA 放大后送至相应的光移频单进行光频移，该光移频单元包括 3 个并行排列的 DPMZM，可完成对本振调制信号的不同光频移。假定光频移单元激励信号的表达式为 $V(t)=V\sin(2\pi\Delta f_n t)$，$(n=1,2,3)$，且假定加载至 DPMZM 上下支路的激励信号相位差为 90°，当 DPMZM 工作在最小传输点时，所生成光频移信号的光场表达式为

$$\begin{aligned} E_n(t) &= J_1(m_{FS})e^{j2\pi\Delta f_n t}E_{LO\_SSB}(t) \\ &= 2E_0 e^{j2\pi f_c t}J_1(m_{FS})J_1(m_2)e^{j2\pi(f_{LO}+\Delta f_n)t} \end{aligned} \tag{4-30}$$

式中，$m_{FS}=\pi V_d/V_\pi$ 为激励信号的调制系数。

射频调制信号与光频移后的本振调制信号随后送至 I/Q 下变频器中 OHC（正交光混频器）进行混频，输出四路同相信号和正交信号。这四路信号经光电

信号转换后输出的光电流为

$$
\begin{aligned}
I_1(t) &\propto RE_0^2 J_1(m_{FS}) J_1(m_1) J_1(m_2) \cos(\phi_+ - \phi_{LOn}) t \\
I_2(t) &\propto -RE_0^2 J_1(m_{FS}) J_1(m_1) J_1(m_2) \cos(\phi_+ - \phi_{LOn}) t \\
Q_1(t) &\propto RE_0^2 J_1(m_{FS}) J_1(m_1) J_1(m_2) \sin(\phi_+ - \phi_{LOn}) t \\
Q_2(t) &\propto -RE_0^2 J_1(m_{FS}) J_1(m_1) J_1(m_2) \sin(\phi_+ - \phi_{LOn}) t
\end{aligned}
\tag{4-31}
$$

式中，R 为 PD 的响应度；$I_{1,2}(t)$ 为同相输出光信号；$Q_{1,2}(t)$ 为正交输出光信号。这些信号进一步通过平衡探测器差分探测后输出 I 路信号和 Q 路信号，表达式为

$$
\begin{aligned}
I(t) &\propto 2RE_0^2 J_1(m_{FS}) J_1(m_1) J_1(m_2) \cos(\phi_+ - \phi_{LOn}) t \\
Q(t) &\propto 2RE_0^2 J_1(m_{FS}) J_1(m_1) J_1(m_2) \sin(\phi_+ - \phi_{LOn}) t
\end{aligned}
\tag{4-32}
$$

在该实验验证中，输入宽带射频信号频率范围为 16.5 ~ 19.5 GHz，电本振信号频率为 18 GHz，激励信号的频率为 500 MHz，该验证系统输出中频信号的频率范围为 500 ~ 100 MHz，中频信号信道数目为 6 个。图 4 - 44 给出了整个实验验证过程的频谱变化。从图可以看出，通道 1 和通道 4，通道 2 和通道 5，通道 3 和通道 6 互为镜像通道。因此，光频移单元产生的 +1 阶单边带信号和射频调制信号一起可产生通道 3 和通道 6 同中频信号。光频移单元产生的 -1 阶单边带信号

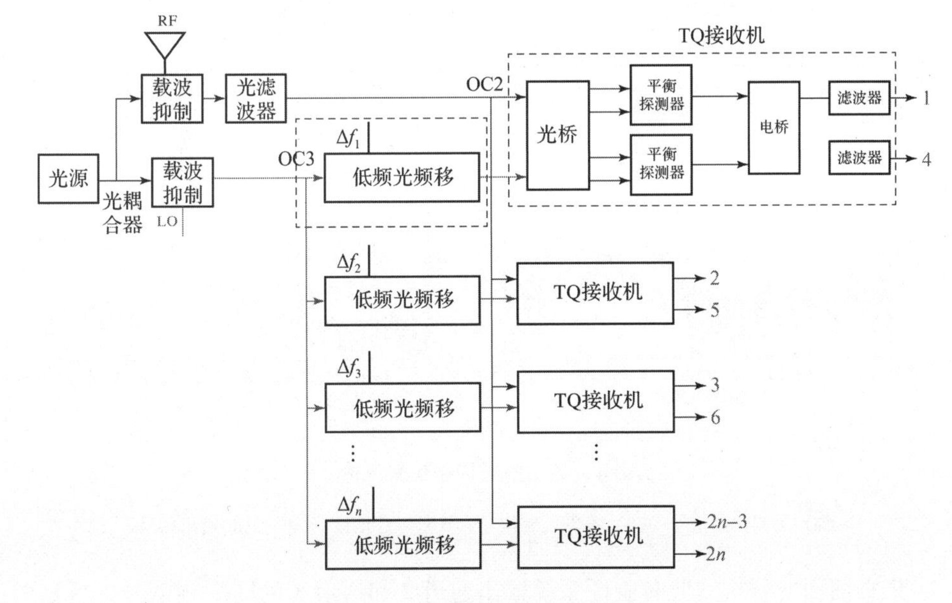

图 4 - 44　实验验证频谱变化示意图

和射频调制信号一起可产生通道 1 和通道 4 同中频信号。

图 4－45 所示为射频信号频率为 18.8 GHz、射频功率为 0 dBm 时的射频调制信号光谱。从图 4－45 中可以看出，射频调制器产生的双边带信号抑制比约为 17 dB。图 4－45（b）所示为本振调制信号。从图中可以看出，本振调制器产生的双边带信号抑制比约为 20 dB。利用双边带载波抑制和 DPMZM 的光载波抑制单边带信号生成方法，所得到的 +500 MHz 光频移输出光谱如图 4－45（c）所示，其载波抑制比约为 20 dB。图 4－45（d）所示为 I/Q 下变频单元中 OHC 输出光谱测试结果。根据前面 OHC 功能描述，OHC 输出信号为光域下变频输出信号。

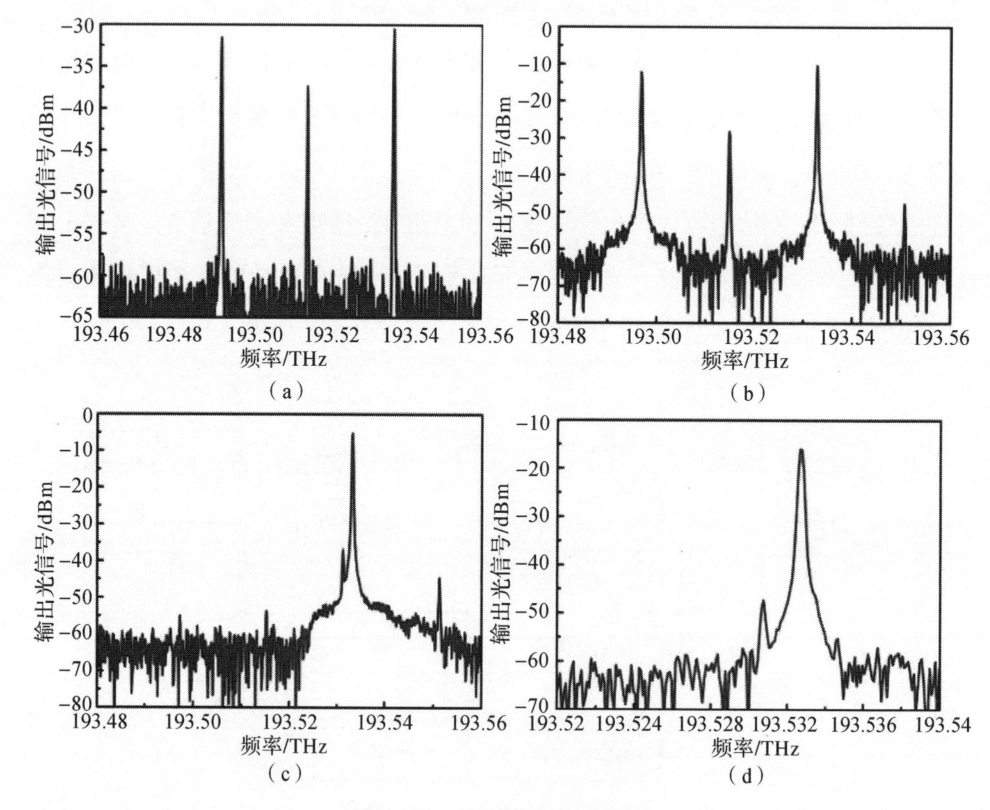

图 4－45 射频调制信号光谱

（a）射频调制信号；（b）本振调制信号；（c）频移信号；（d）OHC 输出信号

根据前面的分析，此时验证系统输出通道 2 和通道 5 的同中频信号，且这两路信号互为镜像。图 4－46 给出了相应同中频信号的电谱图。从图 4－46 中可以看出，所输出的中频电信号功率电平约为 -41 dBm，且在整个 500 MHz 带宽内没有其他信号分量。由于光耦合器、光调制器、光混频器和光电探测器的损耗，同中频变频效率较低，可采用低插损的光电器件替代的方法提高变频效率。

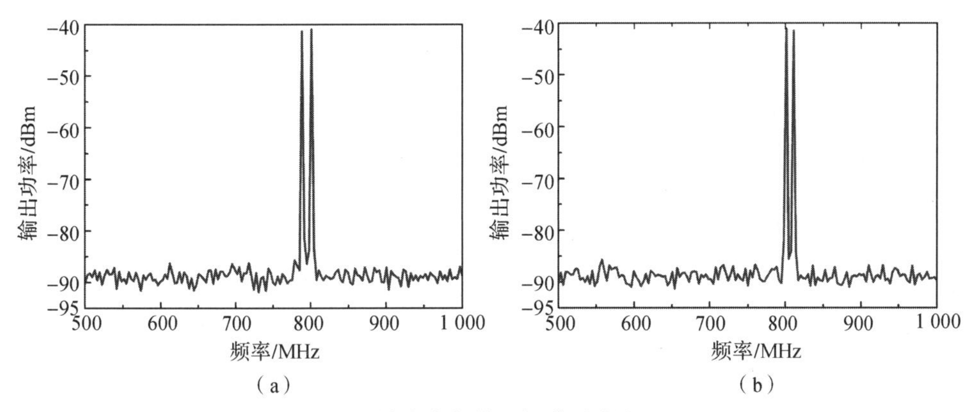

图 4-46　输出中频信号频谱测试结果（1）

（a）通道 2；（b）通道 5

当本振调制信号经 +500 MHz 光频移时，该验证系统输出通道 3 和通道 6 的同中频信号，且这两路信号互为镜像。图 4-47 所示为互为镜像的通道 3 和通道 6 输出信号频谱。从图中可以看出，两个通道输出信号频率相同，功率电平为 -41 dBm，且在整个 500 MHz 带宽内没有其他信号分量。

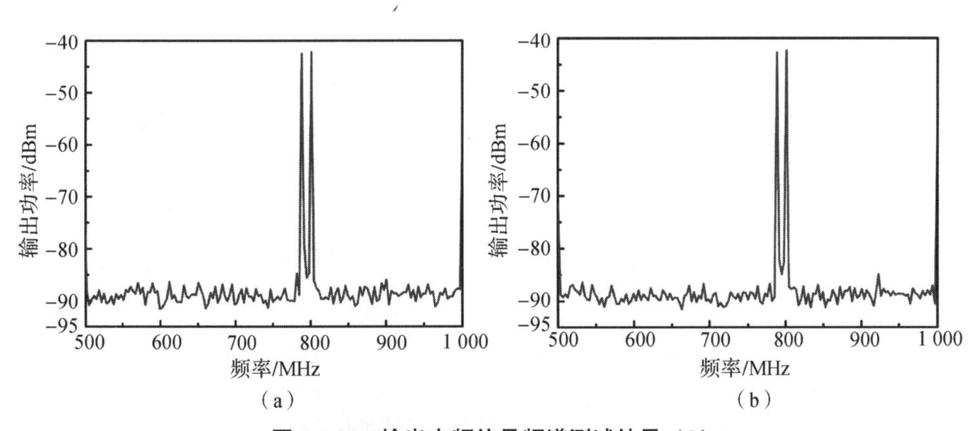

图 4-47　输出中频信号频谱测试结果（2）

（a）通道 3；（b）通道 6

采取同样方法，当本振调制信号经 -500 MHz 光频移时，该验证系统输出通道 1 和通道 4 的同中频信号，且这两路信号互为镜像。利用 IM2 的双边带载波抑制和 DPMZM 的光载波抑制单边带信号生成方法，所得到两路同中频信号的电频谱如图 4－48 所示。

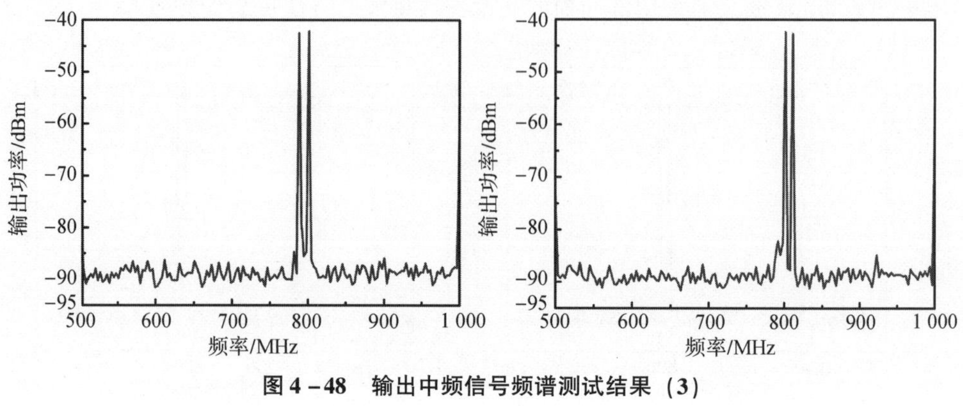

图 4－48　输出中频信号频谱测试结果（3）

（a）通道 1；（b）通道 4

从图 4－46～图 4－48 可以看出，无须光频梳、窄带光滤波器和周期光滤波器，该方案在实现宽带射频信号有效信道化的同时，实现了多路同中频信号的变频输出，且输出各路中频信号的频谱纯度高。

图 4－49 给出了中频输出信号与三阶交调信号功率随输入射频信号功率变化曲线关系。实验测得包括热噪声与散弹噪声的噪声功率谱密度为－165 dBm/Hz，实验测得的 SFDR 为 101 dB·Hz$^{2/3}$，因此该微波光子信道化及同中频变频方案具有良好地线性度。

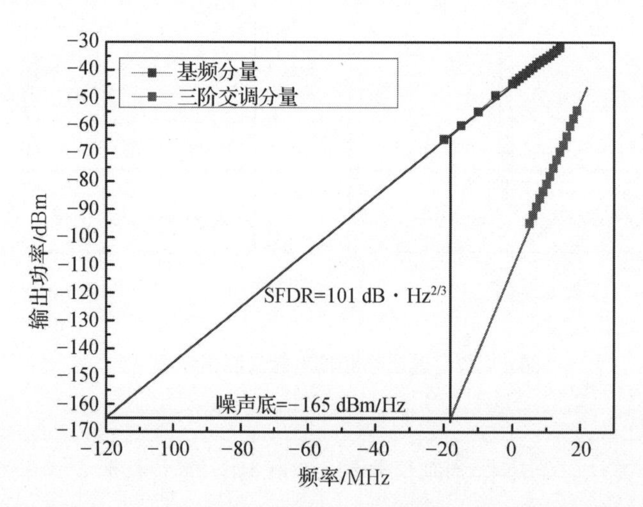

图 4－49　中频输出信号与三阶交调信号功率随输入射频信号功率变化曲线关系（书后附彩插）

为了测试中频输出信号的通道响应一致性，在实验中射频频信号输入射频信号的频率以 100 MHz 的步进从 18. 5 GHz 调制至 19. 5 GHz ，电本振信号的频率为 18 GHz，通道 1 和通道 4 输出中频信号的测试结果如图 4 – 50 所示。从图中可以看出，输出中频信号在 500 MHz 带宽内的功率波动优于 0. 5 dB，即输出的同中频信号具有优异的通道响应一致性。

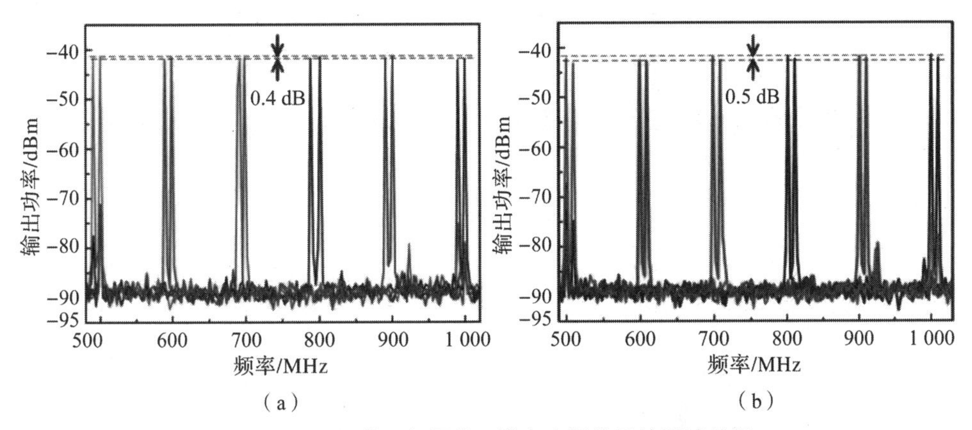

图 4 – 50　通道 1 和通道 4 输出中频信号的测试结果

(a) 通道 1；(b) 通道 4

此外还开展了其他通道对指定通道中频输出信号串扰的详细实验测试分析。在实验中，电本振信号工作频率为 18 GHz，输入射频信号的频率以 500 MHz 的步进从 16. 5 GHz 调节至 19. 5 GHz，所获得的各通道中频信号输出功率及通道串扰测试结果如图 4 – 51 所示。从图 4 – 51 中可以看出，输出的 6 个中频通道串扰抑制优于 22 dB。其中，通道 3 和通道 6 的通道串扰抑制最差，其通道隔离度为 22 dB；通道 4 的通道串扰抑制最优，其通道隔离度为 24 dB。测试的通道串扰也包含镜频干扰，两者的区别主要在于通道串扰是指所有非指定通道的其他通道信号对指定通道输出信号造成的干扰，镜频干扰是指镜频信号对指定通道输出信号造成的干扰。例如，在图 4 – 51 （a） 中，希望获取的数据为通道 1 输出的中频信号数据，那么通道 2 到通道 6 输出的信号都属于通道 1 的通道串扰信号，其中通道 4 输出的信号为通道 1 的镜频干扰信号。此外，在所提出的基于双边带频移信道化及 I/Q 下变频的同中频变频方法中，实验中通道串扰测试结果主要源于光频移后的本振调制光信号频谱的不纯净（该频谱包括边带信号和残余光载波信号)，实验中镜频干扰测试结果主要源于光混频器和电正交耦合器的幅度、相位不一致性。

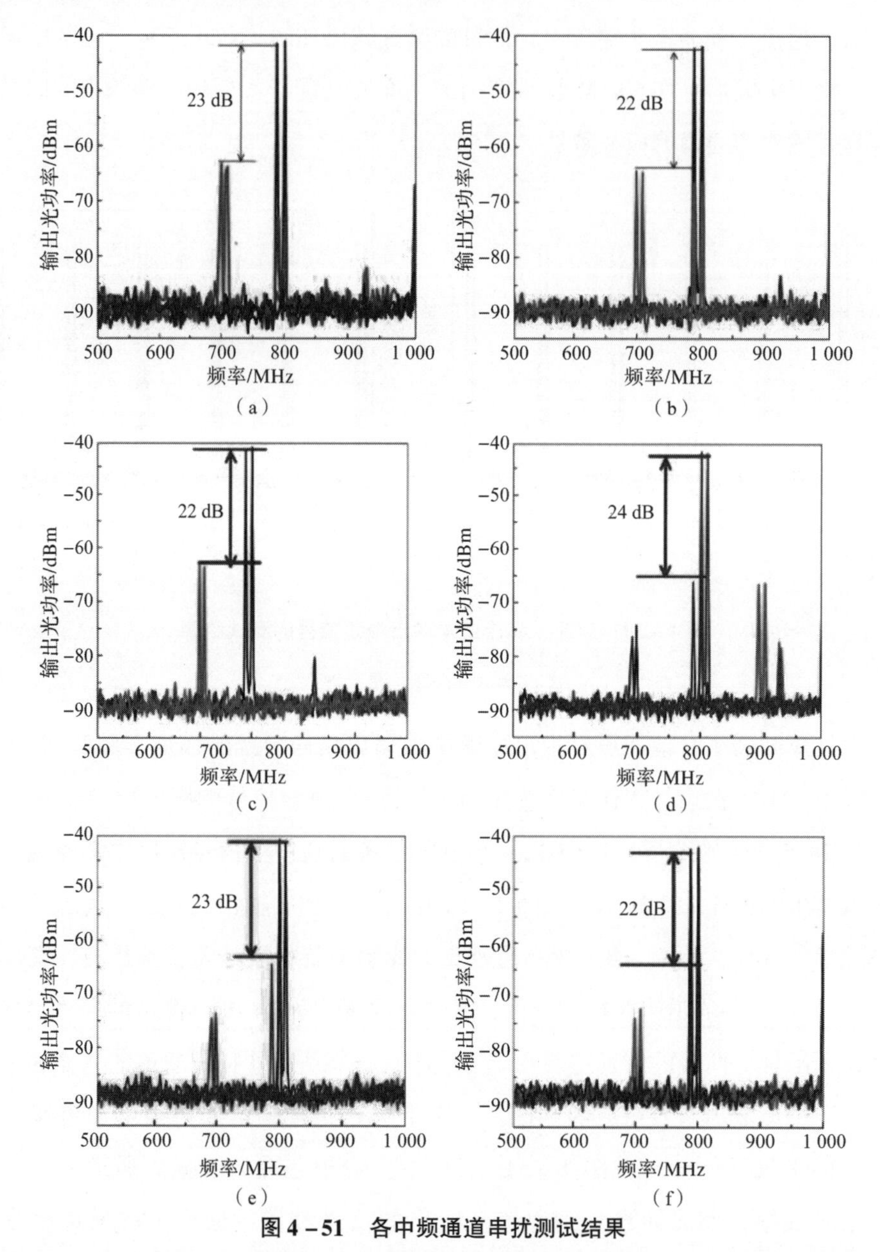

图 4-51 各中频通道串扰测试结果

(a) 通道1；(b) 通道2；(c) 通道3；(d) 通道4；(e) 通道5；(f) 通道6

本书所给出的宽带微波光子信道化及镜像抑制的同中频变频方案，尽管通过I/Q下变频实现了多组双路中频信号的并行输出，简化了系统的结构，降低了系统实现难度，但不可避免地使每组双路中频信号互为镜像信号，需进一步引入90°电混频器抑制镜像信号。图4－52给出了六路中频输出信道的测试结果，结果表明其镜像抑制比优于22 dB。

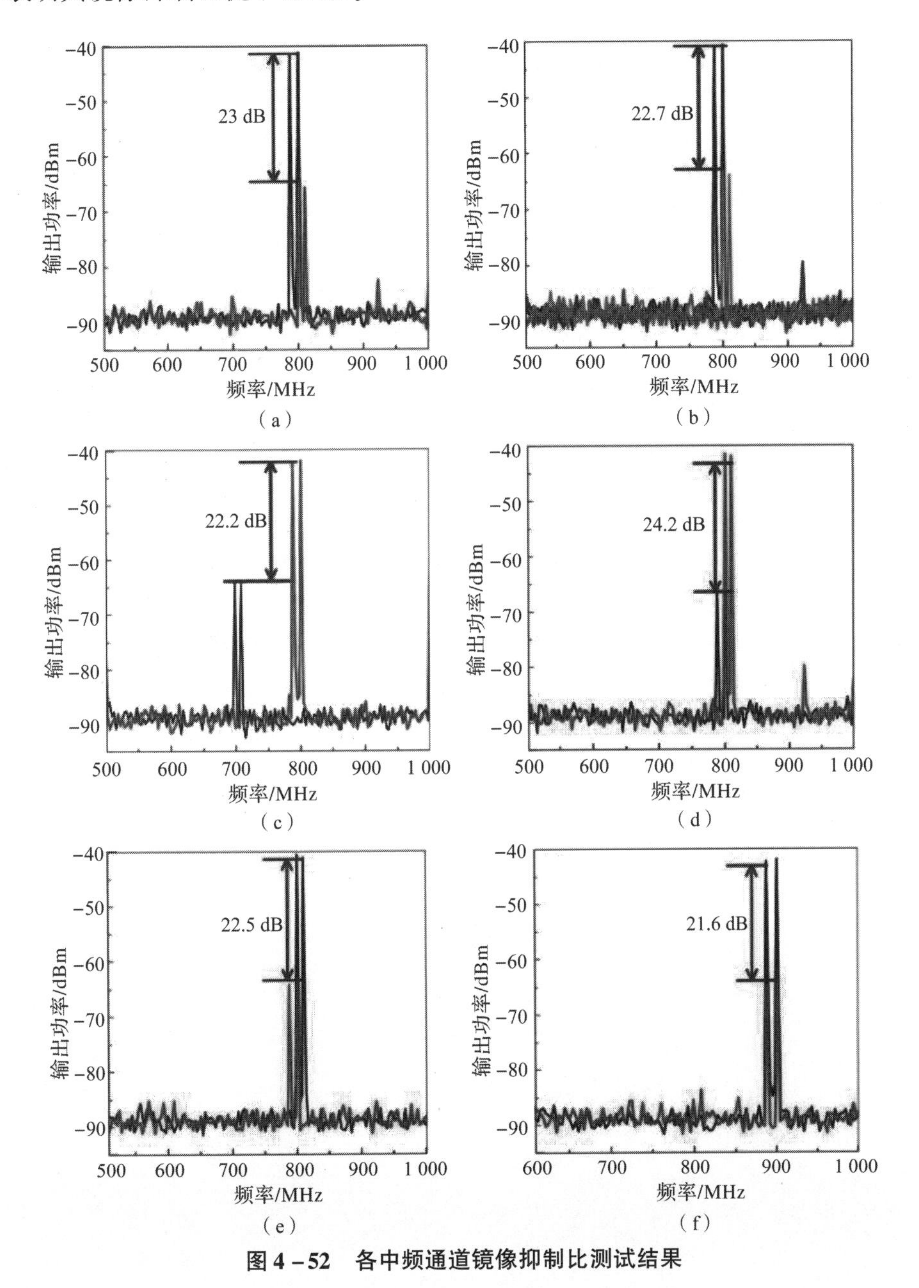

图4－52 各中频通道镜像抑制比测试结果

(a) 通道1；(b) 通道2；(c) 通道3；(d) 通道4；(e) 通道5；(f) 通道6

4.8 本章小结

本章首先介绍了信道化接收机主要发展历程，然后对微波光子信道化接收机的主要结构进行了简要介绍，并给出了微波光子信道化接收机的主要技术指标，主要包括工作频段、信道带宽、信道个数、信道间隔离度、信道幅频响应与信道SFDR。然后根据技术原理的不同，分类介绍了不同种类的微波光子信道化接收机，对基于自由空间光学的微波光子信道化接收机、基于时分复用的微波光子信道化接收机、基于光滤波器组的微波光子信道化接收机、基于光频梳和周期光滤波器组的微波光子信道化接收机、基于双光梳的微波光子信道化接收机以及其他微波光子信道化接收机给出了原理介绍、公式推导和优缺点简要分析。

第5章 微波光子本振信号源

本章从多频段一体化通信卫星有效载荷射频前端对光生本振的实际需求出发，对微波光子本振信号生成进行了简要概述，并详细介绍了微波光子本振信号生成的关键性能参数、常用的技术途径及其原理。

5.1 概述

微波光子本振信号生成主要为卫星载荷提供微波本振信号，按照技术途径的不同，可主要分为两类：一类是光域直接生成，通过在光域构建谐振腔等方式，生成高质量微波信号；另一类是微波辅助，在低频微波本振的辅助下，通过倍频等方式实现高频微波信号的生成。图5－1给出了两种技术途径的不同实现方式。

由图5－1可知，光域直接生成主要包括双波长激光器、激光器注入锁定P1态（period－one oscillations，该状态下从激光器的输出呈现单边带调制的效果）和光电振荡器等实现方式，该方法一般利用光谐振腔Q值高的优势，可生成高频段、高质量的微波本振信号，但该方式的稳定性一般都较差，限制了其在某些场景的应用。微波辅助包括光学倍频、光边带注入锁定和光锁相环等实现方式，该方法一般采用成熟的器件实现微波信号的倍频处理，所以其在稳定性方面具有显著的优势，但是由于其相位噪声符合倍频的劣化规律，所以该方式不适合对相噪要求低的场景。该方式可实现宽带信号的倍频处理，目前其在微波光子雷达等领域开始初步应用。

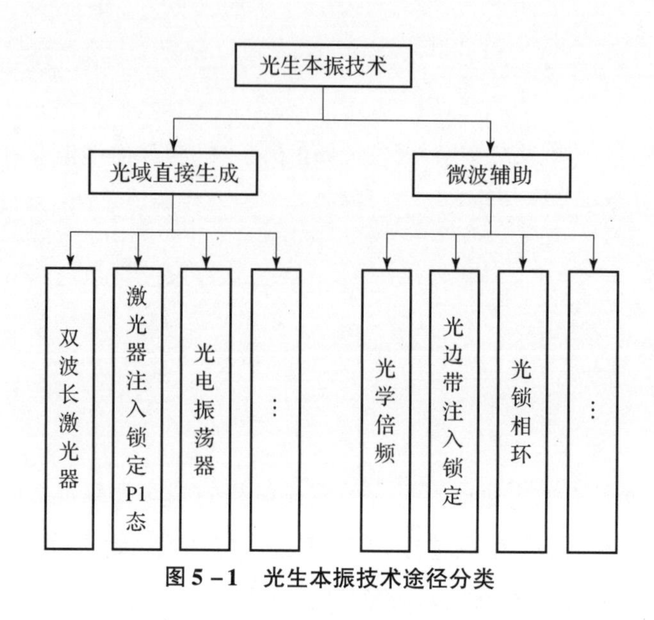

图 5-1 光生本振技术途径分类

5.2 本振源性能参数

本振源输出为单音正弦信号，理想本振源输出的信号可表示为

$$V(t)=A_o\sin(2\pi f_o t)$$

式中，A_o 为正弦信号的幅度；f_o 为正弦信号频率。

但在实际系统中，本振源输出的信号是非理想的，其输出的信号可表示为

$$V(t)=[A_o+A_e(t)]\sin[2\pi(f_o+f_e)t+\phi(t)]$$

上式包括本振源输出信号在幅度、频率和相位上分别存在的误差项 $A_e(t)$、f_e 和 $\phi(t)$。其中，f_e 一般为长时间或者温度改变引起的频率变化，$\phi(t)$ 为短时间内的相位抖动。为了衡量不理想因素与理想本振源之间的差距，一般会用如下指标来衡量本振源。

1. 标称频率 f_o

这是指本振源输出的中心频率或频率的标称值。

2. 输出功率 P_o

这是指本振源输出信号的功率值，单位一般为 dBm。其与正弦信号幅度的关系为

$$P_o(W)=\frac{A_{\mathrm{eff}}^2}{R}=\frac{[A_o/\sqrt{2}]^2}{R}=\frac{A_o^2}{2R}$$

$$P_o(dBm)=10\cdot\lg\left[\frac{P_o(W)}{1mW}\right]$$
$$=20\cdot\lg[A_o]-10\cdot\lg(2R)+30$$
$$\xrightarrow{R=50\ \Omega}20\cdot\lg(A_o)+10$$

式中，A_{eff}为幅度的有效值；R为负载阻抗，射频负载阻抗一般为50 Ω。

本振源的功率一般限定为一个取值范围，如有效载荷对本振源输出信号的功率要求一般为4～6 dBm。其中，功率波动是由于幅度误差$A_e(t)$引起的。

3. 谐波失真

这是指本振信号的谐波功率（包括二次谐波、三次谐波、四次谐波等）的最大值与基波信号功率的比值，单位一般为dBc。有效载荷对本振源的谐波失真要求一般≤－80 dBc。

4. 杂波响应

这是指本振信号的杂波功率的最大值与基波信号功率的比值，单位一般为dBc。有效载荷对本振源的谐波失真要求一般≤－35 dBc。

5. 频率精度（频率准确度）

这是指本振源输出频率在室温下相对于标称频率的偏差（频率误差f_e）与标称频率的比值。

$$频率准确度=\frac{实际频率-标称频率}{标称频率}=\frac{频率误差}{标称频率}=\frac{f_e}{f_o}$$

频率误差的单位一般为ppm，即百万分之一（1e－6）。有效载荷对本振源输出信号的频率精度一般要求为±3e－7，即0.6 ppm。例如，对于50 M，0.6 ppm的本振源，频率偏差要求为50×10e－6×0.6×10e－6＝30 Hz。

6. 频率稳定度

与频率精度类似，频率稳定度为本振源输出频率在特定条件下相对于标称频率的偏差与标称频率的比值。频率稳定度按照实际要求的不同，可分为以下几种。

（1）秒稳：一秒内频率稳定度要求为±5e－10。

（2）年稳：一年内频率稳定度要求为 ±4e－7。

（3）任意×× ℃内频率稳定度：如任意 15 ℃要求为 ±2e－7。

（4）工作温度的频率稳定度：如－40 ℃到＋70 ℃内要求为 ±5e－7。

（5）频率老化：如≤2e－9 每天，≤2e－8 每年。

上述的频率稳定度一般指的是长期稳定度，即在一段较长时间间隔后晶振频率的变化。除此之外，还有频率短期稳定度，一般是在微秒、毫秒级的时间范围内晶振频率的变化情况，晶振的短期稳定度是需要关注的重要指标之一，该指标一般用相位噪声和时间抖动来衡量。

7. 相位噪声和时间抖动

相位噪声是由相位抖动 $\phi(t)$ 引起的，其会引起本振源输出信号频谱的展宽，此时输出的频谱如图 5－2 所示。

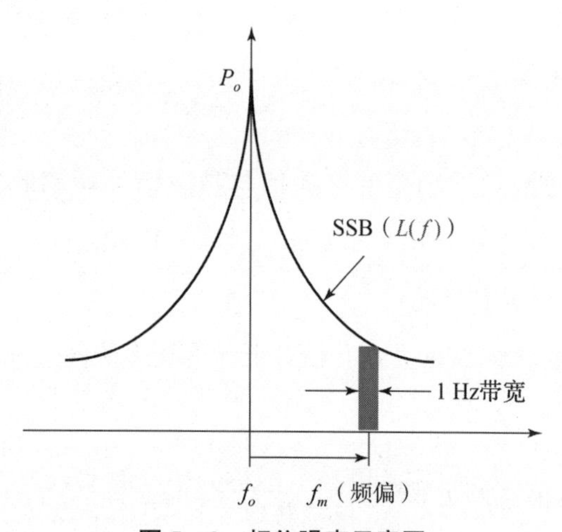

图 5－2　相位噪声示意图

由图 5－2 可知，频率噪声关于标称频率左右对称，所以一般用单边带功率谱密度差来衡量相位噪声。具体计算过程如下所示。

（1）选取相位噪声功率谱的上边带，并指明相对于标称频率的频偏 f_m。

（2）求出归一化到 1 Hz 分辨率带宽下的相位噪声功率（功率谱密度）。

（3）求载波功率与频偏 f_m 处功率谱密度的差值（单位为 dBc/Hz）。

如一般对本振源提出的相位噪声要求如下。

①@1 Hz：≤－70 dBc/Hz；

②@ 10 Hz：≤ -100 dBc/Hz；

③@ 100 Hz：≤ -130 dBc/Hz；

④@ 1 kHz：≤ -153 dBc/Hz；

⑤@ 10 kHz：≤ -160 dBc/Hz。

实际系统中，相位抖动可看作对理想正弦信号进行了相位调制。假设调制的信号为单音信号，即 $\phi(t)=\phi_{\mathrm{pk}}\cdot\sin(\omega t)$，可得

$$
\begin{aligned}
V(t) &= [A_o + E(t)]\sin[2\pi(f_o + f_e)t + \phi(t)] \\
&= [A_o + E(t)]\frac{\exp[2\pi(f_o + f_e)t + \phi(t)] - \exp[-2\pi(f_o + f_e)t - \phi(t)]}{2j} \\
&\xrightarrow{\text{只取正频率}} [A_o + E(t)]\exp[2\pi(f_o + f_e)t + \phi(t)] \\
&\xrightarrow{\phi(t)\ =\ A\cdot\sin(\omega t)} [A_o + E(t)]\{\exp[2\pi(f_o + f_e)t]\cdot\exp[\phi_{\mathrm{pk}}\cdot\sin(\omega t)]\} \\
&\xrightarrow{\text{贝塞尔展开}} [A_o + E(t)]\left\{\exp[2\pi(f_o + f_e)t]\cdot\sum_{n=-\infty}^{\infty}J_n(\phi_{\mathrm{pk}})\mathrm{e}^{jn\omega t}\right\}
\end{aligned}
$$

式中，$J_n(x)$为第一类 n 阶贝塞尔函数，其表达式为

$$
J_n(x)=\sum_{k=0}^{\infty}\frac{(-1)^k}{k!(n+k)!}\left(\frac{x}{2}\right)^{n+2k}
$$

（1）当 $n=0$ 时，零阶第一类贝塞尔函数为

$$
J_0(x)=\sum_{k=0}^{\infty}\frac{(-1)^k}{k!k!}\left(\frac{x}{2}\right)^{2k}=1-\frac{x^2}{2^2}+\frac{x^4}{2^2\cdot 2^4}-\frac{x^6}{2^2\cdot 4^2\cdot 6^2}+\cdots
$$

（2）当 $n=1$ 时，一阶第一类贝塞尔函数为

$$
\begin{aligned}
J_1(x) &= \sum_{k=0}^{\infty}\frac{(-1)^k}{k!(k+1)!}\left(\frac{x}{2}\right)^{2k+1} \\
&= \frac{x}{2}\left(1-\frac{x^2}{2\cdot 4}+\frac{x^4}{2\cdot 4\cdot 4\cdot 6}-\frac{x^6}{2\cdot 4\cdot 6\cdot 4\cdot 6\cdot 8}+\cdots\right)
\end{aligned}
$$

由上式可知，当相位偏移 $x=\phi_{\mathrm{pk}}$较小时（$\phi_{\mathrm{pk}}\leqslant\pi/5$），$J_0(m)\approx 1$，$J_1(m)\approx\frac{m}{2}$。$V(t)$可重写为

$$
\begin{aligned}
V(t) &= [A_o + E(t)]\cdot\exp[2\pi(f_o + f_e)t]\cdot\left\{1+\frac{\phi_{\mathrm{pk}}}{2}\mathrm{e}^{j\omega t}\right\} \\
&= [A_o + E(t)]\cdot\exp[2\pi(f_o + f_e)t]+\frac{\phi_{\mathrm{pk}}}{2}[A_o + E(t)]\cdot\exp[2\pi(f_o + f_e)t+\omega t]
\end{aligned}
$$

式中，第一项为输出的本振信号，第二项即为相位噪声引起的误差。此时可得出SSB 幅度和载波幅度之比与相位偏移的关系为

$$\frac{V_{\mathrm{SSB}}}{V_c}\left(\frac{V}{V}\right)=\frac{\frac{\phi_{\mathrm{pk}}}{2}[A_o+E(t)]}{A_o+E(t)}\cdot=\frac{1}{2}\phi_{\mathrm{pk}}\ \mathrm{rad}$$

将幅度比转为功率比，可得

$$\frac{P_{\mathrm{SSB}}}{P_c}\left(\frac{W}{W}\right)=\left(\frac{V_{\mathrm{SSB}}}{V_c}\right)^2=\left(\frac{1}{2}\phi_{\mathrm{pk}}\right)^2=\frac{1}{4}\phi_{\mathrm{pk}}^2\ \mathrm{rad}^2$$

此外，由于采用正弦信号作为噪声源，其峰值相位偏移与相位均方值误差的关系为

$$\phi_{\mathrm{pk}}=\sqrt{2}\phi_{\mathrm{rms}}$$

综上所示，可得出功率比与相位均方值关系为

$$L(f)=\frac{P_{\mathrm{SSB}}}{P_c}=\left(\frac{1}{2}\phi_{\mathrm{pk}}\right)^2=\frac{1}{4}(\sqrt{2}\phi_{\mathrm{rms}})^2=\frac{1}{2}\phi_{\mathrm{rms}}^2\ \mathrm{rad}^2$$

即

$$\sqrt{2\frac{P_{\mathrm{SSB}}}{P_c}}=\sqrt{2L(f)}=\phi_{\mathrm{rms}}\ \mathrm{rad}$$

上述推导是假设相位噪声为单音条件下得出的。将单音信号推广为噪声信号（带宽为 BW）。此时相位均方根误差与功率谱密度的对应关系为

$$S_\phi(f)=\frac{\phi_{\mathrm{rms}}^2}{\mathrm{BW}}\frac{\mathrm{rad}^2}{\mathrm{Hz}}$$

由于相位调制是左右对称的，其上边带（即相位噪声）为

$$L(f)=\frac{S_\phi(f)}{2}=\frac{\phi_{\mathrm{rms}}^2}{2\cdot\mathrm{BW}}\frac{\mathrm{rad}^2}{\mathrm{Hz}}$$

因此，根据频偏f_{start}到f_{stop}的单边带相位噪声，可得出其对应的相位均方根误差为

$$\phi_{\mathrm{rms}}^2=2\int_{f_{\mathrm{start}}}^{f_{\mathrm{stop}}}L(f)\,\mathrm{d}f\ \mathrm{rad}^2$$

$$\Rightarrow\phi_{\mathrm{rms}}=\sqrt{2\int_{f_{\mathrm{start}}}^{f_{\mathrm{stop}}}L(f)\,\mathrm{d}f}\ \mathrm{rad}^2$$

$$\Delta t=\mathrm{jitter}$$

如图 5-3 所示，在时域人们一般关注时间抖动 jitter，时间抖动 jitter 与相位均方根误差的关系为

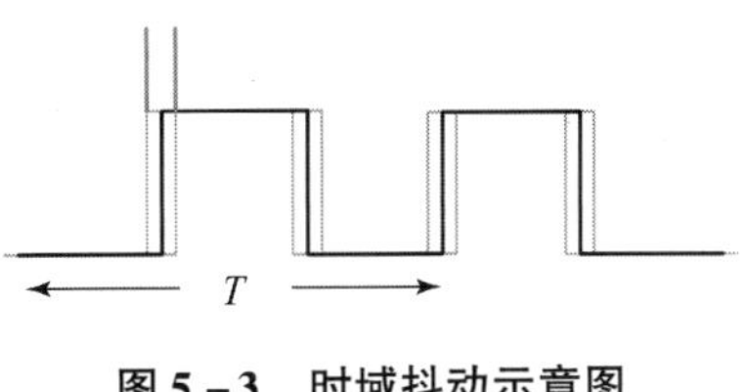

图 5-3　时域抖动示意图

$$\text{jitter}(s)=\frac{\phi_{\text{rms}}}{2\pi}T(s)=\frac{\phi_{\text{rms}}}{2\pi f_c}$$

式中，T 为本振信号的重复周期。

如图 5-4 所示，相位噪声主要由随机游走噪声 FM(f^{-4})、闪烁噪声（flicker noise）FM(f^{-3})、白噪声 FM(f^{-2})和闪烁噪声 FM(f^{-1})组成。

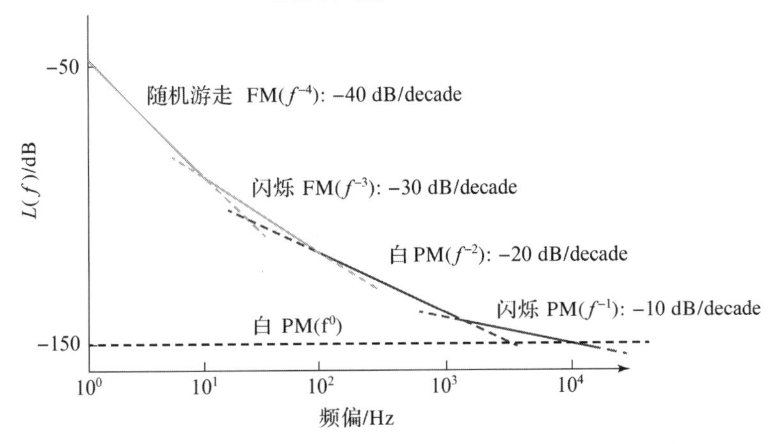

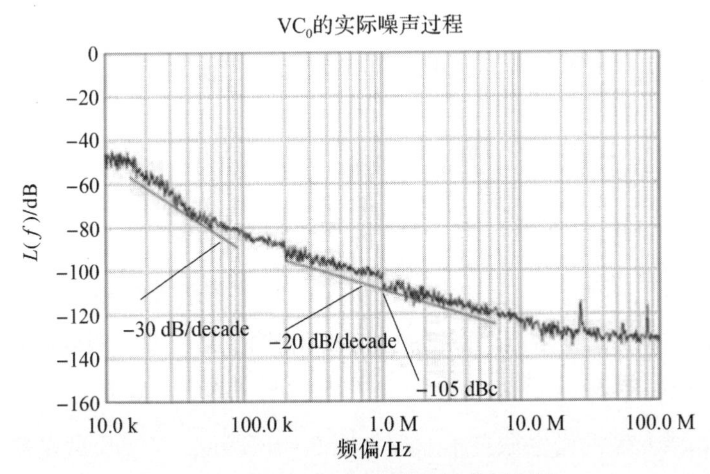

图 5-4　相位噪声组成示意图

5.3 光域直接生成

5.3.1 双波长激光器

基于双波长激光器的光生本振技术，是利用单激光器可生成两个不同波长的特性，将双波长激光直接输入光电强度探测器中，即可得到频率差与波长差相对应的本振信号。

图5-5为基于双波长激光器的光生本振技术的结构，可以看出，该方法结构简单，双波长激光器输出的信号直接输入光电探测器中，经过光电转换之后即可得到本振信号。

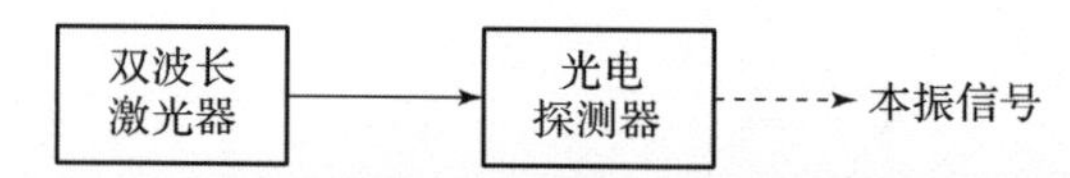

图5-5 基于双波长激光器的光生本振技术的结构

该技术的原理图简单，激光器输出的双波长激光可表示为

$$E(t)=E_1\cos(\omega_1 t+\varphi_1)+E_2\cos(\omega_2 t+\varphi_2)$$

式中，$E_{1,2}$、$\omega_{1,2}$、$\varphi_{1,2}$分别为波长1、2所对应的幅度、角频率与相位。假设$E_1=E_2=E$（即当两个波长的幅度相等），利用三角函数的和差化积公式，上式可重写为

$$\begin{aligned}E(t)&=E\cos(\omega_1 t+\varphi_1)+E\cos(\omega_2 t+\varphi_2)\\&=E[\cos(\omega_1 t+\varphi_1)+\cos(\omega_2 t+\varphi_2)]\\&=\frac{E}{2}\cos[(\omega_1-\omega_2)t+(\varphi_1-\varphi_2)]\cdot\cos[(\omega_1+\omega_2)t+(\varphi_1+\varphi_2)]\end{aligned}$$

上式可看作对频率为$\cos[(\omega_1+\omega_2)t+(\varphi_1+\varphi_2)]$的载波信号，进行包络为$\cos[(\omega_1-\omega_2)t+(\varphi_1-\varphi_2)]$的幅度调制，此时再利用包络检波，即可得到角频率为$\omega_1-\omega_2$的正弦信号。

基于双波长激光器的光生振技术原理如图5-6所示，双波长激光器同时输出角频率为ω_1和ω_2的双波长激光，其光谱如图5-6（a）所示，对应的时域光波如图5-6（c）所示，可以看出，此时光波包络的波形即为角频率为$\omega_2-\omega_1$

的正弦波。该光波直接输入光电强度探测器中，实现包络检波。因此，经过光电探测之后即可得到角频率为的 $\omega_2-\omega_1$ 的正弦波。电信号的电谱如图 5－6（b）所示，对应的波形如图 5－6（d）所示。

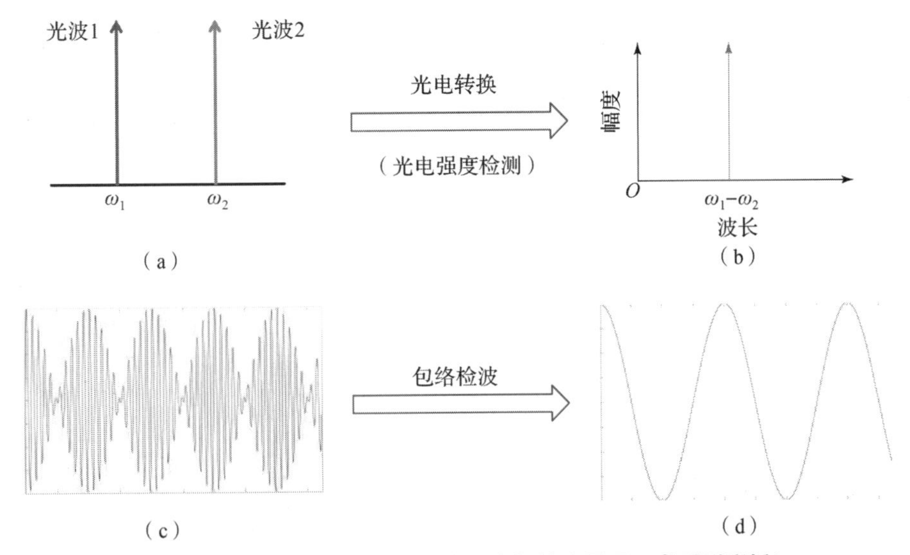

图 5－6　基于双波长激光器的光生本振技术原理（书后附彩插）

（a）光谱；（b）电谱；（c）光波；（d）电波

设双波长激光器输出的波长分别为 λ_1、λ_2，其生成信号的频率即为

$$f_1=\frac{c}{\lambda_1},\ f_2=\frac{c}{\lambda_2}$$

$$\Delta f=f_1-f_2=\frac{c}{\lambda_1}-\frac{c}{\lambda_2}=\frac{c(\lambda_2-\lambda_1)}{\lambda_1\lambda_2}\approx\frac{c\cdot\Delta\lambda}{\lambda_c^2}$$

式中，Δf 为频率差；c 为光速；λ_c 为中心波长；$\Delta\lambda$ 为波长差。当中心波长 λ_c 为 1 550 nm 时，上式可写为

$$\Delta f\approx\frac{c\cdot\Delta\lambda}{\lambda_c^2}=\frac{3\text{e}8}{(1\ 550\text{e}-9)^2}\Delta\lambda=1.25\text{e}20\cdot\Delta\lambda(m)=125\text{e}9\cdot\Delta\lambda\ \text{nm}$$

在计算光波长差与微波频率对应的关系时，可采用 1 550 nm 处，波长差与频率对应的经验公式，1 nm 对应 125 GHz 来计算。如在 1550 nm 处，波长差为 0.3 nm，对应的本振信号频率为 $0.3\times125=37.5$ GHz。

由上述可知，双波长激光器是该类方案的核心器件，其输出的两束光源之间的相干性直接决定了所生成本振信号的相位噪声、频率精度、频率稳定度等指标。为了确保双波长间的相干性，双模激光器一般同时从单个腔产生两个波长。由于两种激光模式源自同一个腔，因此它们的相位相关性优于两个离散激光器。共腔双波长激光器可以分为两大类：双波长光纤激光器和双波长半导体激光器。

1. 双波长光纤激光器

如图 5 – 7 所示，一种典型的双模光纤激光器在一个光纤环形激光器中潜入一个具有两个窄通带的光带通滤波器来实现。利用两个窄通带分别选取两个谐振模式，实现双波长的输出。

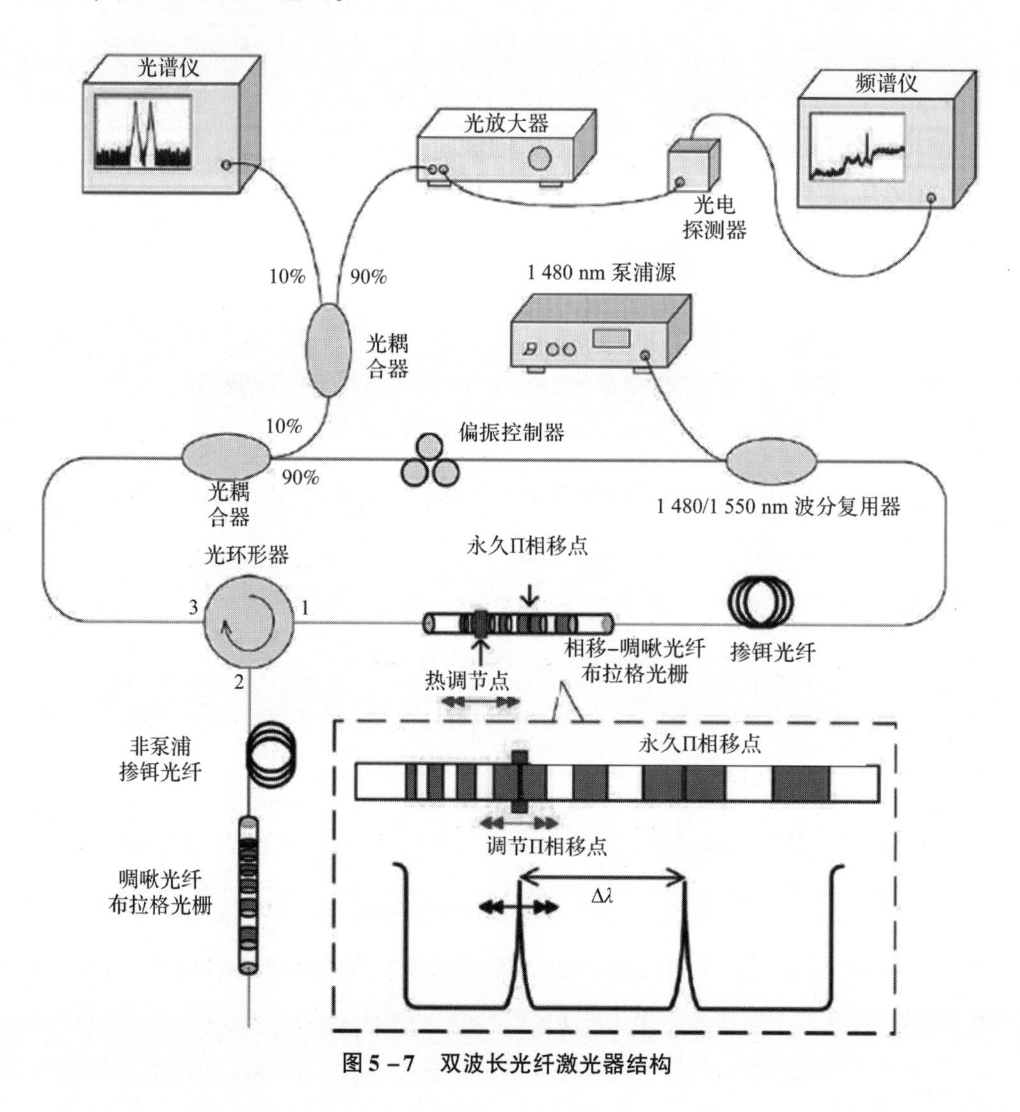

图 5 – 7 双波长光纤激光器结构

据报道，南洋理工大学的 Bo Lin 等利用具有双相移点（一个为固定相移，另一个为热调谐相移）的啁啾光栅来实现两个窄通带的光带通滤波器，通过调节其中一个相移点，实现了中间波长为 1 560 nm、波长差为 0. 06 ~ 0. 298 nm 双波长激光器的生成，生成了频率为6. 88 ~ 36. 64 GHz 的微波信号，频率稳定度可达到 110 kHz。由于光纤激光器一般系统复杂、体积较大，生成的信号存在稳定性差的问题。

2. 双波长半导体激光器

单片集成双波长半导体激光器具有体积小、功耗低、调谐范围宽、集成能力强等优点，近年来备受关注。对于 DFB 激光器，如图 5 - 8 所示，可通过选择性有缘区生长（SAG）技术，分别在激光器芯片两侧生成前向、反向电流激发的 DFB 激光器，每个 DFB 激光器分别集成 Ti 电极，利用 Ti 电极加热来控制波长差。该方法实现 42. 2 GHz ~ 1 THz 微波信号生成，所生成的微波信号谐杂波抑制 >40 dB，频率稳定度约为 3 MHz。双模半导体激光器易于工作在高频，电控频率调谐范围大，但产生的信号相位噪声性能较差，这对其未来的实际应用提出了挑战。

图 5 - 8 双波长半导体激光器结构

5. 3. 2 激光器注入锁定 P1 态

基于激光器注入的本振信号生成技术，是基于当激光器注入、从激光器工作在 P1 态时，从激光器输出光信号的波长差可通过控制主激光器的光强来改变的特性实现本振信号的生成。

图 5 - 9 为基于激光器注入锁定 P1 态的光生本振技术的结构，主激光器输出

的光载波经过环形器输入从激光器中，从激光器输出的信号直接输入光电探测器中，经过光电转换之后即可得到本振信号。

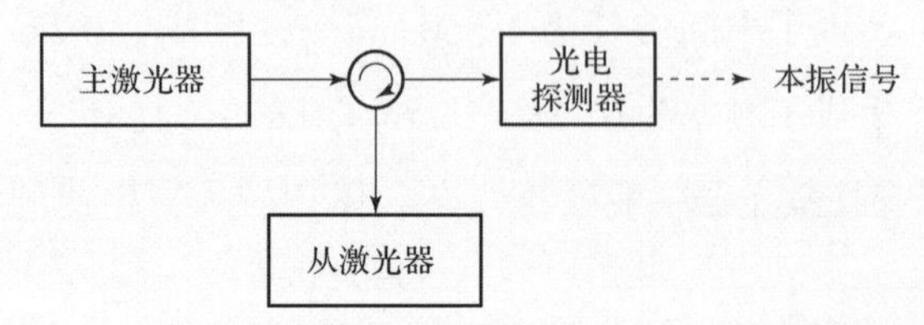

图5-9 基于激光器注入锁定P1态的光生本振技术的结构

图5-9中，激光器注入锁定涉及以下关键参数与名词。

（1）主激光器：输出自由光载波的激光器，波长为 λ_{ML}，频率为 f_{ML}，功率为 P_{ML}。

（2）从激光器：注入光载波的激光器，波长为 λ_{SL}，频率为 f_{SL}，功率为 P_{SL}。

（3）失谐频率：从激光器的共振频率与注入激光的光频率之差，即主激光器频率与从激光器频率之差 $\Delta f = |f_{ML} - f_{SL}|$。

（4）注入强度：主激光器功率与从激光器功率之比 $\xi = \frac{P_{ML}}{P_{SL}}$。

注入后从激光器的工作状态与失谐频率和注入强度有关，典型的工作状态可由图5-10给出。

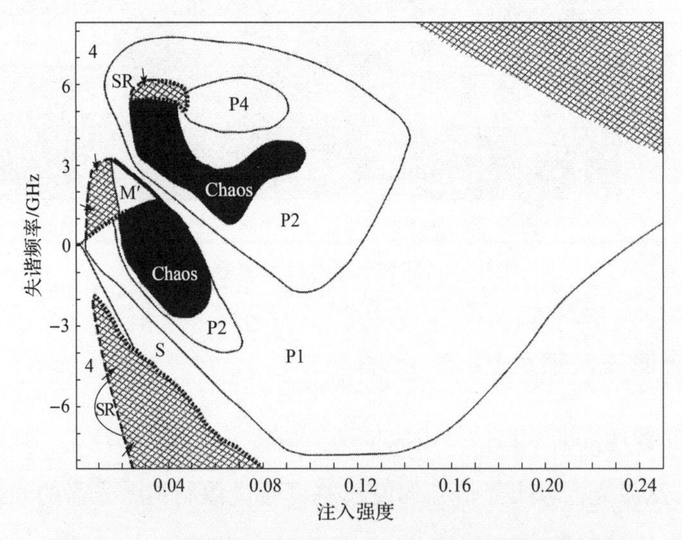

图5-10 激光器工作状态与注入强度与失谐频率的关系

（S：注入锁定；SR：子谐波谐振；P1～P4：周期态；Chaos：混沌态）

图5－10横坐标为注入强度，纵坐标为失谐频率。可以看出，既可以在失谐频率一定的情况下，通过改变注入强度来改变激光器的工作状态，也可以在注入强度一定的情况下，通过改变失谐频率来改变激光器的工作状态。实际应用中，一般多采用前者。激光器不同工作状态的特性如下。

S：稳定注入锁定态

此状态下从激光器自由运行时的光模场已经被完全抑制，只存在主激光器被放大后的光波长，其光谱如图5－11所示。

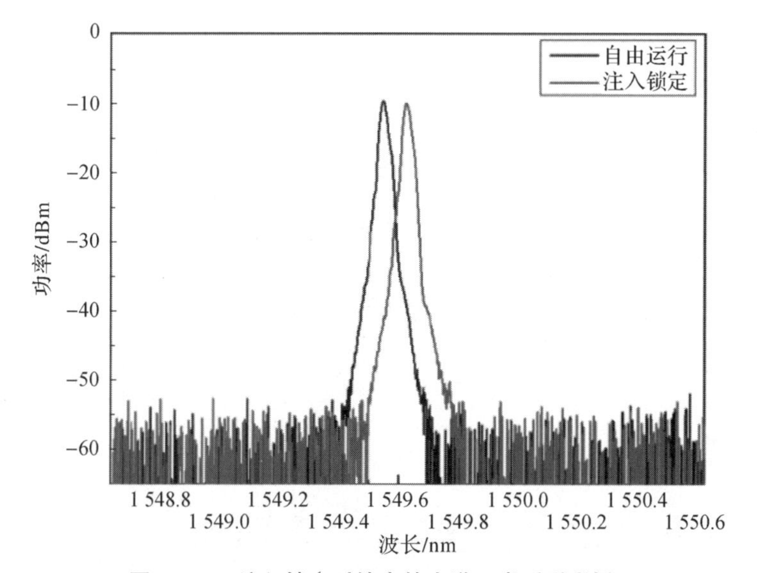

图5－11　注入锁定时输出的光谱（书后附彩插）

P1：单周期态

此状态下从激光器输出的光谱中主要存在两个主峰：第一个主峰的波长等于主激光器波长，第二个主峰的波长比从激光器主模波长（λ_{SL}）要长，这是由于在光注入条件下从激光器波长发生了红移，此时输出的光谱如图5－12所示。

P2：倍周期态

倍周期态和单周期态在光谱形状上是相似，区别在于倍周期态时从激光器主模波长（λ_{SL}）和注入光波长间会生成一个新的波长，且这个波长处于二者的正中间，此时输出的光谱如图5－13所示。

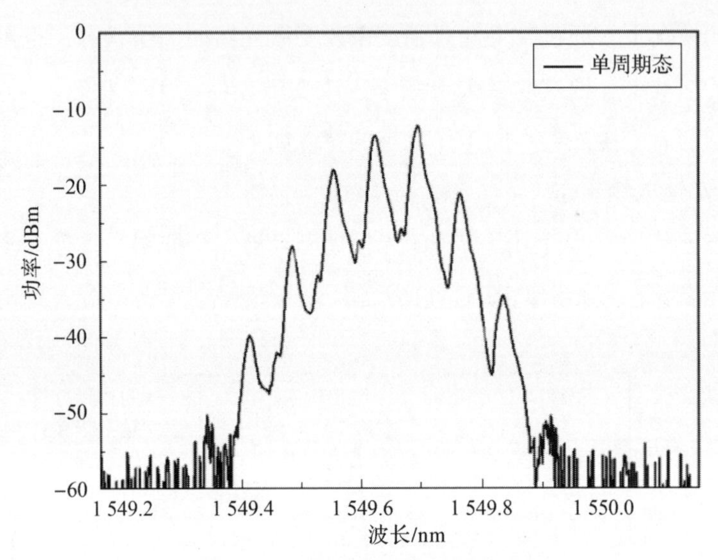

图 5-12　单周期态输出的光谱

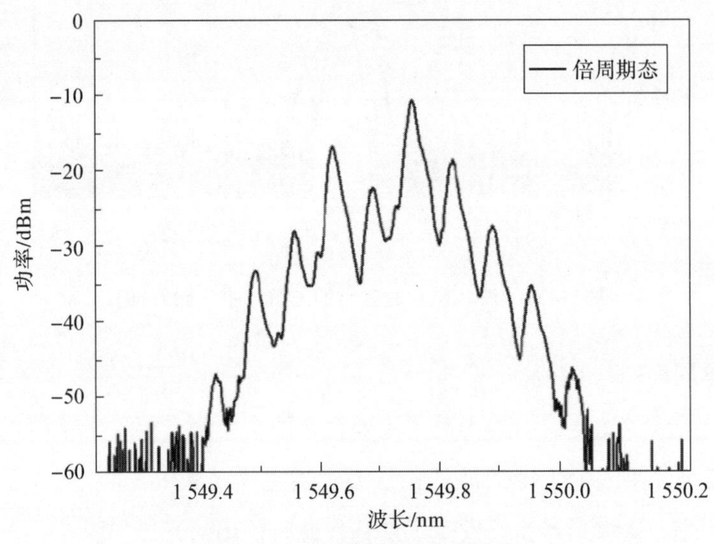

图 5-13　倍周期态输出的光谱

Chaos：混沌态

混沌态输出的光谱状态极其不稳定，并没有明显的规律性，主要体现在其左右光谱分布不对称，在光谱中不能观察到特别明显的峰，此时输出的光谱如图 5-14 所示。

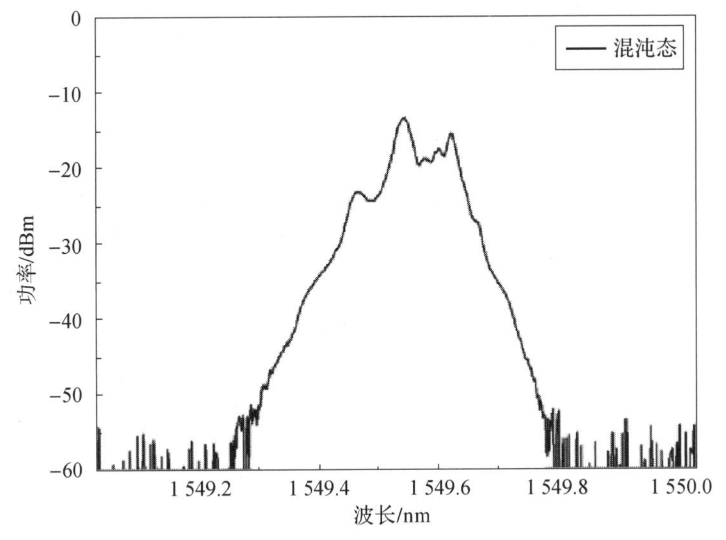

图5－14　混沌态输出的光谱

由上述可知，当注入强度与失谐频率在一定范围内时，从激光器可以工作在P1态。此时从激光器输出的光谱如图5－15所示，主要由两个光载波构成，通过合理控制注入强度，可以将两个主峰的频率差调谐为30.2 GHz。图5－15中，左边的波长等于主激光器波长，右边的波长等于从激光器红移后的波长［红光波长大、频率低。红移即往频率低（波长大）的方向移动］。

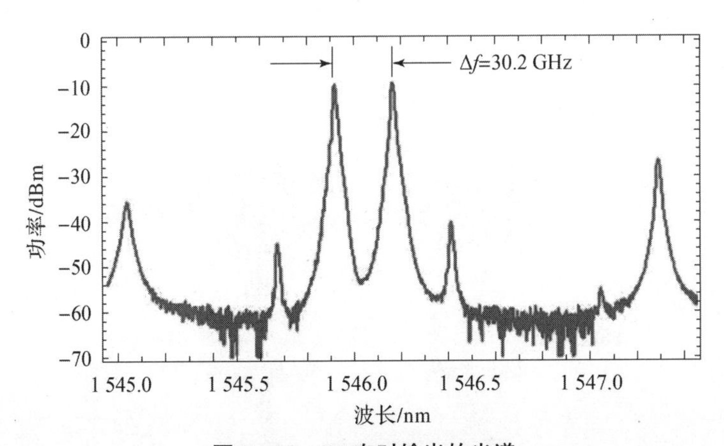

图5－15　P1态时输出的光谱

光信号输入光电探测器中，得到的本振信号如图5－16所示。

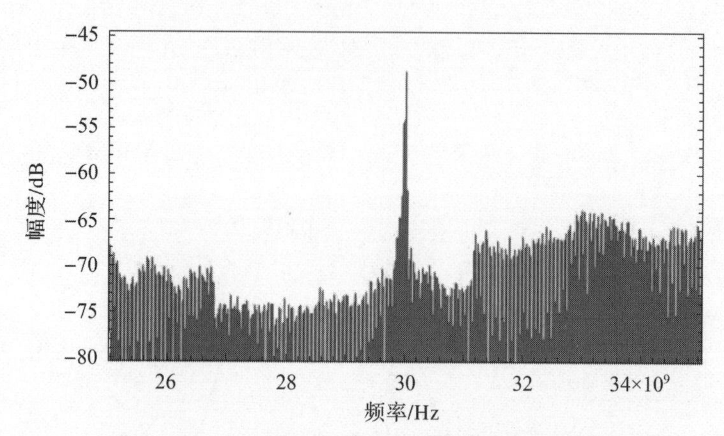

图 5－16　P1 态时输出的光信号探测得到的电谱

但是由于需要从激光器工作在 P1 态，此时主激光器与从激光器的频差被限定在一定范围内，超过该范围从激光器将不再工作在 P1 态，所以该方法所生成本振信号的频率是受限的，一般在 40 GHz 以内。

5.3.3　光电振荡器

光电振荡器是利用光学谐振腔高 Q 值的特性来生成高质量的本振信号。光电振荡器的结构如图 5－17 所示，经过调制和放大后的光波进入高 Q 值的光子储能单元，这种高 Q 值的光子储能介质可以是微盘型光子谐振器，也可以是损耗极低的延时储能光纤。然后再经过光电转换单元转换为微波信号后，经微波域上的处理产生相应频率的微波信号，形成振荡环路。由于采用了高 Q 值的光子储能单元，所以该方法生成的本振信号相位噪声可以大幅度降低。

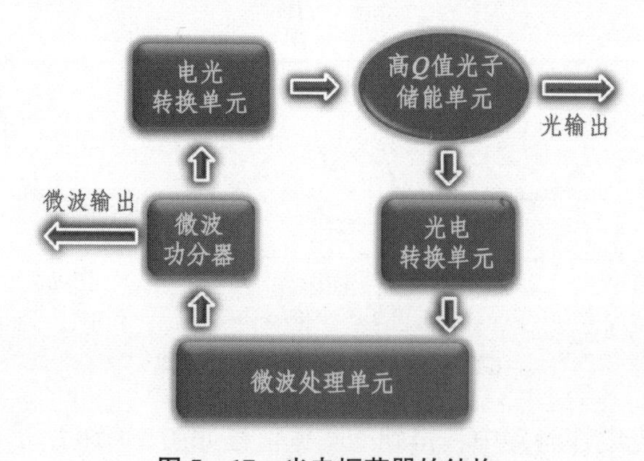

图 5－17　光电振荡器的结构

光电振荡器的具体方案如图5－18所示，经过调制和放大后的光波进入高Q值的光子储能单元，这种高Q值的光子储能介质可以是微盘型光子谐振器，也可以是损耗极低的延时储能光纤。然后再经过光电转换单元转换为微波信号后，经微波域上的处理产生相应频率的微波信号。

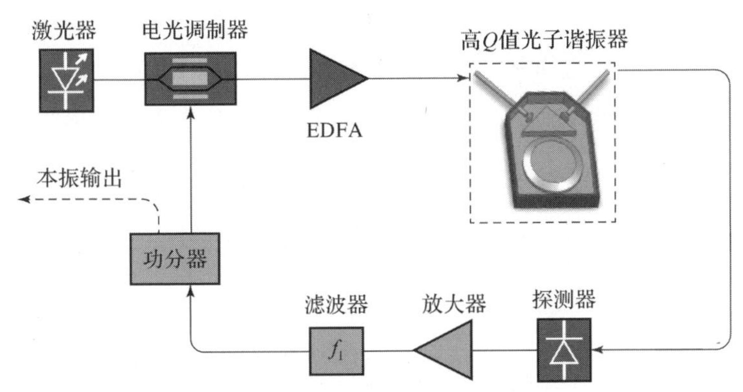

图5－18　光电振荡器的具体方案

1. 低相位噪声技术途径

相位噪声低是光电振荡器的优势，此外，还可通过以下三条技术途径来实现对光电振荡器的相位噪声抑制：①提高光学储能的Q值；②降低系统中与频率无关的加性噪声；③降低系统中与频率相关的乘性噪声，如图5－19所示。

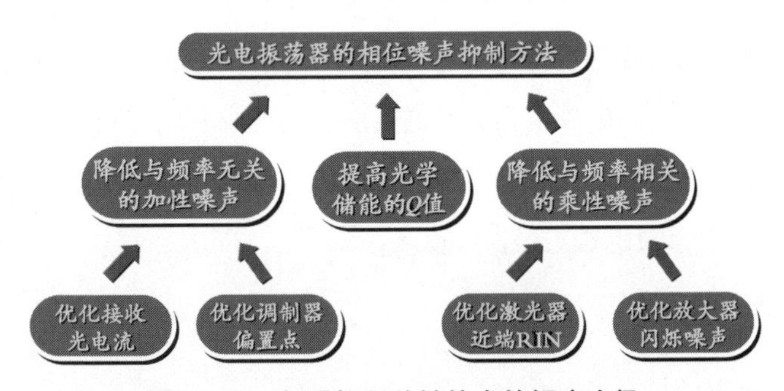

图5－19　相噪抑制关键技术的解决途径

光电振荡器中微波振荡的动态特性可以用无量纲的变量$x(t)=\pi V(t)/2V_\pi$描述如下：

$$x+\tau\frac{\mathrm{d}x}{\mathrm{d}t}+\frac{1}{\theta}\int_{t_0}^{t}x(s)\,\mathrm{d}s=\beta\cos^2[x(t-T)+\phi] \tag{5-1}$$

这里$\beta=\pi kSGP_{\mathrm{opt}}/(2V_\pi)$是归一化的环路增益，$\phi=\pi V_{\mathrm{B}}/(2V_\pi)$是相位调制器

产生的相移量，而 $\tau = 1/\Delta\Omega$ 和 $\theta = \Delta\Omega/\Omega_0^2$ 是带通滤波器的特性参数。因为我们需要的是单模振荡，所以式（5-1）的解可以表示为

$$x(t) = \frac{1}{2}\tilde{A}(t)\mathrm{e}^{i\Omega_0 t} + \frac{1}{2}\tilde{A}^*(t)\mathrm{e}^{-i\Omega_0 t} \tag{5-2}$$

这里 $\tilde{A}(t) = A(t)\exp[i\psi(t)]$ 是微波信号 $x(t)$ 的慢变幅度项。可以对式（5-1）右手边项进行简化，因为频率 Ω_0 的正弦函数的余弦可以按照 Ω_0 的谐波进行傅里叶展开。换句话说，因为 $x(t)$ 在 Ω_0 附近几乎是正弦形式，那么，利用关系式 $\cos^2 z = 1/2[1+\cos 2z]$ 和 Jacobi－Anger 展开式

$$\mathrm{e}^{iz\cos\alpha} = \sum_{n=-\infty}^{+\infty} i^n J_n(z)\mathrm{e}^{in\alpha} \tag{5-3}$$

$\cos^2[x(t-T)+\phi]$ 的傅里叶变换谱在 Ω_0 的谐波附近将急剧分布。这里 J_n 是第 n 阶第一类贝塞尔函数，因为反馈环路的滤波器在 Ω_0 附近是精细谐振的，实践证明只考虑信号的基频分量，而不考虑其他谱分量，是一种很好的近似，这样式（5-1）可以重新表示为

$$\begin{aligned} X + \frac{1}{\Delta\Omega}\frac{\mathrm{d}x}{\mathrm{d}t} + \frac{\Omega_0^2}{\Delta\Omega}\int_{t_0}^{t} X(s)\,\mathrm{d}s &= -\beta\sin 2\phi \times J_1[2|\tilde{A}(t-T)|]\cdot \\ &\cos[\Omega_0\cdot(t-T)+\psi(t-T)] \end{aligned} \tag{5-4}$$

为了在此方程中引入噪声效应，将在此系统中考虑两个主要的噪声影响。

第一个影响是加性噪声，这对应于与最终产生的微波信号没有关联的随机的环境与内在波动。这种噪声的影响可以当作 Langevin 强制项，直接加在式（5-4）的右边。这种加性噪声是假定与频率无关的，因为我们感兴趣的是载波频率 Ω_0 附近的强度，加性噪声可以用式（5-5）表示：

$$\varepsilon_a(t) = \frac{1}{2}\zeta_a(t)\mathrm{e}^{i\Omega_0 t} + \frac{1}{2}\zeta^*(t)\mathrm{e}^{-i\Omega_0 t} \tag{5-5}$$

式中，$\zeta_a(t)$ 为复高斯白噪声，其自相关为 $\langle\zeta_a(t)\zeta_a^*(t')\rangle = 4D\delta(t-t')$，这样对应的功率谱密度为 $|\tilde{\varepsilon}_a(\omega)|^2 = 2D_a$。

第二个影响是由环路增益的起伏引起的乘性噪声。归一化的环路增益参数可以表示为

$$\gamma = \beta\sin 2\phi = \frac{\pi}{2}\frac{\kappa SGP_{\mathrm{opt}}}{V_\pi}\sin\left(\pi\frac{V_{\mathrm{B}}}{V_\pi}\right) \tag{5-6}$$

如果系统所有的参数都是随时间变化的［即将 κ 替换为 $\kappa+\delta\kappa(t)$，将 S 替换为 $S+\delta S(t)$ 等］，那么式（5－6）中的增益 γ 就可以用 $\gamma+\delta\gamma(t)$ 来代替，这里 $\delta\gamma(t)$ 是总的增益起伏。因此，引入无量纲的乘性噪声：

$$\eta_m(t)=\frac{\delta\gamma(t)}{\gamma} \tag{5-7}$$

式（5－7）实际上是相对增益起伏，在 OEO（光电振荡器）结构中，有 $\eta_m(t)\ll 1$。这种噪声通常是与频率有关的复数，其实它是各种不同噪声贡献的综合（来自探测器、放大器等的噪声）。与通常的放大器和探测器的噪声谱一致，在这里认为这种乘性噪声在载波附近是闪烁的（即随 $1/f$ 变化），并且在一定的阈值之上是与频率无关的。因此假定乘性噪声功率谱密度的经验公式如下：

$$|\tilde{\eta}_m(\omega)|^2=2D_m\left[1+\frac{\Omega_{\mathrm{H}}}{\omega+\Omega_{\mathrm{L}}}\right] \tag{5-8}$$

式中，Ω_{L} 为闪烁噪声的下截止频率；Ω_{H} 为闪烁噪声的上截止频率。更准确地说，认为噪声在低于 Ω_{L}、高于 Ω_{H} 的部分是与频率无关的。在典型情况下，认为 $\Omega_{\mathrm{L}}/2\pi<1$ Hz，$\Omega_{\mathrm{H}}/2\pi>10$ kHz，这样闪烁噪声分布在超过 4 个量级的频率范围内。

为了避免解析求解式（5－4）中复杂的积分项，使用中间积分变量进行数学上的简化：

$$u(t)\int_{t_0}^{t}x(s)\,\mathrm{d}s=\frac{1}{2}B(t)\mathrm{e}^{i\Omega_0 t}+\frac{1}{2}B^*(t)\mathrm{e}^{-i\Omega_0 t} \tag{5-9}$$

式（5－9）也近似是均值为零的正弦曲线。由式（5－5）、式（5－6）和式（5－7），可以看出慢变幅度项 $B(t)$ 满足如下随机方程：

$$\begin{aligned}&\{\ddot{B}+(\Delta\Omega+2i\Omega_0)\dot{B}+i\Omega_{0\Delta\Omega B}\}\mathrm{e}^{i\Omega_0 t}+\mathrm{c.\,c.}\\&=-2\Delta\Omega\gamma[1+\eta_m(t)]\left[\frac{1}{2}\mathrm{e}^{i\Omega_0(t-T)}\mathrm{e}^{i\psi T}+\mathrm{c.\,c}\right]\times J_1[2|\dot{B}_T+i\Omega_0 B_T|]\\&+2\Delta\Omega\left[\frac{1}{2}\zeta_a(t)\mathrm{e}^{i\Omega_0 t}+\mathrm{c.\,c.}\right]\end{aligned} \tag{5-10}$$

式中，c. c. 为前项的复共轭。因为 $B(t)$ 是以比载波频率慢的多的速率变化，所以可以使用慢变近似，并假定 $|\ddot{B}|\ll\Delta\Omega|\dot{B}|$，及 $|\dot{B}|\ll\Omega_0|B|$。

由于有关系式 $x(t)=\dot{u}(t)$，因此就有 $\tilde{A}=\dot{B}+i\Omega_0 B\cong i\Omega_0 B$，这样最终可以从式（5-10）获得如下描述慢变包络 $\tilde{A}(t)$ 的随机方程：

$$\dot{\tilde{A}}=-\mu e^{i\vartheta}\tilde{A}+2\gamma\mu e^{i\vartheta}[1+\eta_m(t)]\frac{J_1(2|\tilde{A}_T|)}{2|\tilde{A}_T|}\tilde{A}_T+\mu e^{i\vartheta}\zeta_a(t) \tag{5-11}$$

这里的相位条件已被设置为 $e^{-i\Omega_0 T}=-1$，这样所感兴趣的动态特性被限制在 $\gamma\geqslant0$ 的情况。该方程的关键参数为

$$\mu=\frac{\Delta\Omega/2}{\sqrt{1+[1/(2Q)]^2}} \text{和}\ \vartheta=\arctan\left(\frac{1}{2Q}\right) \tag{5-12}$$

这里 $Q=\Omega_0/\Delta\Omega=200$ 是 RF 滤波器的品质因子。因为 $Q\gg1$，所以可以简单地认为 $\mu\cong\Delta\Omega/2$ 及 $\vartheta=1/(2Q)$。复数项 $\mu e^{i\vartheta}$ 是一种滤波操作，当滤波器的 Q 因子足够大时，它能被换算成半带宽 $\Delta\Omega/2$。值得注意的是，在式（5-11）的复振幅中，初始的乘性噪声仍是实数，而加性噪声则变成了复数。

1）提高光学储能的 Q 值

对于一个振荡器，从本质上来说，提高光学储能 Q 值也就是延长环腔的储能时间，会使振荡产生的信号频谱更窄、更纯，也就是可以明显地降低振荡器的相位噪声。图 5-20 所示为在不同的环腔储能时间下，模拟仿真的微波光电振荡器的相位噪声特性；从图中可以明显地看出，随着环腔储能时间的延长及光学储能 Q 值的提高，振荡器的相位噪声得到了很好的抑制。

2）降低系统中与频率无关的加性噪声

整个微波光电振荡器的加性高斯白噪声来源可以归纳为两个方面：一方面是由光电电光转换链路（或称作“微波光链路”）所带来的噪声；另一方面是由光电探测器出来到进入电光调制器之前的这一段“纯微波链路”所带来的噪声。

（1）微波光链路的高斯白噪声。在微波光电振荡器的开环状态下，只考虑微波光链路时，可以将光电探测器输出端的所有噪声源按 PD 所探测到的直流功率分量进行归一化。通用的相对强度噪声的概念将贯穿下面的分析，用以定量地

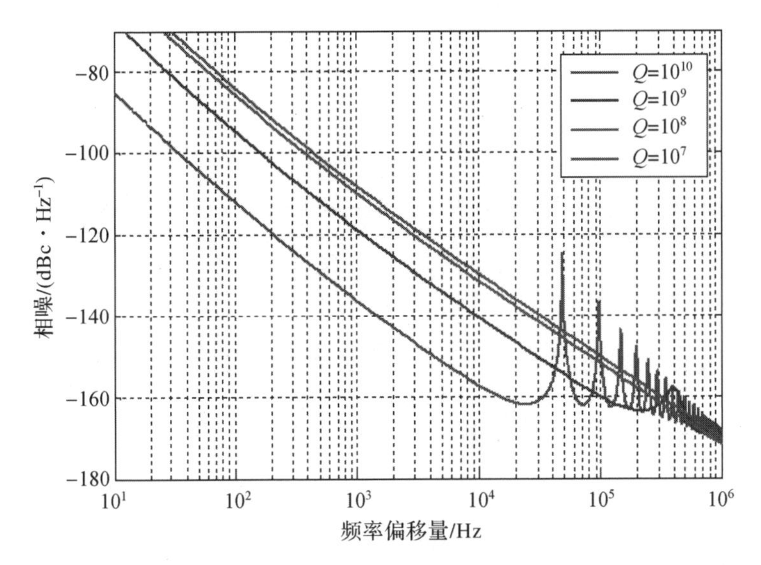

图20　不同的光学储能 Q 值下的光电振荡器相位噪声情况（书后附彩插）

描述各种噪声过程，及其对系统性能的影响。定义 RIN 如下：

$$\mathrm{RIN} \equiv \frac{N_{\mathrm{out}}}{I_{\mathrm{dc}}^2 R_{\mathrm{out}}} \tag{5-13}$$

式中，N_{out}为输出端总的电噪声功率谱密度；I_{dc}为 PD 探测到光电流的直流分量；R_{out}为 PD 的负载阻抗。在本研究中，定义总的 RIN 如下：

$$\mathrm{RIN}_{\mathrm{total}} \equiv \mathrm{RIN}_{\mathrm{fund}} + \mathrm{RIN}_{\mathrm{excess}} \tag{5-14}$$

$\mathrm{RIN}_{\mathrm{fund}}$为只与热噪声和散弹噪声有关的基础噪声；$\mathrm{RIN}_{\mathrm{excess}}$为与激光器噪声和光放大器噪声等有关的剩余噪声。按照 RIN 的方法来定量地分析输出端所有强度噪声的来源，就能够以较简洁的公式来表征系统的性能指标。

①热噪声和散弹噪声。导体中载流子的热扰动导致了所谓的热噪声（有时被称为 Johnson 噪声或 Nyquist 噪声）。两个阻抗想匹配的电路之间所传递的热噪声功率谱密度为 $\kappa_{\mathrm{B}}T$，这里 κ_{B} 为 Boltzmann 常数，T 为两个电路达到热平衡时的开氏温度。对于光链路来说，在链路的输入端和输出端均有热噪声，可以表示为如下形式：

$$\mathrm{RIN}_{\mathrm{th}} = \frac{G_{\mathrm{RF}} N_{\mathrm{ith}} + N_{\mathrm{oth}}}{I_{\mathrm{dc}}^2 R_{\mathrm{out}}} = \frac{(G_{\mathrm{RF}} + 1)\kappa_{\mathrm{B}} T}{I_{\mathrm{dc}}^2 R_{\mathrm{out}}} \tag{5-15}$$

式中，G_{RF}为链路的射频信号增益，这里假定输入输出端是阻抗匹配并且温度相等的。

激光本身的泊松特性以及探测器对输入光子通量的响应特性引起了散弹噪声。在探测器的响应带宽内，其直流光电流 I_{dc} 所表现出的散弹噪声功率谱密度为 $N_{shot}=2eI_{dc}R_{out}$，这里 e 是单位电荷，因此散弹噪声受限的 RIN 为

$$\mathrm{RIN}_{shot}=\frac{2e}{I_{dc}} \tag{5-16}$$

因此由式（5－15）和式（5－16）可以得出基础噪声受限的 RIN 为

$$\mathrm{RIN}_{fund}=\frac{(G_{RF}+1)\kappa_{B}T}{I_{dc}^{2}R_{out}}+\frac{2e}{I_{dc}} \tag{5-17}$$

散弹噪声和输出热噪声通常与所用的调制格式无关，但输入热噪声通过 G_{RF} 传导到链路的输出端就与调制格式相关了。

②激光器的噪声。激光器的 RIN 根据定义可以表示为

$$\mathrm{RIN}_{laser}=\frac{N_{laser}}{I_{dc}^{2}R_{out}} \tag{5-18}$$

式中，N_{laser}为在链路输出端口来自激光器的噪声功率谱密度。正如式（5－18）所定义的，RIN 常常被用来描述激光器的噪声，虽然这里的噪声原本是指激光器的固有强度噪声。但在本研究中，式（5－14）包含了在输出端所有由激光器引起的噪声，包括在 PD 探测前，由某些处理造成的激光器的相位噪声转化成的强度噪声。这里所讨论的 RIN_{laser}正是式（5－14）中剩余噪声 RIN_{laser}的一个来源。

③光放大器的噪声。光放大在长距离的微波光链路中是补偿光纤损耗的一种典型应用。在长距离的微波光链路中有多种光放大的方法，各种光放大技术的性能主要由信号的增益和加性噪声两个技术指标来衡量。目前最主流的光放大器件是掺铒光纤放大器，这是因为 EDFA 具有以下优点：增益区在 1.5 μm 波段、可靠的光纤基器件、低噪声系数以及相对较低的增益动态（对 10 kHz 以上的 RF 信号，不会产生任何畸变）。因此下面将主要分析 EDFA 的性能对链路输出噪声的影响。

剩余噪声 RIN_{excess} 的另一个来源就是光放大所带来的加性噪声 RIN_{amp}，而

RIN_{amp}的主要来源是自发辐射，因为自发辐射将在 PD 探测后在电域上与 RF 信号及其自身发生混频而产生噪声，我们将其分别命名为 RIN_{sig-sp} 和 RIN_{sp-sp}；并且有 $RIN_{amp}=RIN_{sig-sp}+RIN_{sp-sp}$。

EDFA 的光噪声系数通常用来描述其噪声性能，其与 RIN 的关系如下：

$$NF_{opt}=\frac{RIN_{shot\_out}+RIN_{sig-sp}+RIN_{sp-sp}}{RIN_{shot\_in}} \tag{5-19}$$

式中，RIN_{shot_in}和 RIN_{shot_out}分别为 EDFA 输入端和输出端由散弹噪声引起的 RIN。两个散弹噪声项可分别由 $RIN_{shot\_in}=2hv/P_{opt\_in}$ 和 $RIN_{shot_out}=2hv/(G_{opt}\cdot P_{opt_out})$来表示。其中，$P_{opt_in}$和 v 分别为 EDFA 输入端入射光的光功率和中心频率；G_{opt}为 EDFA 的光增益系数，h 为普朗克常量。RIN_{sig-sp}和 RIN_{sp-sp}表达式分别为

$$RIN_{sig-sp}=4\frac{n_{sp}hv}{G_{opt}P_{opt\_in}}(G_{opt}1) \tag{5-20}$$

$$RIN_{sp-sp}=4\left(\frac{n_{sp}hv}{G_{opt}P_{opt\_in}}\right)^2(G_{opt}-1)^2B_{opt}\left(1-\frac{f_{RF}}{B_{opt}}\right) \tag{5-21}$$

式中，n_{sp}为自发辐射因子，通常有 $NF_{opt}=2n_{sp}$；f_{RF}为射频信号的频率；B_{opt}为光带宽。

其他光放大方法还包括拉曼放大、布里渊放大器、半导体光放大器、其他稀土掺杂的光纤型或波导型光放大器以及光参量放大器（OPA）。拉曼放大在分布式放大结构中是很具吸引力的，因为该项技术适用于超长距离的全光纤放大，并且在合适的激光泵浦下可以提供很宽的增益带宽。拉曼放大对于模拟光链路的一个缺点是其相对较快的增益动态会带来射频域的畸变和噪声。布里渊放大器具有天生窄带的特性（在 C 波段，单个泵浦光所产生的增益带宽在10 MHz 量级），因此在宽带的模拟应用中通常不会采用。SOA 提供了一种小型化的光放大器件，但其存在由增益介质的响应速度不够快所带来的畸变和噪声。OPA 呈现出了超低噪声光放大的可能性。

对于大多数的光放大技术，其放大过程都可以归纳为来自受激介质的自发辐射和相干光信号的增益，前者给系统带来了加性的噪声（OPA 除外）。因此，在本书中，将长距离的模拟光链路中所使用的光放大过程看作净光增益 G_{opt}与剩余的加性噪声 RIN_{amp}。

④微波光链路的噪声抑制。综合考虑整个微波光链路的基本噪声和剩余噪声，则其相对强度噪声可由式（5－22）表示：

$$\begin{aligned}\mathrm{RIN}_{\mathrm{total}} &\equiv \mathrm{RIN}_{\mathrm{fund}} + \mathrm{RIN}_{\mathrm{excess}} \\ &= \mathrm{RIN}_{\mathrm{th}} + \mathrm{RIN}_{\mathrm{shot}} + \mathrm{RIN}_{\mathrm{laser}} + \mathrm{RIN}_{\mathrm{amp}}\end{aligned} \tag{5-22}$$

这样整个微波光链路所输出的高斯白噪声的功率谱密度可以表示为

$$N_{\mathrm{out}} = \mathrm{RIN}_{\mathrm{total}} \cdot I_{\mathrm{dc}}^{2} \cdot R_{\mathrm{out}} \tag{5-23}$$

因为链路中的热噪声只与环境稳定有关，可以很容易地分析其影响，所以剩下来的就是与探测器的接收光电流有很大关系的散弹噪声以及激光器的 RIN 转化来的输出白噪声。

图 5－21 为根据前面章节的分析计算，数值仿真出的激光器的 RIN 和接收光电流对微波光链路输出的高斯白噪声的影响。可以看出，当接收光电流逐渐增大时，系统的输出噪底是逐渐升高的；当接收光电流一定时，激光器的 RIN 越小，对噪底的贡献就越小。因此首先可以肯定的一点是，为了抑制微波光链路的高斯白噪声，应该选择 RIN 尽量小的激光器。但是为了获得较低的噪底，是否以较小的光电流接收为宜呢？答案是否定的，具体原因将在“（2）纯微波链路的高斯白噪声”中详细论述。

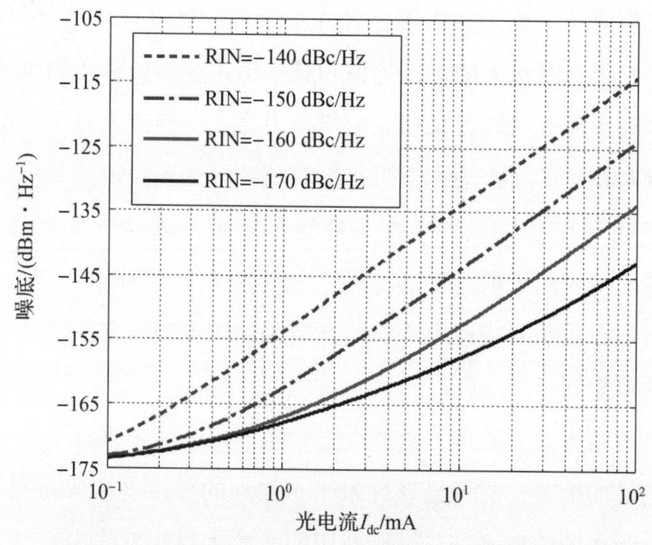

图 5－21　激光器 RIN 和接收光电流对微波光链路噪底的影响（书后附彩插）

（2）纯微波链路的高斯白噪声。因为本征的微波光链路的射频增益通常都是小于零的，为了使微波光电振荡器的环腔增益大于损耗，就需要由微波放大器来提供所需的增益。在纯微波链路中，只有微波放大器是有源器件，会带来额外的噪声；而其他功分器、滤波器等无源器件对噪声的贡献可以忽略不计。

微波光链路的射频增益随光电流的变化如图 5－22 所示，可以看出随着接收光电流的增大，微波光链路的射频增益呈线性增大，这样整个振荡环腔需要微波放大器提供的增益就更小，由微波放大器带来的噪声贡献就更小。但是随着接收光电流的增大，如“（1）微波光链路的高斯白噪声”所述，微波光链路的噪声贡献就更大。因此，对于微波光电振荡器来说，需要权衡微波光链路和纯微波链路的噪声贡献，以及找到最优的接收光电流，以使微波光链路和纯微波链路的噪声贡献之和最小。

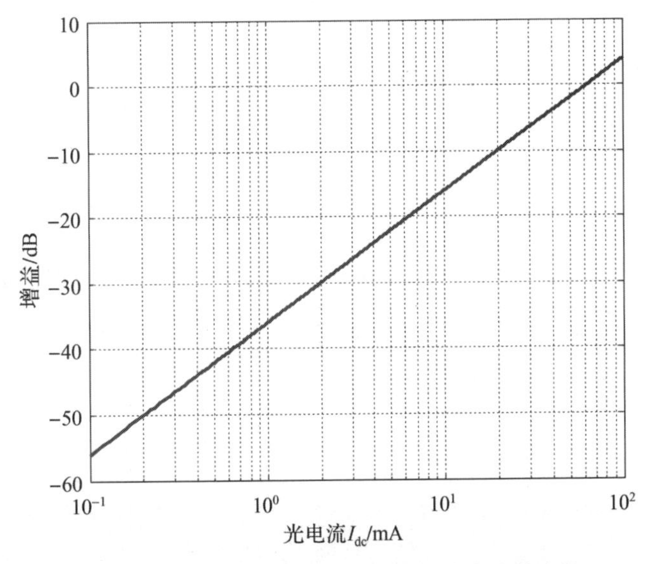

图 5－22　微波光链路的射频增益随光电流的变化

图 5－23 为在微波光电振荡器的环腔增益为 $G>1$ 的状态下，数值仿真的微波光电振荡器的总输出噪底随接收光电流的变化情况。由图 5－23 可以看出，对于给定的激光器 RIN，存在着最佳的接收光电流，使微波光电振荡器总的输出噪底达到最小；以目前我们能够获得的 RIN 最小的激光器为例，其 RIN 约为－163 dBc/Hz，那么当接收光电流为 25 mA 时，微波光电振荡器的总输出噪底将达到最小，约为－148 dBm/Hz。

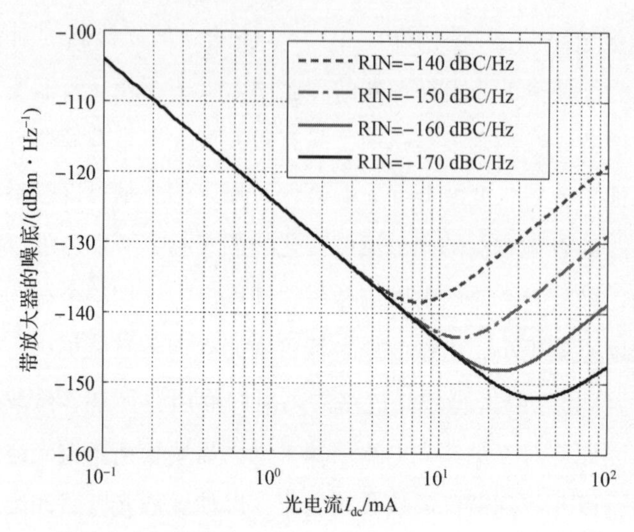

图 5-23　微波光电振荡器的总噪底随光电流的变化情况（书后附彩插）

（3）通过对加性高斯白噪声的抑制实现对相位噪声的抑制。根据前述，我们可以得到微波光电振荡器的加性噪声系数与其输出噪底成正比，如式（5-24）所示：

$$D_a = \frac{\pi R_{\text{out}}}{4V_\pi^2 \cdot \Delta F} \cdot N_{\text{out}} \tag{5-24}$$

根据前述的微波光电振荡器相位噪声特性，可以模拟仿真出微波光电振荡器的单边带相位噪声谱随加性噪声系数 D_a 的变化情况，如图 5-24 所示。

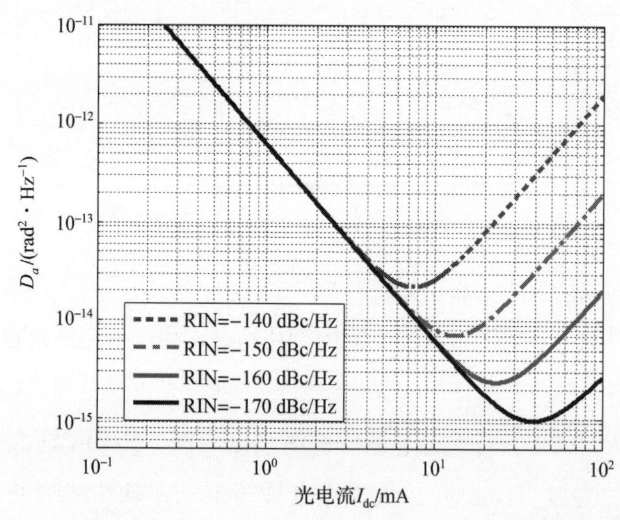

图 5-24　微波光电振荡器的加性噪声系数 D_a 随激光器 RIN 和接收光电流的变化情况（书后附彩插）

这里选出的四种 D_a 值分别是激光器 RIN 为 -140 dBc/Hz、-150 dBc/Hz、-160 dBc/Hz和 -170 dBc/Hz 时，在最佳接收光电流下所获得最小的加性噪声系数值。对于我们所选的 RIN 为 -163 dBc/Hz 激光器，通过优化接收光电流，其最小加性噪声系数 D_a 值可以达到1.5×10^{-15}，由图5-25 可以看出，这种情况下，微波光电振荡器的相位噪声可以满足在 10 kHz 频偏下小于 -120 dBc/Hz 的要求。

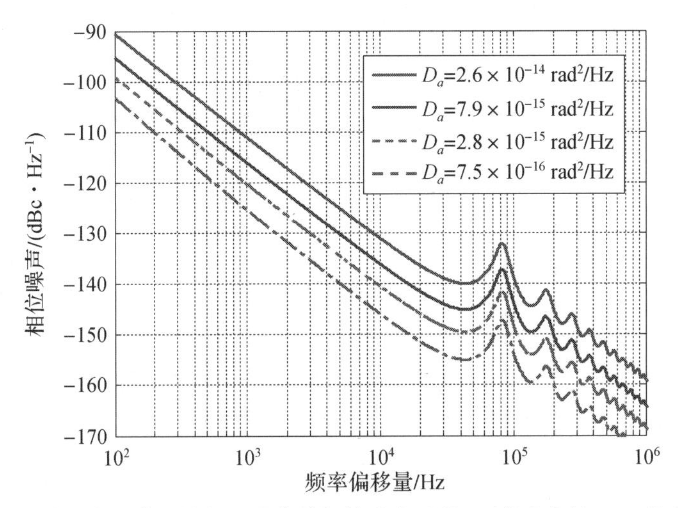

图5-25　微波光电振荡器的相位噪声随加性噪声系数 D_a 的变化情况（书后附彩插）

3）降低系统中与频率相关的乘性噪声

与频率相关的乘性噪声主要来自微波放大器的闪烁噪声和激光器的线宽（即与频率相关的相对强度噪声）。其具体过程可见公式（5-8）描述。

（1）微波放大器的闪烁噪声。对于微波放大器来说，我们可以尽量选择附加相噪低的，本项目将使用的微波放大器的附加相噪如图5-26 所示，随着输入放大器的射频功率的减小，其附加相噪值增大，但附加相噪值不论是在 1 kHz 频偏处，还是在 10 kHz 频偏处，均小于 -145 dBc/Hz。因此微波放大器所引入的乘性闪烁噪声可以忽略不计。

（2）激光器的线宽。下面就对激光器的线宽对光电振荡器的相位噪声影响进行分析。

光电振荡器产生微波信号的过程，在光频域上看，就是光载波与边带的拍频过程，直观地看，激光器的线宽大小，直接决定了所产生的微波信号的线宽大小，也就决定了所产生的微波信号的相噪水平。

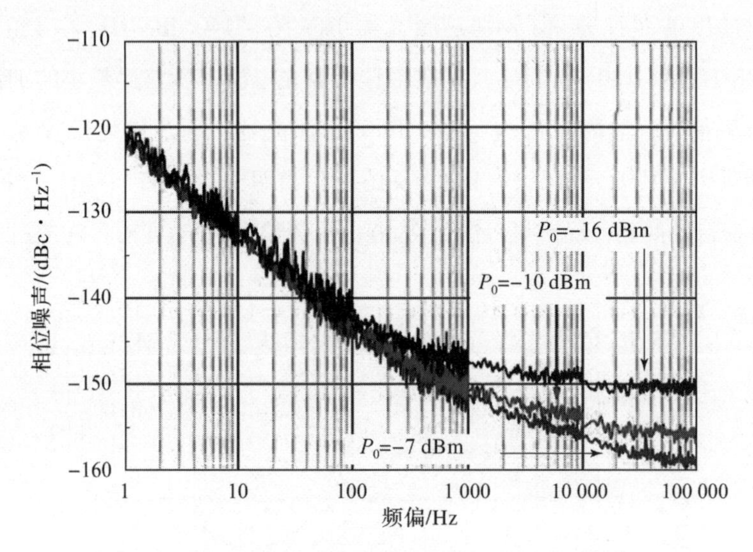

图 5-26　微波放大器的附加相噪（书后附彩插）

图 5-27 为经过模拟仿真得到的激光器的线宽对光电振荡器相位噪声的影响情况，可以看出，随着激光器线宽的减小，光电振荡器近端频偏的相噪明显减小，而远端相噪几乎不受影响。这是因为将三种不同线宽激光器远端的相对强度噪声均设置为 -160 dBc/Hz；而由于它们的线宽不同，它们近端的相对强度噪声就有比较大的差别。因此为了获得相噪水平更好的光电振荡器，应该采用线宽更小的激光器作为光源。

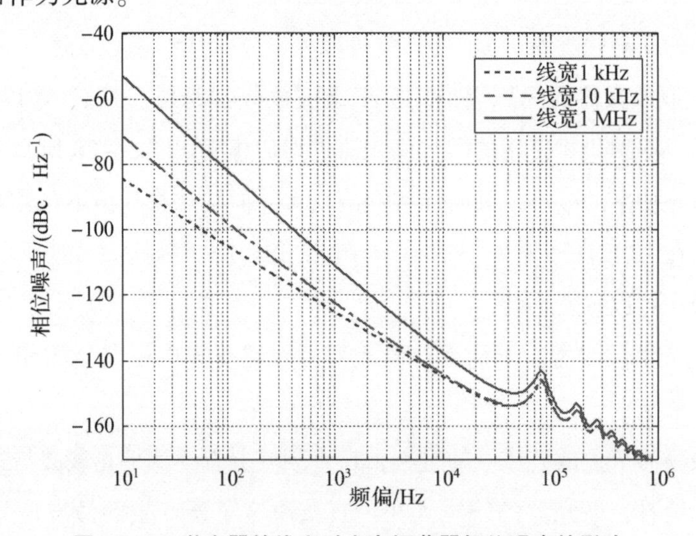

图 5-27　激光器的线宽对光电振荡器相位噪声的影响

2. 杂散抑制技术途径

前面在论述微波光电振荡器的起振频率甄选时，曾经提到由于微波光电振荡器具有较长的延时储能时间，所以其模式间隔较小；而用于选择起振模式的带通微波滤波器的通带宽度通常都是模式间隔的数十倍甚至数百倍；由于模式竞争的关系，最终会有某一个模式起振，而其他模式以杂散的形式存在。但不幸的是，随着环腔储能时间的延长，这些杂散就变得更强，如图 5 – 28 所示。图 5 – 28 中的（a）、（b）、（c）分别为环腔储能时间为 10 μs、1 μs、0. 1 μs 的微波光电振荡器产生的信号的频谱，它们的杂散抑制比分别为 31. 4 dBc、62. 9 dBc、102 dBc。

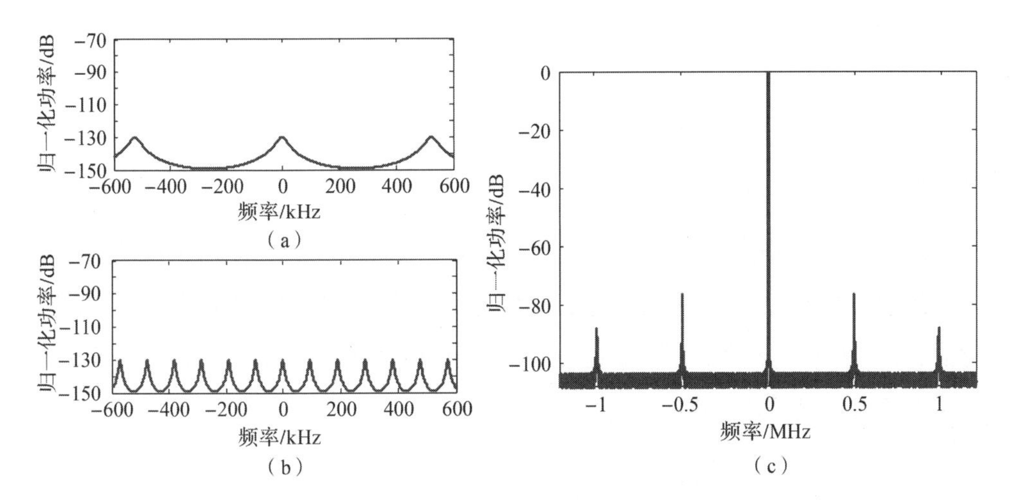

图 5 – 28　双环振荡抑制杂散技术的原理

（a）环腔储能时间为 10 μs 的光电振荡器生成信号的频谱；（b）环腔储能时间为 1 μs 的光电振荡器生成信号的频谱；（c）环腔储能时间为 0. 1 μs 的光电振荡器生成信号的频谱

前面已经分析过为了抑制相位噪声，需要延长环腔的储能时间，而延长环腔的储能时间又会造成杂散指标的恶化。为了解决上述问题，也就是同时对杂散和相位噪声进行抑制，可以采用双环振荡的方式来消除杂散，同时获得很低的相位噪声，该技术途径的具体实现原理如图 5 – 28 所示。

这里采用了 0. 4 km 和 2. 1 km 两种长度的光纤构成两个具有不同储能时间的振荡环腔，因为其他器件引入的延时量很小，这样两个振荡环腔的储能时间约为 2 μs 和 10. 5 μs，它们对应的模式间隔分别为 500 kHz 和 95 kHz，如图 5 – 28（a）、（b）所示，这是整个振荡环腔的增益较弱，未起振时的模式间隔情况。两个振荡环腔以并联的形式存在，就会在两套模式间产生 Venier 效应，只有完全对准的那些模式才会起振，这样就会对长振荡环腔中原本存在很强的杂散进行了很好的抑制，杂散抑制比与振荡环腔的本征杂散抑制比相当。而且整个振荡器的储能时间为两个环腔储能时间的平均值，也就是由此构成的微波光电振荡器的相位噪声性能为两种环腔的本征相位噪声的平均值。

在实际的试验中，也验证了之前的理论分析；而且在实际研制过程中，也依照数值模拟的结果对两个环腔的延时量进行了精确的设计和控制。

5.4 微波辅助

5.4.1 光学倍频

光学倍频是利用光学方式将低频率的本振信号倍频为高频率的本振信号，主要利用的是电光调制的非线性效应，来生成不同的光学边带。通过合理调节调制器的工作偏压点与优化调制指数等方式，只保留其中两个光边带，然后输入光电探测器得出倍频后的高频本振信号。

一种利用嵌入 IM 的 Sagnac 环和 DPMZM 级联产生 8 倍频毫米波的技术方案如图 5－29 所示。

由图 5－29 可知，该方案中光源的输出端口经偏振控制器与 Sagnac 环相连，Sagnac 环经偏振控制器与起偏器相连，起偏器的输出与 DPMZM 输入端相连，DPMZM 的输出端与光电探测器相连。本振信号源的输出端与电分路器输入端相连，电分路器的一个输出端与强度调制器相连，电分路器的另一个输出端经移相器与 DPMZM 的 MZM1 相连。起偏器输出正负二阶边带，DPMZM 输出正负四阶边带。经光电探测器拍频后，得到 8 倍频的毫米波信号。

光源产生工作波长 λ 为 1 552 nm、功率为 12 dBm 的连续光波 $E_1 = E_0\exp(j\omega_c t)$，其中 ω_c 为光波频率，E_0 为光波幅度，连续光波经偏振控制器输入 Sagnac 环，经过偏振合束器后，分别沿着 Sagnac 环顺时针传输的光（CK）和逆时针传输的光（CCK），它们可以表示为

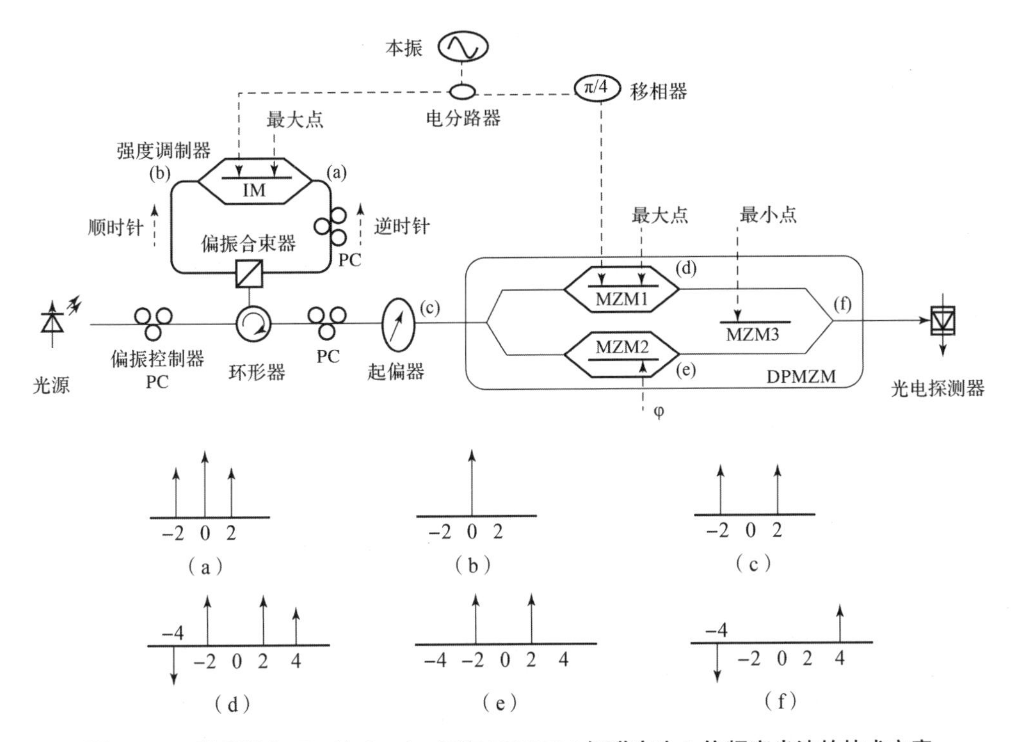

图 5－29　利用嵌入 IM 的 Sagnac 环和 DPMZM 级联产生 8 倍频毫米波的技术方案

注：(a) ~ (f) 与图对应，为图中不同位置的信号示意图。

$$E_{\mathrm{CK}}(t)=E_{\mathrm{CCK}}(t)=\frac{1}{\sqrt{2}}E_{\mathrm{I}}(t)$$

本振信号源输出幅度为 V_{LO}、频率为 $\omega_{\mathrm{LO}}=4\ \mathrm{GHz}$ 的本振信号经电分路器分成功率相等的两路，一路用于驱动 IM，另一路经移相器移相 π/4 后驱动 DPMZM 的 MZM1。IM 工作在传输曲线的最大点，在 Sagnac 环中，顺时针光被射频调制，调制后的光信号可表示为

$$E_{\mathrm{CK}}(t)=\frac{E_{\mathrm{I}}(t)}{\sqrt{2}}\left\{\sum_{n=-\infty}^{\infty}J_{2n}(\beta_{\mathrm{LO}})\exp(2\mathrm{j}n\omega_{\mathrm{LO}}t)\right\}$$

$$\approx\frac{E_{\mathrm{I}}(t)}{\sqrt{2}}\{J_2(\beta_{\mathrm{LO}})\exp(-2\mathrm{j}\omega_{\mathrm{LO}}t)+J_0(\beta_{\mathrm{LO}})+J_2(\beta_{\mathrm{LO}})\exp(2\mathrm{j}\omega_{\mathrm{LO}}t)\}$$

式中，$J_n(\cdot)$为第一类 n 阶贝塞尔函数；$\beta_{\mathrm{LO}}=\pi\cdot V_{\mathrm{LO}}/V_{\pi}$ 为 IM 的调制指数；逆时针光波不调制，可表示为

$$E_{\mathrm{CCK}}(t)=\frac{1}{\sqrt{2}}E_{\mathrm{I}}(t)$$

经过起偏器后，两束光合成一束光，可以表示为

$$\begin{aligned}E_{\mathrm{pol}}(t) &= E_{\mathrm{CK}}(t)\cos(\alpha) + E_{\mathrm{CCK}}(t)\sin(\alpha)\exp(\mathrm{j}\varphi) \\ &= \frac{E_{\mathrm{I}}(t)}{\sqrt{2}}\begin{Bmatrix} J_2(\beta_{\mathrm{LO}})\cos(\alpha)\exp(-2\mathrm{j}\omega_{\mathrm{LO}}t) \\ + J_0(\beta_{\mathrm{LO}})\cos(\alpha) + \sin(\alpha)\exp(\mathrm{j}\varphi) \\ + J_2(\beta_{\mathrm{LO}})\cos(\alpha)\exp(2\mathrm{j}\omega_{\mathrm{LO}}t) \end{Bmatrix}\end{aligned}$$

式中，α 为起偏器的主轴和偏振合束器一个主轴的夹角；φ 为顺时针光和逆时针光的相位差，它们都能被起偏器前面的偏振控制器所调节。

调节偏振控制器，满足以下等式：

$$J_0(\beta_{\mathrm{LO}})\cos(\alpha) + \sin(\alpha)\exp(\mathrm{j}\varphi) = 0$$

那么起偏器的输出只有正负二阶边带，可以表示为

$$E_{\mathrm{pol}}(t) = \frac{E_{\mathrm{I}}(t)}{\sqrt{2}}J_2(\beta_{\mathrm{LO}})\cos(\alpha)\{\exp(-2\mathrm{j}\omega_{\mathrm{LO}}t) + \exp(2\mathrm{j}\omega_{\mathrm{LO}}t)\}$$

将 $E_{\mathrm{pol}}(t)$ 输入 DPMZM；DPMZM 的 3 个子调制器（MZM1，MZM2，MZM3）的半波电压均为 $V_\pi = 4$ V；MZM1 的射频端连接经过移相的本振信号，工作在传输曲线最大点，MZM1 的输出可表示为

$$\begin{aligned}E_{\mathrm{MZM1}} &= \frac{1}{\sqrt{2}}\cdot E_{\mathrm{pol}}(t)\cdot\left[\sum_{n=-\infty}^{\infty}J_{2n}(\beta_{\mathrm{LO}})\exp\left(\mathrm{j}n\left(\omega_{\mathrm{LO}}t + \frac{\pi}{4}\right)\right)\right] \\ &\approx \frac{E_{\mathrm{I}}(t)}{2}J_2(\beta_{\mathrm{LO}})\cos(\alpha)[\exp(-2\mathrm{j}\omega_{\mathrm{LO}}t) + \exp(2\mathrm{j}\omega_{\mathrm{LO}}t)] \\ &\quad\cdot\begin{bmatrix} J_2(\beta_{\mathrm{LO2}})\exp\left(-2\mathrm{j}\omega_{\mathrm{LO}}t - \mathrm{j}\dfrac{\pi}{2}\right) \\ + J_0(\beta_{\mathrm{LO2}}) + J_2(\beta_{\mathrm{LO2}})\exp\left(2\mathrm{j}\omega_{\mathrm{LO}}t + \mathrm{j}\dfrac{\pi}{2}\right) \end{bmatrix} \\ &= \frac{E_{\mathrm{I}}(t)}{2}J_2(\beta_{\mathrm{LO}})\cos(\alpha)\begin{bmatrix} J_2(\beta_{\mathrm{LO2}})\exp\left(-4\mathrm{j}\omega_{\mathrm{LO}}t - \mathrm{j}\dfrac{\pi}{2}\right) \\ + J_0(\beta_{\mathrm{LO2}})\exp(-2\mathrm{j}\omega_{\mathrm{LO}}t) \\ + J_0(\beta_{\mathrm{LO2}})\exp(2\mathrm{j}\omega_{\mathrm{LO}}t) \\ + J_2(\beta_{\mathrm{LO2}})\exp\left(4\mathrm{j}\omega_{\mathrm{LO}}t + \mathrm{j}\dfrac{\pi}{2}\right) \end{bmatrix}\end{aligned}$$

MZM2 不加本振，只加直流偏置 V，MZM2 的输出可表示为

$$E_{\mathrm{MZM2}}=\frac{1}{\sqrt{2}}E_{\mathrm{pol}}(t)\cos\left(\frac{\varphi}{2}\right)$$
$$\approx\frac{E_{\mathrm{I}}(t)}{2}J_2(\beta_{\mathrm{LO}})\cos(\alpha)\cos\left(\frac{\varphi}{2}\right)[\exp(-2j\omega_{\mathrm{LO}}t)+\exp(2j\omega_{\mathrm{LO}}t)]$$

式中，$\varphi=\pi\frac{V}{V_{\pi}}$。

MZM3 工作在传输曲线的最小点，使 MZM2 的输出信号反相，则 DPMZM 的输出可以表示为

$$E_{\mathrm{DPMZM}}=\frac{E_{\mathrm{I}}(t)}{2}J_2(\beta_{\mathrm{LO}})\cos(\alpha)\left\{\begin{aligned}&J_2(\beta_{\mathrm{LO2}})\exp\left(-4j\omega_{\mathrm{LO}}t-j\frac{\pi}{2}\right)\\&+\left[J_0(\beta_{\mathrm{LO2}})-\cos\left(\frac{\varphi}{2}\right)\right]\exp(-2j\omega_{\mathrm{LO}}t)\\&+\left[J_0(\beta_{\mathrm{LO2}})-\cos\left(\frac{\varphi}{2}\right)\right]\exp(2j\omega_{\mathrm{LO}}t)\\&+J_2(\beta_{\mathrm{LO2}})\exp\left(4j\omega_{\mathrm{LO}}t+j\frac{\pi}{2}\right)\end{aligned}\right\}$$

调节 MZM2 的直流偏置 V，使其满足下面等式：

$$J_0(\beta_{\mathrm{LO2}})=\cos\left(\frac{\varphi}{2}\right)$$

则 DPMZM 的输出为

$$E_{\mathrm{DPMZM}}=\frac{E_{\mathrm{I}}(t)}{2}J_2(\beta_{\mathrm{LO}})\cos(\alpha)\left\{J_2(\beta_{\mathrm{LO2}})\exp\left(-4j\omega_{\mathrm{LO}}t-j\frac{\pi}{2}\right)+\right.$$
$$\left.J_2(\beta_{\mathrm{LO2}})\exp\left(4j\omega_{\mathrm{LO}}t+j\frac{\pi}{2}\right)\right\}$$

从上式可以看出，DPMZM 的输出只有正负四阶边带。将 DPMZM 的输出信号接入光电探测器，拍频后的信号可以表示为

$$I_{\mathrm{PD}}=\eta\,|E_{\mathrm{DPMZM}}|^2$$
$$=\frac{1}{4}\eta\left|\begin{aligned}&J_2(\beta_{\mathrm{LO}})J_2(\beta_{\mathrm{LO2}})\exp(-4j\omega_{\mathrm{LO}}t)\\&+J_2(\beta_{\mathrm{LO}})J_2(\beta_{\mathrm{LO2}})\exp(4j\omega_{\mathrm{LO}}t)\end{aligned}\right|^2$$
$$=\frac{1}{4}\eta E_o^2\,[J_2(\beta_{\mathrm{LO}})J_2(\beta_{\mathrm{LO2}})]^2[1+\cos(8\omega_{\mathrm{LO}}t)]$$

式中，η 表示光电探测器的响应度。

从上式可以看出，忽略直流信号，得到了 8 倍频的毫米波信号。

图 5－30（a）为起偏器输出信号的光谱图，由图可以看出起偏器输出正负二阶边带。图 5－30（b）为 DPMZM 输出信号的光谱图，由图可以看出正负二阶边带得到抑制，剩下正负四阶边带，其光谱波抑制比达到了 20 dB。

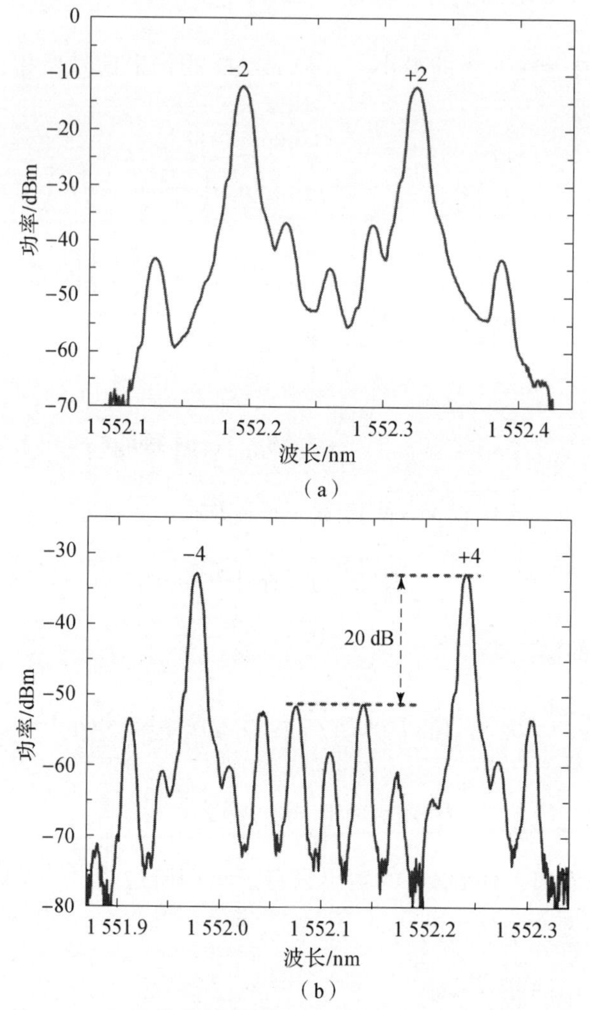

图 5－30　起偏器输出信号和 DPMZM 输出信号的光谱图

（a）起偏器输出；（b）DPMZM 输出

图 5－31 为光电探测器输出信号的频谱，由图可以看出该方案获得了频率为 32 GHz 的电谱，射频杂散抑制比达到了 17 dB。

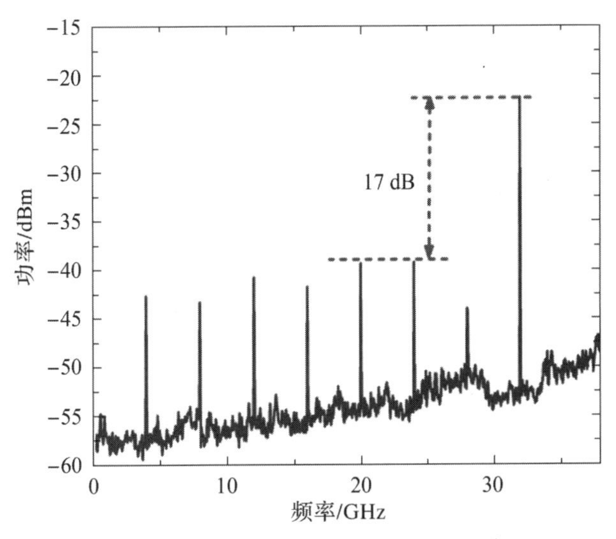

图5－31 光电探测器输出信号的频谱

图5－32为本振信号与拍频获得的8倍频信号相位噪声对比，由图可以看出，该方案生成的8倍频毫米波信号具有较好的相位噪声特性，与本振信号的相位噪声相比，相位噪声恶化了17.85 dB，与理论值（≈20 lg8）相吻合。

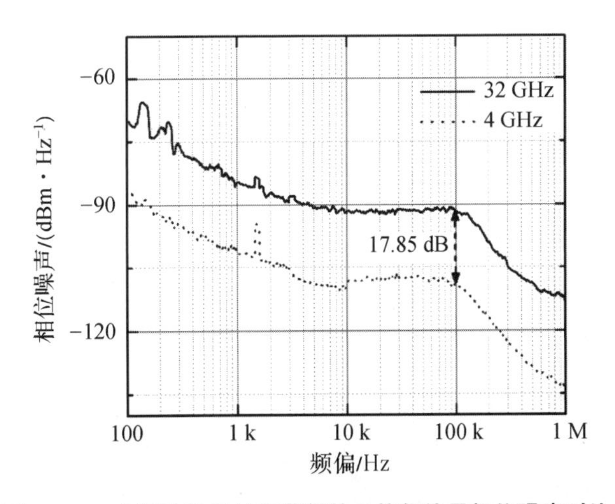

图5－32 本振信号与拍频获得的8倍频信号相位噪声对比

综上，利用IM和DPMZM级联实现了毫米波8倍频信号的产生，降低了毫米波系统中对光电调制器和射频本振的频率要求，且产生毫米波信号频率纯净度高。

5.4.2 光边带注入锁定

由 5.3.2 小节激光器注入锁定可知，在某些失谐频率和注入强度条件下，从激光器输出的激光会被稳定锁定到主激光器上。

光边带注入锁定的原理如图 5－33 所示。角频率为 ω_1 的主激光器先分为上、下两路，微波本振信号（角频率为 Ω）经过相位调制器调制到其中一路光载波

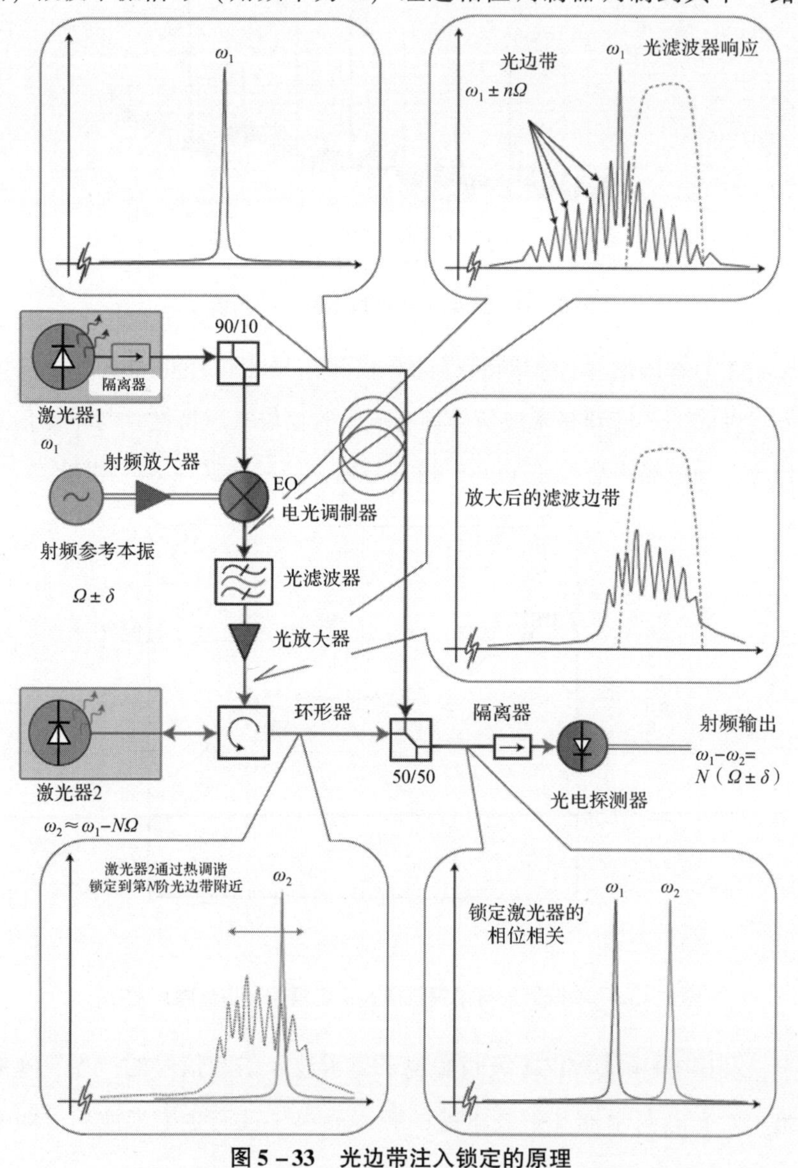

图 5－33 光边带注入锁定的原理

上，得到本振信号的各阶光边带。对调制后信号进行滤波后再从激光器锁定到某一个边带上（角频率为 $\omega_2 = \omega_1 + n \cdot \Omega$），被注入锁定后的光信号等效放大与滤波的效果，此时输出的信号主要为锁定后的光边带。该光边带与另一路光载波耦合后输入光电探测器即可得出角频率为 $n \cdot \Omega$ 的本振信号。

激光器注入锁定的锁频范围为

$$-\frac{c}{2\mu_g L}\sqrt{\frac{P_i}{P}(1+\alpha^2)} < \nu < \frac{c}{2\mu_g L}\sqrt{\frac{P_i}{P}}$$

式中，c 为光速；μ_g 为群速度折射率；L 为腔长；P_i 为注入光功率；P 为光功率；α 为谱线增宽因子，描写光场增益函数与半导体材料折射率之间的耦合关系，折射率的变化直接改变半导体激光器的本振频率。由上式可知，锁频范围是不对称的，其是由于相位幅值耦合引起的。锁频范围与注入光功率的平方根成正比，注入的光功率越高，锁频范围越大。

图 5－34 为本振信号频率为 4 GHz，当 $n = 9$ 和 $n = 25$ 时所得到微波信号的频谱与相位噪声曲线。图 5－34（a）、（b）中虚线为所加载信号的相位噪声，点线为等效 9 倍频后微波信号的相位噪声，实线为实际所生成微波信号的相位噪声。可以看出，当 $n = 9$ 时，除近频处的相噪较差外，远频偏处的相噪基本与理论值相当。当 $n = 25$ 时，近频与远频处的相噪均较差。这主要是 25 阶光边带的功率远小于 9 阶光边带的功率，注入强度较小，未完全处于稳定锁定的状态所导致的，这也是该方案的不足之处之一。

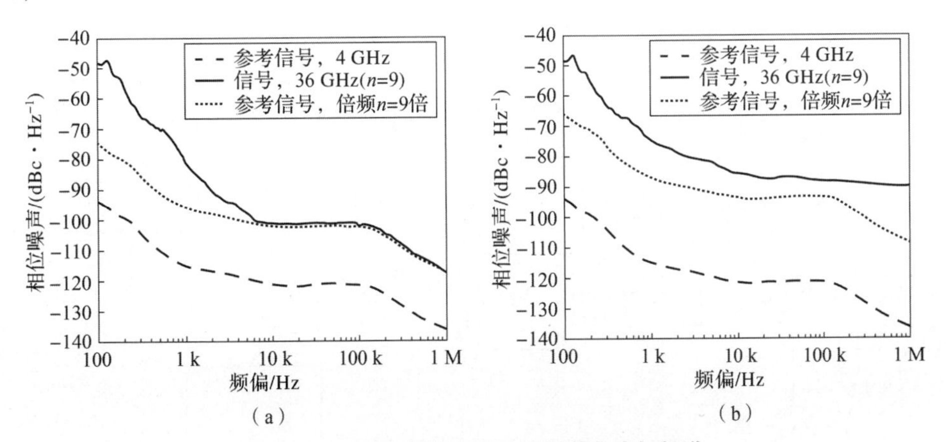

图 5－34　所生成微波信号的相噪曲线与频谱

（a）$n = 9$ 时所得到微波信号的相位噪声曲线；（b）$n = 25$ 时所得到微波信号的相位噪声曲线

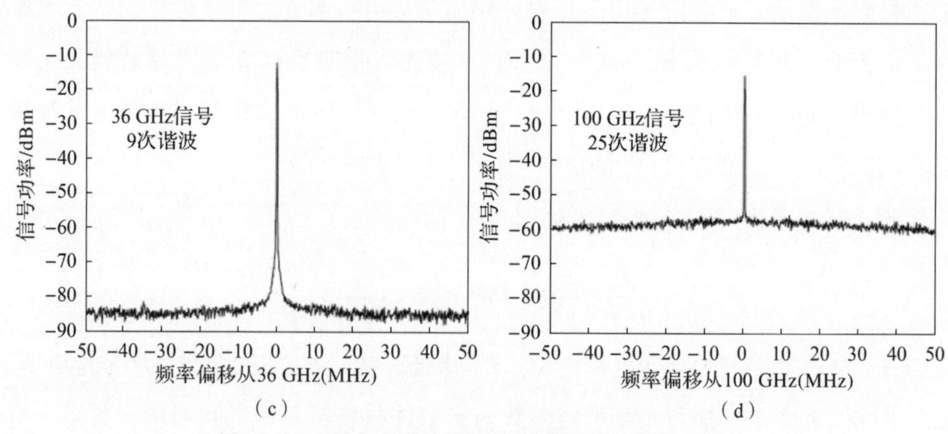

图 5-34 所生成微波信号的相噪曲线与频谱（续）

（c）$n=9$ 时所得到微波信号的频谱；（d）$n=25$ 时所得到微波信号的频谱

5.4.3 光锁相环

与微波锁相环类似，光锁相环是对两路光信号进行同步，提高两路光波间的相干性，从而提高生成信号的相位噪声。但是光锁相环不全是在光域实现的，仍需要微波参考信号作为基准，通过与基准比较后获得反馈控制信号。

基于光锁相环的光生本振方案如图 5-35 所示，主激光器（Tx-laser）输出的光信号分为两路，其中一路经由一个合束器与从激光器（CCO-laser，电流驱

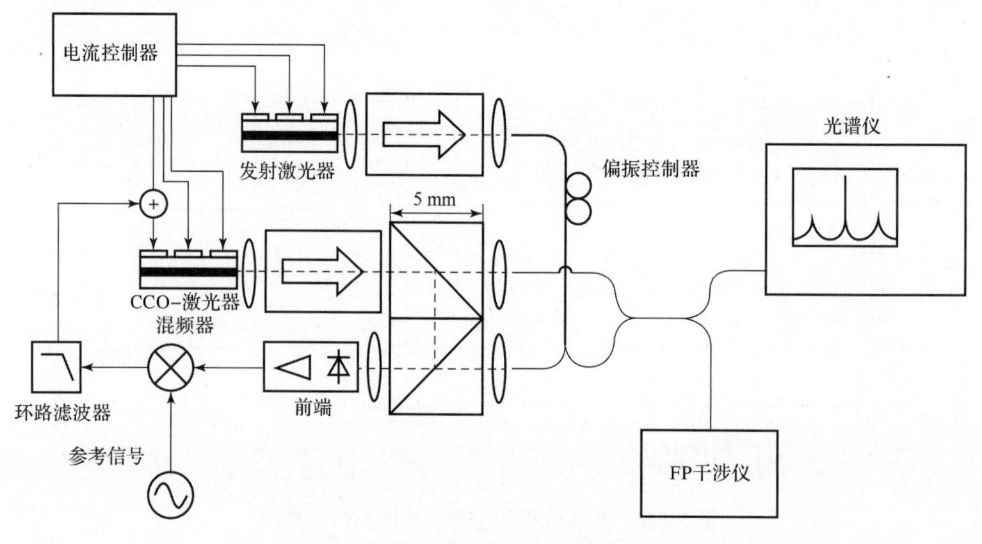

图 5-35 基于光锁相环的光生本振方案

动激光器）输出光合路，并输入光电探测器中。光电转换后的微波信号经过放大、混频、滤波处理后，作为误差信号对其中一路激光器进行控制。另外一路再与从激光器输出合路后输入光电探测器中获得本振信号。该方案的原理为光电探测器输出主从激光器的拍频信号，该信号在混频器处与微波信号（具有低的相位噪声）相比较，得出误差信号，用来反馈可控制误差信号，使主从激光器相干。

微波通信系统要求的相位抖动 RMS 小于 2.8°，若激光器的线宽在 1 ~ 10 MHz 带宽内，需要锁相环的带宽要大于 100 MHz。本方案中 Tx 激光器的线宽为 2 MHz，CCO 激光器线宽为 6 MHz，为了追求尽可能大的环路带宽，即尽可能小的环路时延，选用了高响应度的光电探测器、高调频灵敏度的 CCO 激光器等来避免在环路中引入放大器。

图 5 – 36 为该方法生成频率为 6 GHz 信号的频谱，如果两个激光器不做锁定的话，所生成微波信号的线宽应为 8 MHz。但由图可以看出，锁定后生成信号的线宽会降到 sub – Hz 的水平，载波附近的噪声水平降至 – 125 dBc/Hz，所有频偏处的噪声低至 – 102 dBc/Hz。

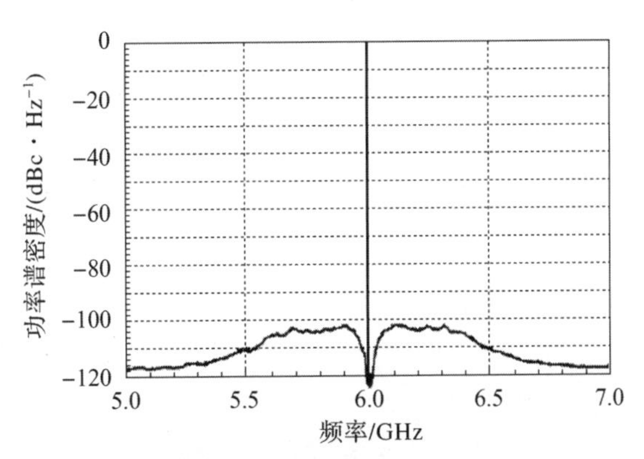

图 5 – 36　生成信号的频谱

图 5 – 37 为该方法生成频率为 6 GHz 信号的相位噪声，平滑曲线为未锁相时的相位噪声，毛刺曲线为锁相后的相位。可以看出，在低频处（ < 100 MHz，锁相环的带宽）的相位噪声明显低于未锁相的情况。

当主、从激光器间频率抖动的差别较大时，还需要设置频率的反馈控制环路。该方案如图 5 – 38 所示，主激光器与从激光器输出光先合路，然后其中一部

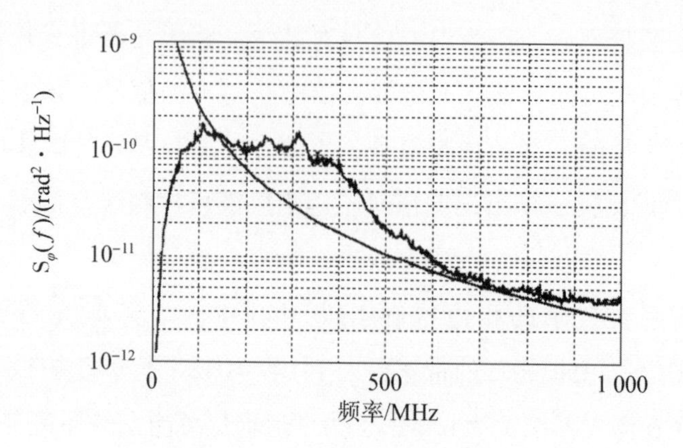

图 5－37 生成信号的相噪曲线

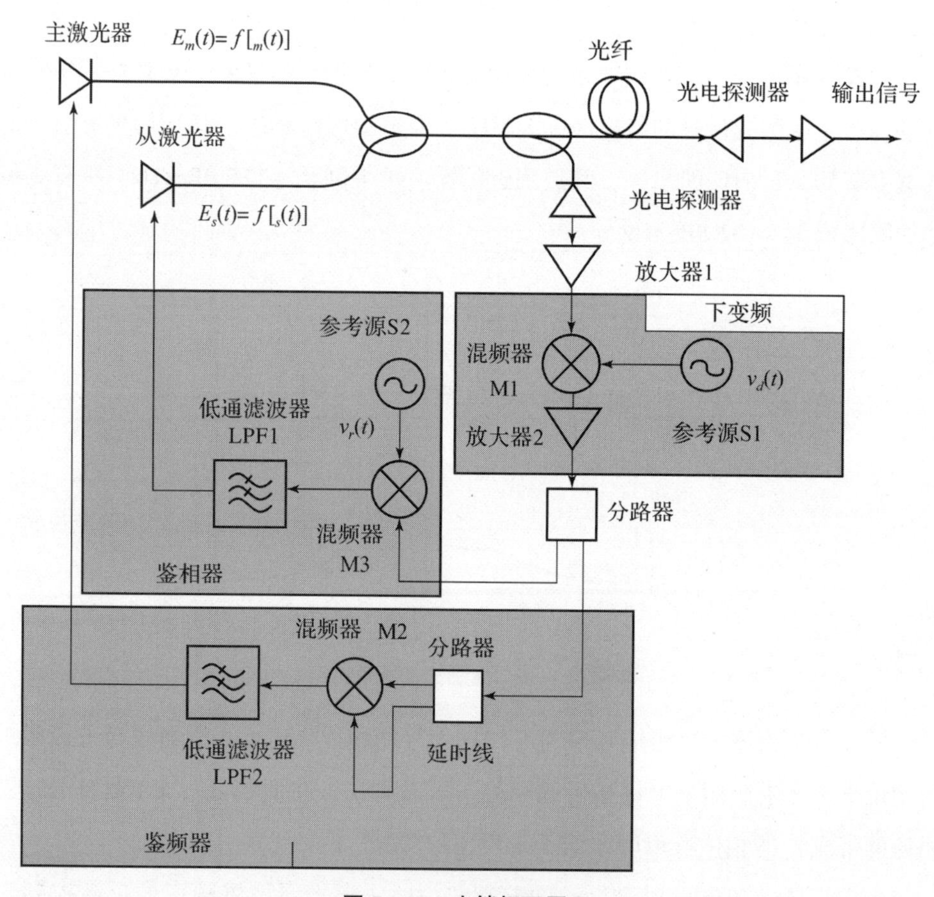

图 5－38 光锁相环原理

分输入光电探测器中。光电转换后的微波信号经过放大、混频、放大处理后分为两路，一路经由鉴相器反馈控制从激光器，另一路经过鉴频器反馈控制主激光器。

该方案由两个反馈环路组成，分别是：由光电探测器、电混频器、鉴相器、从激光器构成的相位反馈环路，实现两个激光器间的相位锁定；由光电探测器、电混频器、鉴频器、主激光器构成的频率反馈环路，消除两个激光器间的频率抖动。

以生成频率为 11.2 GHz 的微波信号为例，S1 的频率应选为 12 GHz，此时鉴频器将工作在上述频率之差，即 0.8 GHz。该鉴频器是一个双抽头的滤波器，可通过控制延时线，实现 0.8 GHz 处具有工作零点。该鉴频器的输出即为一个与频率误差成正比的直流反馈信号，来控制主激光器消除频率抖动。在频率锁定的基础上，将 S2 的频率也调节为 0.8 GHz，此时鉴相器的输出即为一个与相位误差成正比的直流反馈信号，来控制从激光器消除相位误差。

图 5－39 为生成信号的相位噪声，可以看出该信号的相位噪声与 S1 的相噪水平基本一致，表明主从激光器间实现了很好的锁相。

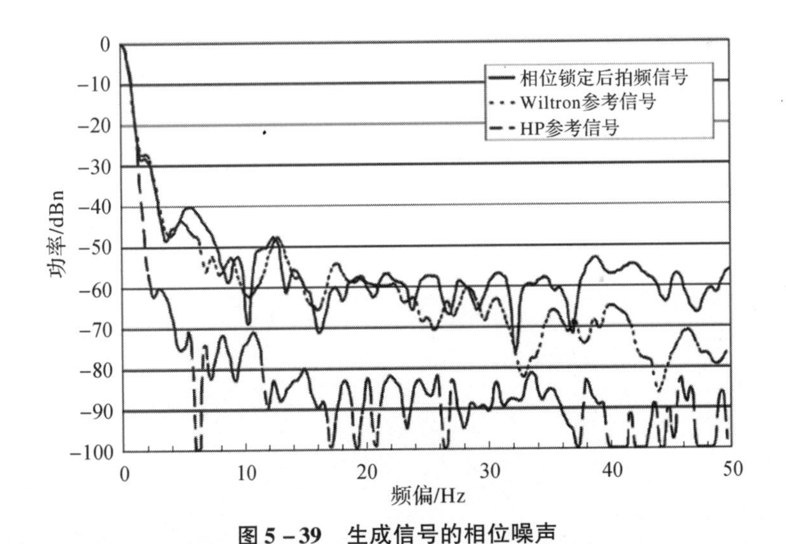

图 5－39　生成信号的相位噪声

5.5 本章小结

本章首先介绍了本振信号的性能参数，然后根据本振信号的生成方式的不同，分别介绍了光域直接生成方法，包括双波长激光器、激光器注入锁定 P1 态、光电振荡器，以及微波辅助的本振信号生成方法，如光学倍频、光变带注入锁定、光锁相环，对上述方法给出了较为详尽的原理与性能介绍，为多频段一体化通信卫星有效载荷射频前端光生本振提供了多条技术途径。

第 6 章
微波光子交换技术

6.1 光交换技术发展现状及特点

6.1.1 光交换技术简介

对地面通信而言，随着网络化时代的到来，人们对信息的需求与日俱增。IP 业务在全球范围突飞猛进地发展，给传统电信业务带来巨大冲击的同时，也为电信网的发展提供了新的机遇。从当前信息技术发展的潮流来看，建设高速、大容量的宽带综合业务网络已成为现代信息技术发展的必然趋势。近几年来，密集波分复用（DWDM）技术的发展提供了利用光纤带宽的有效途径，使点到点的光纤大容量传输技术取得了突破性进展。由于电子器件本身的物理极限，传统的电子设备在交换容量上难以再有质的提高，此时交换过程引入的“电子瓶颈”问题成为限制通信网络吞吐能力的主要因素。全光通信网是建立在密集波分复用技术基础上的高速宽带通信网，在干线上采用 DWDM 技术扩容，在交叉节点上采用光分插复用器（OADM）、光交叉连接器（OXC）来实现，并通过光纤接入技术实现光纤到家（FTTH）。

对卫星通信系统而言，随着卫星通信在军事/民用领域应用范围的扩大，卫星通信网络需要主干信道动态分配带宽，多址传送大量的业务信息，这就要求通信卫星不仅具有传统的中继功能，还必须具有大带宽、高速率、高密度星上信息交换、处理功能。随着星上信息交换设备规模的扩大和传输速率的提高，目前基于卫星通信的传统电交换技术因其所固有的带宽限制、RC 参数、时钟偏移、飘移、串扰、响应速度及高功耗等缺点限制了交换带宽、速率和规模的发展。此外，在采用纯电子技术来实现大容量的星上交换时，必须采用高度并行的方法把输入输出线的高速信号在交换设备内部降为电互连线能够有效传输的低速并行信号，并通过互连大量的小容量模块来实现较大的总交换容量，这无形中在增大光交换设备体积和增加其质量的同时，大大降低了设备性能，给星上交换设备的可靠性带来危险。

近年来，随着微波光子技术的发展及地面光纤通信技术的成熟，光交换逐渐成为地面光纤网络构建和应用的一个热点。光交换技术的显著特点就是大带宽、强电磁隔离性、强抗干扰能力及高灵活配置性。一方面，光交换设备所带来的宽带性可满足信息的高速传输，同时光交换设备中所使用的光纤、光波等传输方式可有效避免电交换设备中所必然引入的电磁干扰和串扰，光交换设备中引入的光功率等分器等光学器件可对光信号进行处理，方便实现高速电学背板很难实现的广播、组播功能。另一方面，光交换除了能可靠地实现传统电交换所不能实现的大容量、高码速率、高密度信息交换外，还能结合微波光子的电/光调制解调技术，实现不同信号格式、不同频段、不同带宽微波模拟信号的交叉互联。此外，相对电交换设备而言，光交换设备中光学技术的引入使得交换设备在体积、质量、功耗、实现复杂性和可靠性上具有无与伦比的优势。

6.1.2 光交换转发技术类型

所谓光交换技术，就是在光域内实现信息（或信号通道）交换的技术。目前，光交换技术可分成光的电路交换（OCS）和光分组交换（OPS）两种主要类型。光的电路交换类似于现存的电路交换技术，采用 OXC、OADM 等光器件设置光通路，中间节点不需要使用光缓存，目前对 OCS 的研究已经较为成熟。根据交换对象的不同，OCS 又可以分为以下几种。

1. 空分光交换

空分光交换的基本原理是将光交换节点组成可控的门阵列开关，通过控制交换节点的状态可以实现输入端任一信道与输出端任一信道的连接或断开，从而实现光信号的交换。空分光交换的节点可通过机械、电、光、声、磁、热等方式进行控制。

2. 时分光交换

时分光交换通过在光域里的时隙互换实现光交换，能够和时分多路复用的光传输系统匹配。时分光交换系统采用光器件或光电器件作为时隙交换器，通过光读写门对光存储器的受控有序读写操作完成交换动作。在这种技术下，可以时分复用各个光器件，从而减少硬件设备，构成大容量的光交换机。

3. 波分光交换

波分光交换即采用光波长互换（或光波长转换）的方法来实现交换。光波长互换的实现是通过从光波分复用信号中检出所需的光信号波长，并将它调制到另一光波长上去进行传输。波分光交换方式能充分利用光路的宽带特性，获得电子线路所不能实现的波分型交换网。可调波长滤波器和波长变换器是实现波分光交换的基本元件，前者的作用是从输入的多路波分复用光信号中选出所需波长的光信号；后者则将可变波长滤波器选出的光信号变换为所需要的波长后输出。

4. 码分光交换

码分光交换是指对进行了直接光编码和光解码的码分复用光信号在光域内进行交换的方法。所谓码分复用，就是靠不同的编码来区分各路原始信号，而码分光交换则是由具有光编解码功能的光交换器将输入的某一种编码的光信号变成另一种编码的光信号进行输出，由此来达到交换目的。

随着通信技术的发展，光网络成为未来发展的主要趋势，这就要求支持多粒度的光交换来满足运营商的业务多样性需求，而 OCS 的最小交换单元为波长，很难根据用户需求动态分配带宽和复用资源，因此需要光分组交换实现小粒度业务处理。根据控制包头处理及交换粒度的不同，可将光交换系统分为以下几种。

（1）光分组交换技术，该技术的最小交换颗粒为光分组，在系统输入端实现光分组读取和同步，在系统控制端实现光分组头识别与净荷定位，在系统输出端实现光分组头重写与再生。该技术利用同步光分组路由的同时，还可以有效解决输出端竞争。

（2）光突发交换（OBS）技术，该技术的最小交换颗粒为光突发。与 OPS 相比，该技术的数据分组传输与控制分组传输相互独立，且在时间和空间上都是分离的，从而很好地处理突发性业务，并具有灵活资源分配和高效资源利用的优点。

（3）光标记分组交换（OMPLS）技术，该技术为多协议波长交换（MPLS）技术与光网络技术的结合。可通过 MPLS 控制平面控制光波长路由交换设备的光开关，建立相应的光通道。2001 年 5 月，NTT（日本电信电话公司）开发出了世界首台全光交换 MPLS 路由器，结合 WDM（波分复用）技术和 MPLS 技术，实现全光状态下的 IP 数据包的转发。

6.1.3 光交换性能参数

在光交换技术中，OXC 和 OADM 是光交换的核心，而 OXC 和 OADM 的核心是光开关和光开关阵列，不仅要求器件具有高速度、低插损、长寿命的特性，还要求器件具有高级集成度、可扩展的功能。

描述光开关性能的主要参数包括以下几个。

1. 插入损耗

插入损耗定义为输入端口和输出端口之间的光功率减小的情况，插入损耗与开关状态有关，具体表达式为

$$\mathrm{IL} = -10\lg P_{\mathrm{out}}/P_{o} \tag{6-1}$$

式中，P_{out}为输出端光功率；P_o 为进入输入端光功率。

2. 回波损耗

回波损耗也称反射率损耗或反射率，即输入端返回的光功率与输入光功率的比值，用分贝表示，回波损耗与开关的状态有关。

$$\mathrm{RL} = -10\lg P_{r}/P_{o} \tag{6-2}$$

式中，P_r 为在输入端口接收到的返回光功率；P_o 为进入输入端光功率。

3. 隔离度

隔离度定义为两个相隔输出端口以分贝数表示的光功率的比值，具体表达式为

$$I_{nm} = -10\lg P_{im}/P_{in} \tag{6-3}$$

式中，m、n 为光的两个隔离端口（n 不等于 m）；P_{im}为光从 i 端口输入时在 m 端口测得的输出光功率；P_{in}为光从 i 端口输入时在 n 端口测得的输出光功率。

4. 远端串扰及近端串扰

远端串扰是指光开关路由端口输出光功率与串入其他端口输出光功率的比值。对于1×2光开关，当路由至输出端口1时，远端串扰定义为

$$\mathrm{FC12} = -10\lg P_2/P_1 \tag{6-4}$$

式中，P_2 为输出端口2的光功率；P_1 为输出端口1的光功率。

近端串扰是指当其他端口连接匹配终端，路由输出端口与隔离端口之间的光功率比值。对于1×2光开关，当输出端口1与匹配终端连接时，近端串扰定义为

$$\mathrm{NC12} = -10\lg P_2/P_1 \tag{6-5}$$

式中，P_2 为输出端口2的光功率；P_1 为输出端口1的光功率。

5. 消光比

两个端口处于导通状态和非导通状态的插入损耗之差称为消光比。其定义为

$$\mathrm{ER}_{nm} = \mathrm{IL}_{nm} - \mathrm{IL}'_{nm} \tag{6-6}$$

式中，IL_{nm} 为 n，m 端口导通时的插入损耗；IL'_{nm} 为非导通状态的插入损耗。

6. 开关时间

开关时间定义为开关端口从某一初始态转为通或断所需的时间，开关时间从在开关上施加或撤去转换能量的时刻起测量。

除此之外，机械式光开关还有回跳时间、寿命、重复性等指标；波导型开关还有偏振相关性、温度稳定性、耐冲击与振动性及环境性能方面的指标。

6.1.4 光交换转发技术发展动态

1. 光开关发展动态

光交换转发主要由光开关实现。光开关有电光、声光、热光、磁光、液晶、光子晶体、半导体光放大、微电子机械（MEMS）光开关和超表面等多种类型。目前的光开关主要包括传统机械微光学光开关、MEMS光开关和电光开关三大类。其中，传统机械微光学光开关作为最成熟的光开关，具有配置简单、成本低廉、环境适应性良好等诸多优点，广泛应用于光纤系统的光路自愈保护中，但其体积大、开关速度慢、矩阵规模小，不利于光交换的空间应用。MEMS光开关继承了硅基单片集成技术的小型化、大规模、强扩展能力的优点，可实现灵活可变

的大容量光交换，但毫秒量级的开关速度限制了 MEMS 光开关的进一步应用。电光开关能实现多粒度的高速光交换，可用于大容量、多业务光网络架设与构建中，但存在成本高昂、串扰较大、扩展规模有限等问题。从总的趋势看，光开关正面临性能最优化、规模可扩展、功能多样化等多方面的挑战，并成为建设下一代光网络的瓶颈。

当前的光开关主要基于空间域实现光交换，可同时实现所有波长的开/关切换。然而从未来光网络中 OADM 和 OXC 的构成来看，需要将波长复用和机械开关结合到一起实现波长交换，基于波长选择开关（WSS）应运而生。该种光开关将波长选择和光交换技术结合起来，可满足光网络中的新型光交叉连接需求，同时大大简化了设备构成，增强了设备配置灵活性。目前，有关 WSS 的研究还处于起步阶段，基于 PLC（平面光波导）技术、MEMS 技术以及 PLC + MEMS 技术的波长选择开关在国外实验室已完成了设计与实现，工程应用需进一步验证。

2. 光交叉互联技术实现现状

1）光分插复用技术实现

OADM（光分插复用）可实现从输入端口上/下载任一或任一组波长。目前市场上已推出的 OADM 系统或次系统、模块等产品的厂商有 40 余家，产品大致上可分为两类：FOADM（fixed OADM，固定式光分插复用器）与 ROADM（reconfigurable OADM，可重构光分插复用器）。其中，ROADM 的上下路波长和直通波长不需要进行光电转换，能够实现多波导在本地端口上下路和穿通；支持任意端口之间的连接，能实现多个波长和多个端口的交叉配置；不需要重新设计网络结构，极大提高网络容量和网络效率。

ROADM 是近几年兴起的光传输技术，它兴起于美国、日本等发达国家，我国于 2002 年左右开始这方面的研究应用。ROADM 技术到目前为止一共经历了三个阶段的演变发展。

第一阶段：WB 技术

WB（波长阻塞器）型 ROADM 工作时，输入的合路信号先通过光栅，分解为若干不同波长的单波信号，然后各个波长被传送至液晶阵列的相应单元，再通过 VOA（可调光衰减器）控制液晶单元的导光率，实现对光功率的调节。当

VOA把导光率调节为零时，对应波长无法通过，从而实现对波长的阻断。由于每个波长都能实现光功率调节，因此也能起到均衡光功率的作用。WB型ROADM结构简单、技术成熟、成本较低、兼容性好。它能实现单个方向波长的穿通和阻断，同时通过与合/分光器的配合使用，能实现单节点波长的上下和穿通，适合应用于环形网。图6－1为基于WB和合分光器构成的光层调度方案。

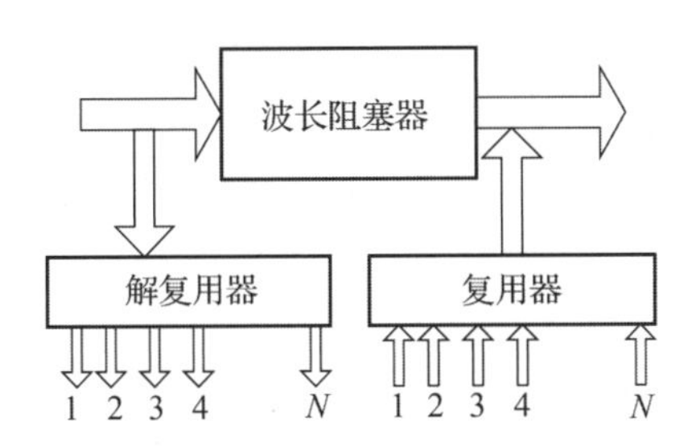

图6－1　基于WB和合分光器构成的光层调度方案

第二阶段：PLC技术

PLC型ROADM工作时，输入的合路信号通过分光器，分解为若干不同波长的单波信号，然后每个单波信号被传送至2×1的光开光，该光开关的另一路输入信号是从本地上来的信号。通过2×1的选择，光开关可以选择合路信号分解出来的单波信号，也可以选择本地上来的信号，因而在一定程度上实现波长的穿通和上下业务。通过2×1选择后的波长也通过VOA进行光功率的调节和均衡，最后再经过合光器，形成新的合路信号进行传输。PLC型ROADM结构也相对简易，插损较小，集成度相对较高，但不难看出上下业务必须是彩色光，因此光波长要预定义，兼容性相对较差，同时仍无法解决多维度交叉难题。图6－2所示为基于PLC的两维调度方案。

第三阶段：WSS技术

WSS型ROADM工作时，输入的合路信号经过分光器，分解为若干同波长的单波信号，各个单波信号经过VOA进行调节和均衡，之后经过1×N（N一般小于9）光开关的单色光路复制，形成N个同样的单波信号。这些单波信号再分别导向N个合光器，每个合光器形成新的合路信号输出，从而实现任意波道到任意端口的输出。WSS ROADM的光开关没有数量和位置的限制，可以在任意波道和

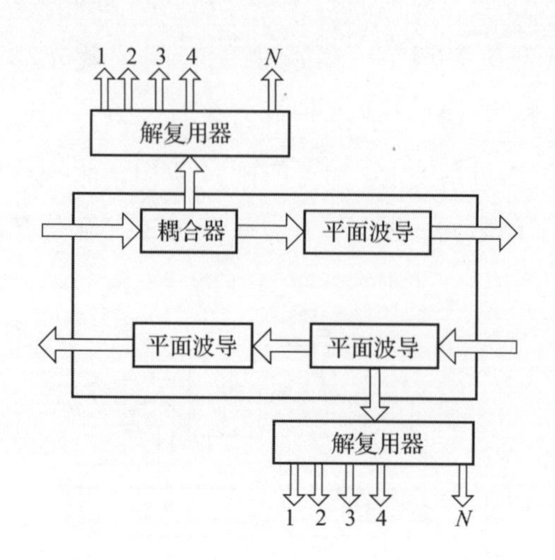

图 6－2　基于 PLC 的两维调度方案

任意端口输出和输入，它实现了波长的完全自动化，做到了真正意义上的“可重构”，满足了运营商及时应对网络运行要求的需求，是 ROADM 的主流技术，也是 OTN（光传送网）实现 ASON（自动交换光网络）功能的关键技术。图 6－3 为基于 WSS 实现的多维调度方案。

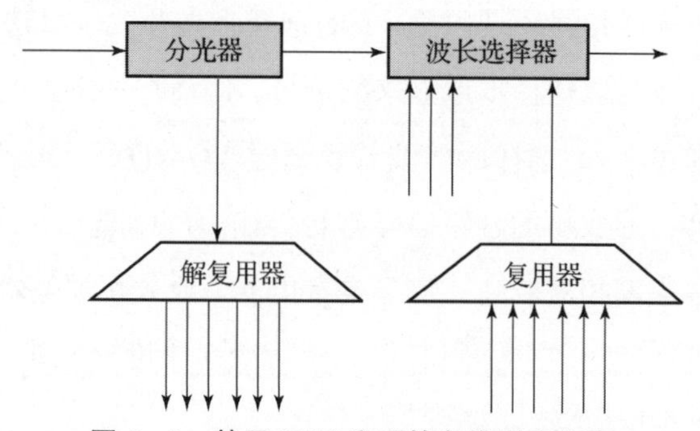

图 6－3　基于 WSS 实现的多维调度方案

从功能角度，ROADM 可分为四类：Ⅰ类 ROADM 的每个上/下端口只能上/下载固定波长；Ⅱ类 ROADM 的每个上/下端口上/下载波长不固定；Ⅲ类 ROADM 的波长选择开关；Ⅳ类 ROADM 的 OXC 器件。图 6－4、图 6－5 为美国空军研究实验室 2005 年关于 ROADM 研制的最终结果，可以处理 8 路光信号的 OADM，其实际尺寸为 30 mm × 15 mm，该研制成果属于Ⅰ类 ROADM。

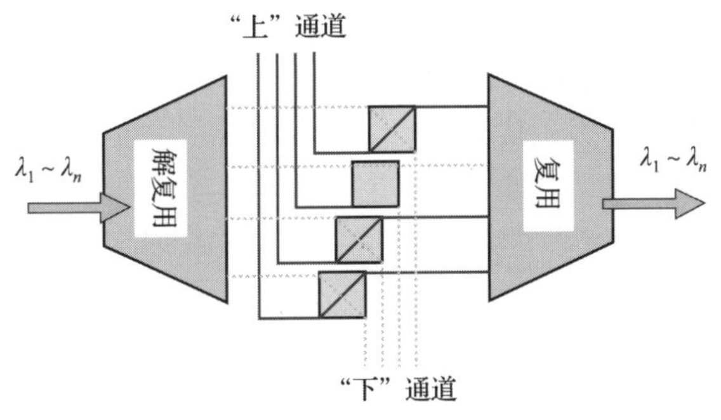

图6-4　ROADM的原理

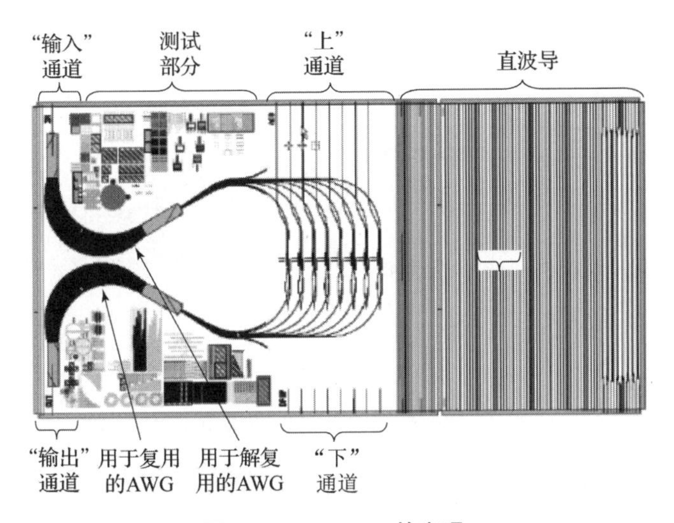

图6-5　ROADM的实现

此外，各知名公司的相关实验室如贝尔实验室、朗讯实验室、AT&T等部门针对地面光通信网络的ROADM应用完成了各类不同的ROADM的设计，如图6-6所示。

从目前的技术发展来看，基于各种波长阻塞技术的Ⅰ类ROADM，被称为第一代ROADM，最早商用，技术已经成熟；PLC单片集成的Ⅰ类ROADM和其他Ⅱ类ROADM，被称为第二代ROADM，已达到商用要求，正在逐步推广；采用各种技术实现的$1 \times N$ WSS，属于第三代ROADM，是当前研究的热点，各种方案相继推出，旨在增加端口数目和提高性能，MEMS和LCOS（liquid crystal on silicon，硅基液晶）技术是两种最优的解决途径；基于$N \times M$ WSS的OXC，被称

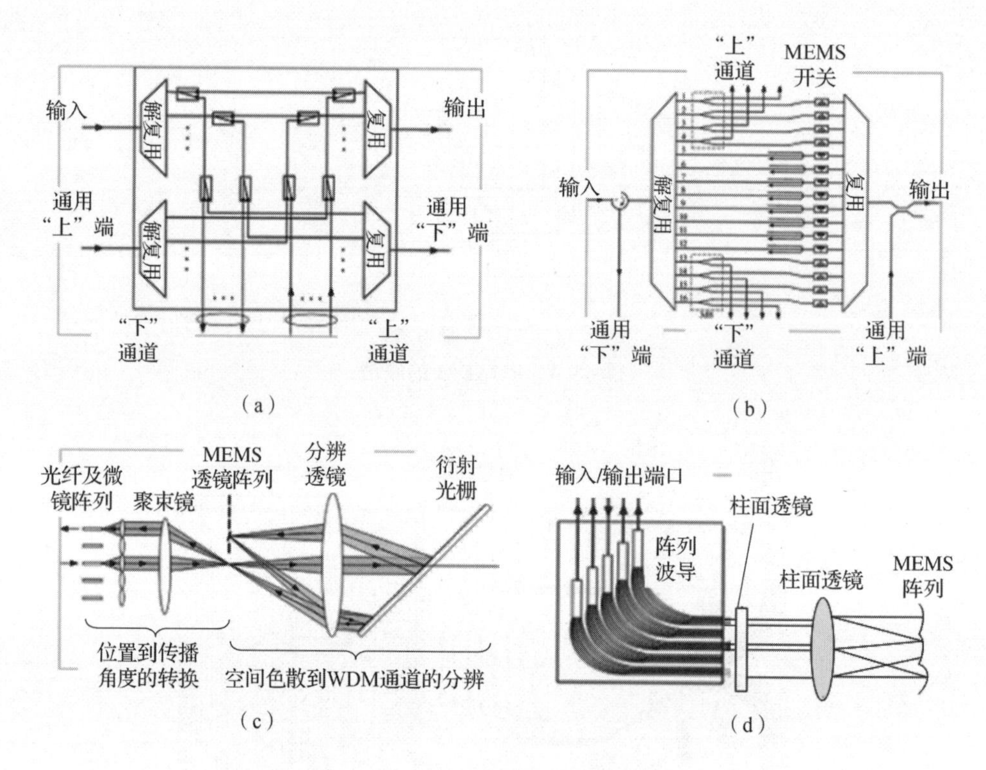

图6－6 不同类 ROADM 设计原理

（a）贝尔实验室基于 PLC 技术的Ⅰ类 ROADM；（b）朗讯实验室基于 PLC + MEMS 技术的Ⅰ类 ROADM；（c）贝尔实验室基于 MEMS 技术的Ⅲ类 ROADM；（d）Metconnex 基于 PLC + MEMS 技术的Ⅲ类 ROADM

为第四代 ROADM，尚处于技术准备阶段。

2）光交换技术实现

传统光交换粒度为波长级，其所有的光信号都需要以波长为单位进行处理，导致相应的光交换设备成本高昂、灵活性差、扩展能力弱。随着互联网和多媒体业务的爆炸式增长，人们对带宽需求更加迫切，传统的光交换已经满足不了人们的需求，人们渴望实现更小颗、更灵活的光交换。分组多粒度光交换不但可以简化光交换结构、降低设备成本，还可以大大提高设备容量，具有很好的扩展性与灵活性。实际对业务处理网络任一单节点而言，网络中总业务量的 60%～80% 为转发业务，不需要通过该节点来处理，也就不需要在该节点上进行交换。

（1）美国光交换技术实现情况。光路交换因可直接在光域提供波长级的透明交换而广泛应用于地面光纤网中。其中，原朗讯公司以贝尔实验室的 MEMS 技术为基础，在 1999 年 11 月推出了矩阵规模为 256×256 的全光路由设备，这也是世界上首个可用于商业的光交叉连接设备。次年，美国北电网络公司研制成功 1 152×1 152 的大规模三维（3D）MEMS 矩阵，并以此为基础开发了 Optera connect PX 系统，以世界第一可商用系统展示了对光信号的全光交叉控制。

在卫星光交换技术方面，美国以 NASA（美国航空航天局）为主导，联合各大学，美海、空军实验室等单位，从 20 世纪 90 年代初期就开展了星上新型载荷的研究，比较有代表性的项目包括：WDM MULTICAST ATM（3M 交换）；以 SS-TDMA（卫星交换时分多址）为基础的光电混合交换；SONET（Synchronous Optical Networking，同步光纤网络）相关项目；COTS（Commercial Off-The-Shelf，商业现成产品，在航天和卫星项目中，使用 COTS 可以减少成本和开发时间）相关项目；ACTS（Advanced Communications Technology Satellite，先进通信技术卫星）；先进的通信、航海及监视系统技术；星上路由光多通道接入技术；卫星多通道解复用/解调器中的先进技术等。

以先期研究为基础，美军正在研制的转型通信卫星（TSAT 卫星），其整合了宽带和防护系统以及情报界的数据中继卫星系统，将激光和微波系统合二为一，构成转型通信体系的主体。根据美军转型通信系统规划，美军 TSAT 卫星通信系统有 20～50 条 2.5～10 Gbps 的激光链路，8 000 条天基网与地面通信的 RF 链路。TSAT 星座可以提供激光和 RF 实现星间通信以及星地通信且与全球信息栅格（GIG）互联。TSAT 星座能够同时为激光链路和 RF 混合终端提供宽带链接，如与陆基数据网 GIG-BE（GIG bandwidth expansion）的链接、WIN-T（Warfighter Information Network-Tactical）的链接、JTRS（Joint Tactical Radio Systems）的链接、在轨的 Milstar 卫星和 DSCS 卫星的链接。

5 颗 TSAT 的内部星间链路支持 10～40 Gbps 的流量。EHF（Extremely High Frequency，甚高频。频段范围，常用于卫星通信）和 Ka 频段与 WGS（Wideband Global SATCOM，宽带全球卫星通信系统，是美国军方的高容量卫星通信系统）、APS（Advanced Polar System，高级极地系统，用于极地区域的高级通信系统）、MUOS（Mobile User Objective System，移动用户目标系统，美国海军的下一代超高频卫星通信系统）、AEHF（Advanced Extremely High Frequency，高级极高频通信卫星系统。由美国空军研发的一种军事通信卫星系统，旨在提供全球范围内的、高度安全和抗干扰的通信连接）及卫星地面站连接，支持速率 300 Mbps，同时 RF 链路可连接到地面转发终端，速率从 256 Kbps 到 45 Mbps。TSAT 提供 20～50 条高速激光链路，速率为 2.5～10 Gbps；提供 8 000 路“低速”RF 链路。

①激光通信。TSAT 卫星引入激光通信，较射频通信大幅度提高了带宽。其中卫星与高空飞机间的数据率达到 6 Gbit/s，星间激光通信达到 20 Gbit/s。这样该卫星的总带宽比所有 WGS 卫星和 AEHF 卫星合起来还高。美国发展的天基雷达系统需要 1 Gbit/s 的中继能力，TSAT 卫星是目前唯一可用的中继系统。

②基于 IP 的光电混合路由交换。TSAT 项目的一个关键技术是新一代处理器/路由器（NGPR）。新一代处理器/路由器技术的研制以及工程化“对整个项目的成功具有绝对关键作用”。T－SAT 项目将同时提供激光－激光、激光－微波、微波－微波的混合路由交换，不仅能够实现多波束微波交换，还能够实现激光微波信号在激光链路上的转发和微波信号－激光信号之间的交换。

（2）欧洲光交换技术实现情况。欧洲航天局对星载微波激光混合通信技术领域的研究十分关注，从 2000 年开始投入巨资对基于光子技术的新型卫星通信有效载荷系统及其多项关键技术（如星上光控波束形成网络技术、微波激光信号处理技术、全光交换、空间光纤数据链路等）进行研究，其发展路线如图 6－7 所示。

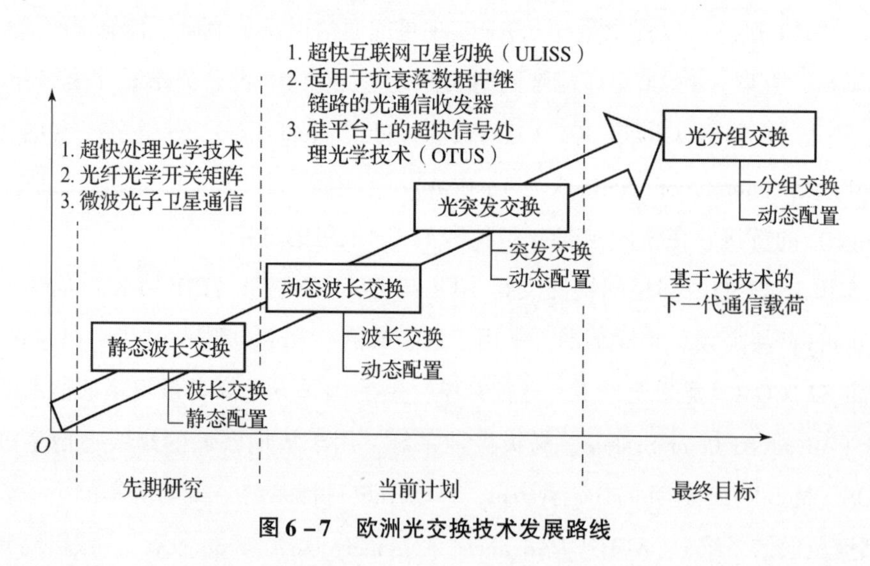

图 6－7 欧洲光交换技术发展路线

ESA首先对静态波长变换技术的星上应用进行了可行性研究，并重点开展了关于关键器件的星上可行性研究项目，分别从器件级、分机、系统等多个方面详细地开展了包括光本振、馈送、A/D、D/A、放大、变频、交换等技术。其动机就是采用光子技术替代传统微波技术，并在获得目前电子领域中同样的或者更高的性能的条件下，有效地进行功率损耗、体积和重量的改善。

近年来，ESA相继开展了ULISS（超快互联网卫星切换）、OTUS（硅平台上的超快信号处理光学技术）等一系列计划进行星上突发交换的技术研究，其主要技术是基于光突发交换、光多波交换、波分复用、副载波复用（SCM）等思想计划承载100个子波束，交换容量超过20 G，交换时延达到纳秒级，目前已经完成初步设计，并对星上光突发交换所涉及的一些关键点开展了相应的地面演示。ULISS计划星上交换系统如图6－8所示。

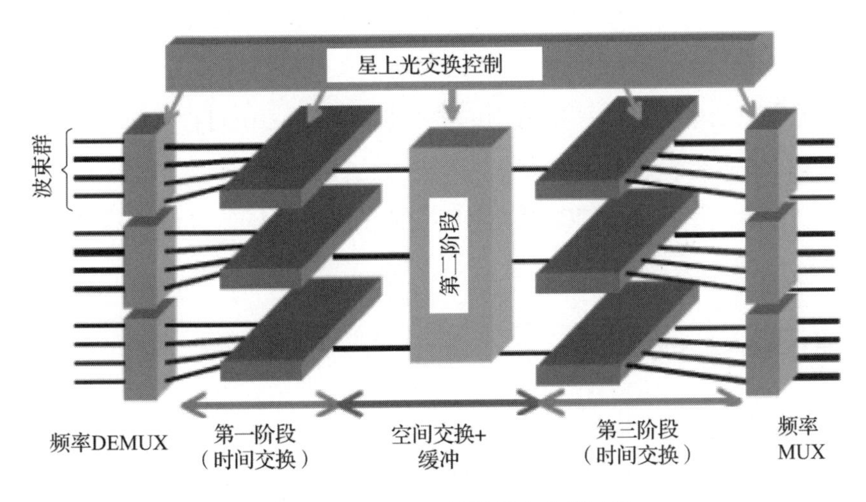

图6－8 ULISS计划星上交换系统

ESA已经通过一些光学技术实现交换功能。其允许高规模结构，可实现调制、波长和数据率独立的交换。目前，ESA光交换主要集中在MOEMS（微光机电系统）技术上。已经完成了50×50输入/输出端口的两种不同类型的MOEMS开关配置（基于10×10矩阵的二维数字开关－2D类型、基于三维模拟开关－3D配置）。

6.2 MEMS 光交换技术

6.2.1 MEMS 技术及特点

MEMS 技术的英文全称是 micro - electromechanical systems，一般也称作微机电系统技术，其是指可批量制作，集微型机构、微型传感器、微型执行器以及信号处理和控制电路直至接口、通信和电源等于一体的微型器件或系统。MEMS 技术的主要特点如下。

（1）微型化。MEMS 器件因继承集成技术优势，体积小、质量轻，可实现微型化。

（2）机电性能优良。MEMS 器件以硅（Si）作为主要材料，而硅材料本身在强度、硬度和热传导率等方面具有优良的性能。

（3）可实现批量生产。采用通用的硅微加工工艺，就可以在同一硅基上制作大量的 MEMS 器件，从而大大降低生产成本。

（4）高度集成化。可根据需求对不同功能的多个传感器或执行器进行集成，构建多功能微系统。

6.2.2 MEMS 基本原理

MEMS 通过静电或其他控制使微镜产生机械运动，改变器件内光的传播方向，实现开关功能。MEMS 不但具有通常 MEMS 器件微型化、高集成化特点，还具有信号格式透明、协议透明、损耗小、良好扩展性等诸多优点，正成为光交换器件的主流。目前国外采用 MEMS 的光交换矩阵技术已经很成熟，在设计时需要考虑的主要因素包括低插损、低串扰、高一致性实现。结合光路布局的精心计算，在收发器件的选择上采用透镜光纤以减小插损，对直通光路和非直通光路的距离差异进行精确调整以获得高一致性。

1. 一维和二维 MEMS 原理

在基于 MEMS 技术的光交叉互联中，目前主要研究的有三种结构，在空间上分为一维、二维和三维。首先介绍一维 MEMS 结构，如图 6 - 9 所示。

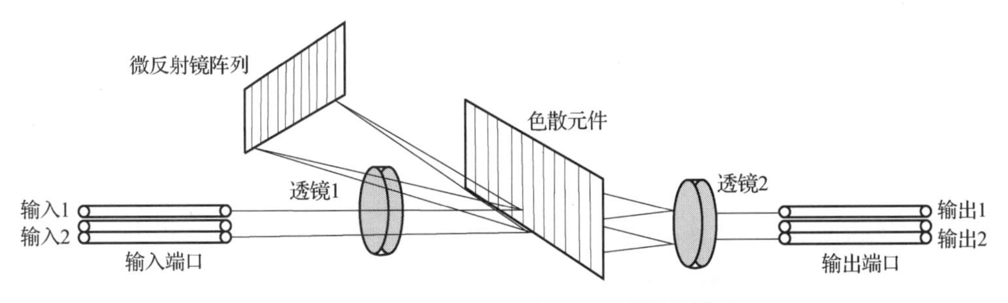

图6-9 一维 MEMS 光交叉互联结构模型

在图6-9中，光信号由管线输入端口进入光交叉连接器，光交叉连接器中的透镜1对输入光进行准直后传输至色散元件，需要交换的单色光经色散元件分开后入射至微透镜阵列进行交换，不需要交换的单色光则直接通过色散元件。交换后的光信号经色散元件后与其他波长的光一起进入透镜2，在透镜2进行聚焦后耦合至输出光纤，这就是一维 MEMS 光交叉连接器中光信号的交换传输过程。

二维 MEMS 结构主要应用于光交叉连接。其中，固定在硅底板上的微反射镜阵列实现光信号的反射与透射。光纤阵列输入端口与每一列镜子对齐，输出端口与每一行镜子对齐。对于4×4光交换，需要16块微型反射镜。如图6-10所示，对于一个4×4的光交换单元，从输入端口输入4路光信号（Input1，Input2，Input3，Input4），假设现在要使 Input2 进入 Output4 端，Input4 进入 Output3 端，Input3 进入 Output2 端，通过微控制电路使硅底板微反射镜阵列上相应的微镜子[(1，1)，(2，4)，(4，3)，(3，2)]处的镜子竖起，当光束经过时被反射，从而实现光波长交换。

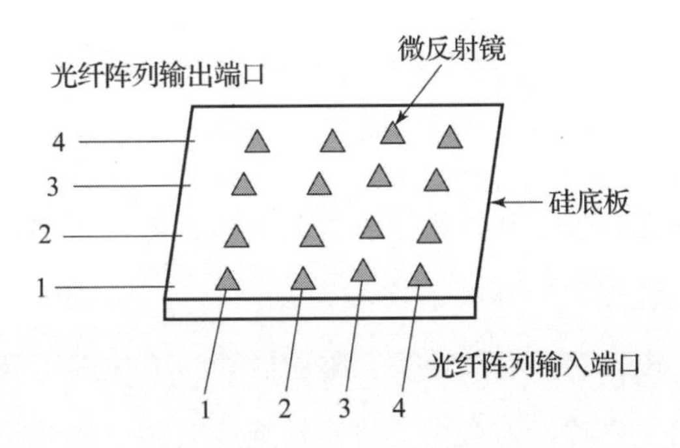

图6-10 二维 MEMS 光交叉互联结构模型

图6-11（a）所示为4×4光交换矩阵器件的集成光路布置图，其主要包括：光纤准直器，两个固定反射镜G1、G2，6个双面反射镜，微电磁执行器。由微电磁执行器带动双面反射镜插入光路或从光路中抽出，实现4路输入通道（A，B，C，D）到4路输出通道（1，2，3，4）的任意组合交换。其系统结构如图6-11（b）所示，包括双面反射镜、驱动器、微电磁执行器、PHLIPS单片机、监控复位、电源管理、RS-232电平转换等。

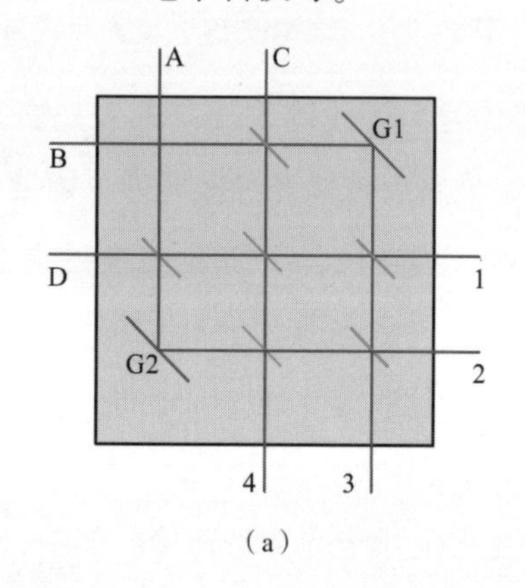

（a）

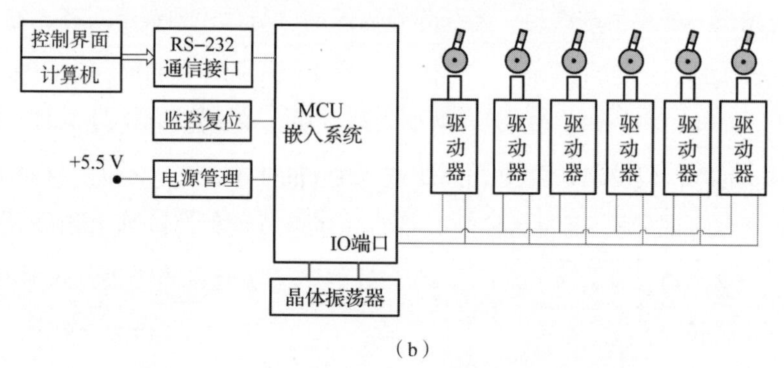

（b）

图6-11 4×4光交换矩阵的光路布置和系统结构

（a）4×4光交换矩阵阵列的光路布置；（b）4×4 MEMS光交换阵列系统结构

外围计算机设备与光开关之间采用主从控制方式，上位机为计算机，下位机采用单片机，下位机系统嵌入光开关器件内硬件核心是PHLIPS单片机，还包括监控复位、电源管理、RS-232电平转换、驱动器等。单片机经RS-232通信端口接收上位机传送的微电磁执行器数据，将其转换成对微电磁执行器进行控制的数据，控制微电磁执行器的动作，完成对双面反射镜状态的控制，实现从4路光输入到 4 路光输出的无阻塞交换。

2. 三维 MEMS 原理

与二维 MEMS 结构相比，三维 MEMS 结构的光交叉连接器最大的优点是可以实现大规模的光交叉互联，实现上千路的光交叉连接，且交换时间只需数毫秒。由三维 MEMS 交叉连接结构、$1\times 2N$ 解复用器、$2N\times 1$ 复用器、光纤连接器构成的波长选择型 OXC 如图 6 – 12 所示。从输入端输入 $2N$ 个波长（λ_1，λ_2，…，λ_N，λ_{N+1}，λ_{N+2}，…，λ_{2N}）的光束，经解复用器 1 把各个波长分成独立的光信道，输入 $2N\times 2N$ 的三维 MEMS 光交叉连接结构，这样三维 MEMS 中交换的是 $2N$ 个单波长的光信道，实现了波长选择型的交叉互联。例如，把 λ_1、λ_2 两个单波长光信道与 λ_{N+1}、λ_{N+2} 两个光信道交换。波长选择型的 OXC 可实现任意波长交换，从而把需要的某个波长的光从特定的信道输出，为光纤通信系统中传输光束的波长选取或重组提供了方便。

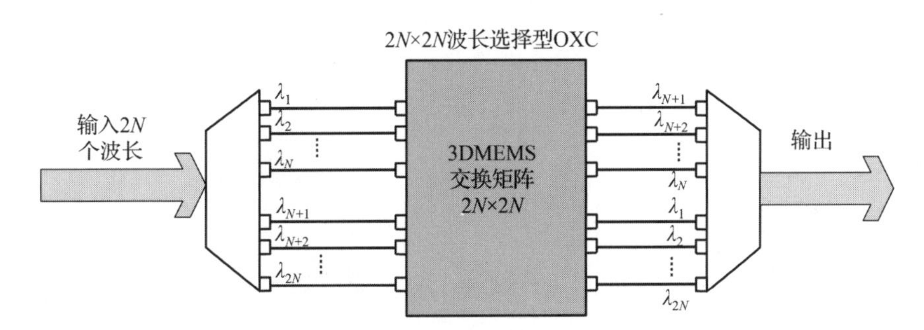

图 6 – 12　光纤连接器构成的波长选择型 OXC

6.3　Polatis 光交换技术

6.3.1　Polatis 光开关简介

Polatis 光开关是以 Polatis 公司名称命名的一类开关。Polatis 公司成立于 2000 年，是一家领先的光学技术公司，总部位于美国马萨诸塞州。Polatis 公司专注于设计、制造和提供高性能纯光矩阵光开关产品方案，并有从 4 ×4 到 576 × 576 多种规模可供选择。Polatis 光开关产品的主要特点是可靠性高、光学性能指标显著优于其他光开关产品，在卫星载荷中具有重要的应用前景。图 6－13 所示为该公司的主要光开关产品。

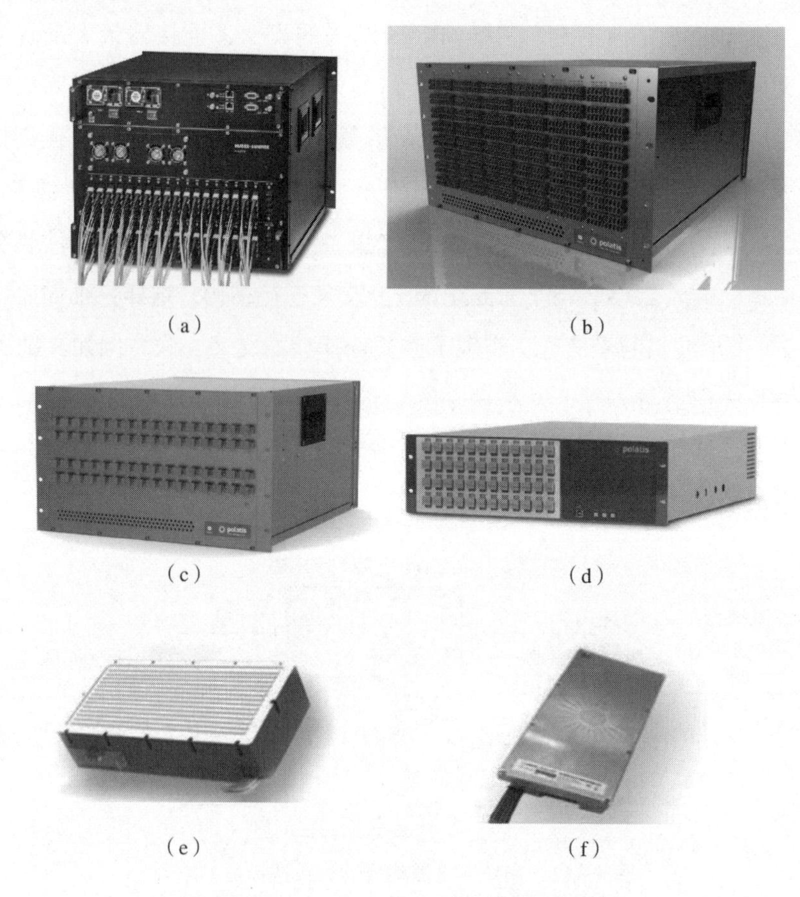

（a） （b）

（c） （d）

（e） （f）

图 6－13 Polatis 公司光开关主要产品概览

（a）Polatis 576；（b）单模 7000 系列；（c）单模 7000 系列；（d）单模 6000 系列；（e）OSM 系列对称配置（$N\times N$）；（f）OSM 系列任意配置（$M\times N$）

Polatis 公司的旗舰产品 Polatis 576 光开关在全光矩阵开关的矩阵规模和性能方面再次取得重大突破。Polatis 576 是目前市场上最大的非阻塞式全光开关，通过采用最新的光交换核心设计，实现了目前商品级矩阵开关所达到最高的 576 × 576 端口密度，同时为了搭配最新的光交换核心配备全新的内部架构，降低了能耗并节省了宝贵的机架空间。Polatis 576 光开关控制系统紧密集成在光端口层，采用分布式结构以提供保护性备用服务，以便在接入端口出现异常时快速重新分配端口，并将问题端口快速切换至备用端口并恢复连接，极大保证了其在关键领域应用中的可靠性、可用性和可维护性。此外，Polatis 576 光开关在网络监控和网络安全应用方面配备了线路监控功能，因此有助于降低网络风险和国家安全风险。

Polatis 7000 系列光开关，其设计旨在以极低的光损耗、紧凑的尺寸、低功耗和高切换速度满足苛刻的应用要求，矩阵规模覆盖范围从 8 ×8 至最高 384 ×384。通过嵌入式的 OpenFlow [网络协议，允许网络交换机的路由表通过外部应用程序来动态设置，从而实现了更灵活的流量管理和网络虚拟化。OpenFlow 是软件定义网络（SDN）技术的一个关键组成部分] 和 NETCONF（Network Configuration Protocol，是网络管理协议，用于安装、操作和配置网络设备。它是基于 XML 的协议，允许设备管理员以编程方式修改和管理网络设备的配置）控制接口实现软件控制，7000 系列能够以极低的延迟满足混合分组数据中心新型虚拟云服务对时序严格的要求。同时 7000 系列光开关支持测试设备连接完全自动化，并可通过软件从远端全天候控制测试设备的光路连接。测试过程无须反复建立和断开光纤连接，具备极低的光插损、稳定的重复性、一致性和高切换速度，可以得到更精确的测量结果，在光测试应用领域表现卓越。

Polatis 6000 系列光开关是高性能、无阻塞的全光矩阵光开关，提供从 4 ×4 到 192 ×192 等多种规模尺寸。它的设计是为了满足严苛的应用条件下对高性能和高可靠性的需求，并具有极低的光插损、尺寸紧凑、低功耗和毫秒级切换速度等特点。

Polatis OSM 系列是 Polatis 光开关模块产品线，该系列是 Polatis 光开关在小型化方向上的开拓。OSM 模块式光开关具有无阻塞、低插损、体积小、低功耗、开关速度快等特点，对称式配置 $N \times N$ 系列矩阵规模可以做到 4 ×4 ~ 192 ×192，同时可以提供任意配置 $M \times N$ 系列矩阵规模，连接方式更加灵活。OEM 模块式产品便于为客户提供网络设备集成。

Polatis 光开关广泛应用在数据中心、激光通信、国防、航天、石油和天然气设备等领域，在已部署的应用系统上积累了超过 10 亿个端口小时使用时间，为苛刻的应用需求提供了多种领先的光开关产品。

6.3.2 系统组成及工作原理

Polatis 光开关产品基于独特的直接光束偏转（direct light beam - steering, DBS）全光交换专利技术，包含三个核心部件：①光纤准直器；②二维压电驱动器；③集成位置传感器。Polatis 光开关直接光束偏转结构系统组成与核心部件如图 6 - 14 所示。

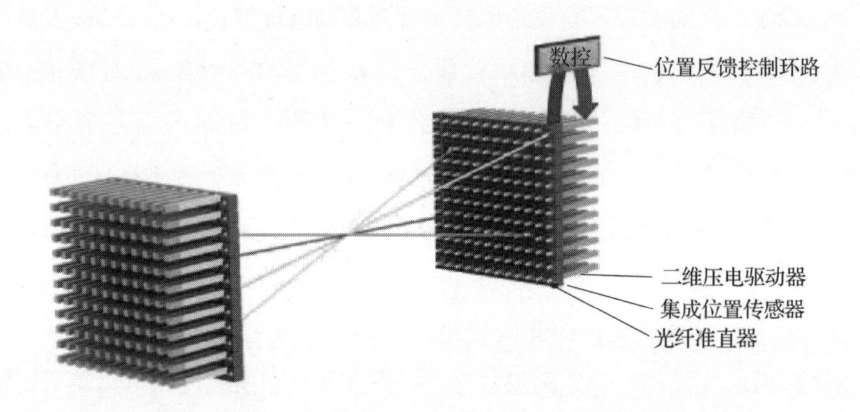

图 6 - 14 Polatis 光开关直接光束偏转结构系统组成与核心部件

直接光束偏转技术原理简单可靠，其技术核心在于精确转动与定位。系统工作前需对输入端和输出端每个准直器端口的转动位置进行精确标定。工作过程中通过压电效应产生的致动器二维伸缩位移，实现准直器的精确转动，以对齐输入端和输出端的光束，减少不同线路之间的损耗、失真或干扰。并通过嵌入式位置传感器构成闭环反馈控制，光信号切换本身不受光功率、光波长或者光信号方向制约，确保在不同的时间、温度和外部干扰下实现稳定的连接。

Polatis 光开关矩阵规模具有 $N \times N$ 的灵活可重构特性，其主要原因在于其系统组成采用片式组件集成的系统结构，图 6 - 15 所示为一个 12 端口的单片开关组件，将单个片式组件对齐并集成就可建立一个完整的大型开关矩阵。通过设计单片开关组件排列的端口数目和堆叠片数，可达到灵活设计矩阵规模，实现任意重构、降低维护难度和成本的目的。

Polatis 光开关的直接光束偏转结构的每个输入光纤终端都连接有一个光学准直器，以产生一个平行的光束，准直器的方向由一个二维压电驱动器控制，其位

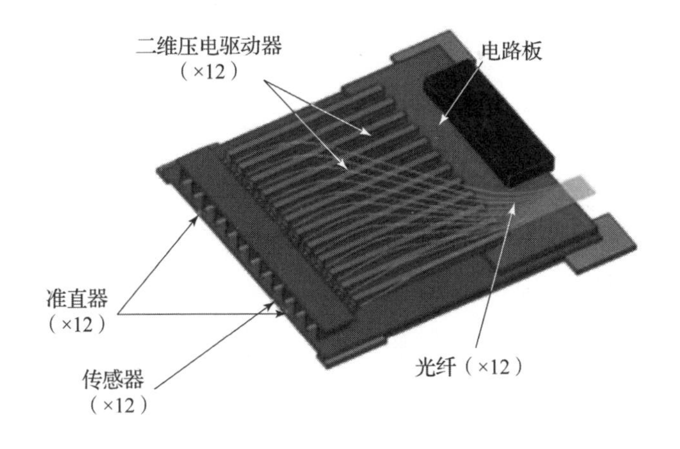

图6－15　12端口的单片开关组件

置由一个使用集成位置传感器的局部闭环控制，以消除压电滞后、蠕变和漂移。工作时，压电驱动器控制输入准直器将输入光束指向目标输出准直器，当两准直器相互对齐时，就建立了两个端口之间的光链路。输出准直器将接收到的光束聚焦在光纤端，并将光注入输出光纤。而为了实现精确对准，需在直接光束偏转结构投入工作前，对每个准直器的位置进行精确标定。直接光束偏转矩阵结构光交换过程示意图如图6－16所示，光束对准构件基本结构和光束对准原理示意图如图6－17所示。

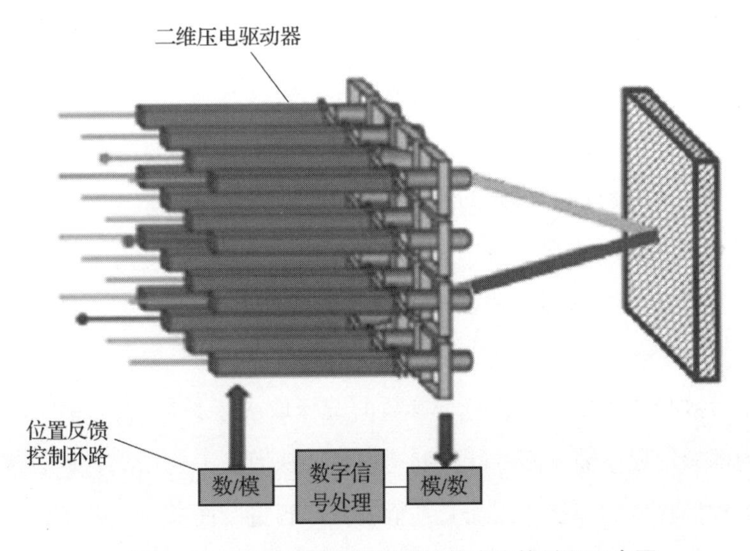

图6－16　直接光束偏转矩阵结构光交换过程示意图

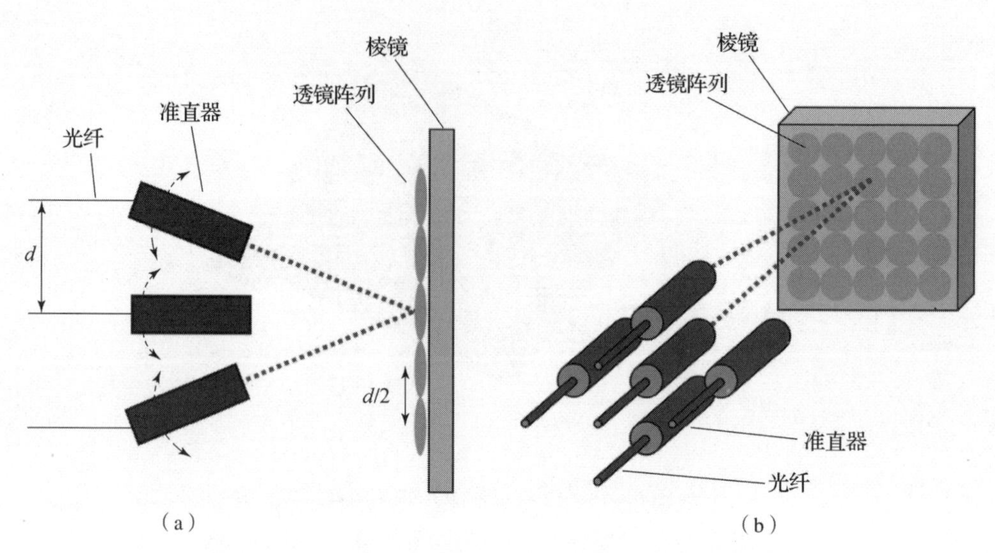

图 6－17　光束对准构件基本结构和光束对准原理示意图

（a）光束对准构件基本结构；（b）光束对准原理示意图

光束对准构件基本结构是由反射镜和微透镜阵列组成的折叠远心镜头，微透镜焦距为$f_2/2$，使平行光束通过透镜中心经反射镜反射后再次通过透镜中心平行出射。微透镜阵列的间隔设置为准直器间距的一半，以确保任何位置的光束通过准直器端口输出后都可调整角度通过微透镜阵列某一透镜头的中心。

6.3.3　矩阵阵列布局

Polatis 光开关的直接光束偏转结构采用片式集成的系统结构，在单片到矩阵的构建过程中设计矩阵阵列布局时，需要考虑 3 个主要的性能参数。

（1）串扰，由光纤间和模间的耦合决定。

（2）光开关的最大连接性能，由端口数决定。

（3）单端口的最大容量，由多模光纤模数表示，进而决定了每个端口的潜在吞吐量。

这 3 个参数必然发生冲突，每个参数的选择取决于具体的应用需求。例如，数据中心内部应用程序需要高吞吐量和连接性，从而使串扰增加；而长途通信的光纤需达到较低程度的串扰，因而必须牺牲光纤容量。而探讨光开关的设计中矩阵的构建则需理论分析端口间距对光开关交换性能的影响。从一维矩阵阵列到二维矩阵阵列的扩展如图 6－18 所示，假定一维矩阵阵列端口数为 N。

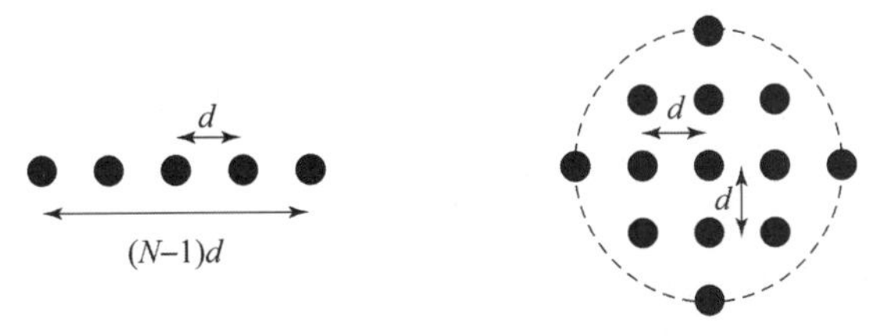

图 6－18　从一维矩阵阵列到二维矩阵阵列的扩展

矩阵端口距离 d 参数的选择会造成的损耗可用以下公式描述，其中 L_{lat} 和 L_{mod} 分别表示横向位移（lateral displacement）和模场直径（mode field diameter）失配引起的损耗。

$$L_{\mathrm{lat}} = -10\log\left[\mathrm{e}^{-\left(\frac{2d}{\omega_0}\right)^2}\right]$$

$$L_{\mathrm{mod}} = -10\log\left[\frac{4}{\left(\frac{\omega_0}{\omega_1}+\frac{\omega_1}{\omega_0}\right)}\right]$$

式中，ω_0 为入射光束在光纤芯内的模场直径；ω_1 为入射光束聚焦到出射光纤端面的光束实际模场直径。

6.3.4　光束传播模型及性能指标

为了确保输入准直器和输出准直器之间的最佳耦合，需使光纤输入端面处的输入光束通过透镜阵列到输出光纤端面等物距 1：1 成像，从光纤输出到准直透镜的距离 z_1 设置和从准直透镜到透镜阵列的距离 z_2 设置须满足以下公式：

$$z_1 = f_1(1 + f_1/f_2)$$

$$z_2 = f_1 + 2f_2$$

光交换过程光束传播光路图如图 6－19 所示。

光开关矩阵排列结构不同、阵列规模不同，面向不同的使用场景所侧重的性能参数也不同。一般来说，评价 Polatis 光开关性能的主要参数有以下几种。

1. 插入损耗

插入损耗可以定义为信号的输入功率与输出功率之比。当光信号通过光开关时，将会产生插入损耗。光开关产生损耗的主要因素有：光开关矩阵端口耦合时的连接损耗，光信号在光开关内部传输时光开关自身材料对光信号产生的损耗。

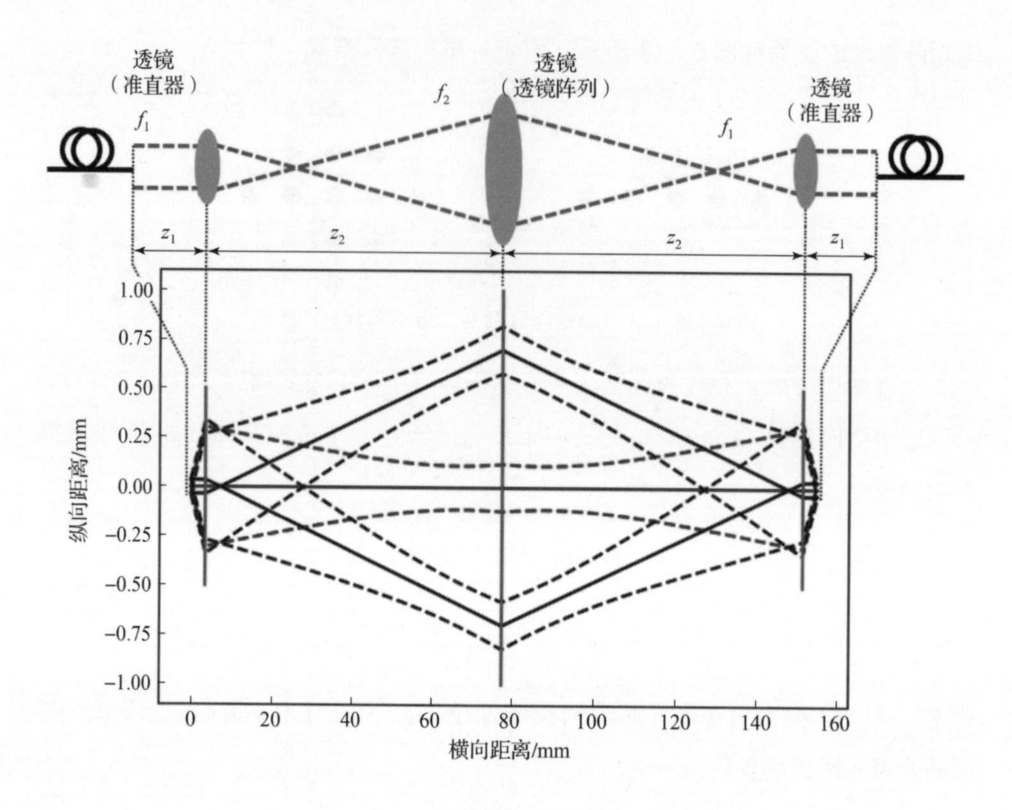

图 6－19　光交换过程光束传播光路图

Polatis 光开关直接光束偏转光交换技术由两个准直器对准来连接光通路，其插入损耗主要由两个准直器中心点对准程度决定；插入损耗典型值约为 1.5 dB；最大值在 2.7 dB 左右。

2. 回波损耗

回波损耗是指从输入端口返回的光功率与输入光功率的比值。其主要包括输入端口连接头端面反射回光信号和光开关矩阵内部反射回光信号。同插入损耗一样，回波损耗指标的差异性由光开关矩阵内部结构造成。Polatis 光开关内部光路由两个连接头或准直器直接相连，中间不经过任何光学器件，反射端面少，所以回波损耗小，相较其余技术方案 －40 dB 左右的回波损耗，基于直接光束偏转技术制作的矩阵光开关回波损耗可达 －50 dB 以下。

3. 临路串扰

临路串扰是指串入相邻端口的输出光功率与光开关接通端口的输出光功率的

比值。为保证传输质量，光开关端口之间的串扰必须非常小。造成串扰的原因是所有的输入光信号在同一内部空间交叉连接，光器件的散射效应造成光信号从其他端口输出。Polatis 光开关通过精确的准直器转动和闭环反馈控制使光束在不同通道之间的对齐更加精准，有助于最小化光信号之间的交叉干扰，确保了高性能和高质量的信号传输，其典型值一般为 -50 dB 以下。

4. 切换时间

切换时间是指光开关端口从某一初始态转换为另一状态所需的时间，一般从光开关矩阵上施加或撤去控制信号的时刻起测量。在光通信和光网络中，切换时间是一个重要的性能指标。较短的切换时间意味着光开关可以更快地响应信号切换请求，从而在网络需要调整或重新配置时更快地实现新的信号路径。然而，切换时间不仅受到光开关自身的设计和技术影响，还可能受到所切换的光路长度、光学元件的特性以及控制系统的速度等因素的影响。Polatis 公司光开关的最大切换时间在 25 ms 左右，端口较少时可低于 17 ms。这表明该光开关可以在不同的通道之间进行相对较快的信号切换，适用于许多光通信和网络应用。但对于一些特定的应用场景，可能需要更快的切换速度以确保信号的连续性和实时性。

5. 最小输入光功率

最小输入光功率是指光开关矩阵所能传输的最弱光信号功率，如果光信号低于该值，就不能正确无误地通过光开关矩阵。基于直接光束偏转技术制作的 Polatis 光开关矩阵内部光路由两个准直器直接相连，中间不经过任何光学器件，对光信号功率没有要求，可支持暗光传输。这一特性使 Polatis 光开关矩阵能够在光信号较弱甚至接近暗光的情况下实现信号切换和路由，而不会因为信号过弱而导致性能下降或中断，从而在不同的光通信和网络应用场景中提供了更大的灵活性和可靠性。

6.3.5　Polatis 光开关应用

自从 2016 年开始，欧盟 Horizon 2020 研发基金项目已资助了以 OPTIMA 和 SODaH 载荷为典型代表的多个空间光交换载荷应用，其中光交换转发载荷由法国 Sodern 公司和英国 Polatis 公司合作完成。OPTIMA 项目旨在开发卫星通信平台，并完成星载光子学载荷的设计、组装和测试。SODaH 项目旨在开发卫星星座的关键组件，使星座中的卫星以高效、稳健的方式引导、发送和接收数据信号，从而为欧洲的每个区域提供互联网，并改善船舶和飞机的互联网连接。

数据中心互连（data center interconnect，DCI）内部和跨数据中心的数据量增加，对数据中心间高速互传互通提出迫切需求，而设备接口间的延迟成为限制其性能的瓶颈。在 DCI 网络中部署光开关进行全光交换成为解决瓶颈问题的重要方案，全光交换技术允许数据中心间的光信号在高速、低延迟的条件下进行切换和路由，从而有效地减少了设备接口间的传输延迟。

除上述高速、大容量、低延迟优势外，基于 Polatis 光开关的数据中心全光交换还支持数据中心间非接触式全光交换；随着数据中心大容量光交换使交换机负载功率提高，可通过配置光开关提供快速的自动保护开关；此外，Polatis 光开关可外接频谱仪、比特误码分析仪、光时域反射仪等设备实时监控数据中心互连的状态。

6.4 硅基光交换芯片

光交换芯片的作用是将任意端口输入的光信号从任意未占用端口输出，是光交换网络中最基础、最核心的器件。光交换芯片的研究一般可以分解为开关拓扑结构研究和单元结构研究。由于很难利用一个单独的器件就实现 $N \times N$（$N > 2$）光开关，因此对于多端口数的光交换，往往通过若干个 1×2 或者 2×2 光开关单元一定的排列方式连接实现，排列的方式即为光开关的拓扑结构，是整个开关阵列芯片的基本架构。对于平面波导光交换芯片，单元结构则主要包括开关单元和波导交叉结等。硅基光开关单元有各种不同的结构，根据光学结构分类，最常见的有硅基马赫 - 曾德尔干涉仪（MZI）结构、微环谐振器（MRR）结构等。由于基于 MRR 结构的光开关单元利用了谐振特性，其功耗比 MZI 小，但是光谱带宽也较窄；同时，由于 MRR 的半径都在 ~10 μm 量级，器件的尺寸也较小。光开关单元根据调节方式分类，最常见的有热光开关和电光开关。对于开关单元的研究，可以将其继续分解为各个基础单元；不同的单元结构都可以由若干个基础单元构建而成，即光交换芯片的微观构成。

硅基光子器件具有尺寸小、功耗低的特点，并且制作工艺与传统微电子

CMOS（互补金属氧化物半导体）工艺兼容，可以大幅度降低成本。国内外基于SOI的光开关研究最近几年一直很热，参与研究的单位包括高校、研究所及企业。开关单元主要包括平面MEMS、MZI以及MRR等结构，研究领域包括大规模的光开关芯片、超低损耗的硅光开关芯片、偏振无关的硅光开关芯片等。

2008年，哥伦比亚大学的Michal Lipson和Keren Bergman团队报道了一个基于微环谐振器的4×4严格无阻塞光交换，芯片面积为0.07 mm^2，消光比可以达到20 dB且带宽达到38.5 GHz（0.308 nm）。2019年，哥伦比亚大学的K. Bergman教授课题组报道了基于8×8双微环谐振器（Dual－MRR）的严格无阻塞光开关芯片，芯片面积为4 mm^2，单元在交叉（cross）和直通（bar）状态下消光比分别为14.7 dB和18.8 dB，串扰小于－16.75 dB，其三级级联光学带宽达到55 GHz（0.44 nm），片上损耗为8～10 dB。同年，他们再次报道了基于微环谐振器的4×4切换－选择（switch and select，S&S）拓扑结构的光开关芯片，串扰－57～－48.5 dB，工作带宽45 GHz，片上损耗为2～4.8 dB。此外他们还将4×4 S&S光开关芯片迁移到硅/氮化硅（Si/SiN）三维集成平台上，芯片尺寸为1.5×2.4 mm^2，串扰达到－51.4 dB，光学带宽为24 GHz。

日本先进工业科学技术研究院（AIST）的K. Suzuki研究员团队近年来也对路径无关插损（PILOSS）型大规模MZI光开关芯片的设计与应用进行了深入研究。2014年，其搭建了基于MZI的8×8 PILOSS型光开关芯片，在3.5×2.4 mm^2芯片面积上集成了64个热光MZI光开关单元和49个波导交叉结，其面积仅为同规模石英基光开关芯片的1/550，片上损耗约为6.5 dB，串扰小于－23.1 dB，传输带宽7.5 nm。同样基于PILOSS拓扑结构，他们在2017年报道了8×8偏振无关光开关芯片，在7×10.5 mm^2芯片面积上集成了16个偏振分束旋转器、144个热移相器以及一个8×8 PILOSS型光开关芯片。该芯片偏振相关损耗为2 dB，在C波段上串扰小于－20 dB。他们在2019年进一步拓展了PILOSS型光开关芯片的规模到32端口，采用平面光路转接板与芯片水平耦合封装来降低片上插入损耗，并使用倒装焊和LGA（平面网格阵列）型接口实现了与驱动电路的高效、可插拔互联，总体插入损耗为10.8 dB，串扰小于－26.6 dB，带宽达到14.2 nm，芯片面积为10×26 mm^2。之后他们又在Si/SiN平台上实现了偏振无关的32×32光开关芯片。PILOSS结构具有严格无阻塞以及插入损耗随链路无关的特点，但是该结构也存在明显的缺点。首先，该结构的插入损耗严重依赖光开关单元数，即 $N\times N$ 的 PILOSS 型光开关芯片单条链路包含了 N 个开关单元，若要继续拓展芯片规模到 64×64 以上，则至少要将 MZI 开关单元的损耗控制到 0.1 dB 以下，这存在明显的困难。其次，该结构没有抑制一阶串扰，所以需要将光开关单元的消光比提升到尽可能高才能保证系统串扰水平。为此，近年来，他们也针对切换－选择结构光开关芯片开展了研究。S&S 型光开关芯片同样具有严格无阻塞性，并且对于 $N\times N$ 光开关芯片，单条链路开关单元数只有 $2\log_2(N)$。然而限制 S&S 型光开关芯片的主要问题在于其链路中存在的大量波导交叉结，以 32×32 光开关为例，链路中最多存在 961 个波导交叉结，限制了系统的插入损耗。2019 年，他们在单层 Si/SiN 工艺平台上实现了 16×16 S&S 光开关芯片，将原本的平面波导交叉结以硅－氮化硅的层间交叉实现，将波导交叉结损耗从原本的～0.05 dB 降低至～0.001 dB，保证了芯片的整体性能，该芯片的插入损耗～15 dB，串扰约为－45 dB 且－20 dB 串扰带宽大于 35 nm。2021 年，他们提出一种针对 S&S 型光开关芯片的片上单元重排方式（称为 port－alternated S&S，PA－S&S），将部分片上存在的波导交叉结迁移到片外光纤之间的交叉，大幅降低了片上波导交叉结数量，基于该结构实现了 8×8 PA－S&S 光开关芯片，插入损耗不超过 6.45 dB，串扰约为－40 dB 且－20 dB 串扰带宽大于 100 nm。但是该结构要求更多开关单元工作在功耗更高的直通状态，为此牺牲了芯片的整体功耗。

IBM（国际商业机器公司）团队近年来主要致力于宽带电光开关芯片及其驱动电路的研究。2009 年，J. Campenhout 等研究员报道了一种使用 push－pull 互补分光比定向耦合器实现的宽带 MZI 光开关单元，其串扰好于－17 dB 且电调功耗大约为 3 mW，亮点在于其光学带宽超过 110 nm，克服了传统 3 dB 定向耦合器引入的带宽瓶颈。次年，M. Yang 等报道了基于 6 个 MZI 单元搭建的 4×4 非阻塞光交换，芯片面积为 0.3×1.6 mm^2，其串扰好于－9 dB，带宽约 7 nm 且调谐功率不超过 20.4 mW。随后，B. Lee 等研究员基于 IBM 90 nm 集成硅光工艺实现了 4×4 和 8×8 的光电集成芯片，首次报道了将光学部分的开关阵列、电学部分的 CMOS 控制电路和驱动电路集成到单个 PCB（Printed Circuit Board，印刷电路板）上。2015 年，N. Dupius 等研究员报道了一种基于 push－pull 互补分光比

MZI 的 4×4 硅光开关芯片，其克服了传统 MZI 光开关带宽较低的缺陷，在工作波长 1 310 nm 附近串扰好于 -25 dB 且插损不超过 3 dB，最重要的是其工作带宽可以达到 15 nm。2016 年，在 push - pull 结构的基础上，N. Dupius 等研究员将 MZI 结构改进为嵌套式电光调谐 MZI 单元（nest Mach - Zehnder interferometer，NMZI）以克服传统 MZI 结构存在的串扰瓶颈，其插入损耗不超过 2 dB，电光调谐的响应时间仅为 4 ns，亮点为串扰好于 -34.5 dB。2019 年，他们再次利用 NMZI 实现 4×4 光开关芯片，其串扰仅为 -38.5 dB 且响应时间也仅有 6 ns，进一步验证了 NMZI 优越的低串扰性能。在该工作中，他们首次实现了将 CMOS 电驱动芯片和硅光芯片单片集成。基于单片集成方案，2020 年，他们再次实现了 8×8 DLN（Double - Layer Network，双层网络）电光 MZI 交换芯片。

国内上海交通大学周林杰团队针对大规模高性能光交换芯片也进行了大量的研究，早在 2014 年，该团队就报道了基于多模干涉仪（multi - mode interferometer，MMI）的 4×4 热光开关芯片，其由利用自镜像原理设计的两个 4×4 MMI 和若干带有热移相器的波导扩展开来，该芯片面积仅有 $2.8\times0.65\ mm^2$，片上插入损耗约 7~11 dB，串扰好于 -12 dB。随后，该团队报道了基于 MZI 的 4×4 和 16×16 宽带热光/电光交换。为了克服传统 MZI 光开关芯片存在的高功耗、大芯片面积等弱点，该团队报道了一种基于双环辅助马赫 - 曾德尔干涉仪（DR - MZI）的光开关，并将其规模拓展到 4×4 和 16×16。对于 16×16 DR - MZI 光开关芯片，其面积仅为 $12.1\times4.6\ mm^2$，片上插入损耗不超过 12.3 dB，串扰好于 -20.5 dB 且功耗不超过 38 mW。为了进一步提升光交换芯片的性能，他们将多层氮化硅与 SOI 平台相结合，实现材料互补，扩大光交换芯片的规模。2022 年，其利用该平台实现了超低损耗的 8×8 级联双微环光开关芯片，得益于氮化硅波导的超低损耗，该芯片的片上插入损耗仅为 0.52~2.66 dB，并且加工的微环谐振波长能够基本对齐，实现了状态“免校准”。2023 年，该团队又报道了 32×32 热光 MZI 光交换芯片，得益于多层氮化硅平台提供的超低损耗波导交叉，该 S&S 结构光开关芯片的光纤 - 光纤平均插入损耗低于 13 dB，串扰低于 -35 dB。

国内浙江大学储涛团队针对大规模可重构无阻塞的光交换芯片开展了前沿探索。早在 2014 年，他们就报道了一个 8×8 Benes 结构电光开关芯片，这是国内首次报道不低于 8 端口的光交换芯片，该芯片在工作波长下的串扰低于

-13.3 dB。随后他们再次实现了基于Benes结构的16×16热光开关芯片，这是当时规模最大的电光开关芯片，他们在芯片的不同位置插入少量PD，解决了Benes开关校准复杂的问题，该芯片的串扰低于-20.2 dB。2016年，他们报告了一款32×32电光开关芯片，该芯片的串扰好于-19.2 dB，在50 nm工作带宽内插入损耗低于12.8 dB；另一款64×64热光开关芯片也在同时获得报道，该芯片的串扰好于-30.7 dB，在50 nm工作带宽内插入损耗低于12.0 dB。

目前，硅基光交换芯片的技术还不够成熟，需要进一步扩大与提升规模和性能。相比传统方案，硅基光交换芯片的损耗还较大，在进一步提升设计和工艺水平的前提下，还需要开发片上光放大技术，如通过键合、微转印方案将半导体光放大器与光开关芯片实现片上集成，补偿光开关芯片引入和额外损耗。面向实际应用，还需要解决光开关芯片的偏振敏感问题，可以通过偏振分集、偏振不敏感光开关设计和片上偏振控制等方案来解决，但是目前各个方案还不成熟，在大规模阵列下的性能还未知。此外，进一步扩大规模时，芯片面积、开关单元数都会急剧增加，这将导致光开关芯片的面积超过光罩面积，控制引脚数增加导致传统封装工艺无法承受。因此，需要开发光罩拼接技术，并开发专用光开关控制电芯片与2.5D/3D封装工艺，实现光交换芯片规模的可持续扩展。

第 7 章
光控相控阵天线

7.1 概述

7.1.1 概念及优势

基于光控波束形成技术实现的波束形成网络称为光控波束形成网络，采用光控波束形成网络的相控阵天线称为光控相控阵天线。光控波束形成网络是将微波信号调制到光域，采用真延时技术，在光域完成射频波束形成和控制。光控波束形成网络是光控相控阵天线的核心。

在整个微波频段上，光纤传输损耗约比同轴电缆和波导低 3 个数量级，并且在整个频段内损耗对于任何频点的调制信号都相同，这非常有利于微波信号（尤其是高频微波信号）的传输分配。光纤及大量光波器件均为介质材料，无电磁辐射，采用光纤传输系统不仅大大降低了质量和成本，主要还提高了系统的抗电磁干扰（EMI）能力。由于光纤具有体积小、质量轻、柔软灵活、带宽宽等优点，因此特别适合用于机载、星载等有限空间场合，有利于宽带微波信号的传输。光控波束形成技术采用光纤作为传输线，具有频带宽、损耗低、体积小、抗电磁干扰、无电磁泄漏和保密性好的特点，其技术核心是通过有序的光子真延迟控制实现波束扫描，它的优势在于能有效克服传统相控阵天线系统的“渡越时间”和“孔径效应”等瓶颈，有效提升相控阵系统的工作带宽。

传统的相控阵天线多波束网络复杂度较高、内部空间紧张、外部接口复杂，采用光控技术形成多波束相对射频以及采用数字技术形成多波束有其固有的优势。相对于射频多波束网络，光控多波束网络更便于分路，并且光功分网络的性能优于射频功分网络的性能，而数字波束形成难以突破带宽的限制。因此基于光控波束形成的多波束相控阵天线是通信卫星有效载荷技术发展的重要方向之一。

多波束相控阵天线的核心是波束形成网络，而天线的带宽也受限于波束形成网络，因此为满足卫星通信日益膨胀的带宽需求，具备宽带特性的新型星载相控阵天线技术得到国外的高度重视。广义来说，除去采用传统 PIN、铁氧体移相器技术，采用了新材料、新结构、新工艺等新技术的相控阵天线都属于新型相控阵天线，光控相控阵天线是新型相控阵天线的典型代表。

以波束形成方式来分，目前相控阵天线包括射频波束、数字波束、光控波束三类。国外对各类星载相控阵天线的适用范围进行了研究，如图 7－1 所示。

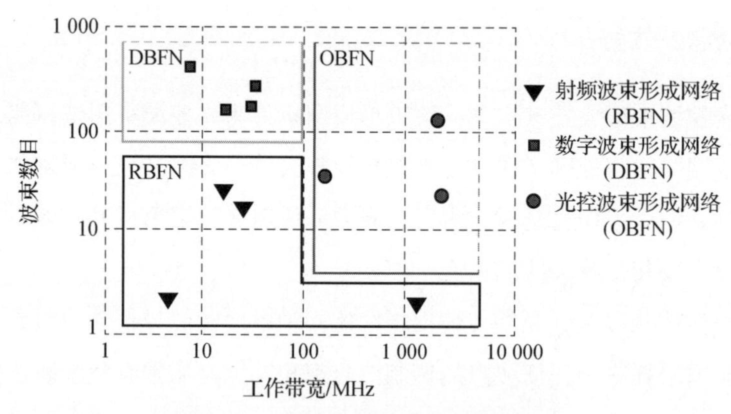

图 7－1　星载相控阵天线的适用范围

在相控阵天线系统中，光控相控阵天线主要优势体现在以下几个方面。

（1）超宽带。光控波束形成网络采用光载波实现波束形成，理论上不受到微波带宽限制，现阶段可以实现 50 MHz～70 GHz 的全频带处理。光控相控阵天线带宽仅受天线阵列和微波有源组件带宽的限制。光控相控阵天线采用实时延迟技术为宽带信号提供梯度相位，可避免相控阵天线宽角扫描引起的“孔径效应”。

（2）多波束。光控波束形成网络容易实现多波束，在射频模拟系统中波束越多，优势越大，光功分和光合路容易实现。

(3) 低损耗。高频微波信号通过电缆进行传输时损耗较大，特别是大孔径相控阵天线该技术缺陷更加明显。在光移相网络中，微波信号通过光纤链路传输，其损耗可忽略不计（小于 0.3 dB/km），在超大孔径宽角扫描相控阵系统中，容易补偿相控阵天线阵列单元之间的“渡越时间”。同时得益于光收发组件的高带宽，高频微波信号可以直接传输，省略了传统相控阵系统中的下变频电路。

(4) 系统性能。在光控相控阵天线系统中光载波通过光纤传输，移相及合波过程中不受外界电磁辐射的干扰，同时也不向外界辐射电磁波。得益于光纤极低的热膨胀系数和折射率温度稳定性，光控相控阵天线在较宽的温度范围内可以获得较好的幅相稳定性。光纤相比电缆在体积、质量上具有先天优势，并且其弯曲特性也优于电缆，有利于光控波束形成网络的小型化和轻量化。

7.1.2　类型及特点

从 1985 年至今，光控相控阵天线的研究产生了光控和光电混合控等多种方法。阵列天线的光控波束形成技术目前主要有三大类，如图 7 - 2 所示。

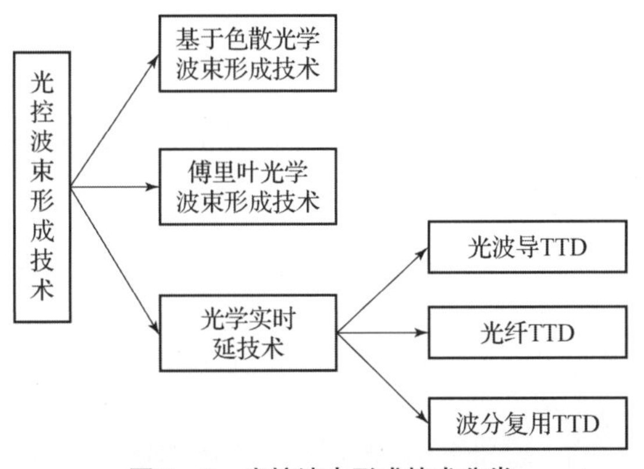

图 7 - 2　光控波束形成技术分类

1. 基于色散光学波束形成技术

光学色散技术通过控制光载波实现波束扫描，降低了系统中器件的数量和结构的复杂度，成为光控波束形成网络具有吸引力的技术方案。基于光学色散技术的 OTTD（optical true time delay，光学实时延）可以基于光学微环、高色散光纤、线性啁啾光栅等器件实现。然而，基于光学微环的 OTTD 存在工作带宽限制；基于高色散光纤的 OTTD 可以实现大范围等延时差切换，但难以实现小步进调谐；基于线性啁啾光纤光栅的 OTTD 可以实现小步进等延时差调谐，但难以实现大范围切换。同时，基于高色散光纤和线性啁啾光纤光栅等色散器件的 OTTD 通常采用激光器波长调谐实现波束扫描，受激光器扫描速度限制。

基于色散光学技术的光波束形成网络需要一束具有等波长间隔的多波长光波，一般由多波长激光源产生，波长分别为 λ_1、λ_2、λ_3、…、λ_M，波长间隔为 $\Delta\lambda$（图 7-3）。具有 M 个波长的光波输入电光调制器中被微波信号调制，被调制后的光信号通过环形器传输至色散系数可调的线性啁啾光纤布拉格光栅（linear chirped fiber Bragg grating，LCFBG）中，不同的波长在 LCFBG 中不同位置反射，并通过环形器输入高色散光纤阵列中。高色散光纤阵列由两个 $1\times N$ 光开关和 N 路具有不同长度的高色散光纤组成，通过 $1\times N$ 光开关切换使光信号通过不同长度的高色散光纤。通过高色散光纤阵列的光信号输入波分复用器中解调为 M 路不同波长的光信号。M 路光信号通过不同长度的单模光纤传输后至 M 个光电探测器。M 路光信号分别在光电探测器中转换为微波信号，并通过等距离天线阵列发射到空间，形成具有 M 路 OTTD 的光波束形成网络。

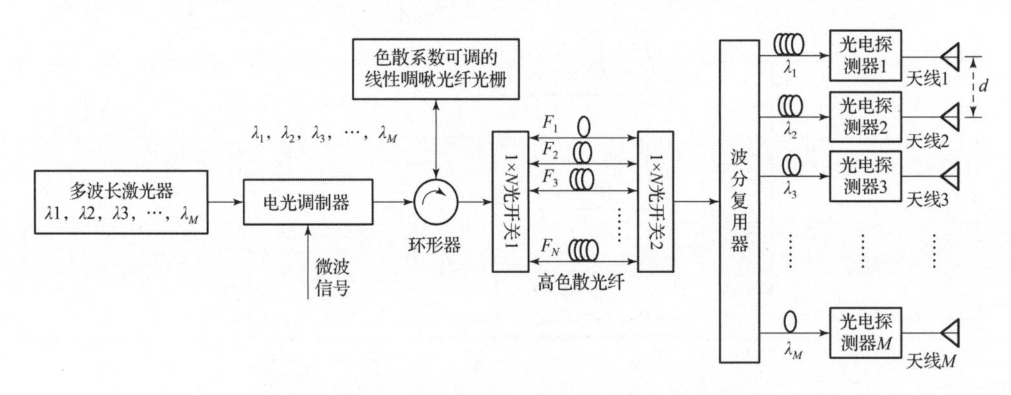

图 7-3 基于色散光学的光波束形成网络原理图

2. 傅里叶光学波束形成技术

传统射频波束形成技术往往采用波导功分网络将信号分布到天线的输入端口，波束的形成和扫描是分别控制阵列天线每个单元的相位和幅度来完成的，对大型天线阵来说，其波束形成网络将会非常复杂、笨重。此外，网络采用的大量有源移相器的功耗对许多应用来说也是非常不利的。

傅里叶光学技术采用一个压缩系统来实现波束形成，能够快速和高精度进行波束扫描，不需要数字信号处理器。从概念上来说，天线远场方向图的横截面实际上就是天线口面场的二维傅里叶变换。如果知道了天线的远场方向图，将远场分布进行傅里叶变换就可以得到天线口面场。基于以上原理，图 7－4 给出了傅里叶光学波束形成结构。相干光的远场分布通过光处理器实时地进行二维傅里叶变换就可获得含有波束信息的天线口面场模板，再通过光电转换就可以把这些包含光远场的空间信息传送到天线的发射单元。

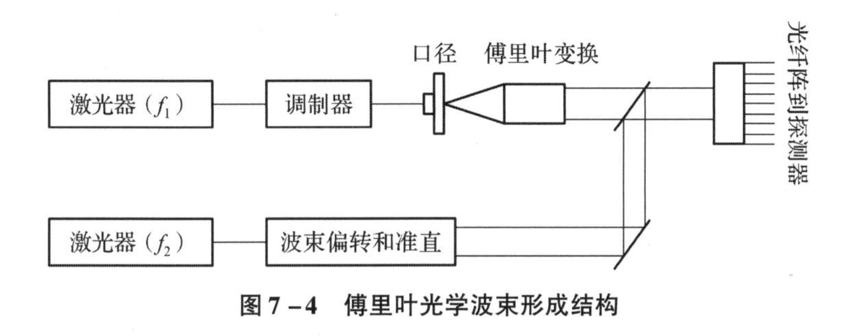

图 7－4　傅里叶光学波束形成结构

3. 光学实时延技术

为实现宽带阵列天线的精确定点控制、消除波束偏斜现象，需采用实时延技术。若采用同轴电缆或电子波导作为微波延迟线实现该技术，整个时延网络体积笨重、插损大、易受电磁干扰并且带宽窄，从而限制了该技术在对体积、质量限制严格的环境下的应用。用光纤延迟线替代微波延迟线构成的时延网络体积小、插损小、抗电磁干扰而且具有极大带宽。

傅里叶光学波束形成技术非常适合大的阵列天线，但是它的波束扫描是通过光的偏转来实现的，因此它的扫描角度有限。此外，它采用了相干技术，这对光路的控制要求很高，不利于其工程应用，尤其是在有振动的环境下。基于色散光学波束形成技术受工作带宽、延时差切换步进、激光器扫描速度等限制，难以在工程应用上发挥光控相控阵天线的优势。

光学实时延技术是具有广阔前景，而且该技术的研究最为广泛，技术相对成熟。尤其用光纤延迟线替代微波延迟线构成的时延网络具有体积小、插损小、抗电磁干扰而且具有极大带宽，十分适用于星载应用。国外已有多家研究单位采用这种技术研制出了原理样机，目前正在向工程化方面努力。

光学实时延技术方案主要有如下几种。

1）基于电切换和光纤环的 OTTD

该 OTTD 采用电开关切换，使 RF 信号调制到不同的激光器，从而经过不同长度的光纤，实现不同的延时。该方案在休斯公司的实验系统中曾使用，见图 7-5，特点是结构复杂、造价昂贵、插损大。

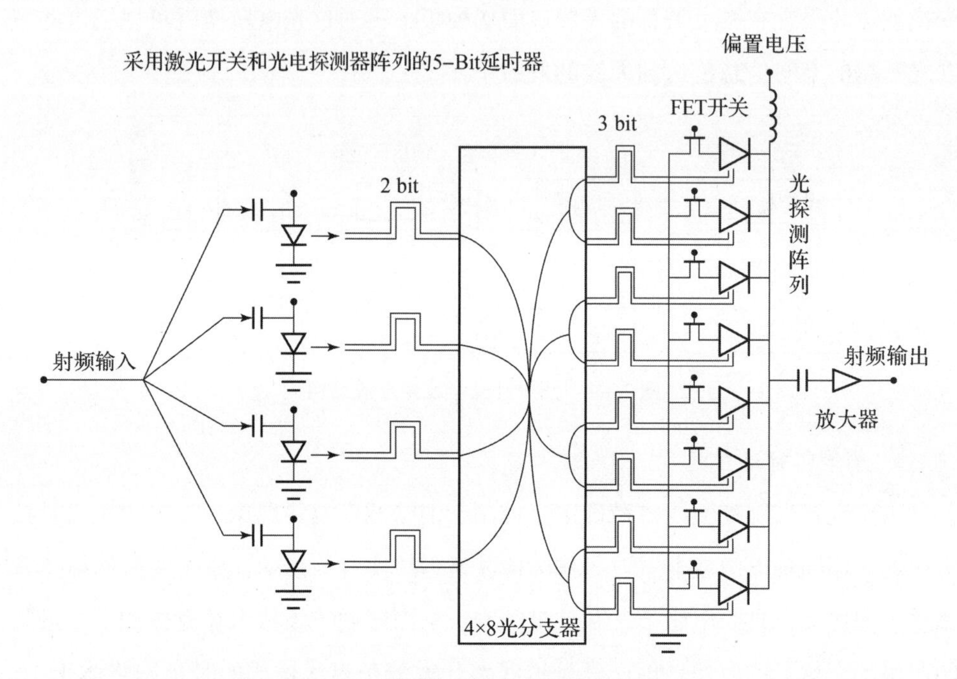

图 7-5　基于电切换和光纤环的 OTTD

2）基于光开关切换和光纤环的 OTTD

该方案使用光开关对光路进行切换，结构类似基于 PIN 管的移相器，见图 7-6。该类 OTTD 的延时完全由光纤长度决定，理论上延时可以任意长，其他指标如切换时间、隔离度、插入损耗等主要由光开关决定。因此，光开关性能是该类 OTTD 技术性能的关键。

3）基于集成光学的 OTTD

如图 7-7 所示，该方案是将光切换开关和延时部件（或光波导）集成于同一基片，目前已实现的延时达几百 ps。该方案具有体积小、延时精度高的特点，是空间应用较理想的方案之一。

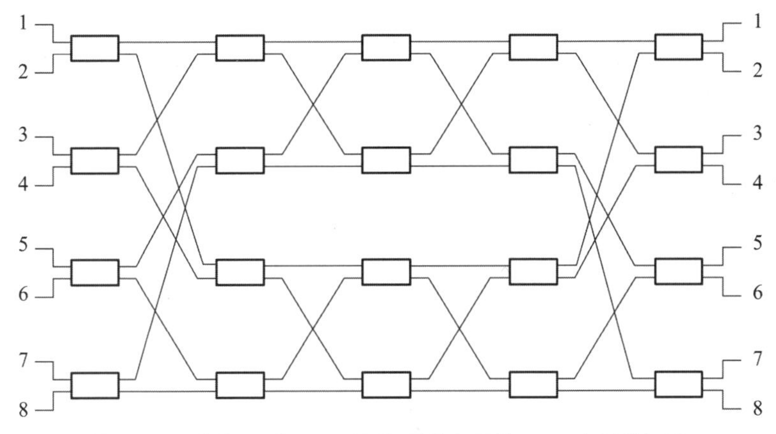

图7-6　采用20个2×2开关互联实现的8×8光开关矩阵

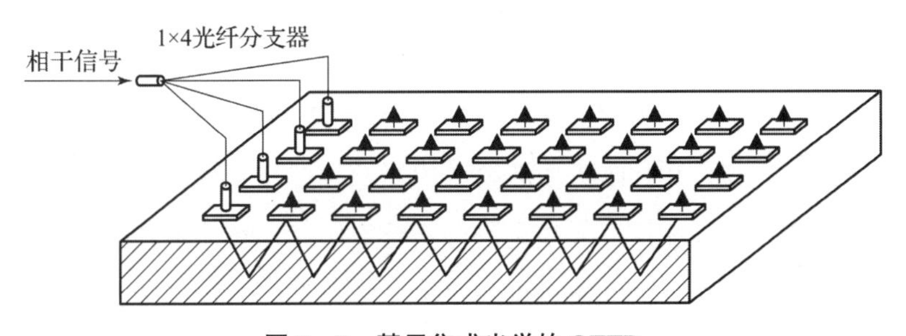

图7-7　基于集成光学的OTTD

4）基于空间光路切换的OTTD

该类OTTD原理是通过一系列的可控反射镜，改变光在空间反射的次数，使光经过不同的光程，实现不同的延时，如图7-8所示，该类OTTD结构较复杂。

根据未来的应用背景和上述多类光学实时延方案的特点，基于光纤和光波导的光学实时延方案来实现光控波束形成技术，具有技术成熟、结构简单的特点，通道延时完全由光通道长度决定，理论上延时可以任意长，切换时间、隔离度、插入损耗等主要由光开关性能决定，技术适应性好，是目前光控相控阵天线主要实现途径和研究热点。

7.1.3　光学实时延相控天线发展历程

从20世纪80年代至今，美国军方一直重视光电子技术在微波领域的应用，并专项专款长期支持光控相控阵天线及相关微波光子器件的研究和开发。经过国

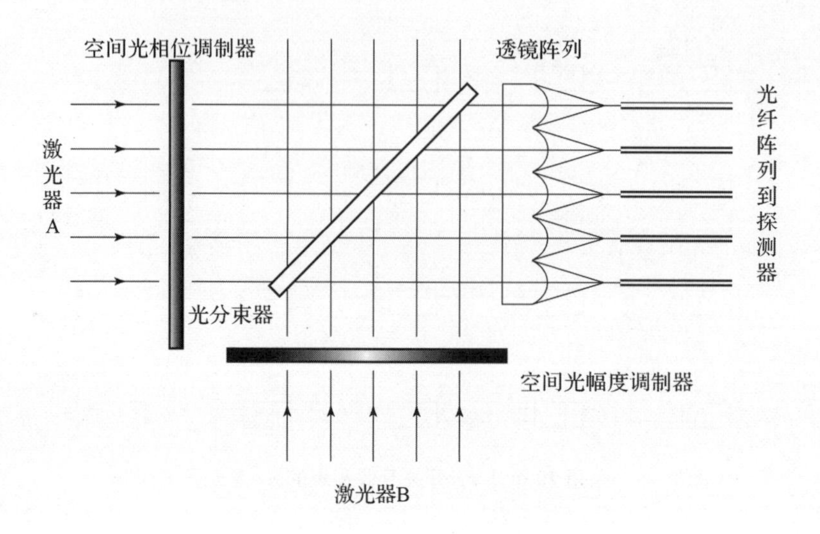

图 7-8 基于空间光路切换的 OTTD

际上各大公司、研究所、高校的联合努力，光控相控阵天线取得丰硕的研究成果。目前，第一代光控相控阵天线和第二代光控相控阵天线地面和机载应用研究已工程化，第三代光控相控阵天线正进行实验室研究。除美国外，其他国家也在积极开展有关光控相控阵天线研究。

1. 第一代光控相控阵天线

1985 年，ITT 的 L. G. Gardone 在实验室搭起了产生 3 波束的光控相控阵系统，给出光控阵的设计思想及实验系统图。1994 年，Westinghouse 的 Akis Goutzoulis 等演示并测试了 16 单元、发射 0.35～2.1 GHz 的 6bit WDMTTD（波分复用实时延迟）系统（图 7-9），用这种结构紧凑的系统在 TTD（true time delay，实时延）±45°的扫描范围里获得了 0.6～1.5 GHz 稳定无偏斜的天线方向图。

图 7-9 16 单元波分复用实时延迟天线

第一代光控相控阵天线主要研究光控相控阵的设计思想，技术可行性以及样机测试情况，验证光控波束形成原理，确定光控相控阵天线的关键技术和设计方法。

2. 第二代光控相控阵天线

1996年以后，光控相控阵天线主要开展面向应用的研究。美国1999年提到了EHF频段通信卫星光控相控阵天线设计，卫星采用光控波束形成网络有效增加了天线带宽、扩大了卫星的通信容量。欧洲以射电天线应用为背景开展了光控相控阵天线研究（图7－10），2012年完成的光控相控阵天线样机在1.1～1.5 G扫描23.5°情况下，有效避免了传统相控阵天线的“孔径效应”。

图7－10　射电天文光控相控阵天线样机

第二代光控相控阵天线完成了光控相控阵天线的二位扫描能力验证，掌握了可变光延时、多光束集成探测等基于光控波束形成的多波束相控阵天线关键技术，将光控相控阵天线推向实用阶段。

3. 第三代光控相控阵天线

随着单片微波集成电路（monolithic microwave integrated circuit，MMIC）技术的不断发展，光器件在体积、质量、成本等方面的劣势越发明显。面对系统多功能混合集成的发展趋势，光控相控阵天线必须在集成光波导上实现突破。

2010年，荷兰LioniX公司采用对硅基氮化硅波导微环的慢光可调谐延时开展了波束形成网络研究，其特殊的波导材料和结构克服了高密度集成和损耗的瓶颈，成功研制了多种不同规模的片上光波束形成网络。2014年，基于氮化硅波导材料和结构技术进一步研究混合集成技术，即借助该技术完善无源光子系统，通过集成阵列化的射频光调制芯片实现了片上的电光转换功能，完成了无源光学波束网络系统的集成化，初步形成了有源无源混合集成光学芯片。2018 年，完成了光控相控阵天线射频入射频出的全光芯片的研制和演示验证，如图 7 – 11 所示。

图 7 – 11　射频入射频出光控波束形成网络

第三代光控相控阵天线实现了光控相控阵天线高集成度设计和验证，需要突破有源无源芯片级集成设计和工艺，实现光控相控阵天线的微波光子高密度集成。

7.2　基本原理及组成

7.2.1　基本原理

相控阵天线通过控制阵列天线中辐射单元的馈电相位来改变方向图形状。控制相位可以改变天线方向图最大值的指向，以达到波束扫描的目的，如图 7 – 12 所示。

相对于远场目标，天线阵面在相应扫描角度的辐射或来波等效于平面波。当相控阵天线波束扫描时，单元到达等相位面产生空间光程差，传统的相控阵天线采用相位差补偿空间光程差，设阵元间隔为 d、阵元数为 n、微波频率为 f，当天线主瓣波束指向 θ 方向时，辐射方向或来波方向相邻单元之间需要补充的相位差为

$$\phi = \beta d \sin\theta \tag{7-1}$$

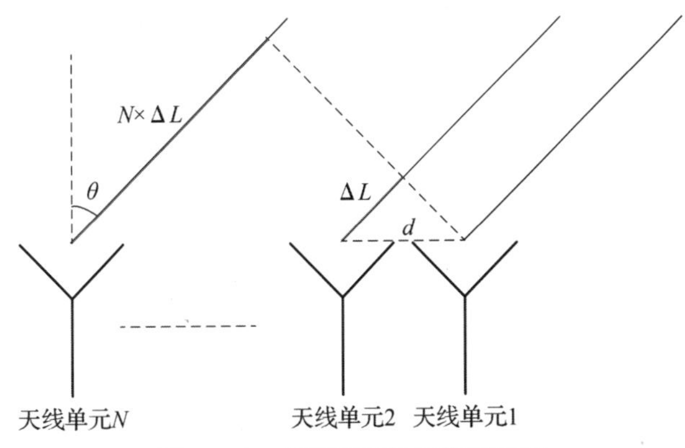

图7-12　相控阵天线扫描原理图

式中，β 为电磁波在媒质中传播的相位常数：

$$\beta = 2\pi/\lambda \tag{7-2}$$

式中，λ 为电磁波在媒质中的波长，在真空中：

$$\beta = 2\pi f/c \tag{7-3}$$

式中，c 为光速。

当微波频率 f 为一固定频率 f_0 时，相邻单元固定的相移 ϕ 可以补偿辐射方向或来波方向的空间光程差，但当使用宽带信号 $2\times\Delta f$ 时，若仍保持 ϕ 为常数，则

$$(f_0 - \Delta f)\sin\theta_L = (f_0 + \Delta f)\sin\theta_H \tag{7-4}$$

式中，θ_L 为低频点波束指向；θ_H 为高频点波束指向。

由式（7-4）可以看出，在相控阵天线使用带宽内，不同频率的波束指向不同。相控阵天线在一定的频带宽度内波束指向相对于中心频点发生偏斜，频带越宽，波束偏斜得越严重（图7-13）。

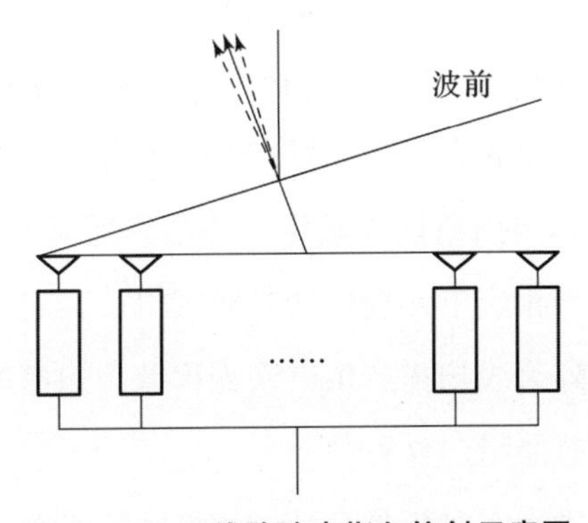

图7-13　天线阵波束指向偏斜示意图

图 7-14 给出了不同扫描角度波束指向偏斜随频带宽度的变化情况仿真结果。

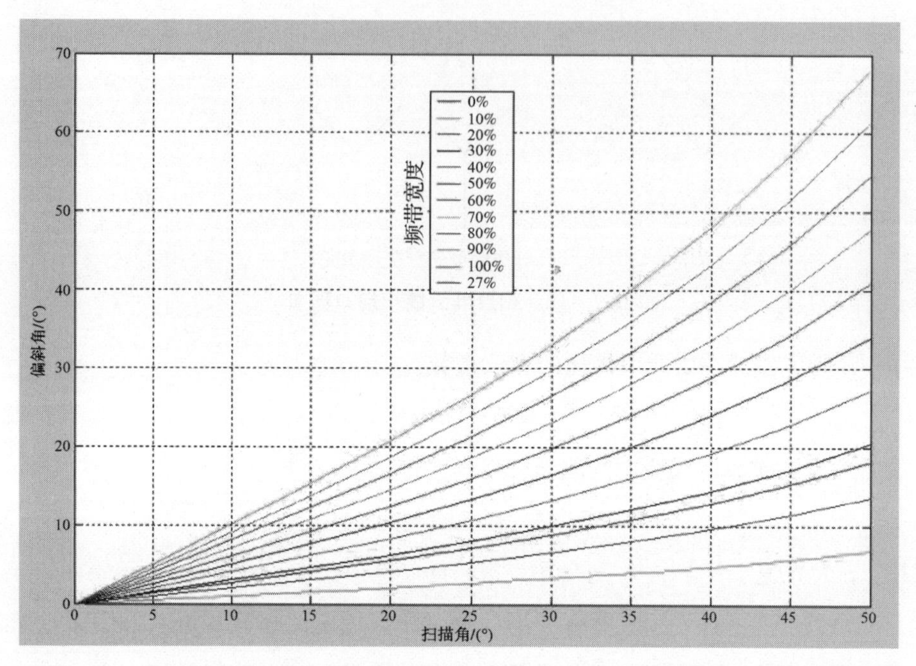

图 7-14 不同扫描角度波束指向偏斜随频带宽度的变化情况仿真结果（书后附彩插）

若引入光实时延技术，当天线主瓣波束指向 θ 方向时，两个相邻单元之间需要补偿的光程为

$$\Delta L = d\sin\theta \tag{7-5}$$

对于第 n 阵元引入时延 τ_n，则

$$\tau_n = nd\sin\theta / c \tag{7-6}$$

光控相控阵天线通过时延补偿满足相控阵天线扫描引起的光程差，采用可变光波束形成网络实现每个单元在目标角度的等光程辐射。根据式（7-6），只要相控阵天线单元间距 d 和扫描角度 θ 确定，阵中单元需要补偿的光程差即确定，光控波束形成网络需要给相应单元提供的光时延也就确定。光控相控阵天线采用光实时延技术补偿相控阵天线扫描产生空间光程差，扫描过程中不管微波频率如何变化，天线主瓣波束总能指向 θ 方向。

相控阵天线阵元提供光实时延是高性能相控阵天线系统无偏斜、宽带设计的关键，因为只有用OTTD技术，才能实现相控阵天线与频率无关的有效的单元矢量累加（在接收模中）或分配（在发射模中）。因此，现代高性能天线需采用光控相控阵技术和单元单片收/发（R/T）组件构成的光控相控阵天线。光控相控阵天线采用实时延技术需解决的主要问题包括时延范围、时延步长以及延迟精度，在实现这些指标的基础上，还需减小光链路损耗和缩短延时器开关切换时间。波束合成若通过射频转换进行，这种实现方式网络复杂，体积、质量、功耗都较大，所以需要研究通过光路直接波束合成的技术，从而简化网络，获得较小的体积、质量、功耗。多光束集成探测技术研究可以有效解决合成网络的低损耗性问题。目前既可以采用基于波分复用和光纤光栅构成OTTD网络，也可以利用损耗补偿集成波导OTTD技术。

基于光控波束形成技术实现的波束形成网络称为光控波束形成网络，而采用光控波束形成网络的相控阵天线称为光控相控阵天线。尽管传统的相控阵天线具备灵活的波束机动性、可靠性，但微波移相器的相移量通常不随频率变化，或者说相移量与频率不具备线性关系，因此信号频率的变化将引起天线波束的指向偏斜，这种“孔径效应”严重制约了相控阵天线的工作带宽。为了获得更大的工作带宽，需要采取基于真延时机制的延迟器件代替传统的移相器进行馈相。

随着地面用户需求的增加和卫星能力的提升，星载大孔径阵列天线和大孔径相控阵天线逐渐增多，“渡越时间”同样制约了阵列天线、相控阵天线的工作带宽，当宽带相控阵天线孔径渡越时间大于信号带宽倒数时，阵列两端天线单元信号不能同时相加，需要在相控阵天线单元或子阵后端引入无色散延迟线实现信号同步进行解决。同时大孔径相控阵天线扫描存在物理尺寸的过周期现象，大规模阵列相干合成同样需要天线单元或子阵采用大比特延迟线进行补偿。

光控相控阵天线通过引入光实时延迟线，减小了传统相控阵天线因“渡越时间”和“孔径效应”对信号瞬时带宽的限制，可以满足大口径相控阵路天线的宽带宽角扫描应用。另外，由于光线传输具有低损耗、宽频带等固有优点，因此可以提升天线和波束形成网络的传输距离与传输性能。

7.2.2 系统组成

光控波束形成天线组成框图如图7－15所示。从图7－15中可以看出，光控波束形成天线有三个重要部分，分别是电光调制、波束形成网络和光电解调。系统工作原理：天线单元接收到的射频信号通过电光调制器对激光器发出的光信号进行强度调制，得到调制的光波信号，再经光控波束形成网络耦合成一路信号，然后经光电解调，将光信号转换成接收射频信号输出；发射工作原理是接收的逆过程，发射射频信号通过电光调制器对激光器发出的光信号进行强度调制，得到调制的光波信号，再经光控波束形成网络分解成多路信号；然后分别经光电解调，将光信号转换成射频信号通过天线单元辐射出去。

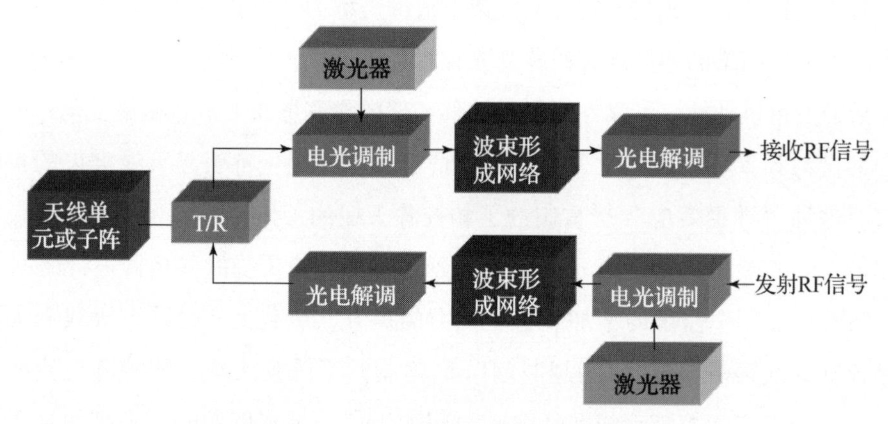

图7－15 光控波束形成天线组成框图

7.2.3 基本组成

根据天线的基本原理，图7－16给出了光控波束形成天线原理框图。整个天线由天线阵面、T/R组件、电光调制器、收/发光控波束形成网络、光电解调器以及波控机组成，可以实现多波束收发功能。其中，收/发光控波束形成网络包含光分路器、可变光延时器和光合路器。发射状态：射频信号（可以来自同一信号，也可以是不同信号）通过电光调制器对激光器发出的光信号进行强度调制，得到调制的光波信号，再经发射光控波束形成网络形成波束；到达光电探测器将光信号转换成射频信号，经放大后通过辐射单元发射RF信号；接收状态：天线单元接收到的射频信号经过低噪声放大器放大后通过电光调制器对激光器发出的光信号进行强度调制，得到调制的光波信号，再经接收光控波束形成网络形成波束，到达光电探测器将光信号转换成射频信号进入接收机。其中，发射光控波束形成网络和接收光控波束形成网络是一样的，只是用途不同，其内部采用可变延时器和固定延时器实现可动波束和固定波束。

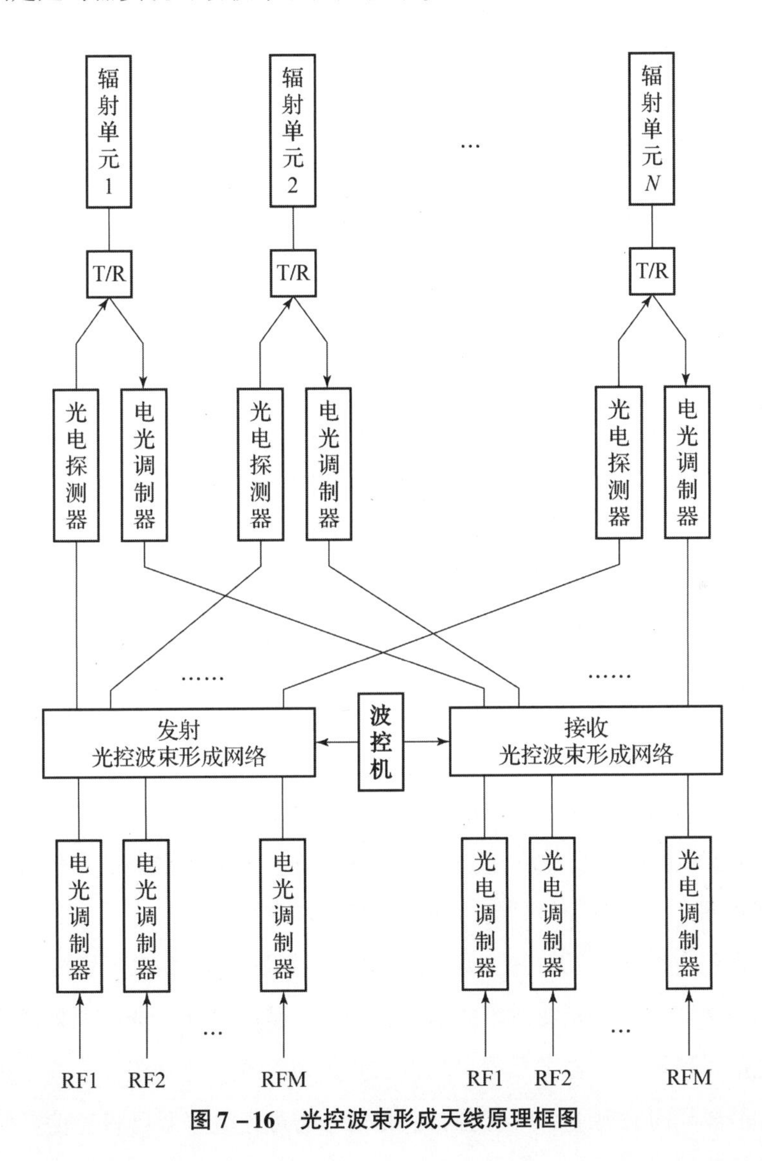

图 7-16　光控波束形成天线原理框图

7.3 方案设计

光控相控阵天线方案采用“相控阵+光控网络”实现，光控相控阵天线系统包括天线阵面组件、阵列化微波光子有源收发、光纤阵列、光控波束形成网络、波控配电单元等，如图7-17所示。

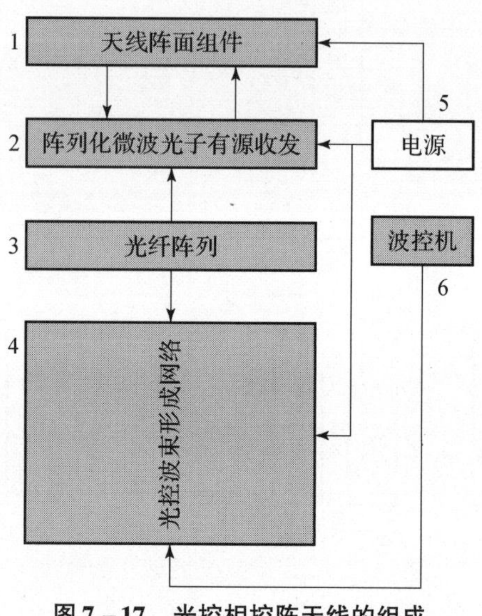

图7-17 光控相控阵天线的组成

7.3.1 系统方案

针对一个 N 元 M 波束的光控相控阵天线，天线阵面单元个数或子阵个数为 N 个，需要实现同时发射或者接收 M 个波束工作，发射天线系统和接收天线系统工作原理相同，按照射频信号的方向确定光器件在系统中的位置和功能。

发射光控相控阵天线系统工作原理：来自 M 路发射机的信号按要求处理后送给电光调制器转换为光波波段的信号；光信号通过1分 N 光分路器的分路功能将每路光信号转换成 N 路光信号并实现波束形成；光信号通过可变光延迟器实现波束扫描需要相对时延差和幅度分布；光信号通过光电解调器将光信号转化成需要的微波信号。微波信号经上述过程处理后，就成为幅度与相位发生变化的信号进入天线单元或阵列，如图7-18所示。

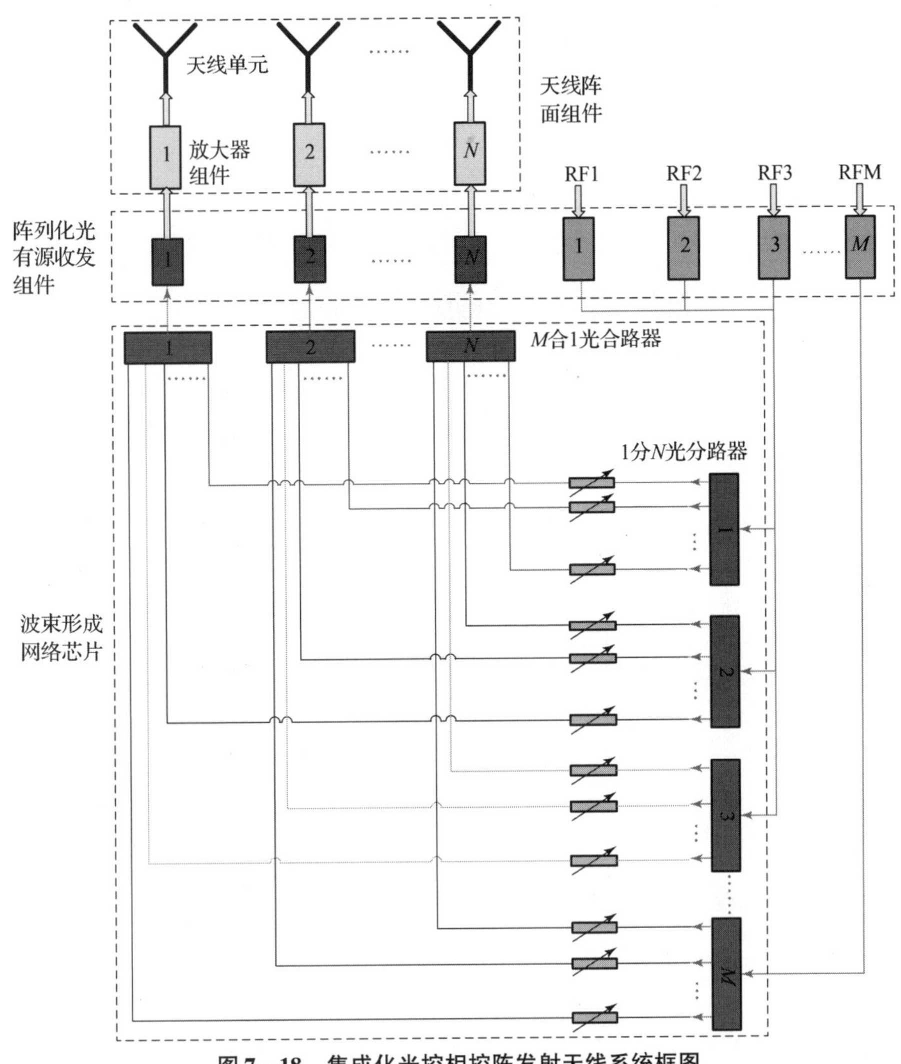

图 7-18　集成化光控相控阵发射天线系统框图

接收光控相控阵天线系统工作原理：经过天线阵面接收的微波信号先经过低噪声放大器放大，然后通过光调制器进行电光转换，实现射频信号到光频信号的转换；光信号通过 1 分 M 光分路器的分路功能将每路光信号转换成 M 路光信号；载有射频信号的光波进入光控波束形成网络，通过光控波束形成网络处理后形成所需波束；然后经过 M 路光电解调器将光信号解调为需要的微波信号。光信号通过可变光延迟器实现波束不同来波方向需要相对时延差和幅度分布，如图 7-19 所示。

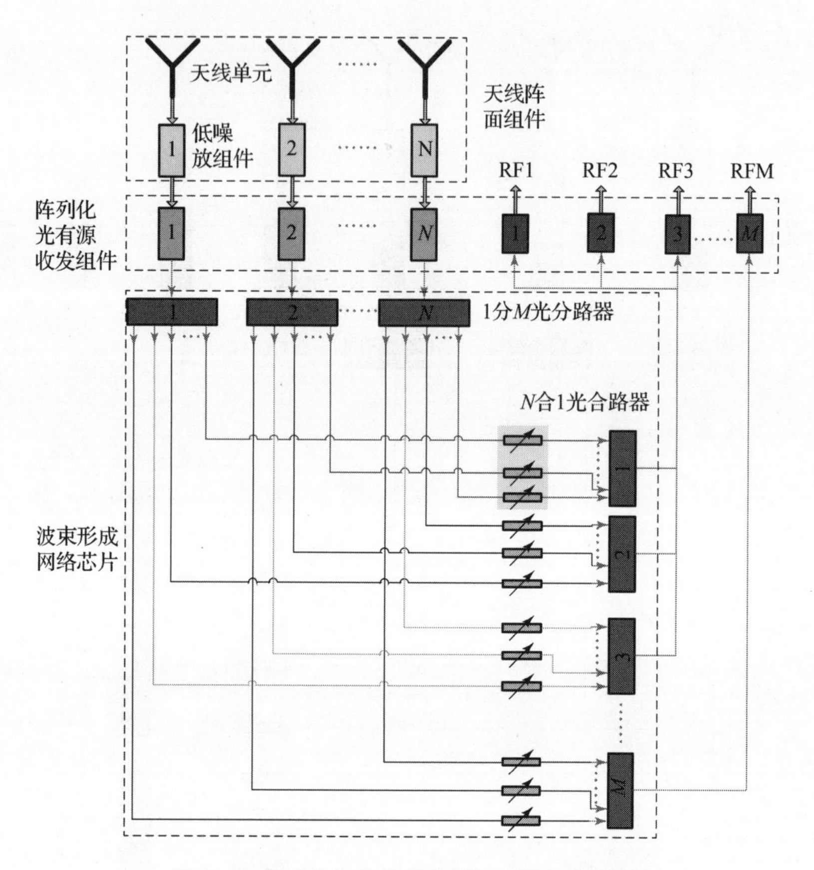

图 7-19 集成化光控相控阵接收天线系统框图

7.3.2 超宽带天线阵列

相控阵天线在频域范围和空域范围越宽，天线的应用范围越广，因此宽带宽角天线阵列的设计至关重要，它决定了相控阵天线的工作带宽和扫描范围。相控阵天线的扫描范围与工作频率和单元间距存在如下约束关系：

$$\frac{d_{\min}}{\lambda} \leqslant \frac{1}{|\sin\theta_{\max}| + |\sin\theta_{\text{lab}}|} \tag{7-7}$$

式中，$d_{\min}$为投影单元间距；$\sin\theta_{\max}$为最大扫描角度；$\sin\theta_{\text{lab}}$为不出栅瓣的角度范围。

传统的超宽带天线单元尺寸基本上都是带宽内的最低频点半个波长，光控相控阵天线的工作带宽一般非常大，甚至会有多个倍频程的情况，若以传统超宽带天线组阵，高频的单元间距明显超过半个波长，甚至超过多个波长，由式（7－1）可以看出，随着阵列单元间距的增加，相控阵天线不出栅瓣扫描角度减小，具有宽频宽角扫描特性的相控阵天线阵面是光控相控阵天线系统中需要的天线形式。

一种基于强互耦效应的超宽带相控阵天线（以下简称“紧耦合超宽带相控阵天线”）正受到各国的密切重视，作为一种基于新物理机理的新型阵列天线技术，其设计思想完全不同于传统的宽带相控阵。传统的宽带相控阵列天线设计思想是首先设计满足宽频带要求的阵列单元，再将该宽带阵列单元放入阵列环境中，并设法补偿或减弱互耦效应导致的使宽带特性恶化的效应。而紧耦合超宽带相控阵天线则另辟蹊径，直接利用天线单元间的强互耦效应拓展相控阵工作频带，可大大提高相控阵的扫描带宽；将单元间彼此具有强容性耦合的阵列嵌入分层介质中，经过适当的参数选择后，就能获得很好的超宽频带特性，由此实现了具有带宽大、交叉极化低、方向性好、体积小、易于共形等优点的新型超宽带相控阵。紧耦合超宽带相控阵天线由于具有多个倍频程以上的超宽频带，且具有宽角电扫描特性，因此预期将被应用于超宽带相控阵。

紧耦合超宽带相控阵天线首先故意增强传统超宽带天线阵的不利设计因素互耦，并与天线阵进行一体化融合设计构建基于紧耦合效应的新型超宽带天线阵形式，采用空域格林函数、谱域格林函数方法以及具体地表面电流激励，对紧耦合超宽带天线阵的电磁辐射性能（如有源驻波、有源输入阻抗等）开展深入理论研究；在此基础上，通过合理的抽象和近似，结合传输线模型和电容电感加载技术，建立紧耦合超宽带天线阵的电磁等效模型，以此为理论指导并结合全波仿真，分析影响紧耦合天线阵电磁辐射性能的关键因素，挖掘紧耦合超宽带天线阵特有的电磁辐射与阵元间互耦特性，研究紧耦合超宽带天线阵单元有源驻波、宽角阻抗匹配等受互耦特性影响的规律，分析天线阵剖面高度和工作带宽之间的制约关系，探究宽角阻抗匹配层对天线阵波束扫描角度的拓展机制，最终突破天线阵低剖面轻量化阵元结构设计、超宽带、宽角扫描等关键技术，设计出超宽带宽角低剖面紧耦合阵列天线以及相应的原理样机，完成实验研究。

将紧耦合的平面偶极子放置在 XOY 平面上，并在其下方适当位置处加入一块金属地板做反射板。假设偶极子组成了无限大的阵列，阵元尺寸很小且无栅瓣。这样阵列的等效电路如图 7－20 所示。

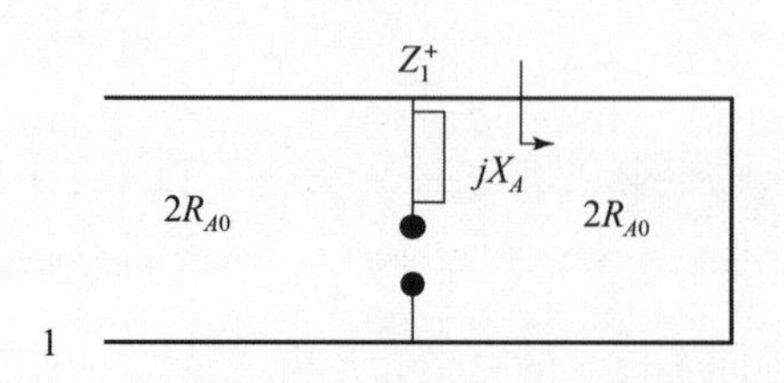

图 7－20 紧耦合平面偶极子阵列等效电路

图 7－20 中，R_{A0}代表没有金属地板的时候天线的辐射电阻，X_A 是该天线阵的电抗，Z_1^+表示从紧耦合偶极子天线阵向接地板看去的天线的输入阻抗。图 7－21 给出了几个比较典型的阵元间距与阵列阻抗的关系。从图 7－21 中可以看出，阵列阻抗的电阻大小与阵列单元的间距大小是成反比的，即当阵元间距变小时，阵列阻抗的电阻部分是变大的。其表现在图 7－22 中是当阵元间距变小，环绕的圈越来越集中，即天线的阻抗随着频率的变化缓慢了，天线阵列拥有了宽频带特性。

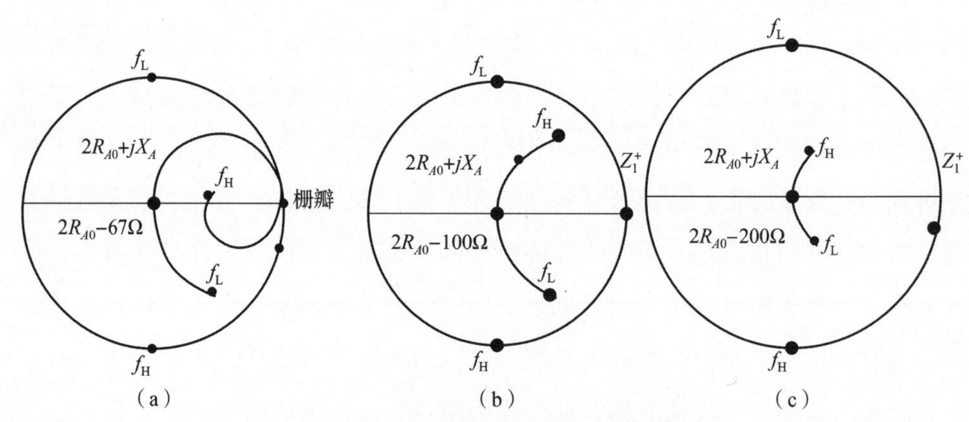

图 7－21 典型的阵元间距与阵列阻抗的关系

(a) $D_x/\lambda=0.75$；(b) $D_x/\lambda=0.5$；(c) $D_x/\lambda=0.25$

图 7－21 所示的 Z_1^+代表从阵列所在的平面向金属接地板看去输入阻抗，金属板相当于短路，则 Z_1^+为纯电抗，表现在 Smith（史密斯）圆图上则是 Z_1^+在外圈圆周上转动，如图 7－22 所示。当偶极子阵与地板之间的距离为 1/4 波长时

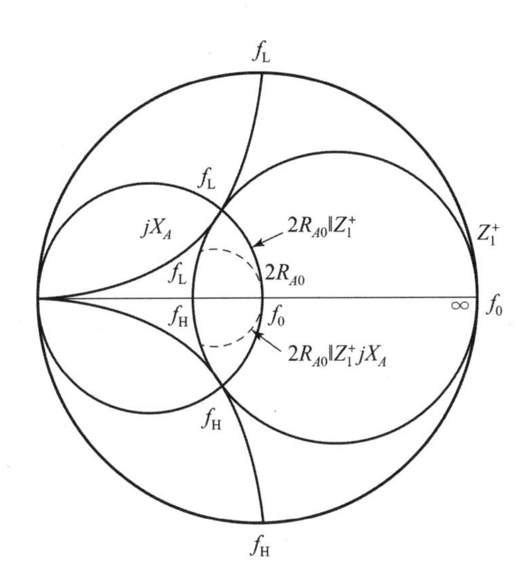

图 7－22 紧耦合平面偶极子输入阻抗圆图

(中心频率处)，根据传输线理论可知，经过 1/4 波长的传输线后，短路会变换为开路，阻抗变为无穷大。

终端短路传输线的阻抗公式为

$$Z(l') = jZ_0 \tan(\beta l') \tag{7-8}$$

式中，β 为某频率 f_0 下的波数；l' 为传输线的长度。则在低频 f_L 处，电抗值为正，呈感性，位于阻抗圆图的上方；在高频 f_H 处，电抗值为负值，呈容性，位于阻抗圆图的下方。另外，根据天线经典理论可知，偶极子天线的阻抗虚部在高频带呈感性，而在低频带呈容性，偶极子天线本身的阻抗特性能够抵消金属反射地板带来的电抗。所以一般选取偶极子天线作为紧耦合天线阵的基本单元。

根据等效电路图 7－20，可以得到天线阵列的输入阻抗 Z_A：

$$Z_A = 2R_{A0} \parallel Z_+ + jX_A \tag{7-9}$$

对图 7－22 进行了归一化处理，中心圆点位置处表示 $2R_{A0}$。此外 $2R_{A0} \parallel Z_+$ 位于通过短路点和中心圆点的圆周上；jX_A 是纯虚数，则 $2R_{A0} \parallel Z_{1+} + jX_A$ 的变化轨迹为图 7－22 中的虚线部分。

由传输线理论出发进行分析，对于天线其一端是闭合电路（馈电源），另外一端是自由空间（负载）。从阻抗变换角度看，其是传输导波系统的本征阻抗与自由空间波阻抗的变换器。那么作为中间的衔接环节，天线的设计需要考虑两部分的匹配：一是天线的辐射阻抗与自由空间波阻抗的匹配；二是同轴线或者波导的阻抗（相当于导波系统的本征阻抗）与天线输入端口的阻抗匹配。其中后者的解决办法就是调节天线的尺寸、选择合适的馈电电路等；而解决前者的有效手段是在天线的辐射平面口径上放置具有一定介电常数和一定厚度的介质材料。举个例子，当在紧耦合的偶极子平面阵列上端放置介电常数为 ε_1、厚度为 d_1 的介质材料，此时天线的等效电路及在史密斯圆图上的轨迹如图 7－23 所示。

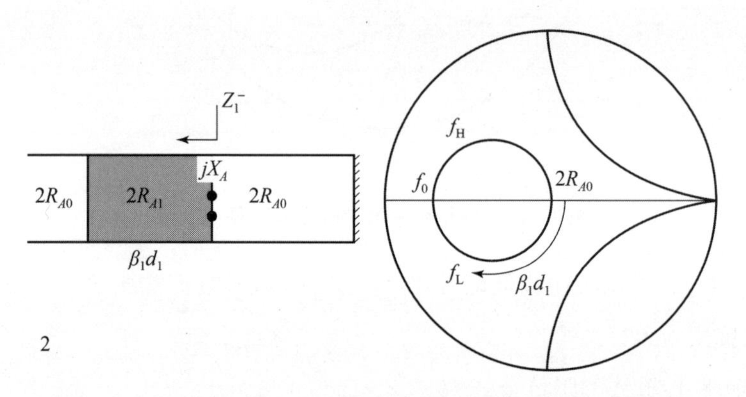

图 7－23 加载一层微波介质材料的紧耦合偶极子阵列等效阻抗

Z_1^- 为从天线单元向介质板材方向看过去的等效阻抗，R_{A1} 表示介质层的阻抗，其他各参数与无介质层时一样。且 $Z_1^- = (2R_{A1})^2/2R_{A0}$，其轨迹在 Smith 圆图上是图 7－23 经过归一化的原点（$2R_{A0}$）的圆。可以看出，加入介质材料后，自由空间的波阻抗 η_0 转换成 Z_1^-，且 $Z_1^- \leqslant \eta_0$，这样一来天线与自由空间波阻抗的匹配难度会大大地降低。

下面将通过图 7－24 分析推导有介质层的紧耦合偶极子超宽带天线单元的输入阻抗。从图中可以推导出，天线的输入阻抗为 $jX_{A1} + Z_1^- \parallel Z_1^+$，其中 Z_1^- 和 Z_1^+ 的并联可以通过图 7－23 推导出：将二者分别转换成导纳 Y_1^- 和 Y_1^+，那么将 Y_1^- 轨迹上的每一点沿着自身的等电导圆移动 Y_1^+ 值再转化成阻抗便得到 $Z_1^- \parallel Z_1^+$。从图中的黑实线看出，其值随着频率的变化相较于图 7－22 无介质层的情况变得更为紧凑，说明其阻抗特性随着频率的改变而变化得比较缓慢，意味着该类型的阵列天线具有良好的稳定性。

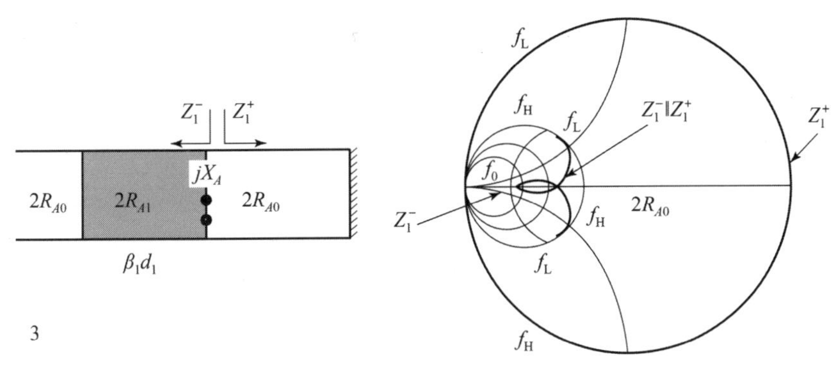

图 7－24　阵列单元的输入阻抗 $Z_1^- \| Z_1^+$

如前面所述，偶极子天线的输入阻抗特性：在频率高于中心频率时呈感性，低于中心频率时呈容性，当把电抗分量 jX_A 添加到 $Z_1^- \| Z_1^+$，抵消掉了虚部，表现在 Smith 圆图上就是 $Z_1^- \| Z_1^+$ 轨迹的外点向中心靠拢了。所以综合以上各种影响，最终天线的输入阻抗 $jX_{A1} + Z_1^- \| Z_1^+$ 聚焦在纯电阻圆（Smith 圆图的实轴）和等电阻圆 R_{A0} 的交点附近，如图 7－25 所示，添加了一层介质层后天线展现出很大的阻抗带宽。

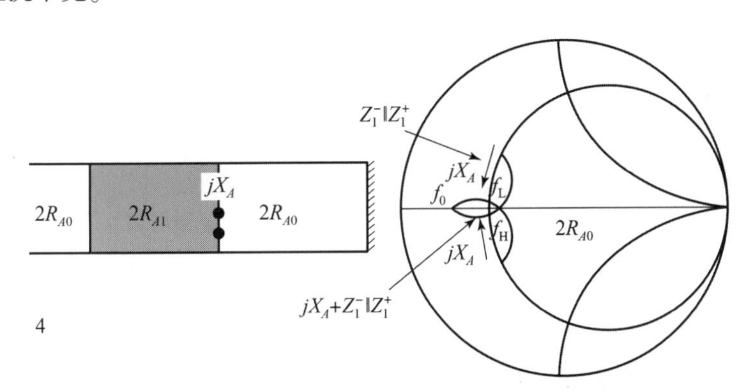

图 7－25　阵列单元输入阻抗的推导过程示意图

7.3.3　光分路和光合路

系统中的光分路的主要作用是对光路进行分束，在选取的过程中应考察的指标主要有光工作波长、光插入损耗、光分束比、光回波反射损耗等。光分路有两种基本组成方式：一种是多漏斗型结构，利用光场的高斯分布分配到各个端口，损耗较大，且波长相关；另外一种是 Y 分支级联结构。Y 分支级联结构方式的分路器具备结构简单、尺寸较小、便于集成、工艺制作容易的技术特点，广泛应用于各工程系统中，如图 7－26 所示。

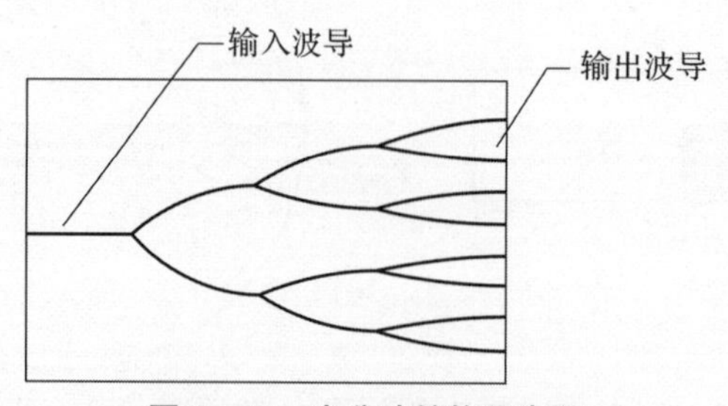

图 7－26　光分路结构示意图

Y 分支是组成光分路的基本单元，随着技术的发展，Y 分支基本上从光纤拉锥过渡到平面光波导（PLC）方式。Yajima 在 1973 年首次提出 Y 分支的概念，可以利用 Y 分支结构实现滤波、耦合、功率分束和偏振分束等功能。其基本结构如图 7－27（a）所示，为简化计算，将 Y 分支结构简化为五层介质平板光波导。

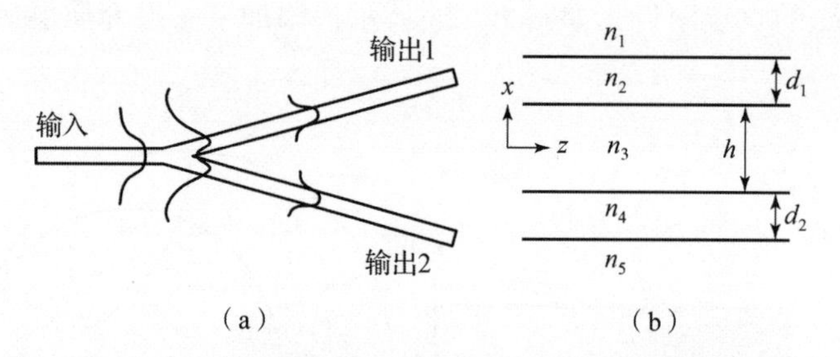

图 7－27　Y 分支基本结构和五层介质平板光波导结构

（a）Y 分支基本结构；（b）简化的五层介质平板光波导结构

假设光沿波导 z 方向传播，五层波导结构各层厚度如图 7－27（b）所示，五层平板波导的波动方程为

$$\begin{cases} \dfrac{\partial^2 E_y}{\partial x^2}+(k_0^2 n_j^2-\beta^2)E_y=0 \\ H_y=\dfrac{i}{\omega\mu_0}\dfrac{\partial E_y}{\partial z} \\ H_z=\dfrac{i}{\omega\mu_0}\dfrac{\partial E_y}{\partial x} \end{cases} \tag{7-10}$$

当高折射率芯层为第二层和第四层，即 n_2，$n_4>n_1$，n_3，n_5 时，由式（7－10）

得到不同区域的电场分布：

$$E_y=\begin{cases}A_1\exp(k_1x) & -\infty<x<0\\ A_2\exp(ik_2x)+B_2\exp(-ik_2x) & 0\leqslant x<d_1\\ A_3\exp(ik_3x)+B_3\exp(-ik_3x) & d_1\leqslant x<d_1+h\\ A_4\exp(ik_4x)+B_4\exp(-ik_4x) & d_1+h\leqslant x<d_1+h+d_2\\ A_5\exp(-ik_5x) & d_1+h+d_2\leqslant x<+\infty\end{cases} \quad (7-11)$$

式中，$k_i=\sqrt{|\beta^2-(n_ik_0)^2|}$，$i=1,2,3,4,5$。根据式（7－10）和式（7－11）以及边界条件，可以得到TE模的本征方程为

$$[(k_1+k_3)k_2+(k_1k_3-k_2^2)\tan(k_2d_1)]\times[(k_3+k_5)k_4+(k_3k_5-k_4^2)\tan(k_4d_2)]$$
$$-\exp(2k_3h)\times[(k_3-k_5)k_3+(k_3k_5+k_4^2)\tan(k_4d_2)]=0 \quad (7-12)$$

根据传输模式的电场分布以及耦合方程，可以得到，当发生模式转换时，由模式i输入而传输到模式j的振幅和相位分别为

$$A_{ji}=C_{ij}A_{i0}\cos(a_{i0}-a_{ij}) \quad (7-13)$$

$$\tan a_{ji}=\frac{c_{ij}A_{i0}\sin a_{i0}+c_{ij}A_{j0}\sin a_{i0}}{c_{ij}A_{i0}\cos a_{i0}+c_{ij}A_{j0}\cos a_{i0}} \quad (7-14)$$

这里假设i，j初始归一化输入功率分别为1和0，通过式（7－14）可以计算出模式i转换为模式j的振幅比为A_{ji}，由此可以得出如下的结论。

光在Y分支中传播时遵循传播常数最接近准则，即输入波导的光场，在分支波导中传播时，不一定激发和输入波导相同阶次的导模，而是激发和输入波导传播常数相近的导模。

可以根据传播常数的不同得到不同结构，例如传播常数完全相同，可以得到均匀功率分束器。其具体的传播情况分析如下。

输入波导为TE_0模时，两个分支波导中都激发TE_0模，如图7－28所示，Y分支结构的模式传输转换满足下面的条件：

$$\frac{\Delta\beta}{\theta\sqrt{(\beta_0-n_1^2k_0^2)}}>0.43 \quad (7-15)$$

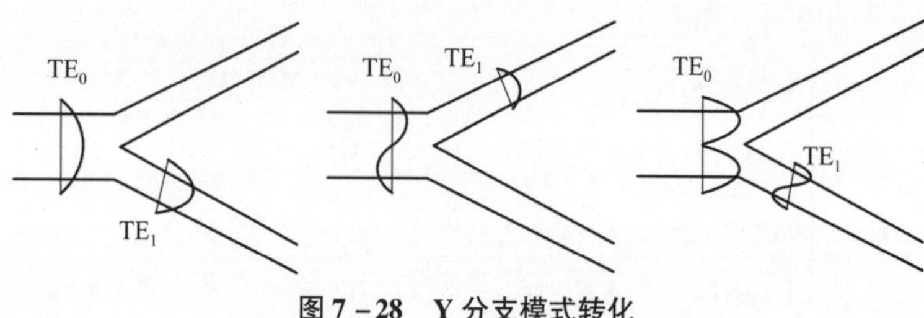

图 7－28　Y 分支模式转化

两个分支波导间有足够的能量交换，其中 β_0 为分支波导中两个导模的传播常数的平均值；n_1 为限制层折射率；$\Delta\beta$ 为两个分支波导传播常数差，输入光场能量将进入传播常数较大的分支波导中，实现模式分离的目的。

当满足式（7－16）时：

$$\frac{\Delta\beta}{\theta\sqrt{(\beta_0-n_1^2k_0^2)}}<0.43 \tag{7-16}$$

两个分支波导中会实现不同的功率分配，输入光场将进入两个分支波导中，传播常数较大分支的输出能量较大，实现不同的功率分配。

输入波导为 TE$_1$ 模时，两个分支波导中都能激发出 TE$_0$ 模。由于高阶模的传播常数比基模传播常数小，基于传播常数最接近准则，此时 β 较小的分支波导的传播常数与 TE$_1$ 模的传播常数比较接近，进入 β 较小分支的功率会更大。如果分支角足够小，可以实现模式分离。

当 Y 分支波导较宽时，如果输入场中同时包含 TE 模、TM 模，由于 TE 模传播常数大，光将进入较宽的分支波导中，而 TM 模的光会进入与其传播常数较近的较窄分支波导中，实现模式分离的功能。

通过上面的讨论，可以得到，分支角的选取与分支波导模式的转化有很大的关系。从模式转化条件的角度出发，分支角大于一定的角度（0.04°）时才会发生模式转化，且随着分支角度的增大，模式转化发生更多，但当分支角度增大到一定角度时（4°）几乎不再发生模式转换。由于分支波导的损耗与分支角度平方成正比，所以在实际制作中，分支角度不能太大。

为减少模式转换中的模式适配引起的辐射损耗，采用一种新型缓变展宽型 Y 分支结构，可以将输入光场缓慢展宽，分配到两个分支波导中。它由三部分组成：输入部分、过渡部分和输出部分（图 7－29）。输入部分主要由输入直波导、锥形结构和窄波导组成；过渡部分由展宽结构和过渡结构组成；输出部分每个输出分支由两个弧形波导对接而成。新设计 Y 分支光场分布 BPM 软件仿真如图 7－30 所示。

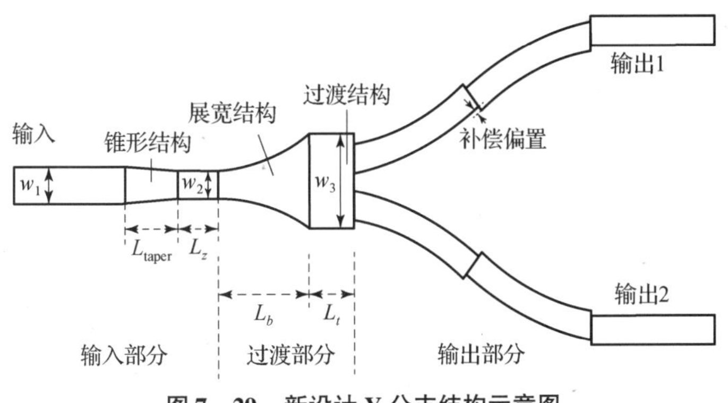

图 7－29　新设计 Y 分支结构示意图

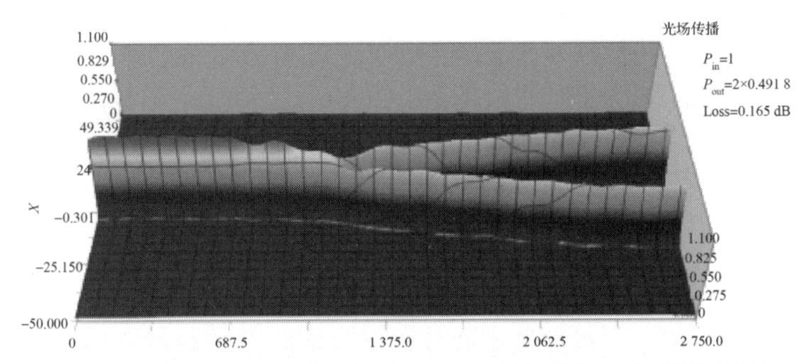

图 7－30　新设计 Y 分支光场分布 BPM 软件仿真（书后附彩插）

对于光合路可采用两种方式：一种是基于光分支合路，利用光分支对不同延迟态光信号合而为一，进入光探测器进行解调，这种方式原理简单、传统，但存在引入附加损耗较大、不同光波长在光通道产生相干等问题；另一种是用波分合成，通过波分复用实现光的低插损合波，将光信号复用于单根光纤中送到光探测器。

光波分复用（OWDM）是一种在同一根光纤中可同时容纳多个不同光载波传输的技术。多波长容纳技术与光栅光纤结合设计可提供相控阵天线单元所需的延时移相。在信号发送端将不同光载波组合，可在同一光纤中进行传输，在接收端分离、恢复原始信号后做进一步处理。OWDM 低插损合波方式广泛应用于光控相控阵设计和工程实现中。

现阶段主要有四种器件可以复用/解复用几十个 WDM 信号：环形振荡器（RRs）、格形滤波器（LFs）、阵列波导光栅（AWG）和平面阶梯光栅（PEGs）。前两者是利用时间多波束干涉效应的级联器件，后两者利用空间多光束干涉效应。

对于较大规模的合路需要采用密集波分复用（DWDM）方式来合成，DWDM 技术是一种能在一根光纤上同时传送多个携带有电信息（模拟或数字）的光载波，从而实现系统扩容的光纤通信技术。它将数种不同波长的光信号组合（复用）起来传输，传输后将光纤中组合的光信号再分离开（解复用），送入不同的通信终端，即在一根物理光纤上提供多个虚拟的光纤通道，从而节省大量的光纤资源。按实现原理，DWDM 可分为衍射光栅型、介质薄膜型和阵列波导光栅型。

衍射光栅型波分复用器属于色散型器件。入射光进入光纤后，使光纤中的部分材质变化成近似布拉格衍射光栅，利用光学衍射的特性将不同波长的波分出。其原理如图 7－31 所示。这种 DWDM 器件优点是成本低，带宽可以做得很宽，并且具有优良的波长选择性，可以使波长的间隔缩小到 1 nm 甚至 0.5 nm 左右。这种 DWDM 器件的缺点是分离出的信道是沿信号光的相反方向传播，需要加环形器才能分出来；高色散限制了信号的传输距离，需要加色散补偿器；光栅在制造上要求非常精密，其缺陷会导致色散波动，影响系统的性能，限制了它在 DWDM 网络中的应用。衍射光栅型波分复用器目前在 DWDM 业界几乎没有应用，往往在实验室的科学研究中应用较多。

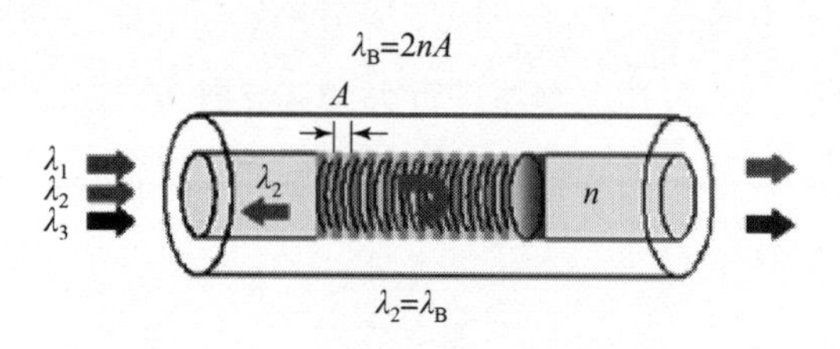

图 7－31　衍射光栅型 DWDM 原理

介质薄膜型波分复用器通过介质薄膜滤波片实现。介质薄膜滤波片由几十层不同材料、不同折射率和不同厚度的介质膜组合而成，一层为高折射率，一层为低折射率。由一层层高低折射率不同的薄膜产生的光学效应，使之对一定的波长范围呈通带，而对另外的波长范围呈阻带，形成所要求的窄带滤波特性。$1\times n$

DWDM器件的实现原理如图7-32所示。介质薄膜型波分复用器的主要特点是信号通带平坦，插入损耗低，通路间隔度好，设计上可实现结构稳定的小型化器件。以此实现方式生产的DWDM对环境的要求较低，因此易于投入商用化；不过在信道数目的提升上，介质薄膜型则因膜层数的等比增加而不易实现，所以介质薄膜型常用于20信道以下的DWDM实现，介质薄膜型波分复用器介质薄膜相对位置精度要求较高，抗力学性能相对较差，不适用于有较高振动要求的系统中。

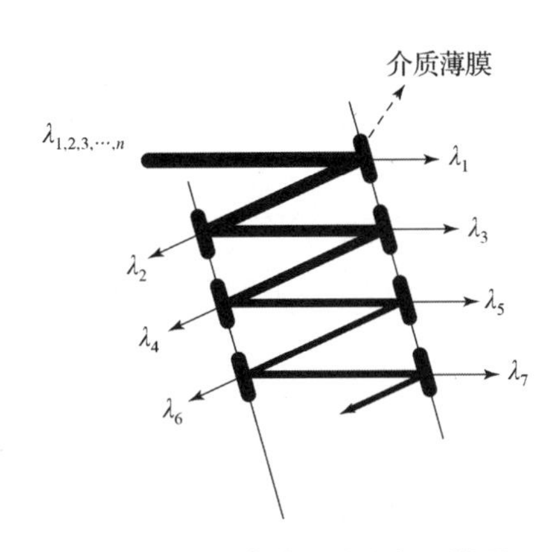

图7-32　介质薄膜型波分复用器原理

阵列波导光栅型波分复用器是以光集成技术为基础的平面波导型器件，AWG中含有多个波长的复用信号光经中心输入信道波导输出后，在输入平板波导内发生衍射，到达输入凹面光栅上进行功率分配，并耦合进入阵列波导区。因阵列波导端面位于光栅圆的圆周上，所以衍射光以相同的相位到达阵列波导端面上。经阵列波导传输后，相邻的阵列波导保持有相同的长度差，因而在输出凹面光栅上相邻阵列波导的某一波长的输出光具有相同的相位差，对于不同波长的光此相位差不同，于是不同波长的光在输出平板波导中发生衍射并聚焦到不同的输出信道波导位置，经输出信道波导输出后完成了波长分配即解复用功能。这一过程的逆过程，即如果信号光反向输入，则实现复用功能，原理相同，如图7-33所示。AWG型波分复用器的特点是插入损耗小且均匀性好、复用信道数多、体积小、易于与其他器件集成等。随着微波光子技术的发展，AWG技术水平已经相对成熟，目前40通道的AWG型DWDM已经商用。

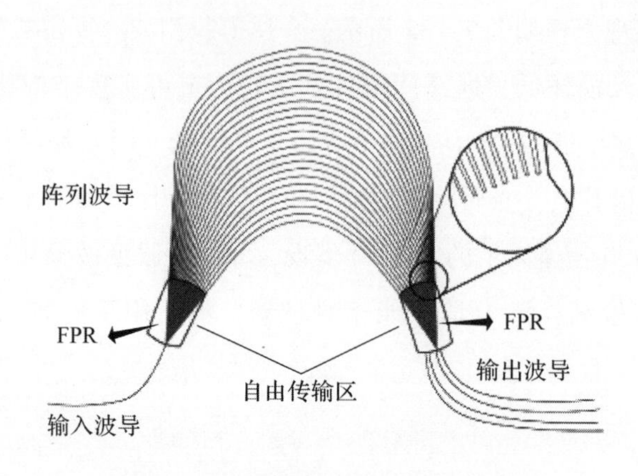

图 7－33 阵列波导型 DWDM 原理

AWG 合波器基于凹面光栅的成像原理，将凹面光栅的反射式结构改变为传输式结构，输入波导与输出波导分开，用波导对光进行限制和传导。这种结构可以在光传输的过程中引入一个较大的光程差，使光栅工作在高阶模，提高光栅的分辨效率。

阵列波导光栅型波分复用/解复用器的结构如图 7－34 所示，它由输入/输出（I/O）波导、I/O 平板波导和阵列波导组成。I/O 平板波导是罗兰圆结构，I/O 波导和阵列波导由 I/O 平板波导相连。Δx_i 和 Δx_o 为 I/O 波导间距，d 为阵列波导间距，R 为罗兰圆直径，也是光栅圆半径，ΔL 为相邻阵列波导间的长度差，$\Delta\theta_i$ 和 $\Delta\theta_o$ 分别为相邻输入波导和输出波导间的夹角，θ_i 和 θ_o 对应为输入波导和

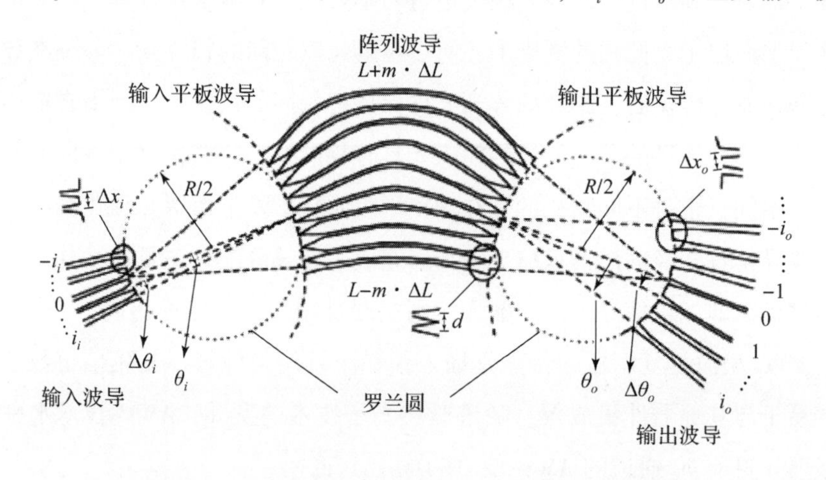

图 7－34 阵列波导光栅型波分复用/解复用器的结构

输出波导与中心波导的夹角。阵列波导的两端以等间距（d）排列在光栅圆周上，输入/输出波导排列在罗兰圆周上。

阵列波导光栅型波分解复用器的工作原理为：复用光波耦合进入某一输入波导，在平板波导内衍射，衍射光以相同相位到达阵列波导端面，并耦合进阵列波导，经长度差为 ΔL 的阵列波导传导后，产生相位差（不同波长的相位差也不同），不同波长的光波被输出平板波导聚焦到不同的输出波导位置，完成解复用功能；反之则能实现复用功能。为减少平板波导和阵列波导间的耦合损耗，阵列波导条数必须足够多，且端面做成渐变结构（如锥形、抛物线型等）以高效地收集衍射光。

阵列波导光栅应该满足光栅方程：

$$n_s d\sin\theta_i + n_s d\sin\theta_o + n_c\Delta L = m\lambda \tag{7-17}$$

式中，θ_i、θ_o 分别为输入波导和输出波导与中心波导的夹角；n_s、n_c 分别为平板波导、阵列波导的有效折射率；d 为阵列波导的间距；m 为衍射级数；λ 为入射波长；ΔL 为相邻阵列波导的长度差。对中心输入、输出的波导，应该满足下列关系：

$$n_c\Delta L = m\lambda_0 \tag{7-18}$$

满足式（7－18）的 λ_0 为中心波长。从式（7－18）中可以看出，当掠射角为零度时，光栅仍能工作在高阶衍射。因光栅的波长分辨率与衍射级数的倒数成正比，所以阵列波导光栅有很高的波长分辨率，这是与普通光栅的最大差异。

当光波从中心输入波导输入，输出波导相对中心波导的夹角 θ_0 很小时，有 $\sin\theta_i \approx 0$，$\sin\theta_0 \approx 0$，由式（7－17）可以得出 AWG 的角色散关系式（衍射角与波长的关系）为

$$\frac{\mathrm{d}\theta}{\mathrm{d}\lambda} = \frac{m}{n_s d} \cdot \frac{n_g}{n_c} \tag{7-19}$$

式中，$n_g = n_c - \lambda_o \cdot \frac{\mathrm{d}n_c}{\mathrm{d}\lambda}$为群折射率。

通道间隔 $\Delta\lambda$ 可以从角色散得到

$$\Delta\lambda = \Delta\theta\left(\frac{\mathrm{d}\theta}{\mathrm{d}\lambda}\right)^{-1} = \Delta\theta \cdot \frac{n_s d}{m}\frac{n_c}{n_g} = \frac{\Delta x_o}{R}\frac{n_s d}{m}\frac{n_c}{n_g} \tag{7-20}$$

从式（7－20）可以看出，$\Delta\lambda$ 和 $\Delta\theta$ 呈线性关系，即从输入波导输入的等间隔的波长将从等间距排列的输出波导输出。同时可以看出，$\Delta\lambda$ 与输出波导间距 Δx_o、阵列波导间距 d 成正比，与 R、m 成反比。

对于式（7－20），有许多不同的 m 和 λ 组合可以满足，即在相同的入射条件下，不同波长的光可能从相同的端口输出，若 λ 的第 m 阶衍射级位置和 $\lambda+\Delta\lambda$ 第 $m-1$ 阶衍射级位置重合，则此时这两个波长之间的间距，定义为自由频谱区，以波长表示自由频谱区的宽度为

$$\mathrm{FSR}_\lambda=\frac{\lambda_0}{m}\left(\frac{n_g}{n_c}\right)^{-1} \tag{7-21}$$

对于不同的衍射级数 m，自由频谱区 FSRλ 不同。在通道间隔 $\Delta\lambda$ 一定的情况下，自由频谱区 FSRλ 可以确定 AWG 的最大通道数；否则，从相同输入端入射的不同波长的光将从相同的端口输出，而无法实现解复用功能。所有 AWG 的最大可得通道数 N：

$$N\leqslant\frac{\mathrm{FSR}}{\Delta\lambda}=\frac{\lambda_0}{m\Delta\lambda}\left(\frac{n_g}{n_c}\right)^{-1} \tag{7-22}$$

除了自由频谱区 FSR 以外，还有一个类似的物理量——自由空间范围（free spatial range）XFSR，表示的是同一波长相邻衍射级的空间距离。

$$\Delta X_{\mathrm{FSR}}=\frac{\lambda R}{n_s d} \tag{7-23}$$

光复用器件结合可调谐激光器输出波长可控的特点，实现了波束形成网络的低插损合波。其中 AWG 的通道间隔具有较好的均匀性，基于 AWG 模块的合波器件制作流程简单，有效提高系统的稳定性。

7.3.4 可变光延迟器

以 5 bit 光开关延迟线为例，需要 6 支光开关组成一路可变光延迟器通道，延迟线结构原理框图如图 7－35 所示。该可变光延迟线的工作原理是：输入光信号进入第 1 个光开关，控制信号选择直通或者交叉，这样光信号就由上支路或下支路通过，控制光载波在延迟线中的传输路径的长短，就可以实现可变延时。

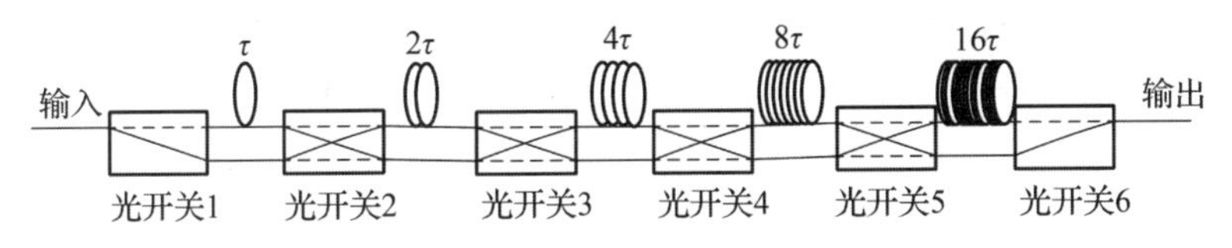

图 7－35　5 bit 光开关延迟线模型

延迟线中相邻两支光开关之间存在上、下两个波导光路，并且上支路比下支路长，当光开关控制光载波由上支路传输时，其可获得额外的传输延迟 Δt。相邻开关之间的传输延迟量以 2 进制方式递增，通过开关切换可实现不同延迟量的组合叠加，5 bit 开光延迟线可获得 $0 \sim 31\Delta t$，共 32 种延迟状态。

光开关是可变光延迟器的核心器件，根据工作原理，光开关可以分为传统的机械式光开关、微机电系统光开关及目前发展迅速的集成光波导式光开关。传统的机械式光开关又可分为移动棱镜型光开关、移动反光镜型光开关、移动光纤型光开关等多种类型；微机电系统光开关又可分为微反射镜型光开关和微透镜型光开关；集成光波导式光开关又可分为集成电光波导式光开关、集成热光波导式光开关和集成声光波导式光开关。光开关应基于低的插入损耗、短的开关时间、高的开关重复性以及较小的体积等方面进行选择。

传统的机械式光开关是以光纤或光学元件的移动改变光路来实现开关功能的。它主要包括移动光纤型、移动棱镜型、移动准直器型和移动反射镜型等基本类型。它的优点主要是没有波长依赖性，不受偏振的影响，光学性能良好，插入损耗较低，价格较为低廉。传统的机械式光开关的开关时间一般为毫秒量级。传统的机械式光开关一般有 1×2 和 2×2 两种，当端口数量较多时，只能通过多个开关的级联，因此体积较大，器件的性能和长期稳定性都受到了影响，阻碍了其大规模应用。

MEMS 光开关能将电、机械和光集成在一块芯片上，是目前比较流行的一种光开关制作技术。它的基本原理是通过静电力、电磁力或热等驱动力的作用，使微镜面旋转或移动，从而使输入光发生反射或折射以改变输入光的传播方向实现光路的开关功能。MEMS 光开关具有插入损耗较低，消光比较大，波长依赖性和偏振相关性都较小，功耗低等许多优点，而且它的尺寸较小，利于实现器件的单片集成。但是它的开关时间较长，在毫秒量级，而且因为存在机械部分，所以长期稳定性不能得到充分保障，这些缺点制约了它在某些领域的应用。

在 MEMS 光开关基础上，近几年迅速发展起来的微光机电系统光开关越来越受到人们的关注。MOEMS 是一种比较新型的微光学结构系统，它将传统的微机械与微光学和微电子有机地结合在一起，利用微光学元件对光进行有效的控制，通过对光的反射、衍射以及汇聚实现多种功能。例如，它能够实现光的成像、扫描、衰减，同时能够实现光的开关。MOEMS 具有体积小、速度快、差损小、可靠性好、与偏振无关、与集成电路的制作工艺相兼容、容易集成并且制作成本低、易于批量生产等许多优点。另外，传感器、信号处理电路与微执行器的集成，可以最大限度地抑制噪声的干扰，提高输出信号的品质。目前，MOEMS 的应用不仅深入数字图像获取、大规模数据存储、光通信、显示与处理等民用领域，在空间领域也有着重要的应用，并且也将对信息产业的蓬勃发展产生极其深远的影响。

喷墨气泡光开关是安捷伦公司利用热喷墨打印技术和硅平面光波电路技术相结合研制开发的一种新型光开关。它的基本原理是将硅衬底的玻璃波导和上面的硅片之间密封并抽真空，在里面充入折射率匹配的特定液体，通过电阻加热液体形成气泡，对通过的光全反射到输出波导。引入惠普的喷墨打印技术可以对气泡进行精密的控制。喷墨气泡光开关成本较低，可靠性高，对偏振不敏感，串扰和损耗都较低，扩展性较好。但如何在长时期内维持好气泡的状态，并在频繁的开关过程中控制好开关的状态是喷墨气泡光开关需要考虑的主要问题。同时，对喷墨气泡光开关进行封装后，它的内部材料和里面的液体能否长期稳定地存在并保持良好的工作状态也是不容忽视的一个问题。

液晶光开关是通过对偏振的控制来实现开关功能的。当没有外加电压时，液晶的指向大致相同；当施加外加电压时，液晶分子的取向将根据电场的方向发生改变，指向将重新排列，从而使液晶材料的光学性质也发生一定的变化。液晶光开关具有低的介入和极化损耗，并且串扰低、消光比高，电控液晶光开关的交换速度可达亚微秒级；同时由于没有需要移动的部分，因此系统的稳定性非常好。液晶光开关的缺点主要就是具有温度敏感性，受温度的影响较大。

全息光开关是利用激光的全息技术实现开关功能的一种光开关。它的基本原理是将电激发的光纤布拉格光栅的全息图写入钽铌酸钾锂（KLTN）晶体内部，当对晶体不施加电压时，整个晶体是全透明的，光线能够沿直线通过晶体；当对晶体施加电压时，光纤布拉格光栅产生全息图，它能够对特定波长的光进行反射，并从输出端输出。这种全息图和普通的全息图不同，它能够被擦除并且被重新写入。这种技术可以在同一个晶体内部同时存储多个全息光栅，这些全息光栅组成的光交换系统具有很多个端口，最多可以达到上千个。全息光开关具有很多优点：它的开关速度非常快，可以达到纳米量级，同时它的开关损耗非常低，并且由于没有可移动的部件，它的可靠性很高。

液体光栅开关的基础是电交换光栅（ESBG）技术，它将液晶光开关和全息光开关技术结合在一起实现开关功能。它的基本原理是在波导上放置悬浮于聚合体内的液晶微滴，当波导上未加电压时，布拉格光栅正常工作，它能使具有特定波长的光发生偏转并从波导的上端输出；当对波导上施加电压时，布拉格光栅消失，光线不再受布拉格光栅的影响而直通波导。液体光栅开关损耗低，可靠性高，波长交换灵活，交换时间短；但对于多波长群交换就显得有些不足。

半导体放大器光开关利用半导体放大器的放大特性，对 SOA 与光波导进行单片集成或者与其他器件连接来实现开关功能。它的工作原理是：当没有施加电压时，输入光信号被材料吸收，开关处于关闭状态；当施加电压时，输入光信号允许通过半导体放大器并被放大，同时也对光开关的损耗进行了补偿，开关处于导通状态。半导体放大器光开关对极化不敏感，而且交换时间短。

电光开关可利用材料的电光效应（Pockels 效应）、电吸收效应（Franz - Keldysh 效应）以及硅材料的等离子体色散效应等实现。当有电场存在时，材料的折射率和光的相位会发生改变，然后再利用光的干涉或者光的偏振等方法使光的强度或者传播方向发生变化。电光开关主要包括定向耦合型电光开关、数字型电光开关和 MZI 型电光开关等类型。电光开关所使用的材料主要包括化合物半导体材料、无机电光材料以及有机聚合物材料等。最主要的无机电光材料是 $LiNbO_3$ 材料，它的工艺成熟，稳定性好，用 $LiNbO_3$ 材料制作的电光开关已经在光网络中得到了广泛的应用。有机聚合物材料因其成本低廉、易于加工，而且电光系数较高，引起了人们极大的兴趣，目前已经成为研究热点。

磁光开关是通过 YIG（钇铁石榴石）晶体的法拉第磁致旋光效应，在外部磁场的控制下改变光波的偏振面，并在偏振片和反射镜的帮助下改变开关内光路，实现输入端口、输出端口之间的光路切换。由磁光开关的工作原理可以看出，其内部光路损耗随开关通光状态变化，不同光路通过的晶体长度、反射镜效率等因素影响均会出现偏差，导致磁光开关在直通和交叉状态插入损耗出现差异，由其构成的开关延迟线还会将这种损耗差异叠加放大，最终导致网络中各状态通路损耗一致性下降，在多通道应用中需要进行筛选和通道配平工作。

热光开关是利用热光效应的原理来实现开关功能，具有尺寸小、功耗低、稳定性好等许多优点而受到广泛关注。热光开关实现开关功能是利用金属电极对介质进行加热，温度的变化使波导的折射率发生改变，因此光在传输过程中的位相发生改变，最终导致光信号经过干涉或耦合等作用后波导中输出的光功率也随之改变，这就是热光效应。几乎所有的介质材料中都有热光效应的存在，用来描述热光效应的参数是热光系数。

随着微波光子技术的发展，光芯片上实现可变光延迟功能成为研究趋势。可变延迟网络的实现主要依靠以单个光开关为基础而组成的光开关阵列。光芯片上实现光开关引入的附加插入损耗将直接影响整个系统的工作动态范围，可变延迟网络的切换时间由光开关的开关时间所决定，因此片上光开关的切换时间需要尽可能短。光开关的开关重复性是影响组件幅度一致性指标的一个重要参数，所选取的光开关芯片应具有较高的开关重复性。

由多个通道可变光延时器组成的光控波束网络内部不同光通道的插入损耗必然存在一定的离散性，构成波束形成网络后，各个通道之间存在一定的幅度误差，导致波束质量降低。各通道可变光延迟器的延时精度、延时一致性和幅度一致性是评价光控波束网络性能的重要指标。

根据相控阵天线扫描基本原理，对于方形阵面，天线扫描到 θ 角时，可变光延时器需要提供的最大延时量 τ 为

$$\tau = \sqrt{a^2 + b^2}\sin\theta/c \tag{7-24}$$

式中，a 和 b 为方形天线阵面的两个边长；c 为光速。则由式（7－24）可以计算出对应相控阵天线可变光延时器需要提供的最大延时量 τ。

可变光延时器大 bit 数的确认以微波频段最高频点反推，最高频点周期对应的延时量可以表征为

$$T = \lambda_H / (n \times v_n) \tag{7-25}$$

式中，λ_H 为需要调制的微波频段最高频波长；n 为光纤折射率；v_n 为光在光纤中的传播速度。可以通过天线阵面需要的延时量与周期对应的延时量计算出可变光延时器对应的周期 bit 数 p：

$$2^p = \tau / T$$

p 为相控阵天线大 bit 延时位数，可变光延时器的延时步进 μ 为

$$\mu = T/2^m$$

式中，m 决定了可变光延时器的延时步进，为了保证光控相控阵天线的指向精度，通常情况下 m 不小于4。本课题根据子阵规模，确定相控阵天线在一个周期内的 bit 数，若一个相控阵天线在一个周期内的 bit 确定为 m，可变光延时器的 bit 数 M 为

$$M = p + m - 1$$

7.3.5 实现实例

光控相控阵天线在超宽带相控阵天线领域具有明显的优势，但是电光变换的差损大，分立光电器件体积、质量大，可变光网络的高精度延时控制问题，都限制了光控相控阵天线的应用。随着集成光学的不断发展，光控相控阵天线的应用前景变得越发明朗。基于微波光子芯片的光控相控阵天线技术是未来光控相控阵天线发展的趋势之一，也是未来光控相控阵天线实现大规模应用的主要途径，但是现阶段微波光子芯片还面临一些关键技术需要攻关。

光控相控阵天线系统中高频段电光外调制器的电光转换损耗大，这个问题短时间内难以解决，加上光分路器、光芯片等无源光器件的差损，整个光通道射频差损较大，在天线阵列系统中，需要高增益放大组件保证系统链路要求，高增益、高集成度放大组件的功耗、散热、多通道时延一致性等需要进一步控制。

光控相控阵接收天线一个单元或一个子阵需要配置一组调制器和激光器，激光器的自动温度控制和自动功率控制功耗较大，大规模阵列应用必将导致系统的体积、重量、功耗、成本等约束难以控制，需要开展有源光阵列的高密度集成和高效率散热等关键技术攻关。

现阶段国际上可变光延时网络芯片的光开关大都采用工艺比较成熟的热光开关方案，但是在通信领域应用中存在开关速度慢、功耗大等工程问题，基于集成光波导的低功耗高速响应片上光开关技术是解决工程应用的主要方向，也是现阶段研究的热点。

片上光放大器受制于工艺和高集成芯片散热等技术问题，很大程度上制约了大规模光控相控阵天线片上一体化设计。现阶段光控相控阵天线片上系统中的光放大器大都采用光纤连接的方式外挂到芯片外围，单独封装设计，很大程度上影响了光控波束形成片上系统的一体化集成水平。在现有的光芯片体系下实现高效率片上光放大器集成是光控波束形成片上系统需要解决的关键技术之一。

光控相控阵天线实现通信领域应用除上述几个问题及挑战外，随着工程应用的研究深入还有可能遇到如力热环境等诸多需要解决的问题。随着一个个问题的提出和解决，光控相控阵天线技术在通信领域应用的进程也逐步推进。

传统相控阵天线宽带宽角扫描情况下会出现较为明显的“孔径效应”，以相对带宽30%的19元相控阵天线为例（图7－36），当扫描到50°时，天线波束的仿真结果如图7－37所示，在整个天线带宽内天线波束指向随频率发生偏斜。

图7－36 典型的19元相控阵天线

在整个光控相控阵天线中，光控波束形成网络是核心，光控波束形成网络分为固定波束形成网络和可变波束形成网络，因此光延时器也有两种：固定光延时器和可变光延时器，采用基于光纤和光波导的实时延方案。最简单可靠的光延时

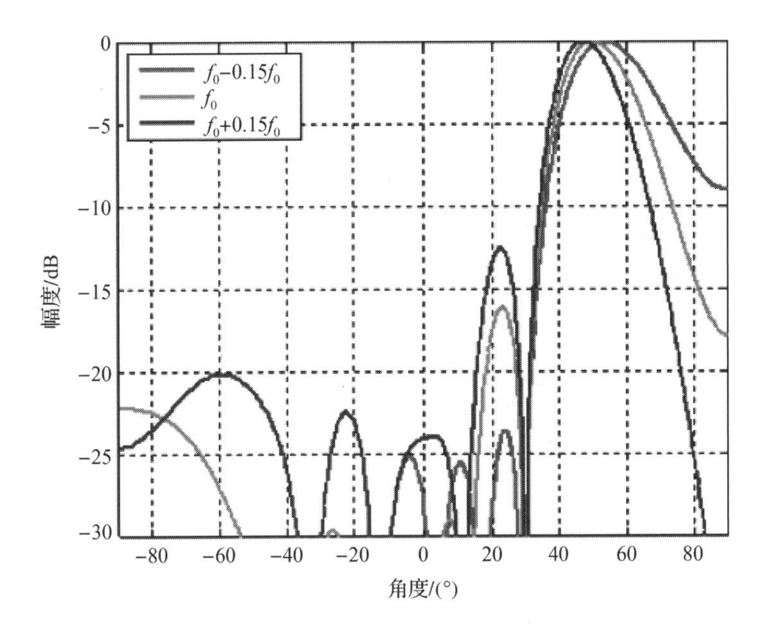

图7－37　波束指向随频率偏斜仿真结果（书后附彩插）

就是采用切割一段长度的光纤来实现，但是切割的精度决定了延时的精度。不同频率电磁波在不同媒质中的相位与传播距离的关系：

$$\Delta l=\frac{\Delta\phi\cdot\lambda}{2\pi\cdot n_{\mathrm{eff}}}$$

图7－38给出了不同频率电磁波在等效折射率为1（空间）和1.5（光纤）中传播的相位变化1°时的距离曲线。从图中可以看出，工作频率越高，对延时线切割精度的要求越高。图7－39给出了不同频率电磁波相位与时延变化对应关系。

为保证数据传输的连续性，光控相控阵天线采用可变光延时器实现波束扫描。工程实现上采用基于光开关切换和光纤环的OTTD或基于可调谐激光器和光传播色散的OTTD是比较合适的方案。好的光纤延迟线除具有良好的幅频、相频特性外，还有宽带宽、长延时、低噪声、低失真、高线性、大的动态范围等特点。目前，低损耗窗口波段光纤（如波长为1.31 μm，1.55 μm）的最低损耗为0.2 dB/km。

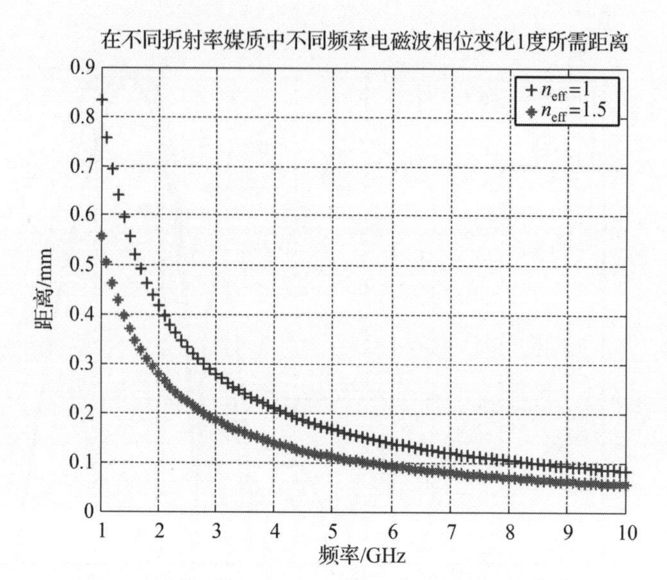

图 7-38　等效折射率为 1 和 1.5 中传播的相位变化

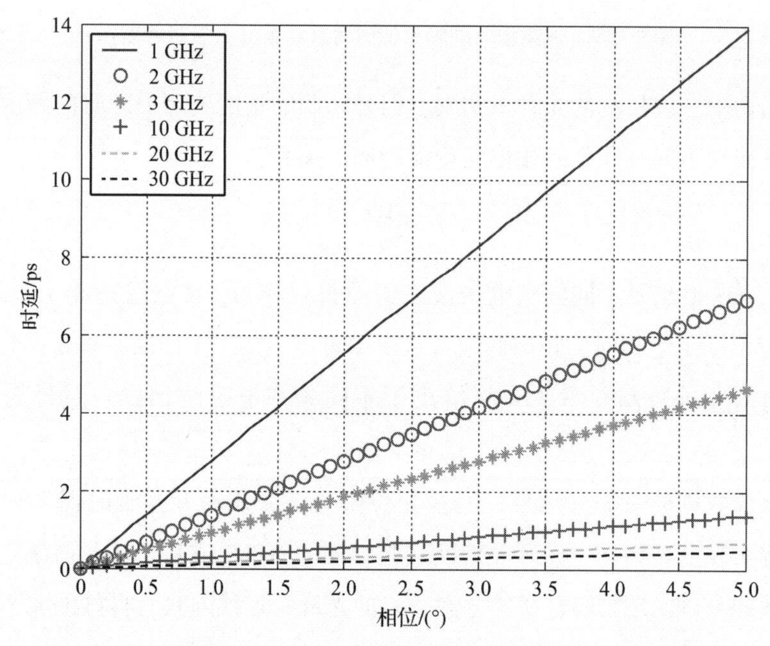

图 7-39　不同频率电磁波相位与时延变化对应关系（书后附彩插）

基于光开关的可变光波束形成网络性能稳定，在工程应用上较为广泛。光开关是系统光交换的基本元件，光开关的作用有三类：其一是将某一光纤通道的光信号切断或开通；其二是将某波长光信号由一光纤通道转换到另一光纤通道去；

其三是在同一光纤通道中将一种波长的光信号转换为另一种波长的光信号（波长转换器）。依据不同的光开关原理，光开关可分为机械光开关、热光开关、电光开关、磁光开关和声光开关。依据光开关的交换介质，光开关可分为自由空间交换光开关和波导交换光开关。目前常用的光开关有微机电系统光开关、喷墨气泡光开关、热光开关、磁光开关、液晶光开关、全息光开关、声光开关、液体光栅开关、SOA光开关等。其中，磁光开关、微机电系统光开关、电光开关和热光开关正在开发大规模集成的开关网络模块。

在光开关的技术指标上，要求光开关器件具有更高的工作速度、更低的插入损耗和更长的工作寿命；在器件的体积上，为使器件小型化就要求器件有更高的集成度。光开关还要求具有良好的稳定性和可靠性。光开关的特性参数主要有插入损耗、回波损耗、隔离度、串扰、工作波长、消光比、开关时间等。

光耦合器从功能上可分为两类：①对光功率进行分配的耦合器，这类耦合器通常又称为分路器（splitter）；②按光波长进行分配的耦合器，这类耦合器通常又称为波分复用器。光分路器是对信号光功率按需要的功率分配比来做成的光无源器件，可以1分2、1分4、1分16等，光分路器的分光比需要足够准确，否则会影响指标质量。光分路器是一路入多路出，波分复用器是多路入多路出或一路出。光耦合器按其端口配置的形式，可分为Y形（1×2）、X形（2×2）、树形（$1\times N$）、星形（$N\times N$），一般由单个的1×2（Y形）耦合器和2×2（X形）耦合器级连而成；从工作波长和带宽可分为单窗口窄带型、单窗口宽带型、双窗口宽带型；从光传输模式可分为单模耦合器、多模耦合器；按照制作方法分为熔融拉锥型、微光学型及波导型三种。光耦合器考虑的性能参数指标有中心波长、波长范围、典型插入损耗、最大插入损耗、最小消光比（只定义偏振光分路器）、回波损耗、最小方向性、最大承载功率、光纤类型、最大承载拉力、工作温度、储存温度。

光控相控阵天线实际系统中总是存在各种各样的误差，误差的存在是客观的，也是无法完全消除的。误差的来源可以分为以下几类。

（1）通道幅频和相位特性的不一致。接收机是由低噪放和电光调制器等模拟电路组成的，很难保证各接收通道的一致性，而且器件的发热和老化使器件输入、输出之间的电路性能发生变化。

（2）阵列的位置误差。风力变形、重力变形、阵列安装的空间位置误差等均可能引起阵列的位置误差。

（3）阵元间的互耦。由于天线阵中阵元间的距离较小，它们之间的电磁耦合使阵元表面处的场及其电流分布都发生了变化，因而其阻抗也发生了变化。

（4）系统通道时延特性的不一致。由于光波束形成网络通道的一致性存在加工偏差，通道时延不可避免地存在加工公差导致的时延不一致性，对于大规模阵面，这种通道的时延偏差是随机产生的，通道之间的时延差也是随机的。

这些误差最后都可归结为通道的幅相误差，通道间的幅相不一致会引起波束形成的指向误差。除上述误差外，多路数模转换通道也会引起通道间信号幅相的不一致。如何消除通道间的幅相不一致性，或者将通道间信号的幅相不一致性降低到可接受的范围，就是天线校正模块的工作。天线校正部分主要实现两部分功能：首先，仿真分析要达到满意的波束效果，最大可承受的通道间信号的幅度和相位不一致的范围；其次，采用一定的校正方法将信号的幅相不一致性校正到波束形成网络允许的程度。

采用光控波束形成技术研制相对带宽 30% 的 19 元光控相控阵天线，对该光控相控阵天线进行测试验证。测试结果如图 7－40 所示，在相对带宽 30% 范围内，天线扫描到 50°时天线波束指向未发生变化，验证了光控相控阵天线对“孔径效应”的抑制作用，如图 7－41 所示。

图 7－40　S 频段光控相控阵天线

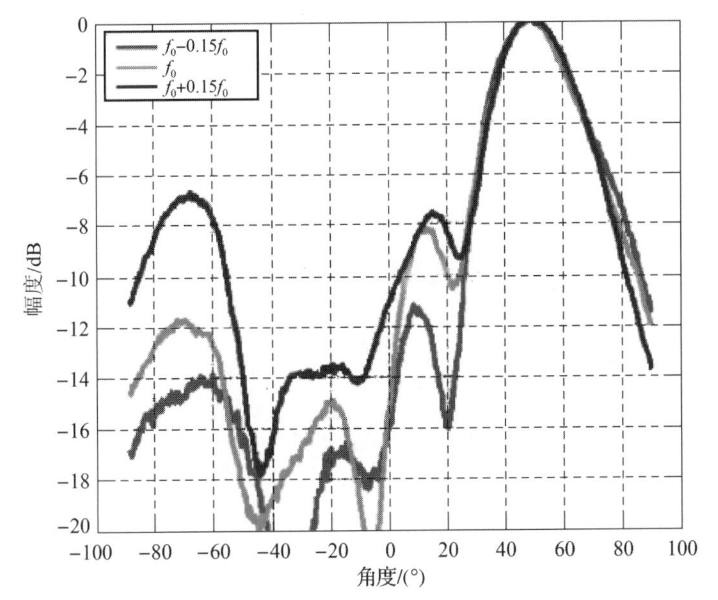

图 7－41　S 频段光控相控阵天线扫描 50°实测方向图（书后附彩插）

7.4　发展趋势

光纤是符合 OTTD 基于光控相控阵雷达产生延迟和实现信号分配要求的一种优良介质，但是与射频 MMIC 技术相比，分立器件采用光纤连接的方案在重量和体积等方面已经难以满足高频段、高集成度光控相控阵系统应用需求，集成光波导实现 OTTD 技术已经成为高频段光控相控阵的关键技术和重要的技术支撑。

国内采用分立器件光控相控阵天线的光控波束形成网络经历了几代研制。其中第一代工作在 L 频段，验证了光学波束形成技术的可实现性，国内首次在光波上实现波束形成，对光学应用于微波天线波束形成进行了探索，对相控阵天线"孔径效应"的抑制提供了技术参考（图 7－42）。在 L 频段光控相控阵天线研制基础上开展 S 频段多波束光控相控阵天线的研究，验证了高灵敏电光转换、可变光延时、多光束集成探测等多项关键技术，研制的 8 波束光控波束形成网络具有带宽大、抗电磁干扰等优点（图 7－43）。为了突破高精度可变光延时网络关键技术，开展了工作在 Ka 频段多波束光控相控阵天线的研究，实现了亚 ps 级可变光延时等多项关键技术，光控波束形成网络的集成度不断提高，波束形成网络尺寸控制在 320 mm × 260 mm × 150 mm，质量控制在 8.8 kg，如图 7 – 44 所示。

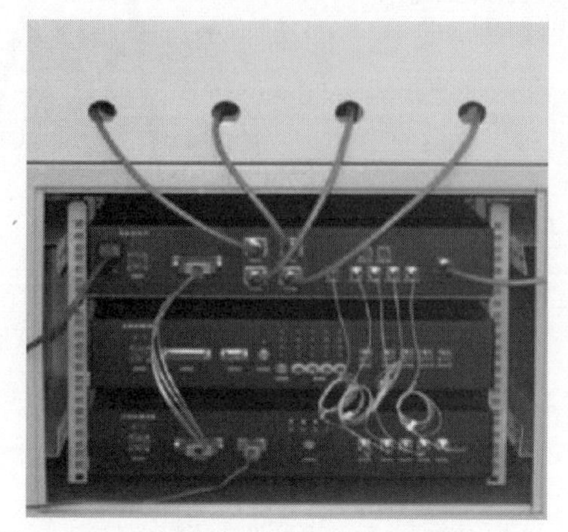

图 7 – 42　我国首个 L 频段光控相控阵天线样机

图 7 – 43　星载 S 波段 8 波束光控相控阵天线样机

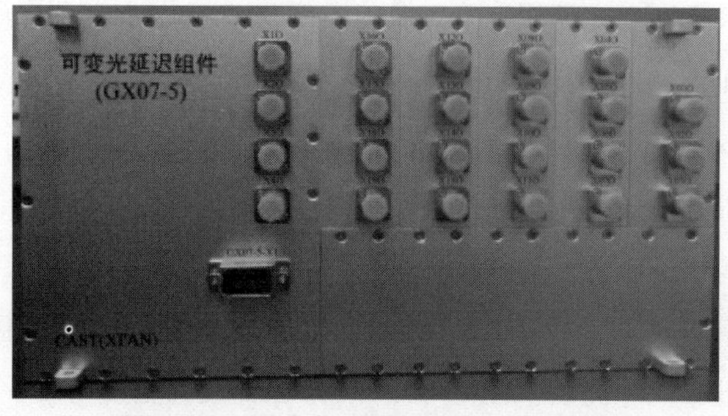

图 7 – 44　国产 Ka 频段可变光延迟组件

虽然分立器件组成的光控波束形成网络的集成度越来越高，但是从使用的器件规模上已经无法满足高频段、高集成相控阵天线的需求。集成光波导 TTD 具有集成化程度高、时延精确、稳定性好等优点，是目前极受重视的 TTD 实现方式，更是高集成度光控波束形成网络发展的方向，特别是高频光控相控阵天线中理想的 TTD 技术。鉴于近几年集成光波导 TTD 技术在光波导的高损耗问题的有效控制和能力提升，已具备集成光波导 TTD 技术的工程实现可行性。

我国也突破了可变光延迟网络的芯片化研究，采用基于片上热光开关的光程切换光控波束形成技术，实现了基于集成光波导的 Ka 频段 4 波束高集成度光控相控阵天线研制，突破了高密度光集成芯片高精度可变光延时控制、微波光子芯片的混合集成与封装等关键技术（图 7－45），针对性地开展了微波光子器件和芯片的空间环境试验，提升了光控相控阵天线空间应用的技术成熟度。

图 7－45　基于星载应用的高集成度光控相控阵天线样机

光控相控阵天线向片上集成的方向发展，目前国际上已经完了两代片上集成的光控波束形成网络。其中，第一代片上集成光控波束形成系统实现了不同材料的的光芯片互联，验证了异质片上集成的可行性（图 7－46），第二代片上集成光控波束形成系统完成了整个光控波束形成网络的片上集成，并且输入、输出均为射频接口，实现了微波光子的部分集成（图 7－47），为后续微波光子芯片级集成提供了思路。

图 7-46　第一代片上集成光控波束形成系统

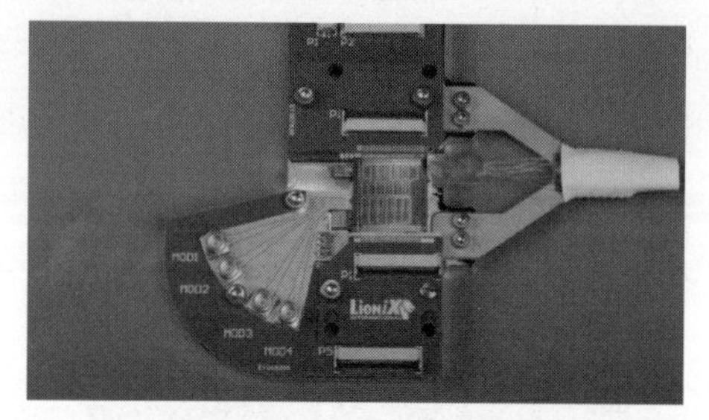

图 7-47　第二代片上集成光控波束形成系统

未来光控相控阵天线必将向片上微波光子系统集成的方向发展，充分发挥微波优势和光子优势，实现微波光子技术高度融合的光控相控阵天线片上系统，如图 7-48 所示。

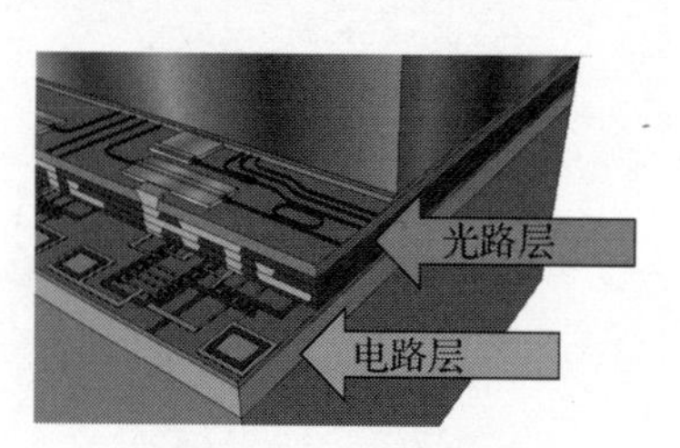

图 7-48　未来目标

从国外发展现状来看，光控相控阵天线技术已成为宽带相控阵天线一个重要发展方向，光控相控阵天线地面应用已渐趋成熟，各国正大力开展星载高频宽带通信应用及相关光电子器件的空间试验研究，随着该技术逐渐成熟，其未来空间应用将日益广泛，在星载通信应用中将发挥越来越大的作用。

第 8 章 星载功放器件

微波光子通信卫星有效载荷功器件主要包括低噪声放大器（low noise amplifier，LNA）、高功率放大器和光放大器。其中，低噪声放大器主要用于天线接收弱微波信号的功率放大。高功率放大器用于发射微波信号的高功率放大。光放大器主要用于微波光子链路中的功率放大和光功率损耗补偿。

8.1 低噪声放大器

8.1.1 功能及需求

低噪声放大器是通信、雷达、电子对抗等微波系统的关键功率器件。低噪声放大器已广泛用于无线通信，几乎可以在所有微波系统中应用，如无绳电话、蜂窝电话、无线局域网网络、卫星上行链路/下行链路，以及多普勒雷达等系统。在卫星有效载荷中，低噪声放大器主要用于天线接收弱信号的功率放大，放大后的微波信号送入后级射频接收通道。

低噪声放大器在对微波信号进行放大的同时，要求尽可能地减少噪声和失真，以便维持系统的信噪比，从而满足后续信号接收处理需求。由于来自低噪声放大器的任何噪声都会直接注入接收信号中，低噪声放大器在放大所需信号时添加尽可能少的噪声，降低信号失真。因此性能优良的低噪声放大器应具备尽可能高的增益（通常以 dB 为单位）和尽可能低的噪声系数（在给定频率或感兴趣的频率范围内也以 dB 为单位）。由于低噪声放大器用于放大微弱信号，在卫星系统中，为了减少同轴电缆线路或者波导馈线的损耗，低噪声放大器放置在接收电路前端、天线后端。

由于卫星接收很弱的微波信号，要求低噪声放大器第一级具有高放大率，结型场效应晶体管（JFET）和高电子迁移率晶体管（HEMT）被认为是 LNA 的不错选择。用作 LNA 的材料主要有硅、锗硅（SiGe）和砷化镓（GaAs），对应的器件类型主要有 Si BJT（双极结型晶体管）、SiGe BJT、GaAs FET（场效应晶体管）、GaAs MESFET（金属－半导体场效应晶体管）、GaAs pHEMT（伪形态高电子迁移率晶体管）、GaAs HBT（异质结双极性晶体管）和 SiGe HBT。

在卫星载荷中，降噪和增益放大优先于能量和功率效率，因此使用大的偏置电阻器来防止弱信号泄漏，并且在大电流状态下驱动，从而降低了 HEMT 的相对散粒噪声量，采用输入和输出匹配电路增加增益。如果有许多相邻的通带干扰，则需要在其前面加一个带通滤波器来抑制干扰信号通过天线的泄漏，但该滤波器通常会削弱噪声系统的性能。

目前，低噪声放大器从微波频段已经发展到亚毫米和太赫兹区域，单片微波集成电路已得到广泛使用。20 世纪 80 年代中期的 MMIC 计划带来了设计上的重大进步，包括 GaAs MMIC 组件的制造和测试能力。与 MIC（微波集成电路）离散混合同类产品相比，MMIC 具有更低的成本、更容易组装的显著优势。在卫星载荷中，低噪声放大器必须具有适应空间环境的能力。

GaAs LNA MMIC 技术成熟，通常规格显示增益和噪声系数作为频率的函数，参见图 8－1。典型的星载低噪声放大器如图 8－2 和图 8－3 所示。

8.1.2 工作原理

1. 噪声系数与噪声温度

噪声普遍存在于自然界乃至整个宇宙。1965 年，美国射电天文学家 A. Penzias 和 R. Wilson 发现宇宙中存在着温度为 3 K 的背景辐射，相当于温度为 3 K 的黑体辐射。在热力学温度超过零度时，所有元件都会形成热振动，从而产生噪声功率；此外，半导体固体器件和电真空器件的空穴流与电子流也会形成噪声功率。载流子、材料和器件的电荷随机运动产生的噪声主要包括以下几种。

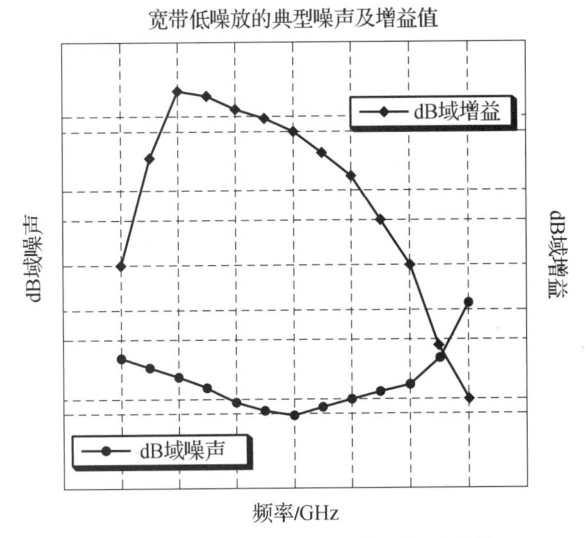

图 8－1　低噪声放大器的典型规格曲线

图 8－2　Ka 频段星载低噪声放大器组件

图 8－3　Ka 频段星载低噪声放大器

散粒噪声：主要由固态器件和电子管中载流子随机运动所产生。

热噪声：这一噪声又被称为 Nyquist 噪声或 Johnson 噪声，主要是电荷热振动受束缚所导致的，是一种最为常见的噪声。

等离子体噪声（plasma noise）：是由在电离气体（诸如等离子体、电离层或火花放电）中的电荷随机运动所形成的。

闪烁噪声：主要发生在真空电子管或固态元件当中，由于频率 f 和功率成反比，因此又被称为 $1/f$ 噪声。

量子噪声：主要是由光子和载流子的量子化性质所形成的，这种噪声的影响较小，相对于其余噪声源来讲，这种量子噪声通常是无关紧要的。

图 8-4 描述了一个有噪电阻上形成的随机电压变化过程，在这个过程中，电子是随机运动的，随着温度 T 的升高，电子动能也会增大，电子的随机运动会对随机电压的幅值形成一定的影响，导致电压出现涨落。

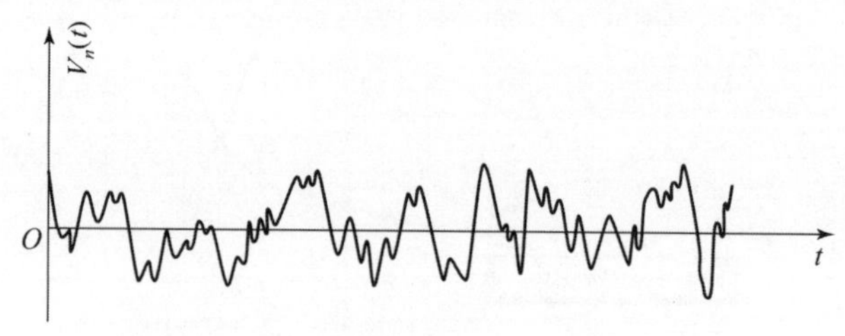

图 8-4 一个有噪电阻上形成的随机电压

其电压 $V_n(t)$ 为一随机过程，平均值为零，但均方根不为零，基于普朗克黑体辐射定律可以得到

$$V_n = \sqrt{\frac{4hfBR}{e^{hf/kT}-1}} \tag{8-1}$$

式中，R 为电阻，Ω；f 为频带的中心频率，Hz；B 为系统带宽，Hz；T 为热力学温度，K；k 为玻尔兹曼常数；h 为普朗克常数。

式（8-1）是基于量子力学分析所得到的公式，适用于所有频率。此外，还可以对式（8-1）进行简化，得到微波毫米波频率下的公式：

$$V_n = \sqrt{4kTBR} \tag{8-2}$$

这便是 Rayleigh-Jeans 近似，微波领域通常使用该式。Rayleigh-Jeans 近似中的噪声功率不随频率变化，称为白噪声或高斯噪声。但是，在极高频率及极低频率下 Rayleigh-Jeans 近似不成立。

可以基于戴维南等效电路将上述有噪声电阻转换为电压源和无噪声电阻 R，具体如图 8-5 所示。

当接上一个负载电阻 R 后，其将获得功率 P_n 为

$$P_n = \left(\frac{V_n}{2R}\right)^2 R = kTB \tag{8-3}$$

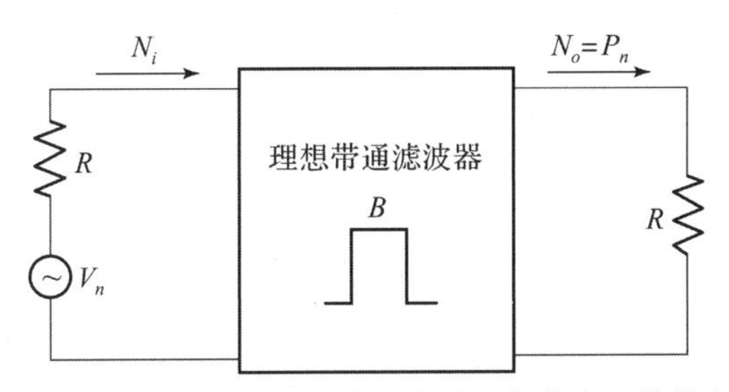

图8-5 有噪电阻将最大功率传输给负载电阻等效电路

将上述有噪电阻看成黑盒子，该黑盒子为任意“白色”噪声源，那么噪声功率不是频率的强函数，就可以用一个等效噪声温度（equivalent noise temperature）来表征，T_e就称为噪声温度。如图8-6所示，N_i为任意白噪声源的输出噪声功率，若该噪声源输出阻抗为R，且将噪声功率N_o传递到负载电阻R上，则该噪声源就可用等效温度温度T_e下的阻值为R的有噪电阻来等价。

$$T_e = \frac{N_o}{kB} \tag{8-4}$$

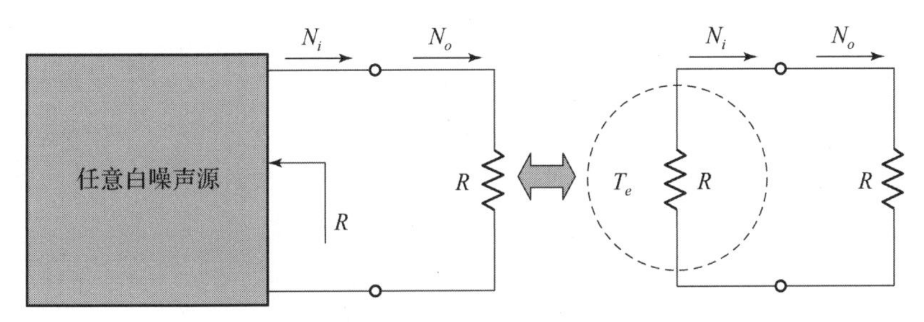

图8-6 任意白噪声源的等效噪声温度 T_e

在微波频段，自然界噪声功率与热力学温度相关。根据式（8-4）可得，-174 dBm/Hz为室温条件下自然界噪底。这是微波工程常用的数据之一。

微波系统自身可以形成噪声，也可以是外部形成向系统内传递。除了可用等效噪声温度表征微波元件外，还可采用噪声系数F进行度量，这一参数表征元件输入、输出信噪比特征，计算表达式为

$$F = \frac{S_i/N_i}{S_o/N_o} = \frac{S_i/N_i}{GS_i/(N_a + GN_o)} = \frac{N_a + GN_i}{GN_i} \tag{8-5}$$

式中，N_i和N_o分别为输入噪声功率和输出噪声功率；S_i和S_o分别为输入信息和输出信号；N_a为有噪网络自身产生的噪声功率；G为该网络的增益，用分贝数

表示噪声系数，此时

$$\mathrm{NF} = \log F \tag{8-6}$$

另外，有噪网络的噪声系数还可通过等效噪声温度来度量。假设增益、带宽分别为 G、B 的有噪网络，在温度为 0 K 的前提下，噪声功率 N_i 也为 0，在这种情况下，有噪网络是形成噪声功率 N_a 的唯一原因。若该网络的理想部分即无噪网络输入端接源电阻 R 处在 T_e 温度下，且经过网络的噪声功率仍为 N_a，则 T_e 就是该有噪网络的等效噪声温度。其中，T_e 满足

$$T_e = \frac{N_a}{GkB} \tag{8-7}$$

由此可得噪声系数为

$$\mathrm{NF} = \log \frac{GkBT_e + GkBT_0}{GkBT_0} = \log \frac{T_e + T_0}{T_0} \tag{8-8}$$

2. 低噪声放大器工作原理

高电子迁移率晶体管是星载低噪声放大器使用的核心器件。分析该器件的小信号电路模型，一般来说是建立该器件的小信号 S 参数，用以模拟和分析 HEMT 器件的等效电路值。

在电子电力等低频段电路或系统中，通常采用的是传输参数矩阵 $\boldsymbol{H}$ 来描述电路或系统的网络特性，这种电路或系统大都可以通过开路或者短路的方法在固定的频率点处获得电压或者电流参数的值，进而得到整个电路或系统的网络传输响应。然而在微波或者射频领域，这种传统的测试电流电压的方法有明显的弊端，信号在微波或者射频频段，容易产生回波反射现象，导致实际的电路或者系统的等效电压或电流很难测量，同时在微波或者射频频段，短路和开路方法是无法实现的。但是很多微波器件的参数依然是从最基本的端口电压和电流测量得到的，只是对微波器件参数的描述中，功率是微波测量中最基本的测量参数，相应地引入入射功率和反射功率，来建立更适合微波网络分析的数学模型，进而对微波网络的参数进行测量。

微波电路及元器件一般可归为一端口、二端口、三端口或 N 端口网络。对于二端口网络的微波元器件的性能进行描述，一般采用 S 参数。如图 8-7 所示，在该二端口网络中，归一化的反射功率 b_1、b_2 和归一化的入射功率 a_1、a_2 是与

该双端口网络归一化电压和归一化电流一样存在线性关系的。那么该二端口网络的 S 参数即 S_{12} 为反向传输系数，S_{21} 为正向传输系数，S_{11} 为输入反射系数，S_{22} 为输出反射系数。

图 8-7　二端口网络 S 参数示意图

对于一个二端口网络来说，关系见式（8-9）：

$$\begin{aligned} b_1 &= S_{11}a_1 + S_{12}a_2 \\ b_2 &= S_{21}a_1 + S_{22}a_2 \end{aligned} \tag{8-9}$$

用矩阵来表示为

$$\begin{bmatrix} b_1 \\ b_2 \end{bmatrix} = \begin{bmatrix} S_{11} S_{12} \\ S_{21} S_{22} \end{bmatrix} \begin{bmatrix} a_1 \\ a_2 \end{bmatrix} \tag{8-10}$$

式（8-9）和式（8-10）中，b_1、b_2 为端口处反射波的反射功率；a_1、a_2 为端口处入射波的入射功率。式（8-9）中涉及的等式有两个，而输入波到反射波的推导涉及的参数共有 4 个，从方程角度来讲，还需要额外两组线性独立的 a_1、a_2 值来构成 4 个等式，这样才能解出完整的 S 参数，为了简化运算，这里我们可以让 a_1、a_2 分别等于零，就能得到 b_1、b_2 的测量值：

$$S_{11} = \left.\frac{b_1}{a_1}\right|_{a_2=0} \tag{8-11}$$

式（8-11）代表端口 2 同负载匹配的情况下，端口 1 的输入反射系数。

$$S_{21} = \left.\frac{b_2}{a_1}\right|_{a_2=0} \tag{8-12}$$

式（8-12）代表端口 2 同负载匹配的情况下，端口 1 向端口 2 的传输系数。

$$S_{12} = \left.\frac{b_1}{a_2}\right|_{a_1=0} \tag{8-13}$$

式（8-13）代表端口 1 同负载匹配的情况下，端口 2 向端口 1 的传输系数。

$$S_{22} = \left.\frac{b_2}{a_2}\right|_{a_1=0} \tag{8-14}$$

式（8－14）代表端口1同负载匹配的情况下，端口2的输入反射系数。

可以由式（8－11）～式（8－14）的物理含义看出，S 参数实际上表达的是二端口网络的匹配参数。

通常来讲，有源器件（如HEMT等）等效电路元件在毫米波频段的参数确定难度较大，且由于等效电路结构十分复杂，等效电路的实际应用价值并不高。在设计小信号放大器的过程中，可以考虑引入 S 参数及噪声参量，在固定偏置下，可以通过测量获取 S 参数及噪声参量，也可以由器件制造商负责提供相应的 S 参数及噪声参量，图8－8详细展示了HEMT器件的二端口网络。

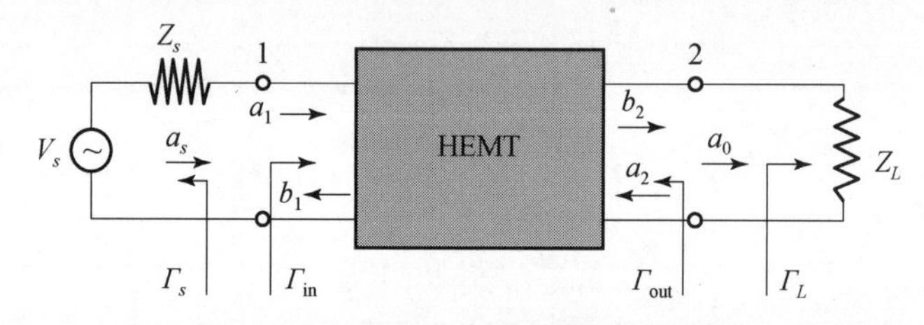

图8－8　HEMT二端口网络示意图

基于式（8－15）和式（8－16）能够计算带有任意源阻抗 Z_s 的输出反射系数 Γ_{out} 和有任意负载 Z_L 的输入反射系数 Γ_{in}，具体如下：

$$\Gamma_{in}=S_{11}+\frac{S_{12}S_{22}\Gamma_L}{1-S_{22}\Gamma_L} \tag{8-15}$$

$$\Gamma_{out}=S_{22}+\frac{S_{12}S_{22}\Gamma_s}{1-S_{11}\Gamma_s} \tag{8-16}$$

式（8－15）、式（8－16）中，Γ_s 为源阻抗的反射系数；Γ_L 为负载的反射系数，此外，基于图8－8可得

$$b_1=\Gamma_{in}a_1 \tag{8-17}$$

$$a_1=\Gamma_s b_1+a_s \tag{8-18}$$

$$a_2=\Gamma_L b_2 \tag{8-19}$$

式（8－18）中，a_s 为归一化入射波，图8－8中的实际输入功率如下：

$$P_{in}=\frac{1}{2}|a_1|^2-\frac{1}{2}|b_1|^2=\frac{1-|\Gamma_{in}|^2}{2|1-\Gamma_{in}\Gamma_s|^2}|a_s|^2 \tag{8-20}$$

在进行共轭匹配的过程中，网络获取的信号最大输出功率即资用功率为

$$P_{ina}=\frac{\frac{1}{2}|a_s|^2}{1-|\Gamma_s|^2} \tag{8-21}$$

同理，设 a_0 为从网络输入端看的等效输出波，则网络输出给负载的功率为

$$P_{out}=\frac{1-|\Gamma_L|^2}{2|1-\Gamma_{out}\Gamma_L|^2}|a_0|^2 \tag{8-22}$$

资用功率：

$$P_{out}=\frac{\frac{1}{2}|a_0|^2}{1-|\Gamma_{out}|^2} \tag{8-23}$$

由式（8-24）、式（8-25）、式（8-26）可以得到 a_0。

$$b_1=\frac{S_{21}a_1}{1-S_{22}\Gamma_L} \tag{8-24}$$

$$a_1=\frac{a_s}{1-\Gamma_s\Gamma_{in}} \tag{8-25}$$

$$b_2=\frac{a_0}{1-\Gamma_{out}\Gamma_L} \tag{8-26}$$

$$a_0=\frac{S_{21}(1-\Gamma_{out}\Gamma_L)}{(1-S_{22}\Gamma_s)(1-\Gamma_{ss}\Gamma_{in})}a_s \tag{8-27}$$

基于晶体管的等效二端口噪声网络理论可得，源阻抗下的噪声参量可通过式（8-28）进行计算：

$$\mathrm{NF}=\mathrm{NF}_{min}+\frac{R_n}{G_s}[(G_s-G_{opt})^2+(B_s-B_{opt})^2] \tag{8-28}$$

式中，R_n 为信源导纳 Y_s 对 NF 的影响程度，即等效噪声电阻；Γ_{opt} 为最佳源反射系数；$Y_{opt}=G_{opt}+jB_{opt}$ 为最佳源导纳；NF_{min} 为最佳噪声系数；$Y_s=G_s+jB_s$ 代表信号源输入导纳；其中 Γ_s、Γ_{opt} 的计算公式如下：

$$\Gamma_s=\frac{Y_0-Y_s}{Y_0+Y_s} \tag{8-29}$$

$$\Gamma_{opt}=\frac{Y_0-Y_{opt}}{Y_0+Y_{opt}} \tag{8-30}$$

那么式（8-28）可表示为

$$\mathrm{NF}=\mathrm{NF}_{min}+4\frac{R_n}{R_0}\frac{|\Gamma_s-\Gamma_{opt}|^2}{|1+\Gamma_{opt}|^2(1-|\Gamma_s|^2)} \tag{8-31}$$

通常将式（8－31）中的R_0设定为50 Ω，NF_{min}、R_n、Γ_{opt}为频率的函数，代表晶体管的等效噪声参数。工艺、结构、材料是影响上述参数取值的主要原因，具体参数可以通过实测或基于理论模型计算得到。

8.1.3 发展动态

低噪声放大器的发展得益于微波集成电路技术的长足进步和应用。卫星通信技术的快速发展，离不开微波集成电路的技术发展，半导体理论及工艺的提高，使得微波半导体有源器件陆续研制成功。它们具有体积小、寿命长、噪声低和功耗小等特点，为卫星通信等工业技术的普及和提升奠定了坚实基础。早期的星载低噪声放大器采取异质结晶体管作为主要的低噪声放大器用射频半导体器件，需要设计外围的匹配电路来实现电路的功能，如图8－9所示。

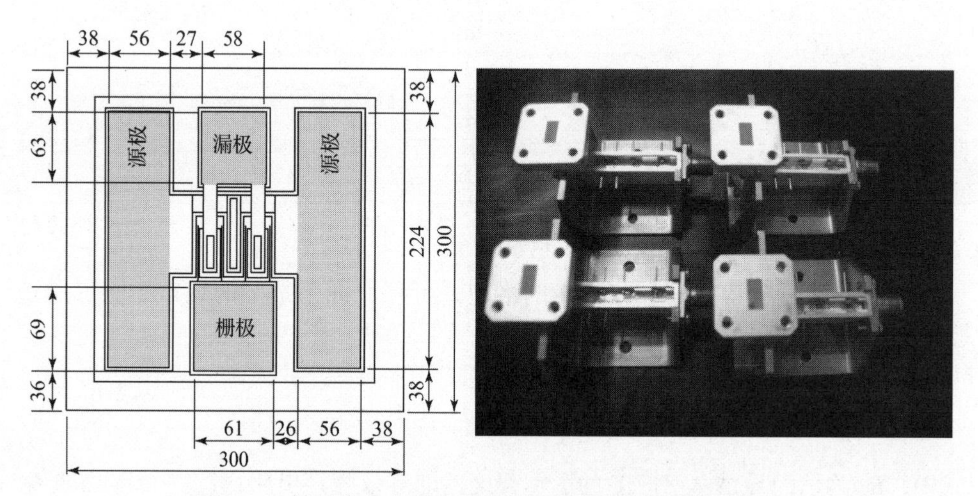

图8－9 低噪声放大器管芯和基于管芯的星载低噪放实物

20世纪70年代末，单片微波集成电路成为微波技术领域的一个重要方向。由半导体材料（如GaAs等）制作的有源元件、无源元件、传输线以及互联线等，通过特定的半导体工艺组合，构成了具有完整功能的电路。2010—2020年，基于MMIC技术的星载低噪声放大器得到长足发展，日本NEC、法国TAS以及国内宇航企业的星载低噪声放大器产品均基于MMIC技术。MMIC技术集成度更高，将管芯和匹配电路部分均集成在一颗芯片上，更加便于后期整机的使用（图8－10）。基于MMIC技术的星载微波低噪声放大器单片的典型性能指标如表8－1所示。

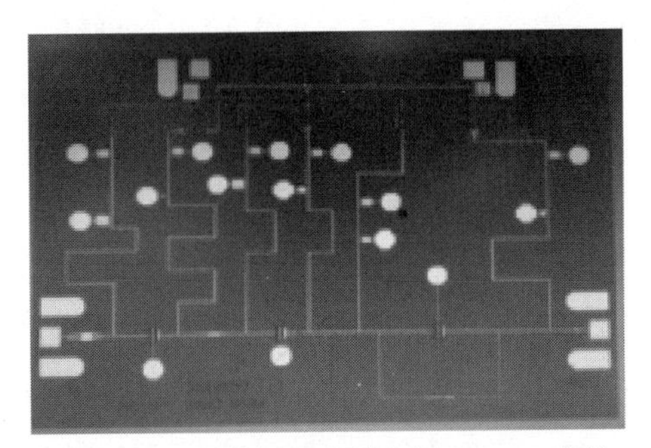

图8－10　星载低噪声放大器 MMIC 实物

表8－1　典型低噪声放大器单片指标

L波段	C波段	X波段	K波段	Ka波段	V波段
1.5～1.8 GHz	4～7 GHz	7～13 GHz	18～26 GHz	22～32 GHz	46～53 GHz
NF＝0.6 dB	NF＝1.0 dB	NF＝1.1 dB	NF＝1.8 dB	NF＝2.0 dB	NF＝2.8 dB

8.2　高功率放大器

8.2.1　功能及需求

功率放大器（PA）是转发器放大发射信号的主要部件，其输出功率会影响卫星系统的EIRP值，在无线网络静态能耗中占据了大权重。射频功放、电源等硬件，是能耗的具体载体。高功率、高效率是星载功率放大器设计的基本要求和出发点。

1. 空间固态功率放大器

固态功率放大器是一种利用直流能量供给，将输入的低功率射频信号转发为大功率射频/微波信号的电路（图8－11）。功率放大器通常具有高效率、高功率压缩，输入和输出的良好回波损耗，良好的增益和最佳的散热。功放种类繁多，最近几年在性能上有了很大的提升。用于空间应用的放大器的主要优点是它们的高可靠性、低质量和小尺寸、高线性度与改进的系统灵活性。在效率方面，作为卫星载荷中消耗功率最大的模块，功放的效率提高也是卫星载荷中的关键技术，不仅可以使转发器在更低的能耗下工作，同时可以降低转发器的运行成本，并提高通信系统工作的稳定性。在线性方面，由于功放处于发射端的末级，它是卫星发射信号失真的主要来源。在大功率功放下，功放通常具有非常强烈的非线性效应和记忆效应，会影响发射信号的质量。这些影响主要包括带内和带外两个方面，带内失真影响通信质量，带外失真会影响邻道。由于无线通信频谱资源日益拥挤，需要在一定的带宽内无失真地实现更大的业务量，而功放本身的失真又不可避免，因此就产生了又一类学科方向，即功放线性化技术，以此来保证通信系统的线性度。总体而言，功放技术的发展就是在一定的功率等级上，实现更高的效率和更大的线性度。

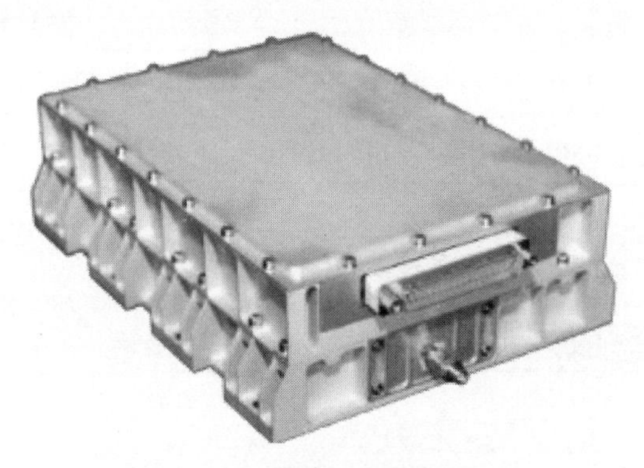

图 8－11　星载固态功率放大器

功率放大器，简言之，其将 DC 输出功率转换为一定量的微波输出功率。在很多情况下，一个 PA 不仅仅是一个小信号放大器驱动到饱和这么简单的概念。这里存在很多不同的功率放大器，仅仅在高效化方面，就有很多广泛使用的技术。其从最早只具有放大功能的简单 AB 类电路，到现在的大规模应用和产业化，已经包含电路、算法和结构等多方面的系统化技术，研究领域越来越开阔，研究课题也越来越广泛。功率放大器以及相关技术由图 8－12 给出。

图 8－12 所示的功率放大器系统可以分为两大类：第一类是功放系统电路，主要研究电路级的应用，包括高效功放、功放结构以及大规模生产技术；第二类是信号处理部分，主要配合功放系统，研究功放输入、输出信号的特征，包括数字预失真等。这两大类技术中，核心部分是功放系统电路，信号处理部分可以对功放的性能进行改进。

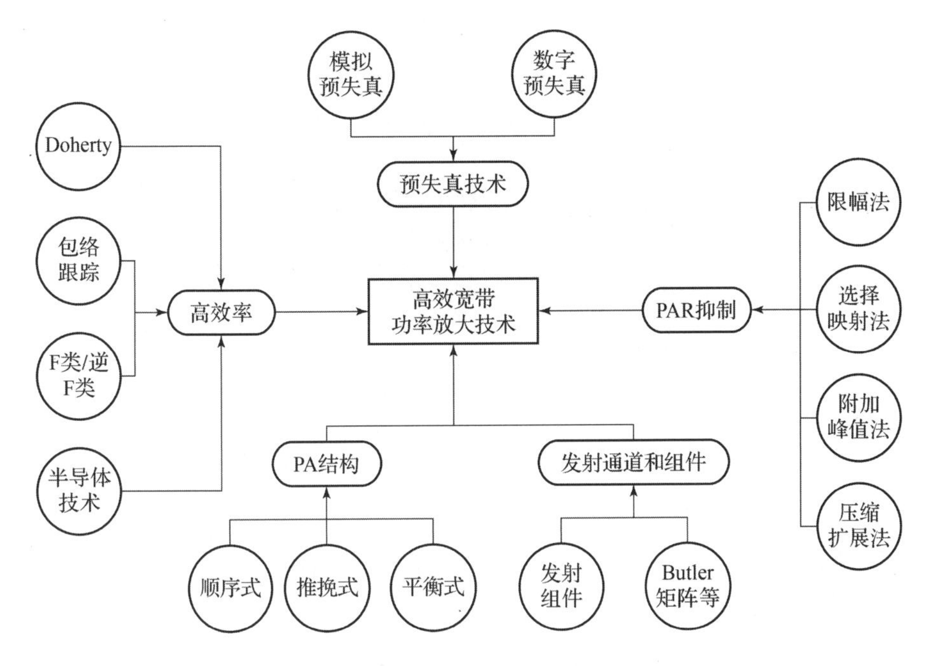

图 8－12　功放系统技术发展框图

2. 空间行波管放大器

空间行波管广泛应用于通信卫星、侦察卫星、导航卫星、资源卫星、气象卫星、海洋卫星以及载人航天与探月工程等领域的转发器和数据传输系统。作为末级微波功率放大器的核心部件，空间行波管的主要作用就是利用其高增益、高线性度的特性将微弱的通信信号高质量放大，从而延长通信距离、提高通信质量。

行波管诞生于 20 世纪 40 年代，由英国科学家康夫纳发明。美国物理学家皮尔斯等对行波管理论的发展，为行波管的广泛应用和高速发展奠定了基础。

而空间行波管作为一种特殊环境应用的行波管，于 1967 年由贝尔实验室制造并首次应用于“电星一号”（Telestar－1）卫星，奠定了商用卫星通信的技术基础。至此之后，70% 以上的卫星通信系统都配备了空间行波管放大器（图 8－13）。空间行波管遵循行波管的基本结构和原理，但在尺寸、质量、寿命和性能等方面具有极高的要求，是目前真空电子器件研究和应用的重点之一。多种不同功能卫星的高速发展，也推动着空间行波管相关技术的进步，对其种类、覆盖频段及性能指标都提出了更高的要求。

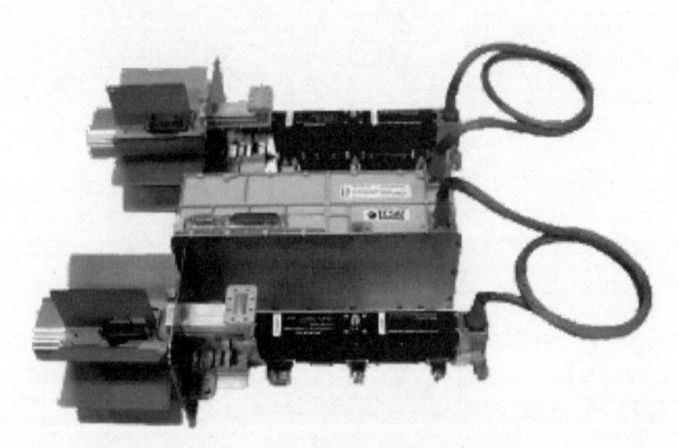

图 8-13 空间行波管放大器

（1）高效率。通信卫星上 80%~90% 的能量被空间行波管放大器所占用。因此，提升空间行波管效率，不仅可以节约卫星本来就十分有限的能量，而且在相同的电源功耗情况下，卫星可以携带更多的空间行波管，对商用卫星而言，可以极大地提升经济效益。

（2）高可靠、长寿命。首先，外太空环境复杂多变，空间行波管必须具有极高的可靠性，以应对各种严苛环境及太空辐射对其性能的影响。其次，由于空间行波管在外太空运行，现阶段基本上无法对其维修或更换，因此通常需要空间行波管具有 10 年以上的寿命。

（3）体积小、质量轻。星载设备对体积和质量都具有严格的要求：减小体积可以节省卫星内部空间，有助于提升有效载荷；降低质量可以减少卫星发射成本、提高经济效益。

（4）更高的性能指标。首先，大功率、高增益及宽频带的特性是空间行波管应用的基本特性。其次，作为通信用功率放大器件，降低非线性特性可以有效避免信号失真。

8.2.2 器件工作原理

1. 固态功率放大器

微波功率放大器的工作状态主要由功率、效率、失真及放大信号的特性等要求来确定，根据工作状态可分为 A 类、AB 类、B 类、C 类、D 类、E 类、F 类和 J 类等功放，在功率放大器的运用中，工作状态的确定与放大器的非线性和效率有着密切的关系。“经典”的功率放大器通常可以分为四种类型：A 类、AB 类、B 类、C 类。

“经典”的 A 类电流源等效的功率放大器在晶体管导通时有很大损耗，影响了效率的提高。因为晶体管一直工作在导通状态，所以管耗最大。为了降低晶体管功耗，引入减小导通角的方法，使得功率管漏极的工作电流为脉冲方式，保证晶体管导通时，晶体管在信号一周内消耗的功率减小，效率得到提高。

另外几种更高效率的放大器不同于“经典”的放大器实现理论。F 类功率放大器的工作原理是在 B 类功率放大器的基础上，通过改变外部谐振网络，改变晶体管漏极电压的波形，使得同一时刻晶体管上流过的电流和其两端电压的乘积足够小，从而使得管耗降低来提升效率。D 类和 E 类功率放大器则因为其晶体管两端的电压电流不同时出现，在晶体管的功率损耗近似为零，所以这种开关模式的功率放大器在理想状态下能够实现 100% 的漏极效率。大部分的 PA 使用的技术不仅仅是简单的线性放大技术，除了 A 类功率放大器外，其他种类的功率放大器都不同程度地用到了各种非线性、开关和波形整形技术。功率放大器的分类，不仅与它们的静态工作点和效率有关，也与它们的功率输出能力有关。

2. 行波管放大器

星载行波管放大器产品一般由行波管电源（EPC）、线性化通道放大器（LCAMP）、行波管（TWT）组成（图 8－14），三个模块之间接口关系明确，可以实现模块化、通用化设计，执行灵活的产品开发、验证、配置。

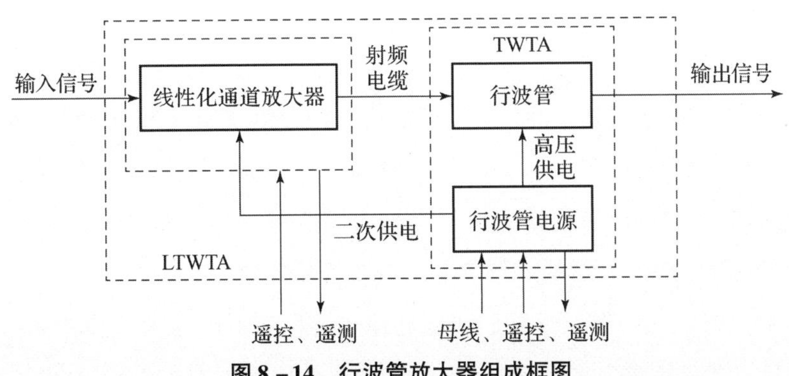

图 8－14　行波管放大器组成框图

(1) 行波管一般由电子枪、慢波系统、磁聚焦系统、输入输出耦合装置和收集极五部分组成。

①电子枪。电子枪的作用是产生一个合适的电子注，使其具有合乎要求的形状和比电磁波的相速稍快的速度，以便和电磁波交换能量。

②慢波系统。慢波系统是电子注与电磁波进行能量交换的场所，它的主要作用是使电磁波的相速降下来，使其与电子注的速度保持“同步”，这样才能使电子注的能量最大限度地交换给电磁波。为了保证行波管在具有较高增益的同时又可以稳定工作，慢波系统中一般设有一个或两个集中衰减器。

③磁聚焦系统。磁聚焦系统的作用是约束电子注，使其不被慢波结构截获而耗费能量，同时又使电子注尽可能地靠近慢波结构，以便完成充分的能量交换。

④输入输出耦合装置。这是待放大高频信号的入口和出口，常见的有同轴和波导两种结构，在频率较低、功率较小且要求频带较宽时采用同轴结构；反之则用波导结构。

⑤收集极。收集极的作用是收集完成能量交换的电子，由于此时电子的速度仍然很高，打到收集极上时将转化为热量，因此热损耗是收集极设计的重要问题。为了提高行波管的总效率，一般采用多级降压收集极（MDC）。

（2）行波管电源的功能包括低压模块、高压模块。通过低频插座，将母线电压、遥控指令接入行波管电源内，通过高压导线提供行波管需要的各级高压输出。

EPC 主要功能模块包括输入滤波、预稳压变换器、推挽变换器、驱动电路、遥控/遥测电路、控制电路、保护电路、辅助电路、高压 DC/DC 电路、阳压调节电路和螺旋极调节电路。

EPC 共有三种工作状态：待机状态、灯丝预热状态和正常工作状态。

EPC 在未接到开机指令前处于待机状态，电路静态电流约 10 mA。“遥控电路”接到开机指令后，触发“内部供电电路”工作为“控制电路”供电。之后控制电路控制“内部供电变换电路”产生内部控制和接口所需供电以及 LCAMP 供电，同时提供 TWT 所需的灯丝供电，TWT 开始预热。

“控制电路”在内部计时器显示灯丝预热过程结束后（典型值为 3 ~ 4 min）开启高压，“控制电路”控制 DC/AC 电路输出高压模块工作产生 TWT 工作所需的全部高压，放大器进入正常工作状态。

针对行波管要求的偏置电压中阳极电压、螺旋极电压的较高稳定度的要求，设计中专门设计了“阳极调节器”及“螺旋极调节器”产生高精度的阳极电压和螺旋极电压输出。

正常工作中控制电路实时对行波管的螺流、母线电压、EPC 输出功率及是否出现高压放电进行监测。一旦出现行波管螺流异常增大、高压放电以及 EPC 输出过功率现象，控制电路立即将 EPC 的高压输出切断。正常工作中，控制电路如果检测到母线电压高于或低于特定值，控制电路立即关闭 EPC 所有输出，EPC 重新回到待机状态。

为了便于监视放大器的在轨工作状态，EPC 设计电路对行波管工作中的阳压、螺流、EPC 自身的输出功率和自动重启状态进行监测，并通过遥测接口电路将数据转换为星上接口要求的形式。

结构上分为低压模块与高压模块两个模块，EPC 高压模块部分采用绝缘材料灌封。

(3) 线性化通道放大器设置在 TWTA 的输入端，实现对功放线性度的校正和系统增益的控制功能。从功能上看，通道放大器和线性化器是两种类型的部件。通道放大器完成增益放大和增益控制，线性化器完成功率放大器非线性特性的校正。星载线性化通道放大器如图 8 - 15 所示。

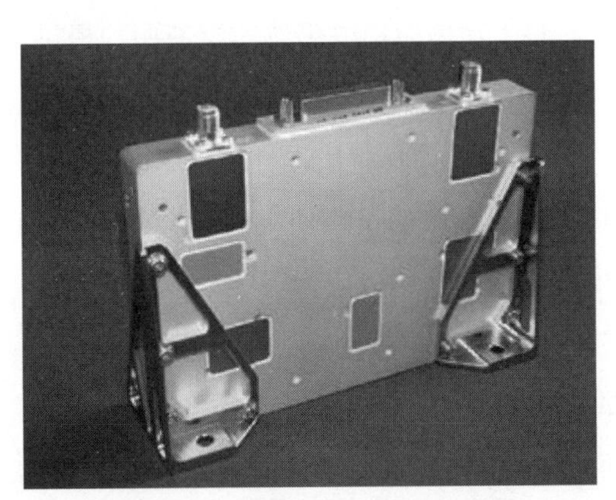

图 8 - 15　星载线性化通道放大器

线性化通道放大器射频部分由通道放大器和线性化器两部分组成。微波信号输入射频输入端口后，首先经过隔离器，改善驻波比，减小回波损耗，以消弱与外部接口的相互影响；然后是可变增益放大器，实现 FGM（固定增益）控制功能及 ALC（自动电平控制）增益控制功能；线性化器模块实现信号幅度和相位的预失真，从而使得 LCAMP 同 TWT 集成后的线性指标最优；最后是可变增益放大器及 OPA 挡位，实现输出电平控制。线性化通道放大器由射频链路及低频滤波电路两部分组成，射频面分布于管壳正面，低频面位于管壳正、反两面。

射频链路由线性化器前级、线性化器和线性化器后级三部分组成，线性化器前级完成通道的增益放大、高低温增益温补；线性化器输入功率匹配及谐杂波滤波等，用以改善行波管的非线性特性；线性化器后级完成通道的后级增益放大，TWTA 功率匹配和高低温增益温补。射频链路电路由 MMIC 芯片、隔离器、MIC 陶瓷片等器件及电路级联实现。

8.2.3 发展动态

真空管时代：通过 DeForest Audion 在 1907 年的实验，热离子真空管提供了产生和控制 RF 信号的方法。真空管能够放大 CW 信号，并向更高的频段发展。真空管可以被理解为一个玻璃封装的高电压 FET。很多现代电子设计的概念，包括 A 类、B 类和 C 类功率放大器，都是在真空管时代提出的。这一时代 PA 的特征为：高电压，高负载。真空管发射机在 20 世纪 20 年代到 70 年代占据主导位置。时至今日，其在一些大功率应用中仍然广泛使用，提供了一个相对经济和实用的方法来获得 kW（千瓦）或者更高的 RF 功率。

固态 RF 功率器件：20 世纪 60 年代末，固态 RF 功率器件开始出现。其出现开拓了低电压、高电流和相对低的负载值的时代。通过不同的放大器选择和 IC（集成电路），实现反馈和控制技术也成为可能。

固态 RF 放大器一般为封装或者芯片形式。一个简单的封装可以包括一定量的小器件。但封装的输出功率也能达到几百瓦之高。设计师往往需要选择最适合使用要求的封装。而晶体管本身是如何制造的则往往限制在半导体厂商的范围内，并不为普通器件设计师所关注。

定制/集成晶体管：20 世纪 80 年代和 90 年代，出现了一系列新的固态器件，包括 HEMT、pHEMT、HFET（异质结构场效应晶体管）和 HBT，其应用不同的新材料，如 LnP、SiC 和 GaN 等，工作频率高达 100 GHz 以上。很多这些器件仅仅能在相对较低的电压下工作。但是在很多应用场合中，也并不需要很高的功率。数字信号处理和微处理器控制允许复杂的反馈与预失真技术来实现效率及线性的改善。

很多新的 RF 功率器件都仅限于定制。基本上，设计师选择一个半导体生产线，然后确定其尺寸（如栅宽）。这些制造商能够设计器件到特定的功率级别，并将其和 RFIC（射频集成电路）或者 MMIC 集成。

1. 固态功率放大器发展动态

随着半导体工艺技术水平的不断提高，最早的 Si 材料器件逐渐被 GaAs 材料器件所替代。随着星载用途不断扩大，原有 GaAs 固态功率放大器远不能满足大功率需求，同时为实现小型化的目标，原有的小功率放大器逐渐被 MMIC 芯片所替代，大功率、大体积的行波管放大器逐渐被 GaN 固态功率管替代。

近几十年来，无论是在军事上还是在民用领域，对射频器件的要求都越来越高。一直作为主导的第一代半导体材料的 Si，长时间起着极其重要的作用，但随着通信系统对器件性能要求的提高，Si 基器件的性能已经不能满足要求。第二代半导体材料以 GaAs 为代表，成为微波领域内产品的主要材料，但随着科学的进一步研究和发展，GaAs 器件在频率和功率密度方面已经接近它的极限。近年来，一类宽禁带半导体开始成为研究的热点，已形成第三代宽禁带半导体，其代表是 GaN。由于其宽禁带的特点，相比 BJT、MOS（金属氧化物半导体）和 GaAs 器件，GaN 高电子迁移率晶体管表现出高功率密度性能；同时研究还表明，GaN HEMT 具有高工作频率、低噪声、高效率和高线性度等性能优势。

GaN 是近十几年来迅速发展起来最有代表性的第三代宽禁带半导体之一，其高击穿电压、耐高温、耐腐蚀的特点，非常适用于制作抗辐射、高频、大功率和高密度集成的电子器件及光电子器件。与 Si 材料和 GaAs 材料相比，GaN 禁带宽度 E_g（3.4 eV）几乎是 Si 材料（1.1 eV）和 GaAs 材料（1.4 eV）的 3 倍；GaN 材料的击穿电场 E_{Br}（4 MV/cm）约为 Si 材料（0.57 MV/cm）和 GaAs 材料（0.64 MV/cm）的 7 倍；GaN 的最大工作温度 T_{max}（700 ℃）是 Si（300 ℃）和 GaAs（300 ℃）的 2 倍多；GaN 的电子迁移率（>2 000 cm^2/Vs）高于 Si（700 cm^2/Vs）。

特别是在形成异质结后，如 AlGaN/GaN、GaN 材料所特有的极化效应所产生的二维电子气在异质结器件（如高电子迁移率晶体管）中起到了相当重要的作用。虽然 GaN 的电子迁移率低于 GaAs，但是 A1GaN/GaN 异质结形成的二维电子气密度是 GaAs 材料的 3~10 倍；同时，A1GaN/GaN HEMT 的电子最大速度 v_p（2.5×10^7 cm/s）也比 A1GaAs/GaAs HEMT 的电子最大速度 v_p（2×10^7 cm/s）高。所有这些优良的性质，很好地弥补了前两代 Si 和 GaAs 等半导体材料固有的缺点，具有很好的应用前景。

2. 空间行波管放大器发展动态

国外对于空间行波管的研究起步早、时间长，具有丰富的研制经验。目前，国际上能够设计和生产空间行波管的制造商包括法国的 THALES、美国 L-3、德国的 TESAT、俄罗斯的 ALMAZ 和日本的 NEC。其中，THALES 公司的空间行波管已经形成了系列产品，频段范围覆盖了 L 波段至 V 波段，并且满足长寿命、高可靠的要求，具有效率高、集成度高、质量轻等优势，各项技术指标也代表了目前国际较高的水平。尽管国内空间行波管的研究和生产起步稍晚，但是我国从国家战略高度出发，对空间行波管的国产化给予了大力支持。同时，在国内空间行波管学术研究单位、生产研制单位的共同努力下，国产化空间行波管已经取得了长足的进步和发展，覆盖频段越来越广、性能越来越高，摆脱了空间行波管长期受制于人的被动局面。行波管放大器发展趋势如图 8-16 所示。

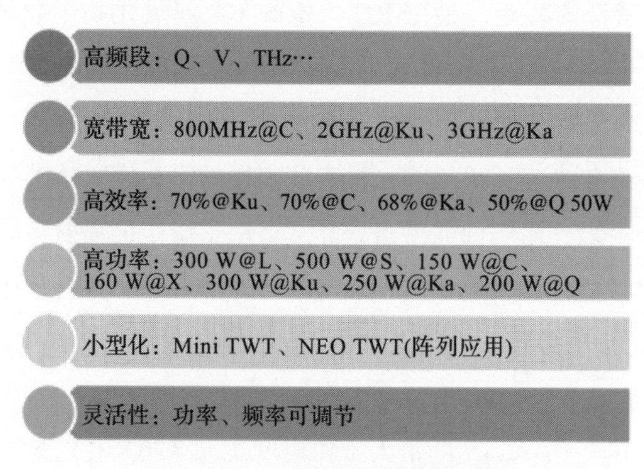

图 8-16 行波管放大器发展趋势

近些年，我国航天事业进入高速发展的阶段，建立了多种卫星应用系统，神舟飞天、嫦娥探月、天宫对接、北斗导航，取得了一系列举世瞩目的成就。然而，早期应用于我国卫星的空间行波管放大器大量依赖于国外进口，不仅昂贵，而且受到禁运和技术垄断，已然成为阻碍我国航天事业发展的“瓶颈”。因此，国内相关的学术研究和生产研制单位通过不断研究优化国产空间行波管的性能参数、可靠性及寿命，加强对空间行波管生产过程中自动化、规范化、信息化的研究和建设，加快产业升级，提高空间行波管的研制能力，推动国产空间行波管的发展和应用。目前，我国连续波产品工作频率覆盖 1 GHz（L 频段）~43 GHz（Q 频段），输出功率覆盖 10~200 W，实现了在载人航天、北斗导航、通信、数传等卫星应用领域的国产化应用；正在开发的新一代产品全面对标引进，目标是实现全面国产化应用。同时大功率脉冲行波管放大器也取得了显著成果，X 频段 800 W 脉冲行波管放大器、Ku 频段 500 W 脉冲行波管放大器和 Ka 频段 200 W 脉冲行波管放大器均实现在轨应用。

8.3　光放大器

8.3.1　光放大器概述

1. 光放大器类型

随着远距离光纤通信技术的快速发展，海、陆通信网中传输的光信号传输距离可达数千千米至数万千米。得益于先进光纤制造技术的发展与进步，光纤自身对光信号的衰减已降至较低水平，如对于第三通信窗口的 S、C、L 波段，新型的通信光纤损耗已小于 0.2 dB/km，如图 8－17 所示。然而，除光纤外，光链路中各类光器件，如分束器、合束器、环形器、复用器等会引入额外的光损耗，因此在远距离海、陆光信号传输中，需借助光功率中继放大来补偿衰减，确保接收端信号满足一定的信噪比。

近年来，随着我国空间技术的快速发展，以光通信卫星为代表的空间通信网络已经成为继海、陆光通信之后的另一重要通信手段，作为卫星光通信链路的核心器件之一，星载光放大器在空间星载光学应用中占据重要地位，成为决定光通信载荷性能优劣的重要一环。

光放大器出现至今，一直处于快速发展状态，直至目前仍是科研领域的研究热点。20 世纪初期，光信号中继放大采用的基本方案是：首先将光信号转换为

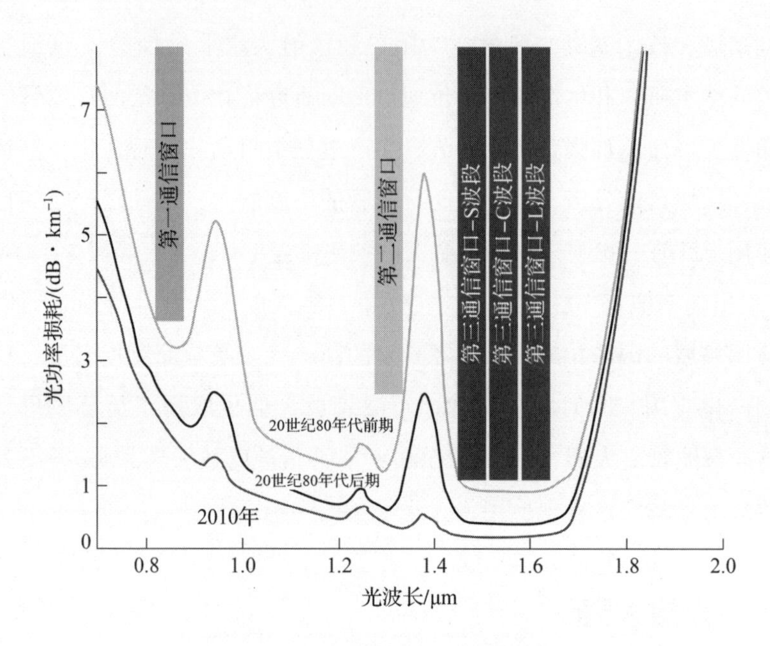

图 8－17 低损耗光通信波长窗口

电信号，在电域对电信号整形放大后，再将其转换回光信号，该方法成本高、系统复杂、可靠性低。直到 1987 年，掺铒光纤放大器的出现彻底改变了这种局面。掺铒光纤放大器由掺铒光纤制成，与光纤通信网匹配良好，且其工作波段恰好在低损耗 C 波段，能很好地对光信号中继放大。掺铒光纤放大器出现后的 30 多年，光放大理论不断发展，研究人员提出了诸多新型光放大器方案，它们对全球光通信领域的蓬勃发展起到巨大的推动作用。目前，常见的光放大器主要可分为两类：光纤光放大器（fiber optic amplifier，FOA）与半导体光放大器（semiconductor optical amplifier，SOA），如表 8－2 所示。

表 8－2 光放大器主要类型

<table>
<tr><td rowspan="5">光放大器</td><td rowspan="4">光纤放大器</td><td>稀土掺杂光纤放大器</td><td>DFA（掺杂光纤放大器）</td></tr>
<tr><td rowspan="3">非线性效应
光纤放大器</td><td>BFA（布里渊光纤放大器）</td></tr>
<tr><td>RFA（拉曼光纤放大器）</td></tr>
<tr><td>FOPA（光纤参量放大器）</td></tr>
<tr><td colspan="3">半导体光放大器</td></tr>
</table>

光纤光放大器主要有两种：一种是基于受激辐射原理的稀土元素掺杂光纤放大器；另一种是基于非线性效应光纤放大器，主要包括布里渊光纤放大器、拉曼光纤放大器，以及光纤参量放大器。我国星载应用中常见的光放大器为体积大、效率低的基于离散原件的光纤光放大器，然而，随着星载光通信系统向集成化、轻量化方向发展，体积小、效率高的集成化半导体光放大器技术在成熟后将与光纤放大器一同为星载光学载荷提供光放大功能。

2. 光放大器关键指标

1）增益

光放大器的增益定义为放大器的输出信号和输入信号光功率之比，单位为 dB，用下式来表示：

$$G(\mathrm{dB}) = 10\lg\frac{P_{\mathrm{out}}}{P_{\mathrm{in}}}$$

式中，P_{in}和 P_{out}分别为光信号的输入功率与输出功率。增益反映信号光经过光放大器之后，功率得到了多少倍放大。增益作为光放大器性能的最主要指标，在满足其他要求时增益值越高越好。

2）噪声系数

光放大器的噪声主要来源于自发辐射噪声，由于输出信号叠加了自发辐射噪声，因此功率放大信号的信噪比将恶化。信噪比恶化程度用噪声系数衡量，表示为

$$\mathrm{NF}(\mathrm{dB}) = 10\lg\frac{\mathrm{SNR}_{\mathrm{in}}}{\mathrm{SNR}_{\mathrm{out}}}$$

3）放大带宽

光放大器的放大带宽是指信号光能获得一定增益放大的波长区域，通常用 3 dB带宽表示，即在此带宽间隔内放大器增益的最大值与最小值之差小于 3 dB。

4）饱和功率

信号光功率增大时，光放大器增益随之降低最后进入饱和状态。当光放大器的小信号增益降低到它的最大增益一半时，对应的信号光输出功率就叫作饱和输出功率。放大器的饱和输出功率代表了光放大器在一定条件下的最大功率输出能力。

8.3.2 掺杂型光纤放大器

1. 稀土掺杂光纤放大器分类

元素周期表中的镧系元素为稀土元素，通信领域对稀土掺杂光纤放大器的研究较多集中在掺铒光纤放大器、掺镨光纤放大器（PDFA）、掺铥光纤放大器（TDFA）等，其中不同类型稀土掺杂光放大器的放大带宽不同，如图 8－18 所示。其中，EDFA 工作在 C 波段和 L 波段窗口，在该窗口光纤损耗系数比 1 310 nm 窗口要低，这使 EDFA 成为目前最常用的光放大器。英国南安普顿大学于 1985 年成功地研究出掺铒光纤，并于 1986 年研制出第一台掺铒光纤放大器，EDFA 技术自此得到了广阔发展。EDFA 以其接近噪声极限的良好噪声特性、极高的增益、偏振不敏感性、线性饱和输出特性、温度稳定性以及与纤系统良好的接入性，在各类光通信系统中广泛应用。

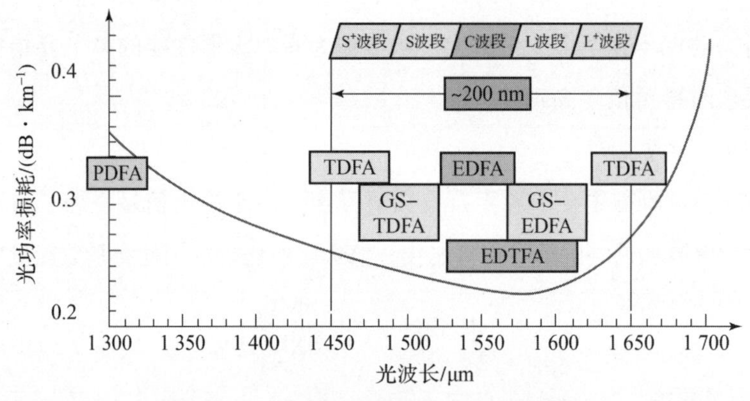

图 8－18　掺杂光纤放大器工作波段范围

2. 掺铒光纤放大器

1）工作原理

掺铒光纤放大器的核心部分是掺铒光纤，光纤中的铒离子（Er^{3+}）起光放大作用。EDFA 工作原理是 Er^{3+} 的受激发射。EDFA 中掺杂的 Er^{3+} 离子在未受任何外界激励情况下电子处于基态。在半导体泵浦光的作用下，电子向高能级跃迁，形成粒子数反转。如图 8－19 所示，泵浦波长可选 980 nm 和 1 480 nm，其中 980 nm 泵浦应用最广泛。

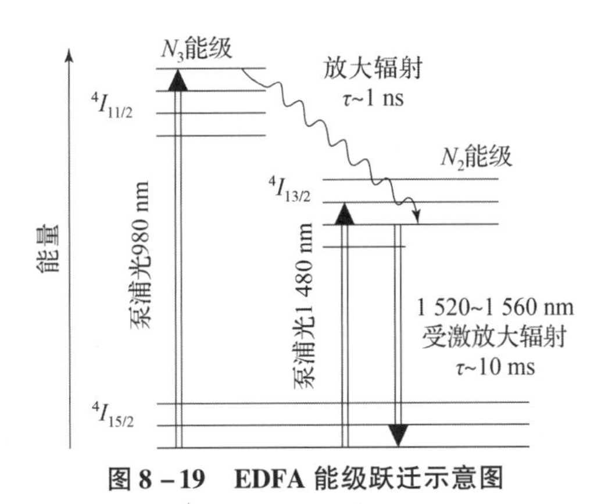

图 8-19　EDFA 能级跃迁示意图

对于980 nm激光泵浦的EDFA，通常行采用三能级结构分析其工作过程。Er^{3+}通过受激吸收获得980 nm的光子能量，从基态跃迁到高能态，由于高能态上粒子寿命较短（约1 ns），其很快无辐射跃迁到亚稳态上，离子在亚稳态寿命较长（约10 ms），因此在基态和亚稳态之间产生粒子数反转分布。当外部输入波长为1 550 nm的信号光时，Er^{3+}通过受激辐射从亚稳态跃迁回到基态，跃迁过程中释放的能量以光子的形式辐射出来，发射出光波，该光波与1 550 nm信号光的波长、相位、偏振、传播方向均相同，从而使入射的1 550 nm光信号放大。当1 480 nm光源作为EDFA的泵浦源使用时，其把基态上的电子泵浦到亚稳态的高能级，从亚稳态高能级无辐射跃迁到亚稳态的低能级，然后通过受激辐射对信号光放大，其与上述典型三能级系统不同，一般称为准三能级系统。图8-20为国内上海瀚宇光纤通信技术有限公司生产的MARS系列C波段小型化EDFA模块，其工作波长范围1 528~1 561 nm，输入光功率为-5 dBm~+10 dBm，输出光功率20 dBm，噪声系数5.5 dB。

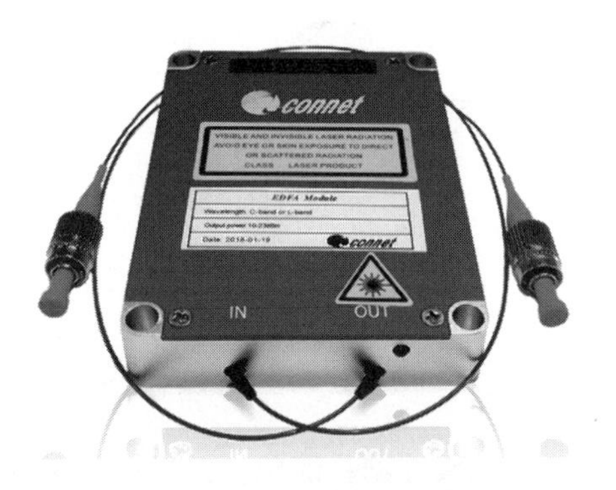

图 8-20　采用980 nm泵浦的国产 EDFA 模块

2）系统结构

EDFA的基本结构有三种，即前向泵浦、反向泵浦和双向泵浦。前向泵浦即泵浦光和信号光在光纤中以相同的方向传输；反向泵浦即泵浦光和信号光在光纤中以相反方向传输；双向泵浦中泵浦光沿两个方向传输。三种泵浦结构如图 8 – 21 所示。

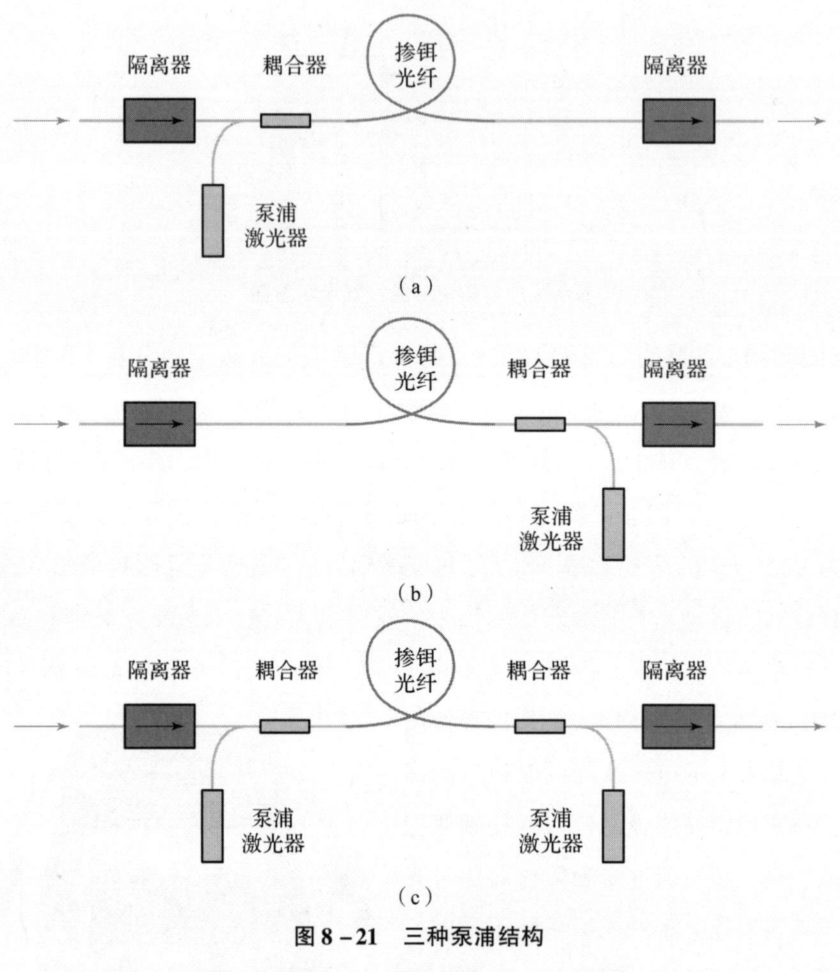

图 8 – 21 三种泵浦结构

（a）前向泵浦；（b）反向泵浦；（c）双向泵浦

前向泵浦结构简单，泵浦源位于整个系统前端，信号光进入 EDFA 时立即得到较大增益，且噪声系数非常低。但随着光纤长度的增加，光纤后段接收到的泵浦光能量逐渐衰减，从而导致增衰减较快，距离增加到一定程度后达到增益饱和且噪声系数会增大。反向泵浦时光从掺铒光纤后方进入，光纤后部的粒子数反转较前部比例更高，而信号光沿光纤传播时，后端放大效果越来越强，因此反向泵浦方式可以获得较大的增益和输出功率，但反向泵浦的噪声相应也较大。双向泵浦结合了两种泵浦方式的优点，噪声系数较小，介于前向泵浦和反向泵浦之间，同时输出功率和增益则显著增大，是三种泵浦方式中最大的。因此在实际应用中通常选择双向泵浦这一方式。三种泵浦方式下 EDFA 性能对比如表 8－3 所示。

表 8－3　三种泵浦方式下 EDFA 性能对比

泵浦方式	泵浦转换效率	噪声特性	输出功率
前向泵浦	低	低	低
反向泵浦	中	高	中
双向泵浦	高	中	高

3）关键参数

（1）增益。EDFA 的增益定义为放大器的输出信号和输入信号光功率之比，单位为 dB，用式（8－32）来表示：

$$G(\mathrm{dB}) = 10\lg \frac{P_{\mathrm{out}} - P_{\mathrm{ASE}}}{P_{\mathrm{in}}} \tag{8-32}$$

式中，P_{ASE}为信号带宽内自发辐射功率；P_{in}和P_{out}分别为信号光的输入功率与输出功率。增益反映信号光经过 EDFA 之后，得到了多少倍放大。EDFA 增益一般为 30～40 dB。增益作为光放大器性能的最主要指标，在满足其他要求时，增益值越高越好。

（2）噪声系数。EDFA 中 Er^{3+} 离子受激辐射时，处于亚稳态的粒子亦会自发从亚稳态跃迁到基态，发射出和信号光无关的光子，且该自发辐射光子在光纤传输过程中同样会激发更多处于亚稳态的粒子发生受激辐射，产生和它一样的光子，从而自发辐射光子也被放大，称为放大自发辐射。ASE 不仅消耗了部分泵浦光的能量，使放大器饱和功率减小（ASE 消耗的泵浦光能量本可以参与信号光的放大），而且使放大信号的信噪比恶化。宏观上讲，EDFA 主要噪声有信号光散粒噪声、ASE 散粒噪声、ASE 光谱与信号光差拍噪声和 ASE 光谱间的差拍噪声。前两种噪声在高增益的情况下基本可忽略；后两种噪声是决定放大器噪声性能的关键因素。

噪声指数 NF 用于描述光放大器的噪声性能，NF 值越大，噪声越大，其定义为

$$NF = \frac{SNR_{in}}{SNR_{out}} = 10\log\frac{P_{in}/2hvB_s}{P_{in}G/4P_{ase}} = 10\log\left[\frac{2n_{sp}(G-1)}{G}\right] \tag{8-33}$$

式中，G 为线性增益；n_{sp} 为粒子数反转水平；B_s 为光信号带宽；h 为普朗克常数；v 为光频率。$G \gg 1$ 时间，存在 $NF \approx 10\log(2n_{sp})$，此时 n_{sp} 的大小决定了放大器噪声特性的优劣。在上能级粒子数完全反转时存在 $n_{sp}=1$ 与 $NF \approx 3$ dB，因此 3 dB 即为 EDFA 噪声系数的量子极限。

（3）放大带宽。EDFA 带宽是指信号光能获得一定增益放大的波长区域，通常用 3 dB 带宽表示，即在此带宽间隔内放大器增益的最大值与最小值之差小于 3 dB。对于均匀展宽增益介质来说，谱线形状为洛仑兹线形：

$$g(v) = \frac{\Delta v}{2\pi}\frac{1}{(v-v_0)^2 + (\Delta v/2)^2} \tag{8-34}$$

式中，$\Delta v = 1/2\pi\tau$ 为自然增量宽度，τ 为上能级粒子寿命；v_0 为中心频率。对于某一给定的光纤，放大器的工作带宽取决于平均粒子反转度。为得到宽频带，一般应控制平均粒子数反转水平在 70% 左右。

（4）饱和输出功率。信号光功率逐渐提高时，EDFA 增益随之慢慢降低而进入饱和状态。EDFA 小信号增益降低到它的最大增益一半时，对应的信号光输出功率就叫作饱和输出功率。放大器的饱和输出功率代表了 EDFA 在一定条件下的最大功率输出能力。

EDFA 的饱和输出功率和泵浦光的功率大小以及掺铒光纤的特性有关。提高光纤中铒离子的掺杂浓度，加大光纤的长度和提高泵浦光功率都有助于提高 EDFA 的饱和输出功率。

3. 铒镱共掺光放大器

掺铒光纤放大器作为增益介质可以放大 1.550 nm 激光，然而，由于高掺杂浓度下 Er^{3+} 有较强的浓度淬灭效应，因此 EDFA 无法应用于高功率放大。为进一步提高 EDFA 输出功率，近年来研究人员逐步将目光转向具备大功率输出潜力的铒镱共掺光放大器。

铒镱共掺光放大器通常采用双包层泵浦技术，利用高功率多模半导体激光器对其进行泵浦。镱离子（Yb^{3+}）与 Er^{3+} 的共掺大大提高了 Er^{3+} 的掺杂浓度，有效削弱了 Er^{3+} 的浓度淬灭效应，拓宽了泵浦波长的选择范围。因此，高功率

1.5 μm波段光放大器通常选用双包层铒镱共掺光纤作为增益介质。

铒镱共掺放大技术，其工作原理的过程如下：铒镱共掺光纤中，Yb^{3+}掺入后与Er^{3+}形成$Er^{3+}-Yb^{3+}$离子对，Yb^{3+}主要起敏化作用，并且吸收界面大，吸收带较宽，可以大幅提高泵浦光源的吸收效率，$Er^{3+}-Yb^{3+}$共掺光放大器能级结构如图8-22所示。泵浦光并不直接激发粒子到Er^{3+}上能级，Yb^{3+}掺入后与Er^{3+}形成$Er^{3+}-Yb^{3+}$离子对，而Yb^{3+}起吸收800~1 100 nm附近的泵浦光的作用。当泵浦光射入时，在基态Yb^{3+}吸收大部分泵浦光后，从基态$^2F_{7/2}$被激发到$^2F_{5/2}$，被激发的Yb^{3+}把吸收到的能量，通过$Er^{3+}-Yb^{3+}$离子对间的交叉弛豫作用转移给基态的Er^{3+}。使其由基态$^4I_{15/2}$跃迁到$^4I_{11/2}$，同时Yb^{3+}返回到基态$^2F_{7/2}$，处于激发态$^4I_{11/2}$的Er^{3+}能级寿命极短，迅速通过无辐射跃迁到亚稳态$^4I_{13/2}$，亚稳态载流子有较长的寿命（约11 ms），所以Er^{3+}可以在$^4I_{13/2}$停留。在源源不断的泵浦下，Er^{3+}在亚稳态$^4I_{13/2}$与基态$^4I_{15/2}$之间形成粒子数反转，在有1 550 nm附近信号光作用下，Er^{3+}发生受激辐射从能级$^4I_{13/2}$回到基态$^4I_{15/2}$，同时放射出与入射信号光相同的光子，起到对入射信号光的放大作用。

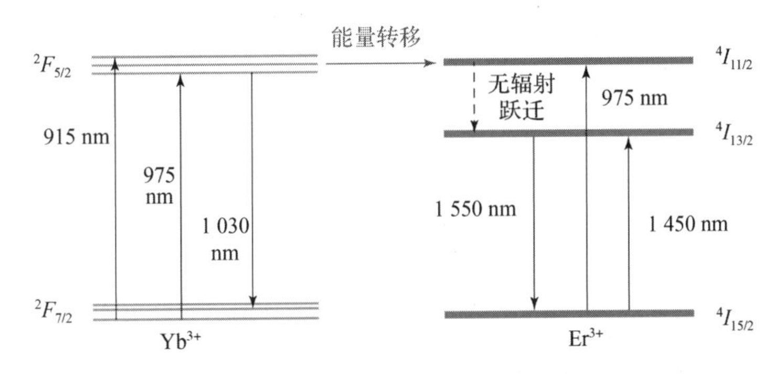

图8-22 $Er^{3+}-Yb^{3+}$共掺光放大器能级结构

图8-23为上海瀚宇光纤通信技术有限公司生产的C波段铒镱共掺高功率光纤放大器模块，其采用铒镱共掺双包层光纤放大技术，全光纤结构的一体化设计，输出功率可达0.5~10 W，其工作波长1 528~1 560 nm，泵浦波长可选范围910~980 nm，泵浦数量2~6个可选，典型输入信号20 dBm，该放大器具有较高的输出稳定性，其8小时输出功率稳定性小于2%。

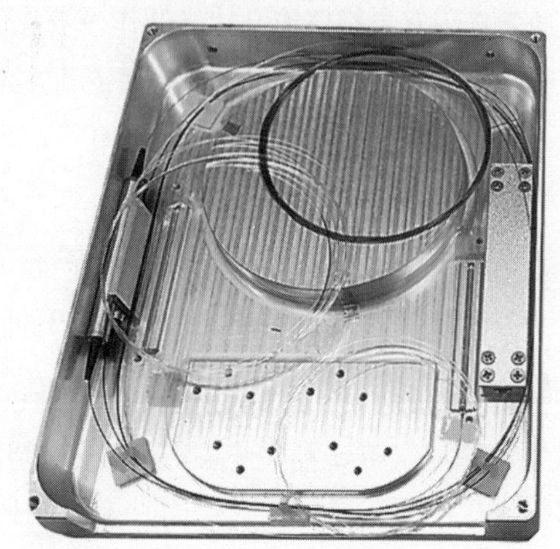

图 8-23 $Er^{3+}-Yb^{3+}$共掺光放大器内部光路

8.3.3 半导体光放大器

虽然以 EDFA 为代表的光纤光放大器是目前最常见的光信号放大器件，但其体积大、成本高、响应速度慢、无法高度集成，在未来星载集成化微波光子载荷应用方面潜力不足。作为光放大器件的另一典型代表，半导体光放大器不仅体积小、增益带宽大，而且其高度集成，在集成化载荷应用方面优势明显。

SOA 有源区通常由Ⅲ-Ⅴ族材料制成，有源区位于低折射率材料内部，当电流注入时，有源区载流子从基态跃迁至激发态，在输入信号光作用下产生受激辐射并获得光功率增益。

根据 SOA 端面反射率，可将常见 SOA 分为三类：普通 SOA、FP-SOA（Fabry-Pérot SOA，法布里-珀罗式半导体光放大器）以及 RSOA（Reflective SOA，反射式半导体光放大器），其中普通 SOA 两个端面均为增透膜，FP-SOA 两个端面为增反膜，RSOA 仅一个端面为增反膜。由于普通 SOA 两个端面均为增透膜，入射光在 SOA 内部仅传输一次，因此 SOA 也称为行波 SOA（TW-SOA）；与 SOA 相反，FP-SOA 中，光场在波导内部来回往复传播，会形成稳定的驻波场，因此 FP-SOA 也称为驻波 SOA（SW-SOA）；而 RSOA 中入射光场往返传输两次，并从入射端输出。

1. 半导体光放大器的原理

SOA 最基本的结构是 PN 结，PN 结是由 P 型半导体和 N 型半导体接触形成的。P 型半导体内部的载流子多数为空穴，N 型半导体为电子。图 8 - 24 为 PN 结基本结构。由于两种半导体载流子所含载流子种类、浓度不同，因此 P、N 区之间的电子与空穴会产生扩散运动。载流子间的扩散运动使 N 区带正电、P 区带负电，故而可形成内建电场，电场的方向由 N 区指向 P 区，内建电场强度与载流子浓度相关。该电场能阻止载流子扩散运动，最终达到一个平衡。

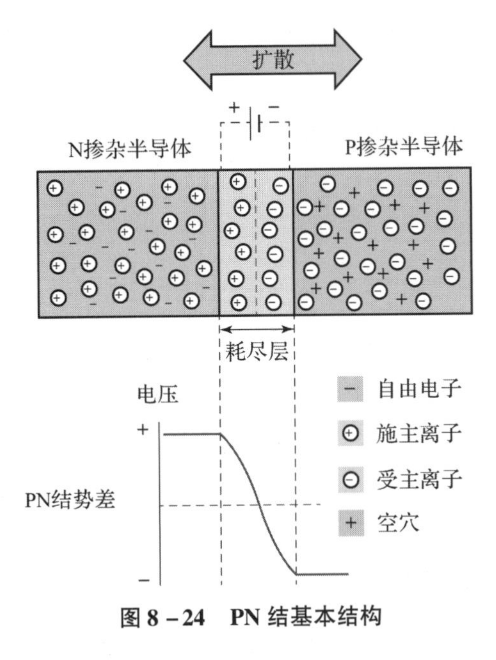

图 8 - 24　PN 结基本结构

如图 8 - 25 所示，SOA 中注入的电流为有源区提供载流子，注入电流满足一定值时，有源区内形成粒子数反转。若有光信号输入，载流子在增益介质内产生受激辐射而释放全同光子，进而实现光放大功能。SOA 放大光信号的实质是半导体材料中光子与电子相互作用的过程。

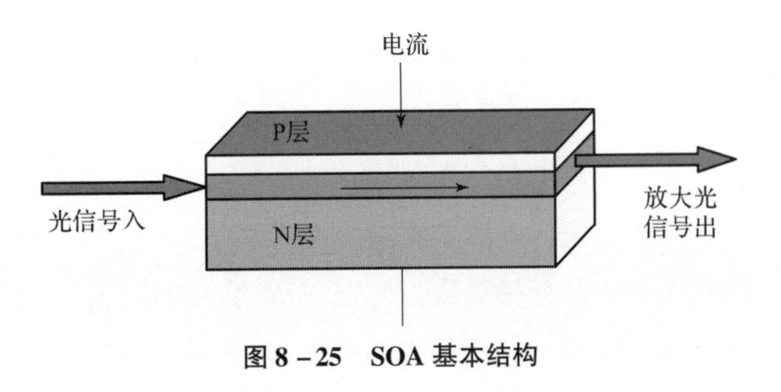

图 8 - 25　SOA 基本结构

2. 半导体光放大器的分类

美国IBM Watson研究中心在1966年研制出世界首个SOA，SOA最初作为光放大器使用，但因其偏振敏感与光纤耦合损耗大等缺点，在高性能EDFA问世后，一度无人问津。直到20世纪90年代SOA非线性效应用于光信号处理之后，其作为一种非线性器件才再次引起了研究人员关注。图8－26为一种蝶形封装且带尾纤的商用SOA及其驱动，驱动模块包含SOA的电流驱动以及温度控制。

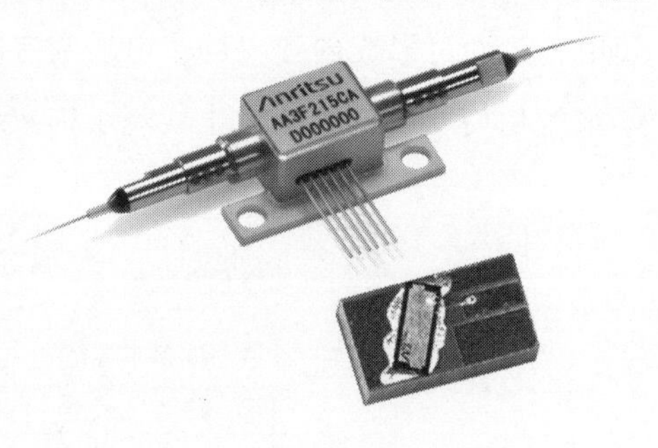

图8－26 封装后的商用SOA

根据反射面结构，目前市场上常见的SOA可分为FP－SOA以及TW－SOA。FP－SOA的端面镀反射膜，输入光可进行多次放大，故光增益较大。然而，FP－SOA易出现增益起伏，故不适用于宽带光信号放大。TW－SOA未镀反射膜，光信号只经过一次放大，因此其增益起伏较小，从而具有高增益带宽以及低噪声优势。根据有源区结构，可将SOA分为体材料SOA、量子点SOA以及量子阱SOA。量子阱SOA性能介于体材料SOA与量子点SOA之间。体材料SOA增益谱最窄，量子点SOA增益谱最宽。相对体材料、量子阱SOA，量子点SOA啁啾小、温度敏感性低，适合制作线性放大器。

3. 半导体光放大器的产品

20世纪60年代，GaAs同质结行波SOA的研究开创了SOA的研究先河，初步建立了半导体光放大器理论。1973—1975年，双异质结结构和FP光放大器取得重要进展。1977年，基于金属有机化学气相沉积法的异质半导体取得重要进展。1984年，室温条件下工作的应变层量子阱注入激光器取得成功。20世纪90年代以后，随着半导体工艺的不断提升，SOA的研制也更加成熟，其应用和性能得到了全面大幅度提升，特别是偏振灵敏性、小信号增益、输出功率及噪声指数等。

近年来，国内外SOA厂商持续发力，在SOA产品上取得了长足进展。相较于国内，国外SOA发展更成熟，产品成熟度更高。例如，Anristu公司为补偿长传输距离造成的通信中的光功率损失，研制出1 310 nm波段SOA对通信光功率实现放大。该放大器芯片光学增益可达15 dB或更高，偏振相关增益1.5 dB，波长范围1 294~1 311 nm，饱和功率7 dBm（典型值），噪声系数7dB（典型值），其适用6针紧凑型封装，如图8－27所示。

图8－27　半导体光放大器芯片

SemiNex公司生产的高功率SOA产品涵盖范围1 200~1 900 nm，分为单通道和多通道两类。例如，BAR－177型4通道SOA波长范围1 530~1 570 nm，饱和输出功率可达1.4 W，能量转换效率大于25%，其工作电流4 A，工作电压2 V，工作温度覆盖－40~100 ℃（图8－28）。然而令人遗憾的是，该产品目前仅在美国和欧洲大部分地区销售，对我国禁运。

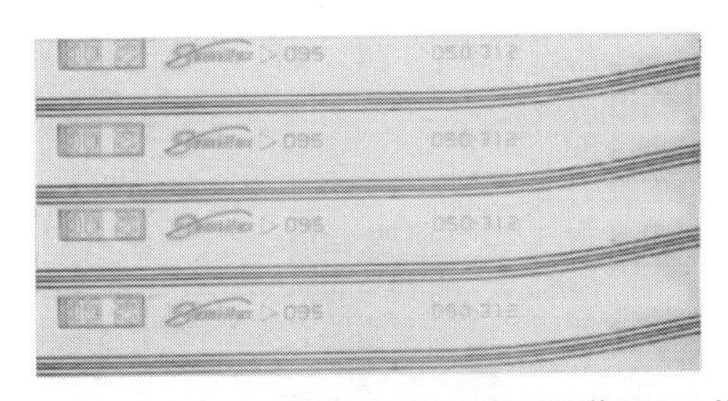

图8－28　SemiNex BAR－177型4通道SOA芯片

Thorlabs公司也推出SOA产品——BOA1007C，其采用高效率InP/InGaAsP量子阱及高可靠脊波导设计，具备高饱和输出功率、大带宽及优异的保偏特性。SOA波长范围1 530~1 580 nm，3 dB光学带宽85 nm，饱和输出功率可达15 dBm，增益波动小于0.05 dB，偏正消光比达18 dB，放大器噪声系数6 dB，工作电流600 mA，工作电压1.3 V，整个芯片长度小于1.5 mm，如图8－29所示。

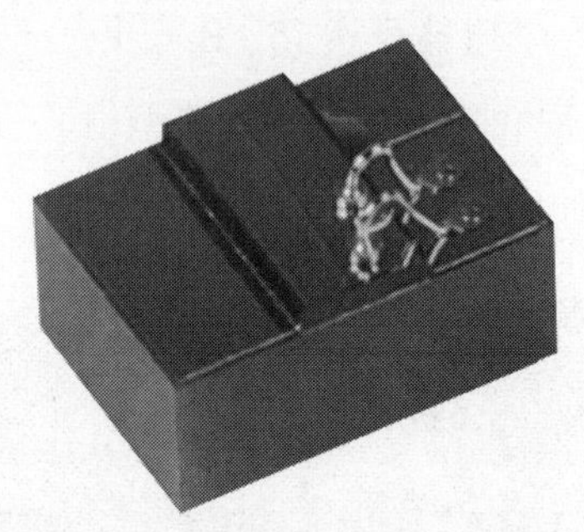

图 8－29 Thorlabs 光放大器芯片

此外，Superlum 公司推出系列化 SOA 产品，其 TW－SOA 覆盖 780 nm 到 1 060 nm；Photodigm 公司也推出了用于外腔二极管激光器的 SOA；Innolume 公司作为半导体光放大器的典型代表，其生产的光纤耦合 SOA 从 775 nm 覆盖到 1 280 nm，产品最小增益带宽为 20 nm（SOA－1030－20－YY－40 dB），最大增益带宽 110 nm（SOA－1250－110－YY－27 dB），饱和输出功率最大可达 18 dBm（SOA－1060－90－YY－30 dB），增益波导小于 0.05 dB；Fraunhofer HHI 借助 Ansys Lumerical 进行了紧凑型 SOA 设计，但目前尚未见到 SOA 产品性能的公开报道；DenseLight 公司于 2021 年推出 1 310 nm 低偏振度 SOA 产品，其专为硅光子学定制，具有高光增益（>22 dB），带宽大，纹波低，偏振相关增益 <1.5 dB，高饱和光功率与低噪声系数，可提供 6 针、14 针蝶形封装，SOA 芯片如图 8－30 所示。

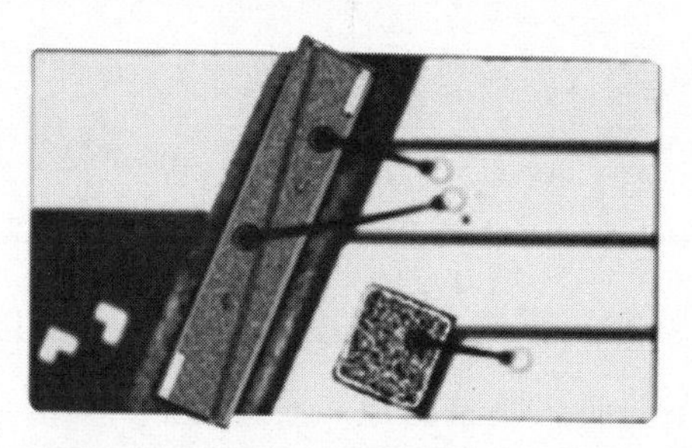

图 8－30 DenseLight 1 310 nm SOA

8.3.4 星载光放大器

1. 空间适应性要求

相较于地面应用，空间辐射环境中存在大量的高能带电粒子，这些带电粒子与空间轨道运行的航天器电子器件及材料相互作用，极易产生空间辐射效应，从而致使光纤放大器功能衰退或发生异常现象。因此，光放大器在设计阶段，需要针对空间辐射，分析光电原元器件受空间辐射效应的影响，研究提升放大器的耐辐照性能的方法。

目前，我国空间应用中采用的光放大器均为光纤放大器，尚未见到 SOA 应用的公开报道。光纤放大器中，辐照会使光纤产生色心，色心会导致光纤损耗增加，进而导致光纤放大器有效折射率变化、泵浦电流的增加。当泵浦电流不变时，光纤光放大器的输出功率、增益以及边模抑制比会下降。常用的光纤抗辐照方法是在光纤外叠套多个包层或涂层，在包层之间填充抗辐射材料，或在光纤外层涂敷具有抗辐照作用的物质，但上述两种方法的工艺难、成本高，已不用于星载光放大器。除有源光纤外，星载光放大器配套的无源光器件，以及相应的电子电路设备也需要具备一定的抗辐照性能。目前，星载光放大器抗辐照主要借助金属屏蔽来实现。

2. 抗辐照设计要求

光纤放大器抗辐照设计包括结构设计及元器件保障。结构设计主要考虑整机屏蔽层的耐辐照性能，屏蔽层厚度一般结合实际环境需求选择。元器件保障主要根据模块耐辐照性能指标，对电、光元器件进行辐照筛选，提高模块元器件整体耐辐照性能。

结构设计中需充分考虑外壳的材料、壁厚对辐照射线的屏蔽防护作用。在确保产品不超重时，屏蔽材料可采用多种金属材料，然后依照等效铝厚度计算分析其屏蔽性能。

在放大器电路设计时，不采用高集成的控制芯片，采用电子元器件本身的抗辐照性能较好的最基本电子器件；另外，在设计选型时，选用高等级芯片即可保证整个控制电路较好的抗辐照性能。

作为光放大器核心器件，有源光纤一般采用耐辐照共掺元素及高纯度原光纤材料，在降低光纤本底损耗的同时减少了辐照时色心的生成，从而保证光纤辐照后的性能；另外，可使用铅箔纸对有源纤进行缠绕包裹等二次加固或对有源光纤进行辐照预处理。

参 考 文 献

[1]刘悦. 国外高通量卫星系统与技术发展[J]. 国际太空,2017(11):42 - 47.

[2]沈永言. 全球高通量卫星发展概况及应用前景[J]. 国际太空,2015(4):19 - 23.

[3]张航. 国外高吞吐量卫星最新进展[J]. 卫星应用,2017(6):53 - 57.

[4]严涛,王瑛,曲博,等. 高通量卫星 Epic 平台发展现状[J]. 空间电子技术,2018,15(1):60 - 64,69.

[5]温永兴. 国外高通量卫星发展近况[Z]. 天地一体化信息网络,2018.

[6] DARYOUSH A S, SAMANT N, RHODES D, et al. Photonic cad for high speed fiber - optic links[J]. Microwave journal,1993,36(3):58 - 64.

[7] EOSPACE INC. Ultra - wideband(DC→65 GHz→110 GHz +) modulator[EB/OL]. https://www. eospace. com/ultrawideband - modulator.

[8] Finisar Corporation. 100 GHz Single high - speed photodetector[EB/OL]. https://www. finisar. com/communication - components/xpdv412xr.

[9] SHEN P, GOMES N J, DAVIES P A, et al. High - purity millimetre - wave photonic local oscillator generation and delivery [C]//International Topical Meeting on Microwave Photonics,2003:189 - 192.

[10] GHEORMA I L, GOPALAKRISHNAN G K. Flat frequency comb generation with an integrated dual - parallel modulator[J]. IEEE photonics technology letters, 2007,19(13):1011 - 1013.

[11] ZHU S, SHI Z, LI M, et al. Simultaneous frequency upconversion and phase coding

of a radio – frequency signal for photonic radars[J]. Optics letters,2018,43(3):583 – 586.

[12]GAO H,LEI C,CHEN M,et al. A simple photonic generation of linearly chirped microwave pulse with large time – bandwidth product and high compression ratio [J]. Optics express,2013,21(20):23107 – 23115.

[13]YAO J. Photonic generation of microwave arbitrary waveforms [J]. Optics communications,2011,284(15):3723 – 3736.

[14]YAO J,ZENG F,WANG Q. Photonic generation of ultrawideband signals[J]. Journal of lightwave technology,2007,25(11):3219 – 3235.

[15]HUANG L,TANG Z,XIANG P,et al. Photonic generation of equivalent single sideband vector signals for RoF systems[J]. IEEE photonics technology letters, 2016,28(22):2633 – 2636.

[16]QUADRI G,MARTINEZ – REYES H,BÉNAZET B,et al. A low phase noise optical link for reference oscillator signal distribution[C]//IEEE International Frequency Control Symposium and PDA Exhibition Jointly with the 17th European Frequency and Time Forum,2003:336 – 340.

[17]QUADRI G,ONILLON B,MARTINEZ – REYES H,et al. Low phase noise optical links for microwave and RF frequency distribution[C]//Microwave and Terahertz Photonics. International Society for Optics and Photonics,2004:34 – 44.

[18]LI S,ZHENG X,ZHANG H,et al. Highly linear radio – over – fiber system incorporating a single – drive dual – parallel Mach – Zehnder modulator[J]. IEEE photonics technology letters,2010,22(24):1775 – 1777.

[19]WAKE D,NKANSAH A,GOMES N J,et al. A comparison of radio over fiber link types for the support of wideband radio channels[J]. Journal of lightwave technology,2010,28(16):2416 – 2422.

[20]HUANG L,XU M,PENG P C,et al. Broadband IF – over – fiber transmission based on a polarization modulator[J]. IEEE photonics technology letters,2018,30(24):2087 – 2090.

[21]HAN Y,ZHANG W,ZHANG J,et al. Two microwave vector signal transmission on

a single optical carrier based on PM – IM conversion using an on – chip optical hilbert transformer[J]. Journal of lightwave technology,2018,36(3):682 – 688.

[22]CLARK T R, O'CONNOR S R, DENNIS M L. A phase – modulation I/Q – demodulation microwave – to – digital photonic link [J]. IEEE transactions on microwave theory and techniques,2010,58(11):3039 – 3058.

[23]TANG Z, PAN S. A full – duplex radio – over – fiber link based on a dual – polarization Mach – Zehnder modulator [J]. IEEE photonics technology letters, 2016,28(8):852 – 855.

[24] PAN J J. Laser mixer for microwave fiber optics [C]//Optoelectronic Signal Processing for Phased – Array Antennas Ⅱ,1990:46 – 59.

[25]ZHANG Y,PAN S. Broadband microwave signal processing enabled by polarization – based photonic microwave phase shifters[J]. IEEE journal of quantum electronics, 2018,54(4):1 – 12.

[26]CAPMANY J,ORTEGA B,PASTOR D. A tutorial on microwave photonic filters [J]. Journal of lightwave technology,2006,24(1):201 – 229.

[27] HUNTER D B,PARKER M E,DEXTER J L. Demonstration of a continuously variable true – time delay beamformer using a multichannel chirped fiber grating [J]. IEEE transactions on microwave theory and techniques, 2006, 54 (2): 861 – 867.

[28]TAVIK G C,HILTERBRICK C L,EVINS J B,et al. The advanced multifunction RF concept[J]. IEEE Transactions on microwave theory and techniques,2005,53 (3):1009 – 1020.

[29]PENG D,ZHANG Z,MA Y,et al. Optimized single – shot photonic time – stretch digitizer using complementary parallel single – sideband modulation architecture and digital signal processing[J]. IEEE photonics journal,2017,9(3):1 – 14.

[30]CONG G,KITA S,NOZAKI K,et al. Demonstration of photonic digital – to – analog conversion(DAC)utilizing a single silicon Mach – Zehnder modulator[C]//Silicon Photonics:From Fundamental Research to Manufacturing,2018:106860A.

[31] LU B, PAN W, ZOU X, et al. Photonic frequency measurement and signal

separation for pulsed/CW microwave signals [J]. IEEE photonics technology letters, 2013, 25(5): 500-503.

[32] VIDAL B, PIQUERAS M A, MARTI J. Direction-of-arrival estimation of broadband microwave signals in phased-array antennas using photonic techniques [J]. Journal of lightwave technology, 2006, 24(7): 2741-2745.

[33] BIERNACKI P D, WARD A, NICHOLS L T, et al. Microwave phase detection for angle of arrival detection using a 4-channel optical downconverter [C]//IEEE International Topical Meeting on Microwave Photonics, 1998: 137-140.

[34] ZOU X, LI W, LU B, et al. Photonic approach to wide-frequency-range high-resolution microwave/millimeter-wave doppler frequency shift estimation [J]. IEEE transactions on microwave theory and techniques, 2015, 63(4): 1421-1430.

[35] BERGER P, ATTAL Y, SCHWARZ M, et al. RF spectrum analyzer for pulsed signals: ultra-wide instantaneous bandwidth, high sensitivity, and high time-resolution [J]. Journal of lightwave technology, 2016, 34(20): 4658-4663.

[36] ZHU D, ZHANG F, ZHOU P, et al. Phase noise measurement of wideband microwave sources based on a microwave photonic frequency down-converter [J]. Optics letters, 2015, 40(7): 1326-1329.

[37] HERBERT D C. Fundamentals of semiconductors: physics and materials properties [J]. Zeitschrift für physikalische chemie, 1997, 198(10): 76.

[38] YARIV A. Optical electronics [M]. Philadelphia: Saunders College Publishing, 1991.

[39] VAN ETTEN W. Introduction to random signals and noise [M]. Hoboken, NJ: Wiley, 2005.

[40] MARPAUNG D. High dynamic range analog photonic links: design and implementation [D]. Enschede: University of Twente, 2009.

[41] WENZEL H, KANTNER M, RADZIUNAS M, et al. Semiconductor laser linewidth theory revisited [J]. Applied sciences, 2021, 11(13): 6004.

[42] BOLLER K J, REES A V, FAN Y, et al. Hybrid integrated semiconductor lasers with silicon nitride feedback circuits [J]. Photonics, 2019, 7(1): 4.

[43] HENRY C. Theory of the linewidth of semiconductor lasers[J]. IEEE journal of quantum electronics,1982,18(2):259 – 264.

[44] ARAKAWA Y,YARIV A. Quantum well lasers – gain,spectra,dynamics[J]. IEEE journal of quantum electronics,1986,22(9):1887 – 1899.

[45] INABA Y,KITO M,OHYA J,et al. Gain – coupled DFB lasers with reduced optical confinement for narrow spectral – linewidth[C]//Conference Digest ISLC 1998 NARA. 1998 IEEE 16th International Semiconductor Laser Conference(Cat No 98CH361130),1998.

[46] CARRASCOSA M, GARCÍA – CABAÑES A, JUBERA M, et al. $LiNbO_3$: a photovoltaic substrate for massive parallel manipulation and patterning of nano – objects[J]. Applied physics reviews,2015,2(4):040605.

[47] MASTERS B R,BOYD R W. Nonlinear optics[M]. 3rd ed. San Diego:Academic Press,2009.

[48] DONNELLY J,GOPINATH A. A comparison of power requirements of traveling – wave $LiNbO_3$ optical couplers and inteferometric modulators[J]. IEEE journal of quantum electronics,1987,23(1):30 – 41.

[49] BECKER R A. Traveling wave electro optic modulator with maximum bandwidth length product[J]. Applied physics letters,1984,45(11):1168 – 1170.

[50] MITOMI O,NOGUCHI K,MIYAZAWA H. Broadband and low driving – voltage $LiNbO_3$ optical modulators[J]. IEEE proc – optoelectron,1998,6(6):360 – 364.

[51] DATTOLI G,TORRE A. Theory and applications of generalized bessel functions [C]//Advanced Special Functions & Applications,1996:75 – 92.

[52] TING D Z,KHOSHAKHLAGH A,SOIBEL A,et al. Long wavelength InAs/InAsSb infrared superlattice challenges:a theoretical investigation[J]. Journal of electronic materials,2020,49(10):6936 – 6945.

[53] KATO K, HATA S, KAWANO K, et al. Design of ultrawide – band, high – sensitivity P – I – N protodetectors[J]. IEICE transactions on electronics, 1993(2):214 – 221.

[54] GAGLIARDI R M,et al. Analog optical links theory and practice[M]. Cambridge:

Cambridge University Press,2004.

[55]LEE C H,et al. Microwave photonics[M]. New York:CRC Press,2007.

[56]NOVAK D. The evolution of microwave photonics[J]. IEEE microwave magazine, 2009,10(4):8,10,62.

[57]YAO J P. Microwave photonics[J]. Journal of lightwave technology,2009,27(3): 314-335.

[58]CAPMANY J,NOVAK D. Microwave photonics conbines two worlds[J]. Nature photonics,2007,1(6):319-330.

[59]BERCELI T,HERCZFELD P R. Microwave photonics - a historical perspective [J]. IEEE transactions on microwave theory and techniques,2010,58(11): 2992-3000.

[60]BENAZET B,SOTOM M,MAIGNAN M,et al. Microwave photonics cross-connect repeater for telecommunication satellities[C]//Proceedings of SPIE,2006.

[61]BENAZET B,SOTOM M,LE KERNEC A,et al. Microwave photonic technologies for flexible satellite telecom payloads[C]//ECOC,2009.

[62]谢世钟,陈明华,陈宏伟.微波光子学研究的进展[J].中兴通讯技术,2009,15(3):6-10.

[63]李海鸥,李思敏,陈明,等.微波光子技术的研究进展[J].光通信技术,2011,35(8):24-28.

[64]TAN Q G,JIANG W. Study on Ka band modulating performance for satellite microwave photonic switcher and repeater[C]//2011 International Conference on Electronics,Communications and Control (ICECC),2011.

[65]PRIBIL K,KUDIELKA K,RUZICKA K,et al. A coherent analog communication system for optical intersatellite-links[Z]. IEEE,2007.

[66]DARCIE T E,ZHANG J. Performance of microwave-photonic links[C]// NFOEC,2010.

[67]ROGGE M S,URICK V J,BUCHOLTZ F. Analysis of an optical channelization technique for microwave application[C]//NRL,2007.

[68]ZHANG Y M,PAN S L. Experimental demonstration of frequency-octupled

millimeter – wave signal generation based on a dual – parallel Mach – Zehnder modulator[C]//2012 IEEE MTT – S International Microwave Workshop Series on Millimeter Wave Wireless Technology and Applications,2012.

[69] HASTINGS A S, URICK V J, SUNDERMAN C, et al. Suppression of even – order photodiode nonlinearities in multioctave photonic links[J]. Journal of lightwave technology,2008,26(15):2557 – 2562.

[70] MASELLA B, HRAIMEL B, ZHANG X. Enhanced spurious – free dynamic range using mixed polarization in optical single sideband Mach – Zehnder modulator[J]. Journal of lightwave technology,2009,27(15):3034 – 3041.

[71] ALVES M F, CARTAXO A V T. Transmission of OFDM – UWB radio signals in IM – DD optical fiber communication systems employing otpimized dual parallel Mach – Zehnder modulators[J]. Journal of optical communications and networking, 2013,5(2):159 – 171.

[72] URICK V J, DIEHL J, HUTCHINSON M, et al. Wideband analog photonic links: some performance limits and considerations for multi – octave implementations [C]//Proceedings of SPIE – The International Society for Optical Engineering,2012.

[73] ZHU G H, LIU W, FETTERMAN H R. A broadband linearized coherent analog fiber – optic link employing dual parallel Mach – Zehnder modulators[J]. IEEE photonics technology letters,2009,21(21):1627 – 1629.

[74] CHEN Z Y, YAN L S, GUO Y H, et al. SFDR enhancement in analog photonic links by simultaneous compensation for dispersion and nonlinearity[J]. Optics express,2013,21(18):20999 – 21009.

[75] CUI Y, DAI Y, YIN F, et al. Enhanced spurious – free dynamic range in intensity – modulated analog photonic link using digital postprocessing[J]. IEEE photonics joural,2014,6(2):1 – 8.

[76] LIM C, NIRMALATHAS A, LEE K L, et al. Intermodulation distortion improvement for fiber – radio applications incorporating OSSB + C modulation in an optical integrated – access environment[J]. Journal of lightwave technology,2007,25(6):

1602 - 1612.

[77]ZHU Z H, ZHAO S, TAN Q, et al. A linearized optical single - sideband modulation analog microwave photonic link using dual - parallel interferometers [J]. IEEE photonics journal,2013(5):5501712.

[78] LI X,ZHU Z,ZHAO S,et al. An intensity modulation and coherent balanced detection intersatellite microwave photonic link using ploarization direction control [J]. Optical & laser technology,2014,56:362 - 366.

[79]LI J,ZHANG Y C,YU S,et al. Third - order intermodulation distortion elimination of microwave phtonics link based on intergrated dual - drive dual - parallel Mach - Zehnder modulator[J]. Optics letters,2013,38(21):4285 - 4287.

[80]池灏,章献民,沈林放. 单极型马赫 - 曾德尔调制器的互调失真分析[J]. 光学学报,2006,26 (11) :1619 - 1622.

[81]吴文浩. 浅谈 ROADM 技术的发展及其应用[J]. 科技风,2012(11):102.

[82]黄照祥,张阳安,黄永清,等. 可重构光分插复用器(ROADM)的技术实现与性能评估[J]. 光通信技术,2004,28(12):4 - 9.

[83]张以谟. 光互连网络技术[M]. 北京:电子工业出版社,2006.

[84]WU M C ,SOLGAARD O,FORD J E. Optical MEMS for lightwave communication [J]. Journal of lightwave technology,2006,24(12):4433 - 4454.

[85]YE T, LEE T T, HU W. A study of modular AWGs for large - scale optical switching systems[J]. Journal of lightwave technology, 2012, 30 (13): 2125 - 2133.

[86]刘力,刘汉奎. ROF 系统中毫米波信号的产生方式分析[J]. 西华师范大学学报,2012(1):73 - 77.

[87]LASKIN E,KHANPOUR M,NICOLSON S T,et al. Nanoscale CMOS transceiver design in the 90 - 170GHz range[J]. IEEE transactions on microwave theory and techniques,2009,57(12):3477 - 3490.

[88] PAGÁN V R, HAAS B M, MURPHY T E. Linearized electrooptic microwave downconversion using phase modulation and optical filtering[J]. Optics express, 2011,19(2):883 - 895.

[89] ZENG F, YAO J. All – optical microwave mixing and bandpass filtering in a radio – over – fiber link[J]. IEEE photonics technology letters, 2005, 17(4): 899 – 901.

[90] SHARMA U, SHIN S, TU H, et al. Characterization and analysis of relative intensity noise in broadband optical sources for optical coherence tomography[J]. IEEE photonics technology letters, 2010, 22(14): 1057 – 1059.

[91] SHEN Y, HRAIMEL B, ZHANG X, et al. A novel analog broadband RF predistortion circuit to linearize electro – absorption modulators in multiband OFDM radio – over – fiber systems[J]. IEEE transactions on microwave theory and techniques, 2010, 58(11): 3327 – 3335.

[92] 李晓艳. 微波光子频率变换技术研究[D]. 西安:西安电子科技大学, 2013.

[93] MAURY G, HILT A, BERCELI T, et al. Microwave – frequency conversion methods by optical interferometer and photodiode[J]. IEEE transactions on microwave theory and techniques, 1997, 45(8): 1481 – 1485.

[94] EICHEN E. Interferometric generation of high – power, microwave frequency, optical harmonics[J]. Applied physics letters, 1987, 51(6): 398 – 400.

[95] HAAS B M, MURPHY T E. A carrier – suppressed phase – modulated fiber optic link with IF downconversion of 30GHz 64 – QAM signals[C]//2009 International Topical Meeting on Microwave Photonics. IEEE, 2009: 1 – 4.

[96] CHAN E H W, MINASIAN R A. High conversion efficiency microwave photonic mixer based on stimulated Brillouin scattering carrier suppression technique[J]. Optics letters, 2013, 38(24): 5292 – 5295.

[97] CHAN E H W, MINASIAN R A. Microwave photonic downconversion using phase modulators in a Sagnac loop interferometer[J]. IEEE journal of selected topics in quantum electronics, 2013, 19(6): 211 – 218.

[98] GOPALAKRISHNAN G K, BURNS W K, BULMER C H. Microwave – optical mixing in LiNbO/sub 3/modulators[J]. IEEE transactions on microwave theory and techniques, 1993, 41(12): 2383 – 2391.

[99] HOWERTON M M, MOELLER R P, GOPALAKRISHNAN G K, et al. Low – biased fiber – optic link for microwave downconversion[J]. IEEE photonics technology

letters,1996,8(12):1692 - 1694.

[100]GALLO J T, BREUER K D, WOOD J B. Millimeter - wave frequency converting fiber optic link modeling and results[C]//Optical Technology for Microwave Applications Ⅷ. International Society for Optics and Photonics, 1997, 3160: 106 - 113.

[101]WANG W, DAVIS R L, JUNG T J, et al. Characterization of a coherent optical RF channelizer based on a diffraction grating[J]. IEEE transactions on microwave theory and techniques,2001,49(10):1996 - 2001.

[102]ALEXANDER E M, SPEZIO A E. New method of coherent frequency channelization[C]// Bragg Signal Processing And Output Devices, 1983: 28 - 34.

[103] ALEXANDER E M, GAMMON R W. The Fabry - Perot etalon as an RF frequency channelizer[C]//Solid - State Optical Control Devices. International Society for Optics and Photonics,1984:45 - 53.

[104]ALEXANDER E M. Optical techniques for wide bandwidth microwave spectrum analysis[C]//Optical Technology for Microwave Applications Ⅲ. International Society for Optics and Photonics,1987:169 - 176.

[105]DAWBER W N, WEBSTER K. Electro - optical microwave signal processor for high - frequency wideband frequency channelization[C]//Advances in Optical Information Processing Ⅷ. International Society for Optics and Photonics, 1998: 77 - 89.

[106]WINNALL S T, LINDSAY A C, AUSTIN M W, et al. A microwave channelizer and spectroscope based on an integrated optical Bragg - grating Fabry - Perot and integrated hybrid Fresnel lens system[J]. IEEE transactions on microwave theory and techniques,2006,54(2):868 - 872.

[107]WINNALL S T, LINDSAY A C. A Fabry - Perot scanning receiver for microwave signal processing[J]. IEEE transactions on microwave theory and techniques, 1999,47(7):1385 - 1390.

[108]RUGELAND P, YU Z, STERNER C, et al. Photonic scanning receiver using an

electrically tuned fiber Bragg grating[J]. Optics letters,2009,34(24):3794 - 3796.

[109] GUO H,XIAO G,MRAD N,et al. Measurement of microwave frequency using a monolithically integrated scannable echelle diffractive grating[J]. IEEE photonics technology letters,2009,21(1):45 - 47.

[110] HUNTER D B,EDVELL L G,ENGLUND M A. Wideband microwave photonic channelised receiver [C]//2005 International Topical Meeting on Microwave Photonics,2005:249 - 252.

[111] HEATON J M,WATSON C D,JONES S B,et al. 16 - channel (1 - to 16 - GHz) microwave spectrum analyzer device based on a phased array of GaAs/AlGaAs electro - optic waveguide delay lines [C]//Integrated Optic Devices Ⅱ. International Society for Optics and Photonics,1998:245 - 252.

[112] GOUTZOULIS A P. Integrated optical channelizer: U. S. Patent 7421168 [P]. 2008 - 09 - 02.

[113] XIE X,DAI Y,JI Y,et al. Broadband photonic radio - frequency channelization based on a 39 - GHz optical frequency comb[J]. IEEE photonics technology letters,2012,24(8):661 - 663.

[114] VOLKENING F A. Photonic channelized RF receiver employing dense wavelength division multiplexing:U. S. Patent 7245833[P]. 2007 - 07 - 17.

[115] ZOU X,PAN W,LUO B,et al. Photonic approach for multiple - frequency - component measurement using spectrally sliced incoherent source [J]. Optics letters,2010,35(3):438 - 440.

[116] BRES C S, ZLATANOVIC S, WIBERG A O J, et al. Parametric photonic channelized RF receiver[J]. IEEE photonics technology letters,2011,23(6): 344 - 346.

[117] BRÈS C S,ZLATANOVIC S,WIBERG A O J,et al. Reconfigurable parametric channelized receiver for instantaneous spectral analysis[J]. Optics express,2011, 19(4):3531 - 3541.

[118] HUANG M,FU J,PAN S. Linearized analog photonic links based on a dual -

parallel polarization modulator[J]. Optics letters,2012,37(11):1823 – 1825.

[119]JIANG T,WU R,YU S,et al. A novel high – linearity microwave photonic link based on the strategy of adding a compensation path using a bidirectional phase modulator[J]. IEEE photonics journal,2016,8(5):1 –7.

[120]XU E,ZHANG M,LI P,et al. Dynamic – range enhancement in microwave photonic link based on single – sideband phase modulation [C]//Asia Communications and Photonics Conference. Optical Society of America,2016: AF2A.16.

[121]XIE Z,YU S,CAI S,et al. Linearized phase – modulated analog photonic link with large spurious – free dynamic range [C]//Asia Communications and Photonics Conference. Optical Society of America,2016:AF3H.7.

[122]KARIM A,DEVENPORT J. Low noise figure microwave photonic link[C]//2007 IEEE/MTT – S International Microwave Symposium,2007:1519 – 1522.

[123]HAAS B M,MURPHY T E. A simple, linearized, phase – modulated analog optical transmission system[J]. IEEE photonics technology letters,2007,19(10):729 –731.

[124]LI P,YAN L,ZHOU T,et al. Improvement of linearity in phase – modulated analog photonic link[J]. Optics letters,2013,38(14):2391 –2393.

[125]WANG S,GAO Y,WEN A,et al. A microwave photonic link with high spurious – free dynamic range based on a parallel structure[J]. Optoelectronics letters, 2015,11(2):137 –140.

[126]ZHU W,ZHAO M,FAN F,et al. Sagnac interferometer – assisted microwave photonic link with improved dynamic range[J]. IEEE photonics journal,2017,9(2):1 –9.

[127]CHEN X,LI W,YAO J. Dynamic – range enhancement for a microwave photonic link based on a polarization modulator[J]. IEEE transactions on microwave theory and techniques,2015,63(7):2384 –2389.

[128]FERREIRA A,SILVEIRA T,FONSECA D,et al. Highly linear integrated optical transmitter for subcarrier multiplexed systems[J]. IEEE photonics technology

letters,2009,21(7):438 -440.

[129]WANG F,SHI S,SCHNEIDER G J,et al. Photonic generation of high fidelity RF sources for mobile communications[J]. Journal of lightwave technology,2017,35(18):3901 -3908.

[130]唐向阳,刘安芝. 电子对抗中信道化接收技术的发展及其性能评判[J]. 系统工程与电子技术,1992,6:19 -25.

[131]毛自灿. 超宽带侦察接收机的实现途径[J]. 无线电工程,1995(6):55 -60.

[132]张传忠,王宗富. 用于射频、微波和毫米波的先进的信道化技术(一)[J]. 压电与声光,1992,14(1):44 -51.

[133]王宗富,汤劲松. 用于射频、微波和毫米波的先进的信道化技术(二)[J]. 压电与声光,1992,14(2):54 -66.

[134]陈运祥,周小平. 用于射频、微波和毫米波的先进的信道化技术(三)[J]. 压电与声光,1992,14(3) :47 -64.

[135] FIELDS T W, ZAHIRNIAK D R, SHARPIN D L. Hardware efficient digital channelized receiver:U. S. Patent 6085077[P]. 2000 -07 -04.

[136]ZAHIRNIAK D R, SHARPIN D L, FIELDS T W. A hardware - efficient, multirate, digital channelized receiver architecture [J]. IEEE transactions on aerospace and electronic systems,1998,34(1):137 -152.

[137]PUCKER L. Channelization techniques for software defined radio [C]// Proceedings of SDR Forum Conference,2003:1 -6.

[138]杨小牛,楼才义. 软件无线电原理与应用[M]. 北京:电子工业出版社,2001.

[139]LI Z,ZHANG X,CHI H,et al. A reconfigurable microwave photonic channelized receiver based on dense wavelength division multiplexing using an optical comb [J]. Optics communications,2012,285(9):2311 -2315.

[140]GU X,ZHU D,LI S,et al. Photonic RF channelization based on series - coupled asymmetric double - ring resonator filter [C]//The 7th IEEE/International Conference on Advanced Infocomm Technology,2014:240 -244.

[141]ZOU X, LI W, PAN W, et al. Photonic - assisted microwave channelizer with improved channel characteristics based on spectrum - controlled stimulated

Brillouin scattering[J]. IEEE transactions on microwave theory and techniques, 2013,61(9):3470 - 3478.

[142]WANG L X, ZHU N H, LI W, et al. Polarization division multiplexed photonic radio - frequency channelizer using an optical comb[J]. Optics communications, 2013,286:282 - 287.

[143]HUANG H, ZHANG C, ZHOU H, et al. Double - efficiency photonic channelization enabling optical carrier power suppression[J]. Optics letters, 2018,43(17):4073 - 4076.

[144]XIE X, DAI Y, XU K, et al. Broadband photonic RF channelization based on coherent optical frequency combs and I/Q demodulators[J]. IEEE photonics journal,2012,4(4):1196 - 1202.

[145]DAI Y T, XU K, XIE X J, et al. Broadband photonic radio frequency channelization based on coherent optical frequency combs and polarization I/Q demodulation[J]. Science China technological sciences,2013,56(3):621 - 628.

[146]崇毓华,杨春,李向华,等.一种中频相同的微波光子信道化接收机[J].光电子激光,2014,25(12):2295 - 2299.

[147]WIBERG A O J, ESMAN D J, LIU L, et al. Coherent filterless wideband microwave/millimeter - wave channelizer based on broadband parametric mixers [J]. Journal of lightwave technology,2014,32(20):3609 - 3617.

[148]HAO W, DAI Y, ZHOU Y, et al. Coherent wideband microwave channelizer based on dual optical frequency combs[C]//2016 IEEE Avionics and Vehicle Fiber - Optics and Photonics Conference,2016:183 - 184.

[149]XU W, ZHU D, PAN S. Coherent photonic radio frequency channelization based on dual coherent optical frequency combs and stimulated Brillouin scattering[J]. Optical engineering,2016,55(4):046106.

[150]TANG Z, ZHU D, PAN S. Coherent optical RF channelizer with large instantaneous bandwidth and large in - band interference suppression[J]. Journal of lightwave technology,2018,36(19):4219 - 4226.

[151]HAO W, DAI Y, YIN F, et al. Chirped - pulse - based broadband RF

channelization implemented by a mode - locked laser and dispersion[J]. Optics letters,2017,42(24):5234 - 5237.

[152]STRUTZ S J, WILLIAMS K J. An 8 - 18 - GHz all - optical microwave downconverter with channelization[J]. IEEE transactions on microwave theory and techniques,2001,49(10):1992 - 1995.

[153] WANG J, CHEN M, YU H, et al. Photonic - assisted seamless channelization based on integrated three - stage cascaded DIs[C]//2013 IEEE International Topical Meeting on Microwave Photonics,2013:21 - 24.

[154]GARDONE L G. Ultra—wideband microwave beamforming technique [J]. Microwave journal,1985,28(4):121 - 123.

[155]PAPE D R,GOUTZOULIS A P. Design and fabrication of accousto - optic devices [M]. Boca Raton:CRC Press,1994.

[156]张明友.光控相控阵雷达[M].北京:国防工业出版社,2008.

[157]DUARTE V C,PRATA J G,DRUMMOND M V,et al. Modular coherent photonic - aided payload receiver for communications satellites[J]. Nature communication, 2019,10(1):77 - 80.

[158]崔兆云,田步宁,郑伟.一种基于密集波分复用技术的光控多波束天线[C]//全国天线年会论文集,2011:944 - 947.

[159]LIN C Y,SUBBARAMAN H,ZHENG X,et al. Wavelength - tunable on - chip true time delay lines based on photonic crystal waveguides for X - band phased array antenna applications[C]//Conference on Lasers and Electro - Optics. San Jose,2012:1 - 2.

[160]田中成,靳学明,朱玉鹏.微波光子电子战技术原理与应用[M].北京:科学出版社,2018.

[161] FAKHARZADEH M, CHAUDHURI S K, SAFAVI - NAEINI S. Optical beamforming for receiver phased array systems using periodic slow wave structures [C]//2010 European Microwave Conference. Paris,2010:1552 - 1555.

[162]JUNG B M,KIM D H,JEON I P,et al. Optical true time - delay beamformer based on microwave photonics for phased array radar[C]//3rd International

Asia - Pacific Conference on Synthetic Aperture Radar. Seoul,2011:1 -4.

[163] AKIYAMA T, MATSUZAWA H, SAKAI K, et al. Multiple - beam optically controlled beamformer using spatial - and - wavelength division multiplexing [C]//International Topical Meeting on Microwave Photonics. IEEE,2009.

[164]庾财斌,梁旭,王超,等.基于微波光子的光学波束合成理论与仿真[J].半导体光电,2021,42(3):395 -401.

[165]苏君.宽带光延迟移相网络波束形成技术研究[D].成都:电子科技大学,2014.

[166] AKAISHI A, SHOJI Y, FUJINO Y, et al. An optically controlled beam forming network for Ka - band antenna[C]// 61st International Astronautical Congress, 2010:1 -6.

[167]张航宇.紧耦合天线阵超宽带宽角扫描及低剖面化技术研究[D].成都:电子科技大学, 2019.

[168] CHU T, CHEN N, TANG W, et al. Large - scale high - speed photonic switches fabricated on silicon - based photonic platforms [C]//Optical Fiber Communications Conference and Exhibition(OFC). F,2023.

[169] LI X, GAO W, LU L, et al. Ultra - low - loss multi - layer 8 × 8 microring optical switch[J]. Photonics research,2023,11(5):712 -723.

[170] SUZUKI K, KONOIKE R, YOKOYAMA N, et al. Nonduplicate polarization - diversity 32 × 32 silicon photonics switch based on a SiN/Si double - layer platform[J]. Journal of lightwave technology,2020,38(2):226 -232.

[171] SHERWOOD - DROZ N, WANG H, CHEN L, et al. Optical 4 ×4 hitless silicon router for optical networks - on - chip(NoC)[J]. Optics express,2008,16(20): 15915 -15922.

[172] HUANG Y, CHENG Q, HUNG Y, et al. Multi - stage 8 ×8 silicon photonic switch based on dual - microring switching elements [J]. Journal of lightwave technology,2020,38(2):194 -201.

[173] HUANG Y, CHENG Q, HUNG Y, et al. Dual - microring resonator based 8 ×8 silicon photonic switch [C]//2019 Optical Fiber Communications Conference

(OFC),F,2019.

[174] CHENG Q, BAHADORI M, HUNG Y, et al. Scalable microring - based silicon clos switch fabric with switch - and - select stages[J]. IEEE journal of selected topics in quantum electronics,2019,25(5):1 - 11.

[175] CHENG Q X, DAI R, BAHADORI M, et al. Si/SiN microring - based optical router in switch - and - select topology[C]//European Conference on Optical Communication(ECOC),F,2018.

[176] SUZUKI K,TANIZAWA K,MATSUKAWA T,et al. Ultra - compact 8 × 8 strictly - non - blocking Si - wire PILOSS switch[J]. Optics express,2014,22(4):3887 - 3894.

[177] TANIZAWA K, SUZUKI K, IKEDA K, et al. Non - duplicate polarization - diversity 8 × 8 Si - wire PILOSS switch integrated with polarization splitter - rotators[J]. Optics express,2017,25(10):10885 - 10892.

[178] SUZUKI K,KONOIKE R,HASEGAWA J,et al. Low - insertion - loss and power - efficient 32 × 32 silicon photonics switch with extremely high - Δ silica PLC connector[J]. Journal of lightwave technology,2019,37(1):116 - 122.

[179] KONOIKE R,SUZUKI K,TANIZAWA K,et al. SiN/Si double - layer platform for ultralow - crosstalk multiport optical switches[J]. Optics express,2019,27(15):21130 - 21141.

[180] KONOIKE R,SUZUKI K,KAWASHIMA H,et al. Port - alternated switch - and - select optical switches[J]. Journal of lightwave technology,2020,39(4):1102 - 1107.

[181] SEOK T J,QUACK N,HAN S,et al. 50 × 50 digital silicon photonic switches with MEMS - actuated adiabatic couplers [C]//Optical Fiber Communication Conference(OFC),F,2015.

[182] HAN S,SEOK T J,QUACK N,et al. Large - scale silicon photonic switches with movable directional couplers[J]. Optica,2015,2(4):370 - 375.

[183] SEOK T J, QUACK N, HAN S, et al. 64 × 64 low - loss and broadband digital silicon photonic MEMS switches [C]//European Conference on Optical

Communication(ECOC),F,2015.

[184]SEOK T J,QUACK N,HAN S,et al. Large - scale broadband digital silicon photonic switches with vertical adiabatic couplers[J]. Optica,2016,3(1):64 - 70.

[185]SEOK T J,KWON K,HENRIKSSON J,et al. 240 × 240 wafer - scale silicon photonic switches [C]//Optical Fiber Communication Conference (OFC), F,2019.

[186]CAMPENHOUT V J,GREEN W M J,ASSEFA S,et al. Low - power,2 ×2 silicon electro - optic switch with 110 - nm bandwidth for broadband reconfigurable optical networks[J]. Optics express,2009,17(26):24020 - 24029.

[187]YANG M,GREEN W M J,ASSEFA S,et al. Non - Blocking 4 ×4 electro - optic silicon switch for on - chip photonic networks[J]. Optics express,2011,19(1): 47 - 54.

[188]LEE B G,RYLYAKOV A V,GREEN W M J,et al. Monolithic silicon integration of scaled photonic switch fabrics,CMOS logic,and device driver circuits[J]. Journal of lightwave technology,2013,32(4):743 - 751.

[189]DUPUIS N,LEE B G,RYLYAKOV A V,et al. Modeling and characterization of a nonblocking 4 ×4 Mach - Zehnder silicon photonic switch fabric[J]. Journal of lightwave technology,2015,33(20):4329 - 4337.

[190]DUPUIS N,RYLYAKOV A V,SCHOW C L,et al. Ultralow crosstalk nanosecond - scale nested 2 ×2 Mach - Zehnder silicon photonic switch[J]. Optics letters, 2016,41(13):3002 - 3005.

[191]DUPUIS N,PROESEL J E,AINSPAN H,et al. Nanosecond photonic switch architectures demonstrated in an all - digital monolithic platform[J]. Optics letters,2019,44(15):3610 - 3612.

[192]DUPUIS N,PROESEL J E,BOYER N,et al. An 8 × 8 silicon photonic switch module with nanosecond - scale reconfigurability [C]//Optical Fiber Communications Conference and Exhibition(OFC),F,2020.

[193]LU L,ZHOU L,LI S,et al. 4 ×4 nonblocking silicon thermo - optic switches

based on multimode interferometers[J]. Journal of lightwave technology,2015,33(4):857 – 864.

[194] LU L,ZHOU L,LI Z. et al. 4 ×4 silicon optical switches based on double – ring – assisted Mach – Zehnder interferometers[J]. IEEE photonics technology letters, 2015,27(23):2457 – 2460.

[195] LU L, ZHOU L, LI Z, et al. Broadband 4 × 4 nonblocking silicon electrooptic switches based on Mach – Zehnder interferometers[J]. IEEE photonics journal, 2015,7(1):1 – 8.

[196] LU L, LI X, GAO W, et al. Silicon non – blocking 4 × 4 optical switch chip integrated with both thermal and electro – optic tuners[J]. IEEE photonics journal,2019,11(6):1 – 9.

[197] ZHAO S, LU L, ZHOU L, et al. 16 × 16 silicon Mach – Zehnder interferometer switch actuated with waveguide microheaters[J]. Photonics research, 2016, 4(5):202 – 207.

[198] GUO Z,LU L,ZHOU L,et al. 16 ×16 silicon optical switch based on dual – ring – assisted Mach – Zehnder interferometers[J]. Journal of lightwave technology, 2018,36(2):225 – 232.

[199] GAO W, LI X, LU L, et al. Broadband 32 × 32 strictly – nonblocking optical switch on a multi – layer Si_3N_4 – on – SOI platform[J]. Laser & photonics reviews,2023,17(11):2300275.

[200] CHU T,QIAO L,TANG W. High – speed 8 ×8 electro – optic switch matrix based on silicon PIN structure waveguides[C]//IEEE 12th International Conference on Group IV Photonics(GFP),F,2015.

[201] QIAO L,TANG W,CHU T. 16 ×16 non – blocking silicon electro – optic switch based on Mach – Zehnder interferometers[C]//Optical Fiber Communication Conference(OFC),F,2016.

[202] QIAO L, TANG W, CHU T. Ultra – large – scale silicon optical switches[C]// IEEE 13th International Conference on Group IV Photonics(GFP),F,2016.

[203] DUMAIS P, GOODWILL D J, CELO D, et al. Silicon photonic switch subsystem

with 900 monolithically integrated calibration photodiodes and 64 – fiber package [J]. Journal of lightwave technology,2017,36(2):233 –238.

[204] JIANG J,GOODWILL D J,DUMAIS P,et al. 16 × 16 silicon photonic switch with nanosecond switch time and low – crosstalk architecture [C]//45th European Conference on Optical Communication(ECOC 2019). F,2019.

[205] MATSUMOTO T, KURAHASHI T, KONOIKE R, et al. Hybrid – integration of SOA on silicon photonics platform based on flip – chip bonding[J]. Journal of lightwave technology,2018,37(2):307 –313.

[206] KONOIKE R, MATSUURA H, SUZUKI K, et al. Gain – integrated 8 × 8 silicon photonics multicast switch with on – chip 2 ×4 – ch. SOAs[J]. Journal of lightwave technology,2020,38(11):2930 –2937.

[207] ZHANG J, KRÜCKEL C J, HAQ B, et al. Lossless high – speed silicon photonic MZI switch with a micro – transfer – printed Ⅲ – Ⅴ amplifier[C]//Electronic Components and Technology Conference(ECTC). F,2022.

[208] LI W, XU L, ZHANG J, et al. Broadband polarization – insensitive thermo – optic switches on a 220 – nm silicon – on – insulator platform[J]. IEEE photonics journal,2022,14(6):1 –7.

[209] LI X, LU L, GAO W, et al. Silicon non – blocking 4 × 4 optical switch with automated polarization adjustment[J]. Chinese optics letters, 2021, 19 (10): 101302.

附　录

1. Sagnac 环路中的 2×2 耦合器（图 A-1）

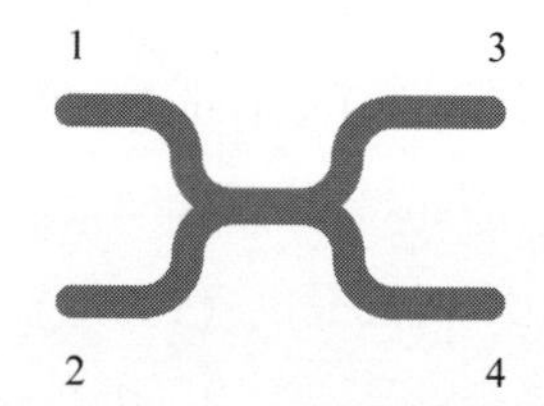

图 A-1　2×2 耦合器结构

单个 2×2 耦合器传输矩阵为

$$\boldsymbol{E}_{XC}=\frac{1}{\sqrt{2}}\begin{bmatrix}1 & j\\ j & 1\end{bmatrix}$$

1 端口输入光载波，3、4 端口输出信号为

$$\begin{bmatrix}E_3(t)\\ E_4(t)\end{bmatrix}=\frac{1}{\sqrt{2}}\begin{bmatrix}1 & j\\ j & 1\end{bmatrix}\begin{bmatrix}E_o\exp(j\omega_c t)\\ 0\end{bmatrix}$$

$$=\frac{E_o\exp(j\omega_c t)}{\sqrt{2}}\begin{bmatrix}1\\ j\end{bmatrix}$$

分别对 3、4 端口光信号进行 LO、RF 信号调制，然后再由 2×2 耦合器耦合，可得

$$\begin{bmatrix} E_1(t) \\ E_2(t) \end{bmatrix} = \frac{1}{\sqrt{2}} \begin{bmatrix} 1 & j \\ j & 1 \end{bmatrix} \begin{bmatrix} E_4(t)\exp[jm_{\mathrm{RF}}\sin(\Omega_{\mathrm{RF}}t)] \\ E_3(t)\exp[jm_{\mathrm{LO}}\sin(\Omega_{\mathrm{LO}}t)] \end{bmatrix}$$

$$= \frac{E_o\exp(j\omega_c t)}{2} \begin{bmatrix} 1 & j \\ j & 1 \end{bmatrix} \begin{bmatrix} j\cdot\exp[jm_{\mathrm{RF}}\sin(\Omega_{\mathrm{RF}}t)] \\ \exp[jm_{\mathrm{LO}}\sin(\Omega_{\mathrm{LO}}t)] \end{bmatrix}$$

$$= \frac{E_o\exp(j\omega_c t)}{2} \begin{bmatrix} j\cdot\exp[jm_{\mathrm{RF}}\sin(\Omega_{\mathrm{RF}}t)] + j\cdot\exp[jm_{\mathrm{LO}}\sin(\Omega_{\mathrm{LO}}t)] \\ -\exp[jm_{\mathrm{RF}}\sin(\Omega_{\mathrm{RF}}t)] + \exp[jm_{\mathrm{LO}}\sin(\Omega_{\mathrm{LO}}t)] \end{bmatrix}$$

由上式可知，两端口输出调制信号之差，光载波会相互抵消。

2. 贝塞尔函数

1）指数函数、三角函数与贝塞尔函数转换

$$\mathrm{e}^{jm\sin(\omega t+\theta)} = \sum_{n=-\infty}^{\infty} J_n(m)\mathrm{e}^{jn\omega t+jn\theta}$$

$$\mathrm{e}^{-jm\sin(\omega t+\theta)} = \sum_{n=-\infty}^{\infty} (-1)^n J_n(m)\mathrm{e}^{jn\omega t+jn\theta}$$

$$\mathrm{e}^{jm\cos(\omega t+\theta)} = \sum_{n=-\infty}^{\infty} (j)^n J_n(m)\mathrm{e}^{jn\omega t+jn\theta}$$

$$\mathrm{e}^{-jm\cos(\omega t+\theta)} = \sum_{n=-\infty}^{\infty} (-j)^n J_n(m)\mathrm{e}^{jn\omega t+jn\theta}$$

$$\cos(x\cos\varphi) = J_0(x) + 2\sum_{n=1}^{\infty} (-1)^n J_{2n}(x)\cos(2n\varphi)$$

$$\sin(x\cos\varphi) = -2\sum_{n=1}^{\infty} (-1)^n J_{2n-1}(x)\cos[(2n-1)\varphi]$$

$$\cos(x\sin\varphi) = J_0(x) + 2\sum_{n=1}^{\infty} J_{2n}(x)\cos(2n\varphi)$$

$$\sin(x\sin\varphi) = 2\sum_{n=1}^{\infty} J_{2n-1}(x)[\sin(2n-1)\varphi]$$

（1）$\cos(x\cos\varphi)$、$\cos(x\sin\varphi)$展开中只包含偶数次项；

（2）$\sin(x\cos\varphi)$、$\sin(x\sin\varphi)$展开中只包含奇数次项。

2）贝塞尔函数系数

（1）系数关系。

①递推公式：

$$J_{-n}(x)=(-1)^n J_n(x)$$

$$J_n(x)=\frac{x}{2n}[J_{n-1}(x)+J_{n+1}(x)]$$

②导数公式：

$$J'_n(x)=\frac{1}{2}[J_{n-1}(x)-J_{n+1}(x)]$$

$$[x^n J_n(x)]'=x^n J_{n-1}(x)$$

（2）系数展开：

$$J_n(x)=\sum_{k=0}^{\infty}\frac{(-1)^k}{k!(n+k)!}\left(\frac{x}{2}\right)^{n+2k}$$

①当 $n=0$ 时，零阶第一类贝塞尔函数：

$$J_0(x)=\sum_{k=0}^{\infty}\frac{(-1)^k}{k!k!}\left(\frac{x}{2}\right)^{2k}=1-\frac{x^2}{2^2}+\frac{x^4}{2^2\cdot 2^4}-\frac{x^6}{2^2\cdot 4^2\cdot 6^2}+\cdots$$

②当 $n=1$ 时，一阶第一类贝塞尔函数：

$$J_1(x)=\sum_{k=0}^{\infty}\frac{(-1)^k}{k!(k+1)!}\left(\frac{x}{2}\right)^{2k+1}$$

$$=\frac{x}{2}\left(1-\frac{x^2}{2\cdot 4}+\frac{x^4}{2\cdot 4\cdot 4\cdot 6}-\frac{x^6}{2\cdot 4\cdot 6\cdot 4\cdot 6\cdot 8}+\cdots\right)$$

③当 $n=2$ 时，二阶第一类贝塞尔函数：

$$J_2(x)=\sum_{k=0}^{\infty}\frac{(-1)^k}{k!(k+2)!}\left(\frac{x}{2}\right)^{2k+2}$$

$$=\frac{x^2}{2^2}\left(\frac{1}{2}-\frac{x^2}{2\cdot 3\cdot 2^2}+\frac{x^4}{2\cdot 24\cdot 2^4}-\frac{x^6}{6\cdot 120\cdot 2^6}+\cdots\right)$$

④当 $n=3$ 时，三阶第一类贝塞尔函数：

$$J_3(x)=\sum_{k=0}^{\infty}\frac{(-1)^k}{k!(k+3)!}\left(\frac{x}{2}\right)^{2k+3}$$

$$=\frac{x^3}{2^3}\left(\frac{1}{6}-\frac{x^2}{24\cdot 2^2}+\frac{x^4}{2\cdot 120\cdot 2^4}-\frac{x^6}{6\cdot 720\cdot 2^6}+\cdots\right)$$

3）常用结果表（图 A-2）

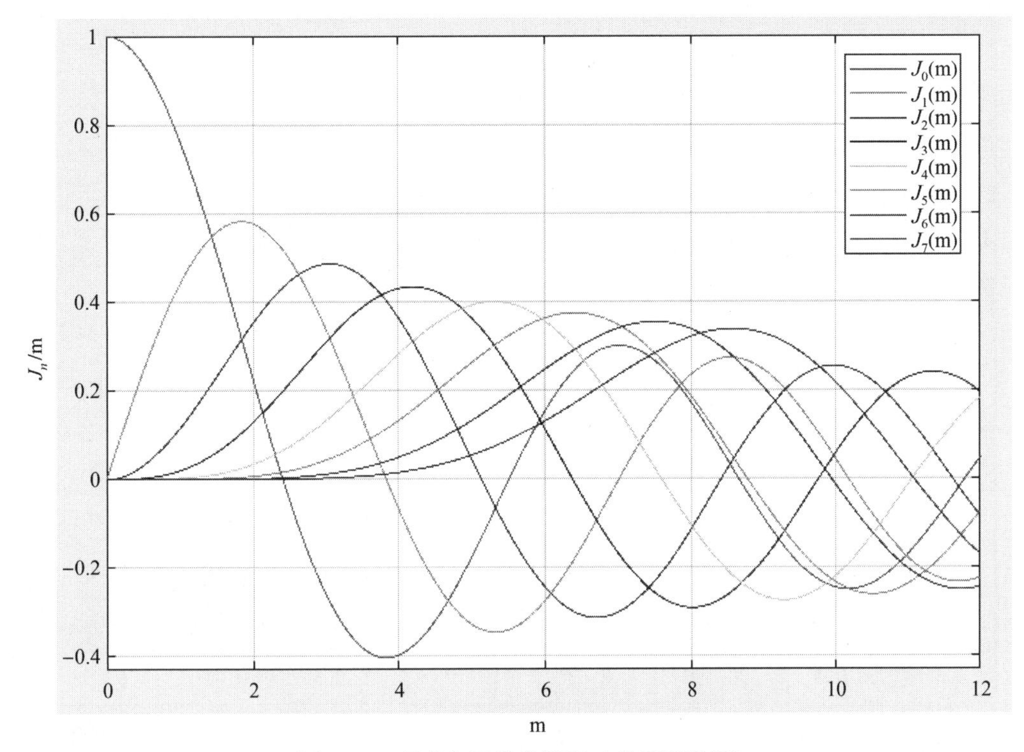

图 A-2　贝塞尔函数曲线图（书后附彩插）

（1）零点。

阶数	零点			
	第一个	第二个	第三个	第四个
0	2.404 8	5.520 1	8.653 7	11.791 5
1	3.831 7	7.015 6	10.173 5	13.323 7
2	5.135 6	8.417 2	11.619 8	14.796 0
3	6.380 2	9.761 0	13.015 2	16.223 5
4	7.588 3	11.064 7	14.372 5	17.616 0
5	8.771 5	12.338 6	15.700 2	18.980 1
6	9.936 1	13.589 3	17.003 8	20.320 8

（2）贝塞尔函数表。

m	J_0	J_1	J_2	J_3	J_4	J_5	J_6
0. 2	0. 990	0. 100	0. 005				
0. 4	0. 960	0. 196	0. 020	0. 001			
0. 6	0. 912	0. 287	0. 044	0. 004			
0. 8	0. 846	0. 369	0. 076	0. 010	0. 001		
1. 0	0. 765	0. 440	0. 115	0. 020	0. 002		
1. 2	0. 671	0. 498	0. 159	0. 033	0. 005	0. 001	
1. 4	0. 567	0. 542	0. 207	0. 050	0. 009	0. 001	
1. 6	0. 455	0. 570	0. 257	0. 073	0. 015	0. 002	
1. 8	0. 340	0. 582	0. 306	0. 099	0. 023	0. 004	0. 001
2. 0	0. 224	0. 577	0. 353	0. 129	0. 034	0. 007	0. 001
2. 2	0. 110	0. 556	0. 395	0. 162	0. 048	0. 011	0. 002
2. 4	0. 003	0. 520	0. 431	0. 198	0. 064	0. 016	0. 003
2. 6	-0. 097	0. 471	0. 459	0. 235	0. 084	0. 023	0. 005
2. 8	-0. 185	0. 410	0. 478	0. 273	0. 107	0. 032	0. 008
3. 0	-0. 260	0. 339	0. 486	0. 309	0. 132	0. 043	0. 011
3. 2	-0. 320	0. 261	0. 484	0. 343	0. 160	0. 056	0. 016
3. 4	-0. 364	0. 179	0. 470	0. 373	0. 189	0. 072	0. 022
3. 6	-0. 392	0. 095	0. 445	0. 399	0. 220	0. 090	0. 029
3. 8	-0. 403	0. 013	0. 409	0. 418	0. 251	0. 110	0. 038
4. 0	-0. 397	-0. 066	0. 364	0. 430	0. 281	0. 132	0. 049
4. 2	-0. 377	-0. 139	0. 311	0. 434	0. 310	0. 156	0. 062
4. 4	-0. 342	-0. 203	0. 250	0. 430	0. 336	0. 182	0. 076
4. 6	-0. 296	-0. 257	0. 185	0. 417	0. 359	0. 208	0. 093
4. 8	-0. 240	-0. 298	0. 116	0. 395	0. 378	0. 235	0. 111
5. 0	-0. 178	-0. 328	0. 047	0. 365	0. 391	0. 261	0. 131

3. 微波光子常用器件数学模型

器件	数学模型	备注
激光器	$E_{out}(t)=E_o\exp(j\omega t)$	E_o：光载波的强度 ω：光载波的角频率
直调激光器	$E_{out}(t)=E_0\sqrt{1+m_1\cos(\omega_1 t)}\cdot\exp[j\omega t+j\beta_1\sin(\omega_1 t)+j\theta+j\hat{\varphi}(t)]$	ω_1：调制信号的角频率 m_1：幅度调制因子（AM） β_1：频率调制因子（FM） θ：AM 和 FM 分量之间除 $\pi/2$ 外与频率相关的相位滞后 $\hat{\varphi}(t)$：激光器自发辐射引起的随机相位抖动 $\beta_1=\alpha m_1/2$，α 为激光器的线宽增强因子
相位调制器	$E_{out}(t)=E_{in}(t)\exp[jm_s\cos(\omega_s t)]$	ω_s：调制信号的角频率 m_s：调制指数（MI） $m_s=(\pi V_s)/V_\pi$，V_s 为调制信号的幅度，V_π 为相位调制器的射频半波电压

续表

器件	数学模型	备注
MZM调制器 V_{bias} MZM	非推挽模式：$E_{out}(t)=\frac{E_{in}(t)}{2}\{\exp[jm_s\cos(\omega_s t)]+\exp[jm_s\cos(\omega_s t)]\exp(j\theta)\}$ $E_{out}(t)=\frac{E_{in}(t)}{2}\left\{\begin{array}{l}\exp[jm_s\cos(\omega_s t)]\exp(j\theta)\\ +\exp[-jm_s\cos(\omega_s t)]\exp(-j\theta)\end{array}\right\}$ $=E_{in}(t)\cos[jm_s\cos(\omega_s t)+\theta]$ 推挽模式：$=\begin{cases}E_{in}(t)\cos[jm_s\cos(\omega_s t)] & ,\theta=(2k+1)\pi/2,\text{最小点}\\ \frac{\sqrt{2}}{2}E_{in}(t)\left\{\begin{array}{l}\cos[jm_s\cos(\omega_s t)]\\ \mp\sin[jm_s\cos(\omega_s t)]\end{array}\right\} & ,\theta=(2k+1)\pi/4,\text{正交点}\\ -E_{in}(t)\sin[jm_s\cos(\omega_s t)] & ,\theta=k\pi,\text{最大点}\end{cases}$	ω_s：调制信号的角频率 m_s：调制指数（MI） θ：直流偏压引入的相移，$\theta=(\pi V_{bias})/V_{\pi-DC}$，$V_{bias}$为直流偏压的幅度，$V_{\pi-DC}$为 MZM 的直流半波电压
光电探测器	$i_{out}(t)=\eta\mid E_{in}(t)\mid^2=\eta E_{in}(t)\cdot E_{in}^*(t)$	η：PD 的响应度 $E_{in}^*(t)$：$E_{in}(t)$的共轭
MZI干涉仪	$E_{out}(t)=\frac{1}{2}\{E_{in}(t)+E_{in}(t+\tau)\}$	$FSR=\frac{1}{\tau}=\frac{c}{n_{eff}\Delta L}$，$n_{eff}$为光纤的有效折射率，$\Delta L$ 为 UMZI 上下两臂的长度差

索　引

0~9（数字）

A~Z（英文）

A ~ B

C

H

J

K

L ~ N

O ~ P

Q

R ~ S

T

W

X

Y

Z

（王彦祥、张若舒 编制）

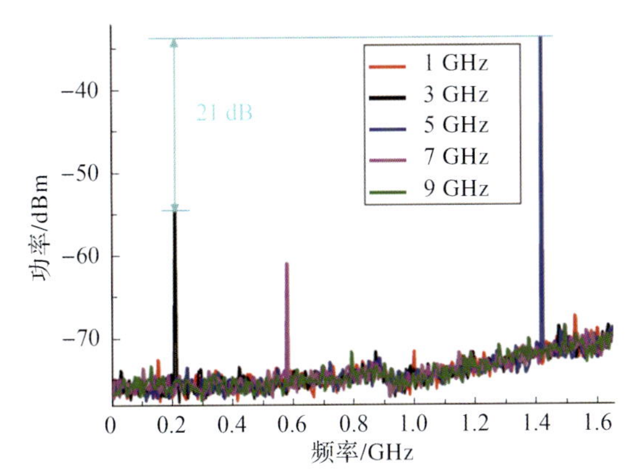

图 4-42　不同频率的射频信号下信道 4 测得的频谱图

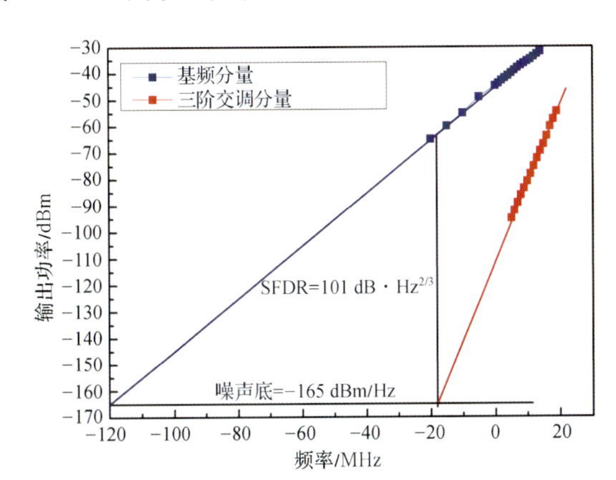

图 4-49　中频输出信号与三阶交调信号功率
随输入射频信号功率变化曲线关系

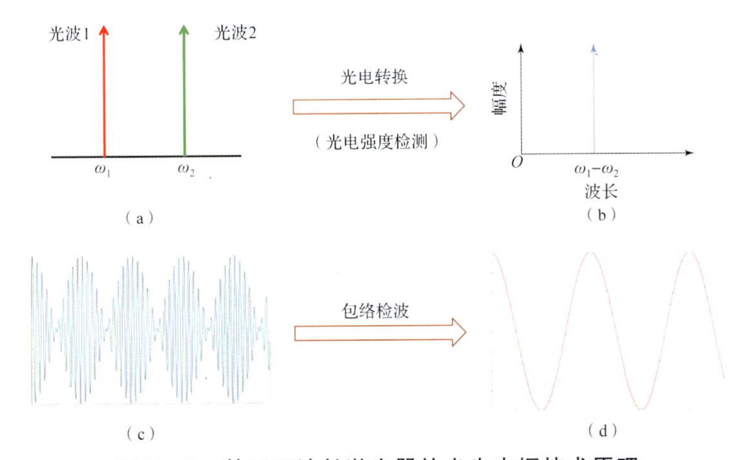

图 5-6　基于双波长激光器的光生本振技术原理

(a) 光谱；(b) 电谱；(c) 光波；(d) 电波

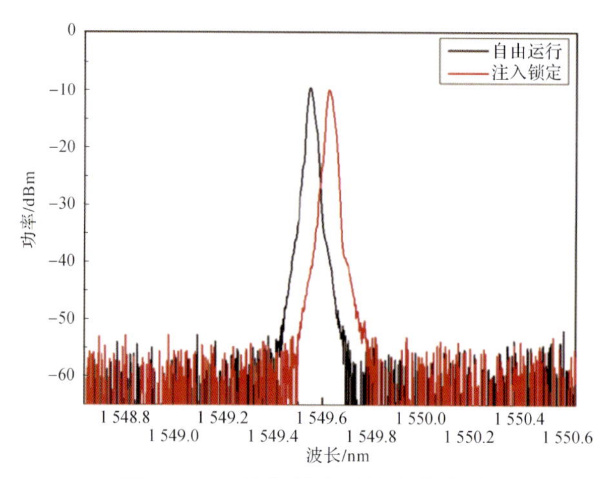

图 5－11　注入锁定时输出的光谱

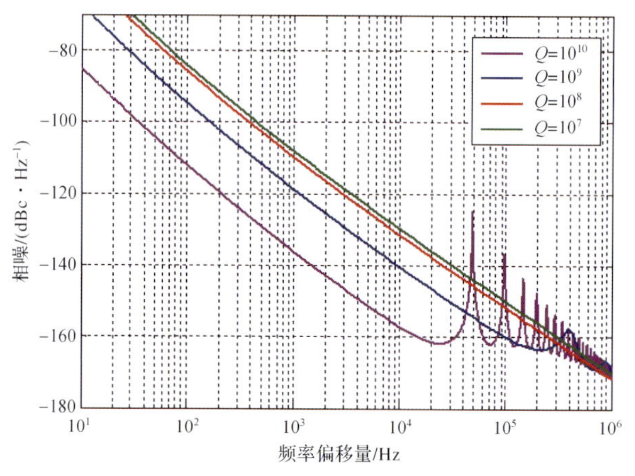

图 5－20　不同的光学储能 Q 值下的光电振荡器相位噪声情况

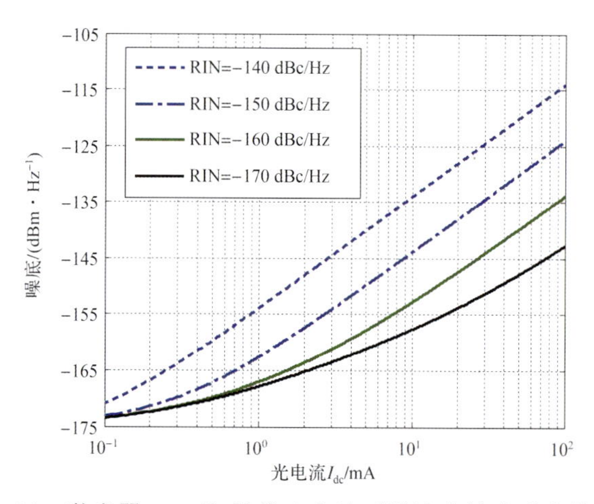

图 5－21　激光器 RIN 和接收光电流对微波光链路噪底的影响

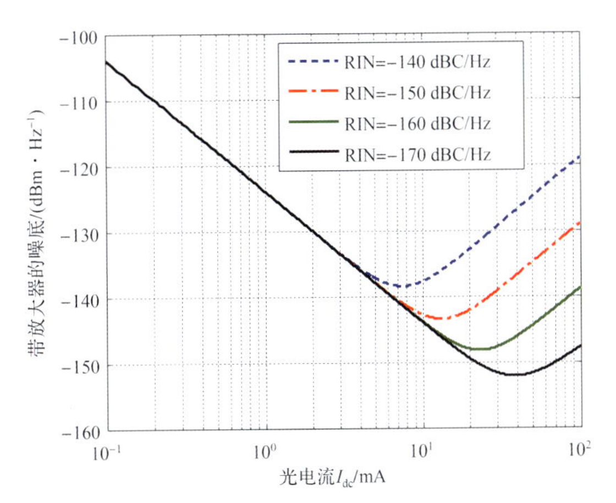

图 5－23　微波光电振荡器的总噪底随光电流的变化情况

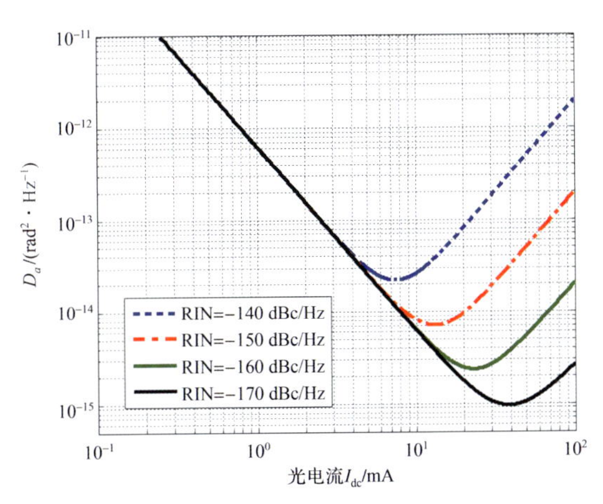

图 5－24　微波光电振荡器的加性噪声系数 D_a 随激光器 RIN 和接收光电流的变化情况

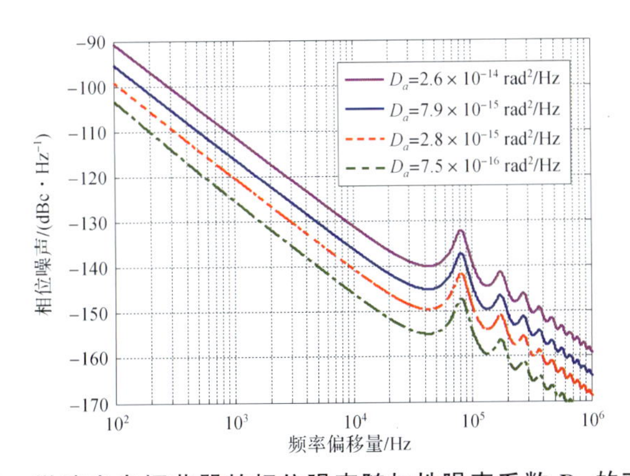

图 5－25　微波光电振荡器的相位噪声随加性噪声系数 D_a 的变化情况

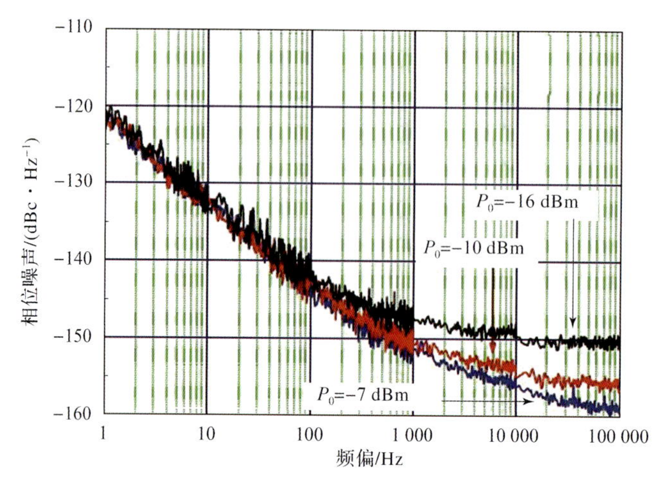

图 5－26　微波放大器的附加相噪

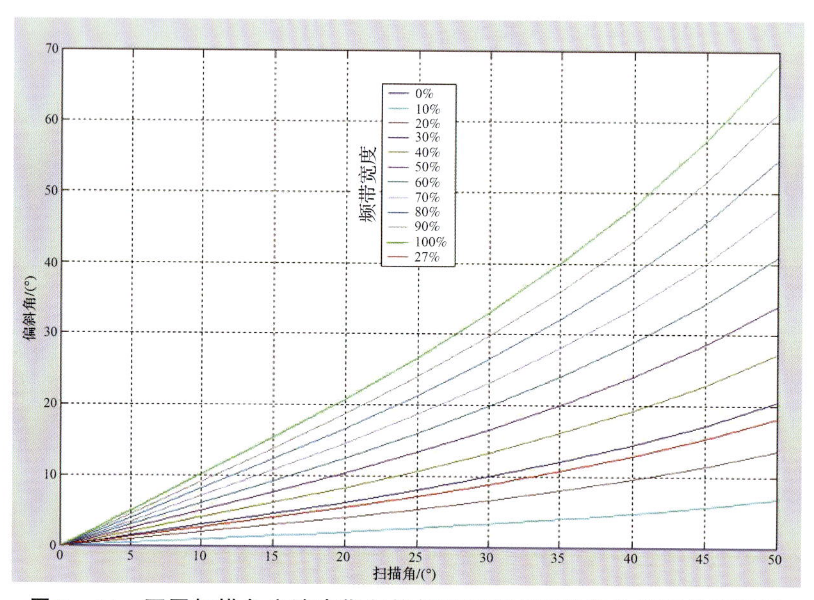

图 7－14　不同扫描角度波束指向偏斜随频带宽度的变化情况仿真结果

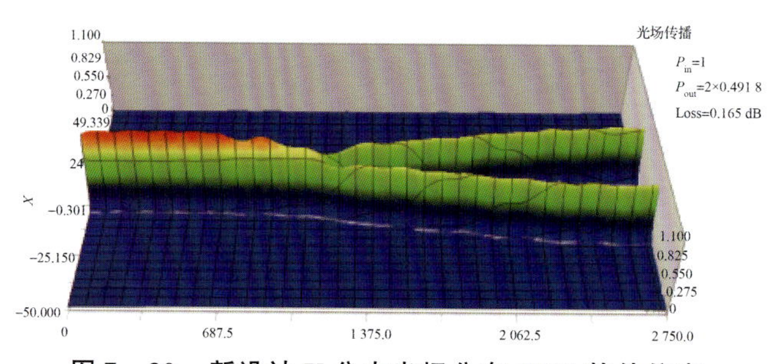

图 7－30　新设计 Y 分支光场分布 BPM 软件仿真

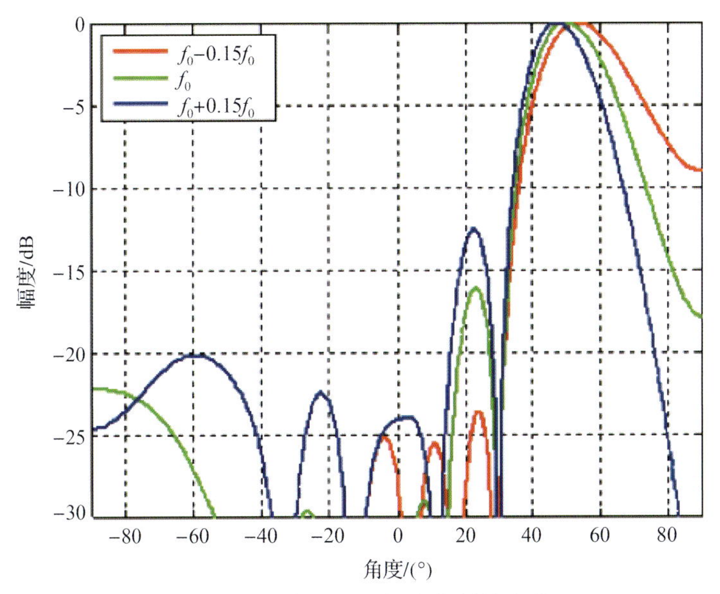

图 7－37 波束指向随频率偏斜仿真结果

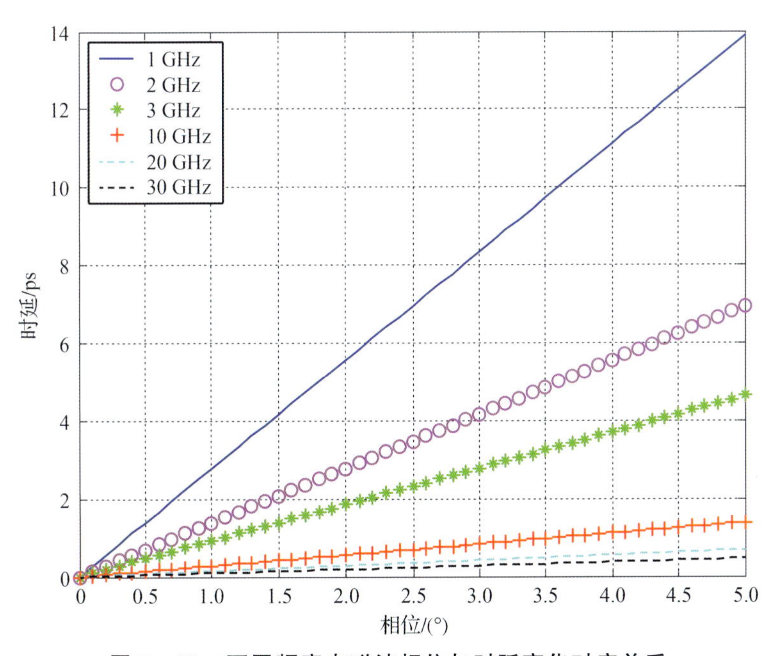

图 7－39 不同频率电磁波相位与时延变化对应关系

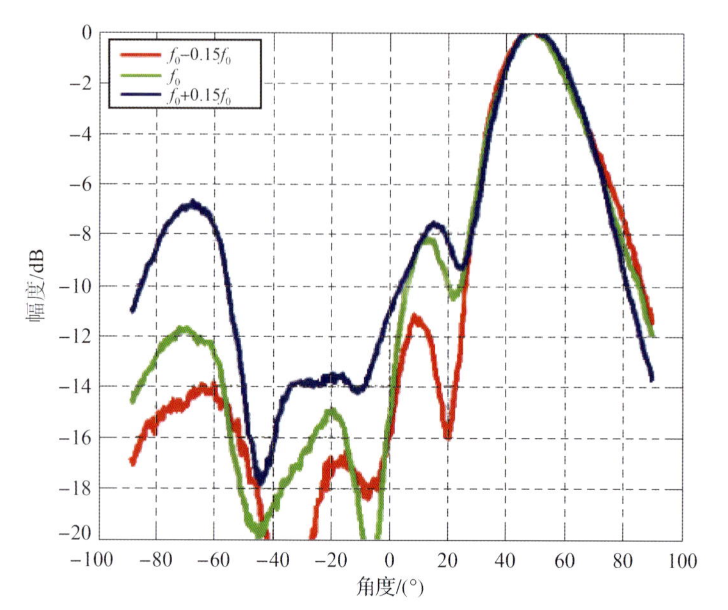

图 7－41　S 频段光控相控阵天线扫描 50°实测方向图

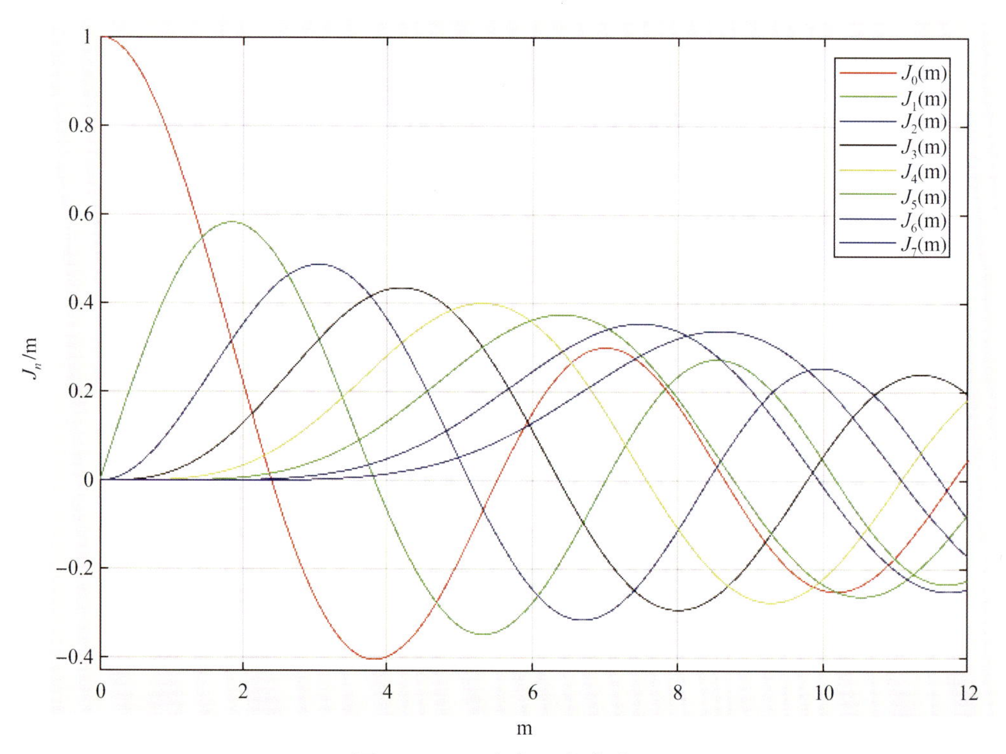

图 A－2　贝塞尔函数曲线图